21世纪高等学校物联网专业规划教材

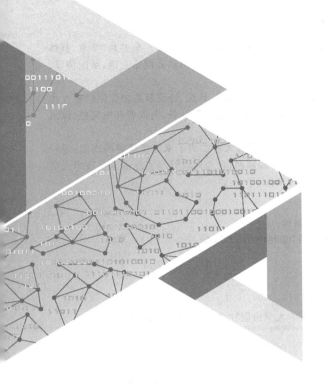

路由和交换技术
（第2版）

◎ 沈鑫剡 魏涛 邵发明 俞海英 李兴德 编著

清华大学出版社

北京

内 容 简 介

本书详细讨论了 MAC 帧和 IP 分组端到端传输过程中涉及的设备、协议和算法。全书共 10 章,具体内容包括以太网及交换机结构、虚拟局域网、生成树协议、以太网链路聚合、路由器和网络互连、路由协议、多播、网络地址转换、三层交换和 IPv6 等。

本书在具体网络环境下深入讨论交换式以太网和互联网的基本原理、算法、协议及各协议间的相互作用过程,既有理论总结,又有应用实例。结合当前主流厂家的交换机和路由器设备,向读者介绍完整、深入的交换和路由技术,理论结合实际,使读者能够学以致用。

本书以通俗易懂、循序渐进的方式叙述交换和路由技术,并通过大量的例子来加深读者的理解,是一本理想的计算机网络工程专业的交换和路由技术教材,对从事校园网、企业网设计与实施的工程技术人员和交换机、路由器研发的科研人员,也是一本非常好的参考书。

图书在版编目(CIP)数据

路由和交换技术/沈鑫剡等编著. —2 版. —北京:清华大学出版社,2018(2025.1重印)
(21 世纪高等学校物联网专业规划教材)
ISBN 978-7-302-50179-4

Ⅰ. ①路… Ⅱ. ①沈… Ⅲ. ①计算机网络—路由选择—高等学校—教材 ②计算机网络—信息交换机—高等学校—教材 Ⅳ. ①TN915.05

中国版本图书馆 CIP 数据核字(2018)第 112420 号

责任编辑:刘向威 战晓雷
封面设计:刘 键
责任校对:焦丽丽
责任印制:沈 露

出版发行:清华大学出版社
  网 址:https://www.tup.com.cn,https://www.wqxuetang.com
  地 址:北京清华大学学研大厦 A 座   邮 编:100084
  社 总 机:010-83470000   邮 购:010-62786544
  投稿与读者服务:010-62776969,c-service@tup.tsinghua.edu.cn
  质量反馈:010-62772015,zhiliang@tup.tsinghua.edu.cn
  课件下载:https://www.tup.com.cn,010-83470236
印 装 者:三河市龙大印装有限公司
经 销:全国新华书店
开 本:185mm×260mm 印 张:26.75   字 数:648 千字
版 次:2013 年 2 月第 1 版 2018 年 8 月第 2 版 印 次:2025 年 1 月第 8 次印刷
印 数:10201~10400
定 价:69.00 元

产品编号:074839-01

前 言

　　"路由和交换技术"课程的教学目标有 3 个：一是使学生具备设计、实施校园网和企业网的能力，二是具备研发交换机和路由器的能力，三是具备 MAC 帧和 IP 分组端到端传输过程所涉及的算法和协议的分析、设计和实现能力。目前市场上的相关教材主要分为两类：第一类教材的内容与"计算机网络"教材内容高度重叠，对于交换机和路由器结构以及交换式以太网和互联网相关算法和协议的工作原理、实现过程涉及较少，因而无法培养学生研发交换机和路由器、实施网络工程的能力；第二类教材的内容像是交换机和路由器配置指南，主要讨论常见交换机和路由器设备的配置过程，对于交换机和路由器结构以及交换式以太网和互联网相关算法和协议的工作原理、实现过程仍然涉及较少，虽然可以使学生具有一定的设计、实施校园网和企业网的能力，但无法使学生具有研发交换机和路由器的能力以及相关算法和协议的分析、设计及实现能力。

　　本书有以下特点：一是详细讨论交换机和路由器结构，交换式以太网和互联网相关算法和协议的工作原理、实现过程，提供完成校园网、企业网方案设计和实施所需要的交换式以太网和互联网的知识；二是在具体网络环境下深入讨论交换式以太网和互联网相关算法和协议的工作原理及各协议间的相互作用过程，为学生提供透彻、完整的交换式以太网和互联网知识；三是结合主流厂家设备讨论交换和路由技术，并将它们讲深讲透，让学生能够学以致用；四是通过大量例题解析为学生提供运用所学知识分析、解决问题的方法和步骤；五是通过对大量取自实际应用的案例的分析，为学生提供设计、实施校园网和企业网，分析、设计和实现相关算法和协议的思路。

　　"路由和交换技术"是一门实验性很强的课程，掌握交换机和路由器配置过程及交换式以太网和互联网设计、实施过程对于深入了解交换式以太网和互联网相关算法和协议的工作原理及实现过程非常有用。鉴于目前很少有学校可以提供能够完成各种规模校园网和企业网设计、实施实验的网络实验室，编者还编写了配套教材《路由和交换技术实验及实训》，该配套教材可以作为指导学生利用 Cisco Packet Tracer 软件实验平台完成各种规模校园网和企业网设计、实施实验的实验指导书。Cisco Packet Tracer 软件实验平台的人机界面非常接近实际设备的配置过程，学生通过 Cisco Packet Tracer 软件实验平台可以完成教材内容涵盖的全部实验，建立与现实网络世界相似的应用环境，真正掌握基于 Cisco 设备完成交换式以太网和互联网设计、配置和调试的方法和步骤。

　　本书对第 1 版内容做了以下修改：一是重新梳理了全书的内容，使得内容组织更加合理，知识点之间的逻辑性更强，对难点的讨论更加深入和详细；二是根据最新标准对相关内容进行了更新；三是给出了部分习题解答。

　　作为一本无论在内容组织、叙述方法还是教学目标上都和已有教材有一定区别的新教材，错误和不足之处在所难免，殷切希望使用本书的老师和学生批评指正，也殷切希望读者能够就教材内容和叙述方式提出宝贵建议和意见，以便编者进一步完善教材内容。编者 E-mail 地址为 shenxinshan@163.com。

编　者

2018 年 6 月于南京

目 录

第 1 章　交换机和交换式以太网 ……………………………………………… 1

1.1　以太网概述 ………………………………………………………………… 1

    1.1.1　以太网日志 …………………………………………………………… 1

    1.1.2　以太网体系结构 ……………………………………………………… 3

    1.1.3　以太网拓扑结构 ……………………………………………………… 4

    1.1.4　以太网成功的因素 …………………………………………………… 6

1.2　总线型以太网 ……………………………………………………………… 7

    1.2.1　总线型以太网结构与功能需求 ……………………………………… 7

    1.2.2　总线型以太网各层功能 ……………………………………………… 8

    1.2.3　基带传输与曼彻斯特编码 …………………………………………… 8

    1.2.4　MAC 地址 …………………………………………………………… 13

    1.2.5　MAC 帧 ……………………………………………………………… 14

    1.2.6　CSMA/CD 工作原理 ………………………………………………… 15

    1.2.7　CSMA/CD 算法的缺陷 ……………………………………………… 18

    1.2.8　集线器和星形以太网结构 …………………………………………… 22

    1.2.9　例题解析 ……………………………………………………………… 23

1.3　网桥与冲突域分割 ………………………………………………………… 24

    1.3.1　网桥分割冲突域原理 ………………………………………………… 24

    1.3.2　转发表和 MAC 帧转发过程 ………………………………………… 26

    1.3.3　网桥工作流程 ………………………………………………………… 26

    1.3.4　端到端交换路径 ……………………………………………………… 28

    1.3.5　网桥无限扩展以太网 ………………………………………………… 28

    1.3.6　全双工通信扩展无中继传输距离 …………………………………… 29

    1.3.7　以太网拓扑结构与生成树协议 ……………………………………… 29

    1.3.8　中继器与网桥 ………………………………………………………… 31

    1.3.9　网桥工作过程举例 …………………………………………………… 31

1.4　交换机转发方式和交换机结构 …………………………………………… 34

    1.4.1　交换机转发方式 ……………………………………………………… 34

    1.4.2　交换机结构 …………………………………………………………… 36

1.5　以太网标准 ………………………………………………………………… 42

    1.5.1　10Mb/s 以太网标准 ………………………………………………… 42

    1.5.2　100Mb/s 以太网标准 ………………………………………………… 42

1.5.3   1Gb/s 以太网标准 ·· 43

1.5.4   10Gb/s 以太网标准 ·· 44

1.5.5   40Gb/s 和 100Gb/s 以太网标准 ······························· 44

本章小结 ·· 45

习题 ··· 45

第 2 章   虚拟局域网 ·· 50

2.1   广播域和广播传输方式 ·· 50

2.1.1   单播传输方式和广播传输方式 ······························· 50

2.1.2   广播域 ·· 51

2.1.3   传统分割广播域的方式 ······································· 52

2.2   VLAN 定义和分类 ··· 53

2.2.1   VLAN 定义 ·· 53

2.2.2   VLAN 分类 ·· 54

2.3   基于端口划分 VLAN ·· 56

2.3.1   单交换机 VLAN 划分过程 ·································· 56

2.3.2   跨交换机 VLAN 划分过程 ·································· 57

2.3.3   IEEE 802.1q 与 VLAN 内 MAC 帧传输过程 ·········· 59

2.3.4   VLAN 例题解析 ·· 61

2.4   Cisco 基于 MAC 地址划分 VLAN 技术 ····························· 67

2.4.1   基于端口划分 VLAN 的缺陷 ······························ 67

2.4.2   Cisco 基于 MAC 地址划分 VLAN 的过程 ·············· 67

2.5   专用 VLAN ··· 68

2.5.1   专用 VLAN 的作用 ··· 68

2.5.2   Cisco 专用 VLAN 工作原理 ······························· 69

2.6   VLAN 属性注册协议 ·· 74

2.6.1   GVRP 的作用 ··· 74

2.6.2   GARP ··· 75

2.6.3   GVRP 工作原理 ·· 77

2.6.4   VTP ··· 80

2.6.5   GVRP 例题解析 ·· 87

本章小结 ·· 89

习题 ··· 90

第 3 章   生成树协议 ·· 93

3.1   生成树协议的作用 ·· 93

3.1.1   环路引发广播风暴 ··· 93

3.1.2   树形网络的弱可靠性 ··· 94

3.1.3   生成树协议的由来和发展 ·································· 95

3.2　STP 工作原理 ·· 96
　　3.2.1　STP 基本概念 ··· 96
　　3.2.2　STP 基本步骤 ··· 97
　　3.2.3　端口状态 ··· 100
　　3.2.4　定时器 ·· 101
　　3.2.5　STP 构建生成树的过程 ··· 102
　　3.2.6　STP 容错功能 ··· 105
　　3.2.7　STP 例题解析 ··· 108
3.3　快速生成树协议 ··· 110
　　3.3.1　STP 的缺陷 ·· 110
　　3.3.2　端口角色和端口状态 ··· 110
　　3.3.3　端口状态快速迁移过程 ··· 111
　　3.3.4　网桥转发表刷新机制 ··· 113
　　3.3.5　RSTP 应用实例 ·· 114
　　3.3.6　RSTP 例题解析 ·· 116
3.4　多生成树协议 ·· 117
　　3.4.1　MSTP 的必要性 ·· 117
　　3.4.2　MSTP 的基本思想 ·· 117
　　3.4.3　MSTP 的基本步骤 ·· 120
　　3.4.4　MSTP 构建 CIST 实例 ·· 123
本章小结 ·· 126
习题 ··· 126

第4章　以太网链路聚合 ··· 129
4.1　链路聚合基础 ·· 129
　　4.1.1　链路聚合含义 ··· 129
　　4.1.2　链路聚合方式 ··· 130
　　4.1.3　端口属性 ·· 131
4.2　链路聚合机制 ·· 131
　　4.2.1　功能组成 ·· 131
　　4.2.2　交换机通过聚合组转发 MAC 帧的过程 ··· 134
　　4.2.3　链路聚合组生成过程 ··· 135
4.3　链路聚合控制协议 ··· 136
　　4.3.1　LACP 简介 ··· 136
　　4.3.2　LACP 报文格式 ··· 137
　　4.3.3　LACP 工作过程 ··· 138
　　4.3.4　N∶M 备份 ··· 140
本章小结 ·· 140
习题 ··· 140

第 5 章　路由器和网络互连……………………………………………………… 141

5.1　网络互连 ……………………………………………………………… 141
5.1.1　不同类型网络互连需要解决的问题…………………………… 141
5.1.2　信件投递过程的启示 ………………………………………… 142
5.1.3　端到端传输的思路 …………………………………………… 143
5.1.4　IP 实现网络互连机制 ………………………………………… 144
5.1.5　数据报 IP 分组交换网络 …………………………………… 145
5.1.6　路由器结构 …………………………………………………… 147
5.2　IP ……………………………………………………………………… 148
5.2.1　IP 地址分类 …………………………………………………… 148
5.2.2　IP 地址分层分类的原因 ……………………………………… 150
5.2.3　IP 地址分类的缺陷 …………………………………………… 152
5.2.4　无分类编址…………………………………………………… 154
5.2.5　IP 分组格式 …………………………………………………… 165
5.3　路由表和 IP 分组传输过程 …………………………………………… 169
5.3.1　互联网结构与路由表 ………………………………………… 169
5.3.2　IP 分组传输过程 ……………………………………………… 170
5.3.3　实现 IP 分组传输过程的思路 ………………………………… 171
5.3.4　直连路由项和静态路由项 …………………………………… 171
5.3.5　例题解析 ……………………………………………………… 174
5.4　IP over 以太网 ………………………………………………………… 179
5.4.1　ARP 和地址解析过程 ………………………………………… 179
5.4.2　逐跳封装 ……………………………………………………… 182
5.5　虚拟路由器冗余协议 …………………………………………………… 182
5.5.1　容错网络结构 ………………………………………………… 182
5.5.2　VRRP 工作原理 ……………………………………………… 183
5.5.3　VRRP 应用实例 ……………………………………………… 188
本章小结…………………………………………………………………… 190
习题………………………………………………………………………… 190

第 6 章　路由协议…………………………………………………………… 195

6.1　直连路由项和静态路由项 …………………………………………… 195
6.1.1　直连路由项 …………………………………………………… 195
6.1.2　静态路由项 …………………………………………………… 196
6.1.3　静态路由项的缺陷 …………………………………………… 197
6.2　路由协议和动态路由项 ……………………………………………… 198
6.2.1　路由协议定义 ………………………………………………… 198
6.2.2　路由协议生成动态路由项实例………………………………… 198

6.2.3 路由协议生成动态路由项过程 ································· 200

6.3 路由协议基础 ·· 201

6.3.1 路由协议分类 ·· 201

6.3.2 路由协议要求 ·· 203

6.3.3 距离向量路由协议 ··· 203

6.3.4 链路状态路由协议 ··· 206

6.4 RIP ··· 210

6.4.1 RIP 消息格式 ·· 210

6.4.2 RIP 工作过程 ·· 211

6.4.3 RIP 建立路由表实例 ··· 213

6.4.4 RIP 动态适应网络变化的过程 ··································· 218

6.4.5 计数到无穷大和水平分割 ······································· 219

6.4.6 RIP 缺陷 ·· 221

6.5 OSPF ·· 223

6.5.1 OSPF 的基本概念 ··· 223

6.5.2 路由器确定自身链路状态 ······································· 224

6.5.3 泛洪链路状态通告 ··· 233

6.5.4 构建路由表算法 ·· 235

6.5.5 OSPF 动态适应网络变化的过程 ································· 238

6.5.6 OSPF 和 RIP 的区别 ·· 238

6.5.7 OSPF 分区域建立路由表的过程 ································· 239

6.6 BGP ··· 244

6.6.1 分层路由的原因 ·· 245

6.6.2 BGP 报文类型 ··· 245

6.6.3 BGP 工作机制 ··· 246

本章小结 ·· 250

习题 ··· 250

第 7 章 多播 ··· 253

7.1 多播的基本概念 ·· 253

7.1.1 多播与单播和广播的区别 ······································· 253

7.1.2 多播地址 ·· 254

7.1.3 多播实现技术 ·· 255

7.2 IGMP ·· 258

7.2.1 IGMP 消息类型和格式 ··· 259

7.2.2 IGMP 操作过程 ·· 260

7.2.3 IGMP 侦听 ·· 261

7.3 多播路由协议 ·· 265

7.3.1 DVMRP ·· 265

　　　　7.3.2　PIM-SM ··· 276

　本章小结 ·· 286

　习题 ··· 286

第 8 章　网络地址转换 ·· 288

　8.1　NAT 的基本概念 ·· 288

　　　　8.1.1　NAT 的定义 ·· 288

　　　　8.1.2　私有地址空间 ·· 289

　　　　8.1.3　NAT 的应用 ·· 290

　　　　8.1.4　NAT 引发的问题 ··· 292

　8.2　NAT 的工作过程 ·· 294

　　　　8.2.1　NAT 的分类 ·· 294

　　　　8.2.2　PAT ·· 294

　　　　8.2.3　NAT ·· 296

　　　　8.2.4　应用层网关 ··· 298

　　　　8.2.5　几种 NAT 技术的特点 ··· 299

　8.3　NAT 应用方式 ··· 301

　　　　8.3.1　双穴网络结构 ·· 301

　　　　8.3.2　实现内部网络和外部网络通信 ·· 303

　　　　8.3.3　实现内部网络之间的通信 ··· 304

　　　　8.3.4　解决内部网络与外部网络地址重叠问题 ·· 307

　8.4　例题解析 ··· 310

　本章小结 ·· 313

　习题 ··· 313

第 9 章　三层交换机和三层交换 ··· 315

　9.1　三层交换机基础 ··· 315

　　　　9.1.1　多端口路由器实现 VLAN 间通信的过程 ······································ 315

　　　　9.1.2　单臂路由器实现 VLAN 间通信的过程 ··· 317

　　　　9.1.3　三层交换机实现 VLAN 间通信的过程 ··· 319

　　　　9.1.4　多个三层交换机互连 ··· 322

　　　　9.1.5　三层交换机与路由器的区别 ·· 325

　　　　9.1.6　校园网和三层交换机 ··· 326

　　　　9.1.7　单臂路由器和三层交换机实现 VLAN 互连实例 ····························· 328

　9.2　三层交换过程 ··· 331

　　　　9.2.1　三层交换机结构 ·· 331

　　　　9.2.2　三层转发表的建立过程 ··· 333

　　　　9.2.3　二层交换和三层路由交换过程 ·· 335

　9.3　三层交换机应用方式 ··· 339

9.3.1 IP 接口集中到单个三层交换机 ·· 339

9.3.2 两个三层交换机同时定义所有 VLAN 对应的 IP 接口 ············· 341

9.3.3 两个三层交换机分别定义两个 VLAN 对应的 IP 接口 ············· 343

本章小结 ··· 346

习题 ··· 346

第 10 章 IPv6 ·· 348

10.1 IPv4 的缺陷 ·· 348

10.1.1 地址短缺问题 ·· 348

10.1.2 复杂的分组首部 ·· 349

10.1.3 QoS 实现困难 ··· 349

10.1.4 安全机制先天不足 ··· 349

10.2 IPv6 首部结构 ·· 350

10.2.1 IPv6 基本首部 ··· 350

10.2.2 IPv6 扩展首部 ··· 352

10.3 IPv6 地址结构 ·· 354

10.3.1 IPv6 地址表示方式 ·· 355

10.3.2 IPv6 地址分类 ··· 356

10.4 IPv6 网络实现通信的过程 ·· 361

10.4.1 网络结构和基本配置 ·· 361

10.4.2 邻站发现协议 ··· 362

10.4.3 路由器建立路由表的过程 ·· 365

10.5 IPv6 over 以太网 ·· 367

10.5.1 IPv6 地址解析过程 ·· 367

10.5.2 IPv6 多播地址和 MAC 组地址之间的关系 ································ 369

10.5.3 IPv6 分组传输过程 ·· 369

10.6 IPv6 网络和 IPv4 网络互连 ··· 370

10.6.1 双协议栈技术 ··· 370

10.6.2 隧道技术 ··· 372

10.6.3 网络地址和协议转换技术 ·· 373

本章小结 ··· 380

习题 ··· 380

附录 A 部分习题答案 ··· 383

附录 B 英文缩写词 ·· 410

参考文献 ··· 413

第1章
交换机和交换式以太网

从共享式以太网发展到交换式以太网是以太网发展过程中的一次革命,交换机和以交换机为核心设备的交换式以太网的出现,使得交换成为 MAC 帧端到端传输机制的代名词。交换包含的内容非常广泛,MAC 帧端到端传输过程所涉及的算法和协议的实现机制都属于交换的范畴。交换式以太网发展过程、以太网终端之间传输路径建立过程和交换机 MAC 帧转发过程属于交换的基础知识部分。

1.1 以太网概述

以太网取得垄断地位的原因有以下几点:一是以太网从共享式发展为交换式;二是以太网从低速发展到高速;三是传输介质从同轴电缆发展为双绞线缆和光纤;四是虚拟局域网(Virtual Local Area Network,VLAN)技术的广泛应用;五是三层交换技术成为实现 VLAN 间通信过程的主流技术。

1.1.1 以太网日志

1972 年底,Bob Metcalfe 和 David Boggs 设计了一套用于实现不同的 ALTO 计算机之间连接的网络。由于该网络是以 ALOHA 系统为基础的,且又连接了众多的 ALTO 计算机,Metcalfe 把该网络命名为 ALTO ALOHA 网络。ALTO ALOHA 网络于 1973 年 5 月 22 日首次运行。就在这一天,Metcalfe 将该网络改名为以太网,以此说明设计该网络的灵感来自"电磁辐射可以通过发光的以太来传播"这一想法。

20 世纪 70 年代末,已经涌现出数十种局域网技术,以太网能够脱颖而出,登上局域网宝座的根本原因是 Metcalfe 版的以太网成为产业标准。

多种原因导致 DEC、Intel 和 Xerox 联合起来开发以太网产品。三家联合的优势是显而易见的:Xerox 提供以太网技术,DEC 有雄厚的技术力量,而且是以太网硬件最主要的供应商,Intel 提供以太网硅片构件。1979 年 9 月 30 日,DEC、Intel 和 Xerox 公布了《以太网,一种局域网:数据链路层和物理层规范 1.0 版》第三稿。这就是著名的以太网蓝皮书,也称为 DIX 版以太网 1.0 规范。DIX 版以太网 1.0 规范开始规定的传输速率是 20Mb/s,最后降为 10Mb/s。

在 DIX 开展以太网标准化工作的同时,世界性专业组织 IEEE 组成一个定义与促进工业局域网(Local Area Network,LAN)标准的委员会,名为 IEEE 802 委员会,以制定实现办公室环境下计算机连接的 LAN 标准为主要工作目标。1981 年 6 月，IEEE 802 委员会决定组成 IEEE 802.3 分委员会，以产生基于 DIX 工作成果的国际标准。1982 年 12 月 19 日，19 家公司宣布了新的 IEEE 802.3 草稿标准。1983 年该草稿最终以 10BASE5 的名称面世。

1979 年 6 月，Bob Metcalfe 等人组建了 3Com 公司。

1980 年 8 月，3Com 公司宣布了它的第一个产品，用于 UNIX 的商业版 TCP/IP，该产品在 1980 年 12 月正式上市。1981 年 3 月，3Com 将第一批符合 IEEE 802 标准的产品 3C100 收发器投放市场。1981 年底，3Com 公司开始销售 DEC PDP/11 系列和 VAX 系列的收发器和插卡，同时也销售在 Intel Multibus 和 Sun 微系统公司机器上使用的收发器和插卡。

1982 年 9 月 29 日，第一块为个人计算机(PC)开发的 EtherLink 投放市场，并随卡提供相应的 DOS 驱动器软件。第一块 EtherLink 在以下多个方面取得突破。

- EtherLink 成为第一块在 IBM PC ISA 总线上使用的以太网适配器，这是以太网发展史上的一个里程碑。
- EtherLink 网络接口卡通过硅半导体集成工艺实现，它是第一块包含以太网 VLSI 控制器硅片的网络接口卡(Network Interface Card，NIC)。由于硅片价格低，3Com EtherLink 的价格比其他的网络接口卡和以前销售的收发器要便宜很多。
- 因为采用超大规模集成电路芯片节省了大量空间，EtherLink 适配器可以将收发器集成在网络接口卡上，省去了外接的介质连接单元(Medium Attachment Unit，MAU)收发器。

随着个人计算机迅速占领市场，把个人计算机联网的要求也日益迫切，EtherLink 生意火爆。1983 年，3Com、ICL、HP 将细缆以太网的概念提交给 IEEE，不久 IEEE 就公布了细缆以太网的官方标准 10BASE2。

1986 年，SynOptics 开始进行在作为电话线的非屏蔽双绞线(Unshielded Twisted Pair，UTP)上运行 10Mb/s 以太网的研究工作，名叫 LATTIS NET 的第一个 SynOptics 产品于 1987 年 8 月 17 日正式投放市场。也就是在同一天，IEEE 802.3 工作组开始讨论在 UTP 上实现 10Mb/s 以太网的最佳方法，并在后来成为非屏蔽双绞线的官方标准 10BASE-T。10BASE-T 的出现导致了结构化布线系统的兴起和发展。

传统共享介质以太网的缺陷是显而易见的，当网上用户数增多时，总线负载加重，就会导致冲突频繁发生，使总线利用率急剧下降。为了解决这一问题，将以太网分段，每段以太网作为一个独立的冲突域，多个不同的冲突域可以同时实现冲突域内终端之间的通信过程。为了实现连接在不同冲突域的两个终端之间的通信过程，开发出一种叫网桥的产品，用网桥实现冲突域互连，以此实现连接在一个冲突域上的终端和连接在另一个冲突域上的终端之间的通信过程。由于网桥互连的多个冲突域可以同时实现冲突域内终端之间的通信过程，网络的整体带宽得到提高。20 世纪 80 年代末，一种新型网桥——智能型多端口网桥开始出现。1990 年，一个完全不同的网桥——Kalpana Ether Switch EPS-700 面世。Ether Switch 具有以下功能特点：

- Ether Switch 和电话交换机相似，能够同时提供多条数据传输路径，使整体吞吐量得到显著提高。
- Ether Switch 使用一种名为直通(cut-through)的新的桥接技术，其转发延迟比传统网桥使用的存储转发技术降低了一个数量级。

- Ether Switch 的推销员指出 Ether Switch 是网络交换器,而不是普通网桥,由此开辟了一个新的市场领域——网络交换机。

由于所有终端共享单条总线,共享介质以太网只能以半双工方式工作,终端在同一时间要么发送数据,要么接收数据,而不能同时发送和接收数据。网络交换机,允许每个端口只和一个终端传输数据,使得交换机端口和终端之间同时发送、接收数据成为可能,由此产生了以太网全双工通信标准,它使传输速度提高了一倍。

网络交换设备虽然是降低网络通信拥挤的最佳设备,但每个以太网交换机端口只能提供 10Mb/s 的传输速率,对于要求 10Mb/s 以上传输速率的应用,当时只能采用光纤分布式数据接口(Fiber Distributed Data Interface,FDDI),它是一个基于 100Mb/s 光纤的 LAN,极其昂贵。

1992 年下半年,新成立的 Grand Junction 公司开始研制 100Mb/s 以太网。对于100Mb/s 以太网,出现了两种技术方案:一种是继续保留现行以太网协议,另一种是采用全新的 MAC 协议。前一方案得到了绝大多数以太网设备生产商的支持,这些厂家在 IEEE802.3 工程组尚未做出决定之前就成立了快速以太网联盟(Fast Ethernet Alliance,FEA),公布了它的 100BASE-TX 标准,并推出了第一台符合标准的集线器和网络接口卡。

1995 年 3 月,IEEE 802.3u 标准获得通过,宣布快速以太网的时代来临。

1996 年 3 月,IEEE 组建了新的 802.3z 工作组,负责研究吉比特以太网(GbE,俗称千兆以太网),并制订相应标准。一些原来快速以太网的支持者和某些新的发起者很快组成了吉比特以太网联盟(Gigabit Ethernet Alliance,GEA)。

到 1997 年底,3Com 公司已经推出符合 IEEE 802.3z 标准草案的全套吉比特以太网设备,包括吉比特交换机、快速以太网交换机的吉比特升级模块和吉比特以太网卡等。1998 年3 月,IEEE 802.3z 标准获得通过。由于受冲突窗口的限制,吉比特以太网最好以全双工通信方式进行通信,否则通信距离将受到限制。这也是吉比特以上传输速率的以太网只支持全双工通信方式的主要原因。

2002 年 7 月,IEEE 通过了 IEEE 802.3ae 标准,开始了 10Gb/s 以太网(俗称万兆以太网)时代。

2010 年 6 月,IEEE 通过了 IEEE 802.3ba 标准,以太网开始进入 40Gb/s 和 100Gb/s时代。

1.1.2 以太网体系结构

以太网标准的制定过程存在两条主线——一条主线是 DEC、Intel 和 Xerox 这 3 家公司在 1980 年 9 月制定并发表的关于以太网规约的第一个版本——DIX V1(DIX 由这 3 家公司名称的第一个字母组合而成)和在 1982 年修改发表的第二个版本——DIX Ethernet V2;另一条主线是 IEEE 802 委员会在 DIX Ethernet V2 基础上制定的第一个局域网标准,编号为 802.3。实际上,IEEE 802.3 标准和 DIX Ethernet V2 是有差别的,但目前人们已经习惯将符合 IEEE 802.3 标准的局域网称作以太网。以太网并不是 IEEE 802 委员会制定的唯一局域网标准,在制定 IEEE 802.3 标准以后,IEEE 又陆续制定了多个不同的局域网标准,如令牌环网等。由于不同局域网的链路层标准并不相同,为了给网络层提供统一的局域网功能界面，IEEE 802 委员会将局域网的链路层分成两个子层：逻辑链路控制（Logical Link Control，LLC）子层和介质接入控制（Medium Access Control，MAC）子层，因此，可以得出如图 1.1 所示的基于以太网的 TCP/IP 体系结构。

不同局域网的 MAC 子层是不同的，但 LLC 子层和网际层之间的接口是相同的，也就是说 LLC 子层屏蔽了由于多种局域网并存而造成的 MAC 子层的不同，就像 PC 的基本输入输出系统（Basic Input Output System，BIOS）屏蔽了主板的差异一样。

以太网的物理层主要解决和传输介质之间的接口、二进制数 0 和 1 的表示方式、数字信号的同步等问题。MAC 子层主要解决和通过以太网传输数据有关的其他一些问题。

随着以太网的发展，以太网在局域网市场中已经取得垄断地位，目前已经不存在多种局域网技术并存的问题；而且，LLC 子层是 IEEE 802 委员会为屏蔽多种局域网之间的差异而提出的，显然不是 DIX Ethernet V2 中的一部分，因此，实际的基于以太网的 TCP/IP 体系结构删除了 LLC 子层，如图 1.2 所示。

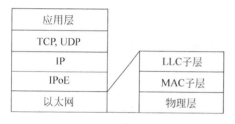

图 1.1 IEEE 制定的基于以太网的 TCP/IP 体系结构

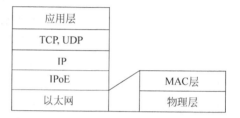

图 1.2 实际的基于以太网的 TCP/IP 体系结构

1.1.3 以太网拓扑结构

在讨论以太网时，不时会提到网络拓扑结构，拓扑（topology）是拓扑学中研究由点、线组成的几何图形的一种方法，用此方法可以把计算机网络看作由一组结点和链路组成的几何图形，这些由结点和链路所组成的几何图形就是网络的拓扑结构。由于以太网是一个可以由某个单位单独拥有，且允许自主布线的网络，因此，用户对以太网的拓扑结构有较大的选择空间。以太网常见的拓扑结构有总线型、星形、树形和网状几种。

1. 总线型拓扑结构

总线型拓扑结构如图 1.3 所示，通常用同轴电缆作为网络中的总线。为了防止反射信号干扰总线上用于传输数据的基带信号，总线两端必须接匹配阻抗。总线型拓扑结构的优点是简单；缺点是连接在总线上的任何一个终端发生故障，都有可能使总线的阻抗发生变化，导致基带信号传输失败。

图 1.3 总线型拓扑结构

2．星形拓扑结构

星形拓扑结构如图 1.4 所示。网络核心设备是物理层的集线器或链路层的交换机,核心设备和终端之间的传输介质一般为双绞线缆或光纤,尤其是双绞线缆作为以太网传输介质后,由于其柔软性非常容易满足办公环境下的布线要求,从而引出一个新的行业——综合布线。由此,以太网设计和实施分为同等重要的两部分:
一部分是解决设备之间互连问题的布线系统,另一部分是实现数据端到端传输及提供应用服务的网络传输系统和应用系统。星形拓扑结构是目前以太网设计中普遍使用的网络结构,当然,实际的以太网常常通过级联集线器或交换机将多个星形网络连接在一起。星形拓扑结构的优点是核心设备能够隔离每一个终端,因此,某个终端发生故障或者核心设备用于连接终端的某个端口发生故障,不会影响其他终端

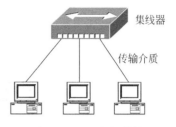

图 1.4　星形拓扑结构

之间的通信,这是星形拓扑结构取代总线型拓扑结构的主要原因。

3．树形拓扑结构

树形拓扑结构如图 1.5 所示,这种拓扑结构实际上就是通过级联交换机或集线器将多个星形拓扑结构连接在一起的网络结构。正常的树形结构要求任何两个终端之间不允许存在环路。

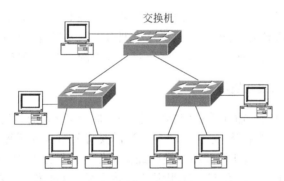

图 1.5　树形拓扑结构

4．网状拓扑结构

有容错性要求的以太网为了保证故障情况下终端之间的连通性,往往使交换机之间构成环路,这种在树形拓扑结构上增加环路的拓扑结构称为网状拓扑结构,如图 1.6 所示。在后面章节中将讨论到,透明网桥的工作原理要求交换机之间不允许存在环路,因此,为了使透明网桥能够正常工作,同时又能保证以太网的容错性,必须做到在网络运行时通过阻塞某些端口使整个网络没有环路。当某条链路因为故障无法通信时,通过重新开通原来阻塞的一些端口,使网络终端之间依然保持连通性,而又没有形成环路。生成树协议(Spanning Tree Protocol,STP)就是这样一种实现机制。

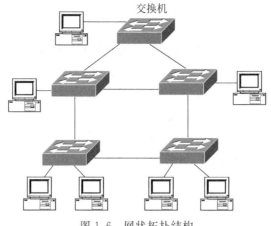

图 1.6　网状拓扑结构

1.1.4　以太网成功的因素

以太网已经取得垄断地位，以太网成功的主要因素有以下几点。

1. 从共享到交换

最初的以太网是总线型以太网，由于简单和便宜，总线型以太网得到广泛应用。尤其在出现安装在 PC 上，用于将 PC 连接到总线型以太网的网卡后，以 PC 为终端的总线型以太网成为最常见的办公网络。

随着网络应用的深入，总线型以太网的性能缺陷日益显现，此时，采用数据报分组交换技术的以太网交换机的诞生，使得以太网从总线型以太网发展为交换式以太网，交换式以太网从根本上提高了以太网的性能，是以太网发展过程中的一个里程碑。

2. 从同轴电缆到双绞线缆和光纤

总线型以太网采用的传输介质是同轴电缆。同轴电缆最大的问题是柔软性不够，不容易走线。另外，和双绞线缆相比，它价格较贵。当需要将分布在校园每一幢教学楼中各个教室和办公室的 PC 互连在一起时，同轴电缆已经无法作为连接这些 PC 的传输介质。

由于双绞线缆和光纤是两种互补性很强的传输介质，通过采用双绞线缆和光纤这两种传输介质，可以将分布在校园各个地方的 PC 连接在一起。双绞线缆和光纤作为传输介质还催生了一个新兴的行业——综合布线。

3. 从低速到高速

以太网数据传输速率从初始时的 10Mb/s 发展到 100Mb/s、1Gb/s、10Gb/s，目前已有 40Gb/s 和 100Gb/s 的以太网。低速以太网发展到高速的过程也就是各种技术综合发展的过程，没有交换式以太网的诞生，没有采用双绞线缆和光纤，就不会有高速以太网。

4. VLAN 和三层交换技术

以太网交换机的工作原理导致大量 MAC 帧以广播方式在以太网中传输，广播不仅导致资源浪费，而且会引发安全问题。VLAN 技术的出现很好地降低了广播造成的危害。

由于每一个 VLAN 都是逻辑上独立的以太网,因此,属于不同 VLAN 的两个终端之间的通信过程等同于连接在不同类型网络上的两个终端之间的通信过程,需要用路由器实现不同 VLAN 之间的互连。三层交换机是集路由和交换功能与一体的以太网交换机,三层交换机的出现完美地解决了以太网 VLAN 划分、VLAN 内通信和 VLAN 间通信的问题。

1.2 总线型以太网

以太网是从总线型以太网开始发展的,总线型以太网物理层和 MAC 层实现技术对交换式以太网有着重大影响。因此,掌握总线型以太网物理层和 MAC 层实现技术是深入了解以太网的基础。

1.2.1 总线型以太网结构与功能需求

1. 总线型以太网拓扑结构

总线型以太网拓扑结构如图 1.7 所示。总线由同轴电缆组成,所有终端直接连接到总线上,任何终端发送的信号都将沿着总线向总线两端传播,为了防止总线两端反射信号,总线两端必须接匹配阻抗。

信号经过总线传播会衰减,甚至失真,因此,信号无中继传输距离是有限的。如果总线长度超过信号无中继传输距离,则需要在总线中间增加中继器。中继器的作用是完成信号再生,即将已经衰减甚至失真的信号重新还原成发送端生成的初始信号。从信号传播角度出发,只要不断增加中继器,总线的长度可以无限长。

中继器是传输介质连接器,用于实现两段传输介质互连。从传输二进制位流的物理层功能出发,由中继器互连的两段传输介质等同于无中继器的单段信道。因此,从实现二进制位流传输功能的角度出发,如图 1.7(b)所示的由中继器互连两段传输介质构成的信道与如图 1.7(a)所示的由单段传输介质构成的信道是相同的。

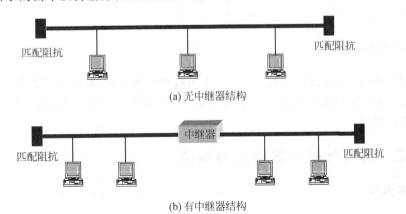

图 1.7 总线型以太网结构

2. 总线型以太网功能需求

总线型以太网的功能是实现连接在总线上的任何两个终端之间的数据传输过程。为了实现这一功能，总线型以太网需要具备以下能力。

（1）数据与信号之间相互转换的能力。发送终端需要将数据转换成信号，然后将信号发送到总线上。接收终端需要通过总线接收信号，并将信号还原成数据。

（2）检测总线是否空闲的能力。任何时候，连接在总线上的终端中，只能有一个终端发送数据，因此，某个终端发送数据前必须确认没有其他终端向总线发送数据。因此，终端需要具备判别总线是否正在发送数据的能力。

（3）寻址能力。任何一个终端发送的数据都可以被连接在总线上的所有其他终端接收到，对于两个终端之间的数据传输过程，每一个终端必须具备判别自己是否是数据接收者的能力。

（4）公平竞争总线的能力。当多个终端同时需要发送数据时，需要有机制保证只有一个终端成功发送数据，且每一个终端成功发送数据的概率是均等的。

（5）数据封装成帧的能力。为了完成数据源终端至目的终端的传输过程，除了数据，还需增加保证数据正确传输所需的控制信息，如检错码和寻址信息等，发送端需要将数据和控制信息组合成帧。

（6）帧对界能力。发送端以帧为单位发送数据。每一个终端需要具有从接收到的二进制位流中正确提取出每一帧的能力。

1.2.2　总线型以太网各层功能

总线型以太网物理层和MAC层实现的功能主要用于满足总线型以太网的功能需求。

1. 物理层功能

以太网的物理层功能主要有3个：一是使得总线空闲和传输数据的状态不同；二是能够完成将数据转换成信号，将信号还原成数据的过程；三是能够将经过总线传输的二进制位流分割成每一帧对应的一段二进制位流。

2. MAC层功能

以太网的MAC层功能主要有3个：一是将数据封装成帧，帧中除了数据，还有检错码和寻址信息等；二是具有寻址接收终端的功能；三是实现用于保证连接在总线上的终端公平竞争总线的机制。

1.2.3　基带传输与曼彻斯特编码

1. 基带信号

基带信号是幅度只有两种离散值的数字信号，每一个码元只能表示一位二进制数，用一种离散值表示二进制0，用另一种离散值表示二进制1，如用-0.7V表示二进制0，用0.7V表示二进制1。

用基带信号传输数据时,波特率等于数据传输速率,因此,如果要求总线型以太网的数据传输速率是10Mb/s,则波特率为10Mbaud,码元长度为10^{-7}s。

2. 基带信号表示数据和还原数据过程

为了精确控制码元长度,需要使用时钟,时钟是时间间隔相同的一串方波,单位时间内的方波数称为时钟频率,每一个方波的长度称为时钟周期,如果时钟的频率为10MHz,则时钟周期等于波特率为10Mbaud的信号的码元长度。因此,可以用频率为10MHz的时钟控制每一个码元的码元长度,如图1.8所示。

接收端正确地将信号还原成数据的前提有两个,一是能够精确地将信号分割为码元;二是能够从码元的幅度得出码元表示的二进制数的值。精确地将信号分割为码元的过程称为位同步,实现位同步需要知道每一个码元的起始位置和每一个码元的长度。如果接收端的时钟频率与发送端的时钟频率相同,且接收端时钟周期的开始位置与码元的起始位置一致,则接收端的每一个时钟周期对应信号的每一个码元,如图1.8所示。

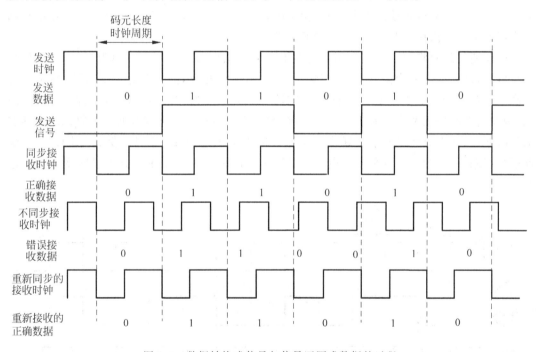

图1.8 数据转换成信号与信号还原成数据的过程

3. 时钟不一致引发的问题

由于不同终端使用不同的时钟,要使得两个终端使用的时钟的频率严格一致是不可能的。由于发送终端和接收终端均用时钟周期确定码元长度,一旦发送终端和接收终端的时钟频率不一致,如发送终端的时钟频率小于接收终端的时钟频率,将导致发送终端发送的信号的码元长度大于接收终端的时钟周期,因而引发发送终端发送的由n个码元组成的信号被接收终端错误地分割为$n+1$个码元的情况,如图1.8中"不同步接收时钟"表示的现象。

引发这一问题的关键是误差累积,只要发送终端的时钟频率小于接收终端的时钟频率,即使两个时钟的频率误差很小，当 n 足够大时，也会使得以下不等式成立：

$$n \times T_发 \geqslant (n+1)T_收$$

其中，$T_发$ 是送终端时钟周期，$T_收$ 是接收终端时钟周期。一旦以上不等式成立，就会发生发送终端发送的由 n 个码元组成的信号被接收终端错误地分割为 $n+1$ 个码元的情况。

解决这一问题的关键是消除误差累积，就如一个星期快或慢一分钟的石英钟，如果每天对一下时，就可以将误差控制在几秒内。对于发送终端和接收终端时钟频率不一致的情况，如果每隔 m 个码元可以重新使得接收端的时钟周期开始位置与码元的起始位置一致，只要 m 足够小，就可避免接收端分割码元出错的情况发生。

4. 曼彻斯特编码

为了使接收端能够每隔 m 个码元重新用码元的起始位置作为时钟周期的开始位置，发送端发送的信号中必须每隔 m 个码元发生一次信号跳变。信号跳变是指从一种离散值变换到另一种离散值的过程。由于二进制位流是随机的，二进制位流中存在连续 n 位二进制数 1 或 0($n \gg m$) 的可能。因此，为了保证随机二进制位流转换后生成的基带信号中每隔 m 个码元发生一次信号跳变，引入曼彻斯特编码。

曼彻斯特编码将每一位二进制数对应的信号分成两部分。对于二进制数 0，前半部分为高电平，而后半部分为低电平；对于二进制数 1，恰好相反，前半部分为低电平，后半部分为高电平（也可以采用相反约定，即二进制数 1 是先高后低，二进制数 0 是先低后高）。因此，曼彻斯特编码用两个码元表示一位二进制数，表示每一位二进制数的两个码元之间存在信号跳变，用两个码元之间信号跳变的不同方向表示二进制数 0 和 1。例如，图 1.9 中"曼彻斯特编码"所示的用高电平至低电平跳变表示二进制数 0，低电平至高电平跳变表示二进制数 1。

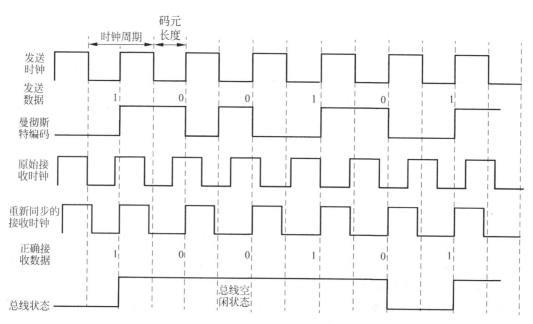

图 1.9 曼彻斯特编码和接收端时钟同步过程

一旦采用曼彻斯特编码,如果二进制位流是连续 1 或连续 0,每一位二进制数对应的信号的开始和中间位置都发生跳变,曼彻斯特编码是频率与发送时钟频率相同的时钟信号。如果二进制位流中二进制数 0、1 交替出现,每一位二进制数对应的信号的中间位置发生跳变,曼彻斯特编码是频率为发送时钟频率一半的时钟信号。

5. 曼彻斯特编码同步接收端时钟过程

由于曼彻斯特编码用两个码元表示一位二进制数,因此,当时钟频率等于数据传输速率时,一个时钟周期对应两个码元长度。发送端使得曼彻斯特编码表示每一位二进制数的两个码元的码元长度等于发送时钟每一个方波中两种不同电平的信号宽度,因此,表示每一位二进制数的两个码元之间发生的信号跳变与发送时钟每一个方波中间的跳变一致。

接收端为了将接收时钟与码元同步,使得接收时钟每一个方波中间的跳变与曼彻斯特编码表示每一位二进制数的两个码元之间发生的信号跳变一致。这样做,一是使得接收时钟每一个方波中间跳变与表示每一位二进制数的两个码元中第二个码元的起始位置一致,二是使得接收时钟每一个方波中两种不同电平的信号宽度尽量等于表示每一位二进制数的两个码元的码元长度,三是使得接收时钟的时钟周期开始位置尽量与表示每一位二进制数的两个码元中第一个码元的起始位置一致,如图 1.9 中"重新同步的接收时钟"所示。

曼彻斯特编码使得接收端每间隔一位二进制数对应的信号长度调整一次时钟周期开始位置,使得发送时钟与接收时钟之间的误差不再累积。

6. 曼彻斯特编码的特点和缺陷

1)曼彻斯特编码的特点

由于表示每一位二进制数的两个码元之间发生信号跳变,因此,可以用不断跳变的信号表示传输数据的信号,用维持电平不变的信号表示总线空闲,如图 1.9 中"总线状态"所示。

2)曼彻斯特编码的缺陷

由于曼彻斯特编码用两个码元表示一位二进制数,因此,波特率＝2×数据传输速率。由于波特率与总线的带宽成正比,因此,相同数据传输速率下,曼彻斯特编码要求的总线带宽是基带信号的两倍。当数据传输速率提高到 100Mb/s 以上时,如果继续采用曼彻斯特编码,将对总线带宽提出很高要求,因此,100Mb/s 及以上数据传输速率的以太网不再采用曼彻斯特编码。

7. 4B/5B 编码

当二进制位流中出现连续的 0 或 1 时,对应的基带信号由于缺乏发送时钟信息,会引发接收端无法使接收时钟与发送时钟同步的问题。曼彻斯特编码使得表示每一位二进制数的信号的中间都发生一次跳变,接收端可以利用这一跳变同步接收时钟,但要求信号的波特率是数据传输速率的两倍。

能否提出一种编码,既能使信号中包含足够的发送时钟信息,保证接收端每隔 m 位二进制数对应的信号同步一次接收时钟,又能使信号的波特率等于数据传输速率?4B/5B 编码就是这样一种编码。

1）NRZI

图 1.8 中的基带信号是不归零(No Return Zero，NRZ)编码，用两种固定的电平分别表示每一位二进制数的 0 和 1。不归零编码的问题是，当二进制位流中出现连续的 0 或 1 时，由于对应的基带信号缺乏发送时钟信息，使得接收端无法同步接收时钟。为解决这一问题，提出了不归零翻转(No Return Zero-Inverse，NRZI)编码，这种编码不是用两种固定的电平分别表示每一位二进制数的 0 和 1，而是采用逢 1 跳变的编码方式。对于二进制数 1，信号的开始位置发生一次跳变；对于二进制数 0，信号维持原电平不变。因此，不归零翻转编码用每一位二进制数对应的信号的开始位置是否发生跳变来表示二进制数的 0 和 1。图 1.10 中分别给出二进制数位流 1100101 对应的 NRZ 和 NRZI 编码。

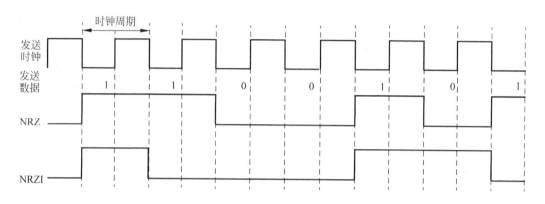

图 1.10　NRZI 编码过程

NRZI 编码解决了连续多位二进制数 1 对应的基带信号中缺乏发送时钟信息的问题，且使得 NRZI 编码的波特率等于数据的传输速率。但连续多位二进制数 0 对应的 NRZI 编码中仍然存在缺乏发送时钟信息的问题。

2）4B/5B 编码过程

为了解决连续多位二进制数 0 对应的 NRZI 编码中缺乏发送时钟信息的问题，在将二进制数位流转换成 NRZI 编码前，先对该二进制数位流进行编码，保证编码后的二进制数位流中连续 0 的位数小于或等于 3，以此保证接收端在最坏情况下间隔 4 位二进制数对应的信号同步一次接收时钟。

为了能够将任意的二进制数位流转换成连续 0 的位数小于或等于 3 的二进制数位流，采用 4B/5B 编码。4B/5B 编码用 5 位二进制数表示 4 位二进制数对应的 2^4 种组合，这 5 位二进制数称为 5B 编码。由于 5 位二进制数可以产生 2^5 个不同的 5B 编码，这些 5B 编码中选择符合以下条件的 2^4 个 5B 编码表示 4 位二进制数的 2^4 种不同的组合。

（1）5B 编码中高位连续 0 的位数小于或等于 1。

（2）5B 编码中低位连续 0 的位数小于或等于 2。

（3）5B 编码中中间位连续 0 的位数小于或等于 2。

符合上述条件，用于表示 4 位二进制数的 2^4 种不同的组合的 2^4 个 5B 编码如表 1.1 所示。除了用于表示 4 位二进制数的 5B 编码，还有用于表示流开始、流结束和信道空闲的 5B 编码，称为控制码，如表 1.2 所示。

表 1.1 4B/5B 编码

4 位二进制数	5B 编码	4 位二进制数	5B 编码
0000	11110	1000	10010
0001	01001	1001	10011
0010	10010	1010	10110
0011	10011	1011	10111
0100	01010	1100	11010
0101	01011	1101	11011
0110	01110	1110	11100
0111	01111	1111	11101

表 1.2 5B 控制码

5B 控制码	说　明
11111	用于表示信道空闲的 5B 编码,帧间间隔一直发送该 5B 编码对应的 NRZI 编码
11000	流开始分界符第一部分
10001	流开始分界符第二部分。开始发送构成 MAC 帧的二进制位流前,先发送流开始分界符第一和第二部分
01101	流结束分界符第一部分
00111	流结束分界符第二部分。发送完构成 MAC 帧的二进制位流后,发送流结束分界符第一和第二部分

3) 传输效率分析

曼彻斯特编码用两个码元表示一位二进制数,因此,曼彻斯特编码的传输效率等于50%。采用曼彻斯特编码的 10Mb/s 以太网的波特率是 20Mbaud。

NRZI 用一个码元表示一位二进制数,但采用 4B/5B 编码后,需要用 5B 编码表示 4 位二进制数,因此,4B/5B 编码的传输效率＝4/5＝80%。采用 4B/5B 编码的 100Mb/s 以太网的波特率是 125Mbaud。

4) 几点说明

4B/5B 编码用于 100Mb/s 以太网,适用的传输介质是双绞线缆和光纤,而双绞线缆和光纤适合组建星形或树形以太网,因此,4B/5B 编码不是总线型以太网使用的编码。在这里讨论 4B/5B 编码的目的只是为了给出解决曼彻斯特编码缺陷的方法。

1.2.4 MAC 地址

连接在总线上的每一个终端必须有唯一的地址,由于该地址在以太网 MAC 层标识终端,因而称为 MAC 地址。MAC 地址由 6 个字节组成。48 位 MAC 地址的最低位是 I/G 位。该位为 0,表示该 MAC 地址对应单个终端;该位为 1,表示该 MAC 地址对应一组终端。48 位 MAC 地址的次低位是 G/L 位。该位为 0,表示该 MAC 地址是全局地址;该位为 1,表示该 MAC 地址是局部地址,全局地址表示该 MAC 地址在全球范围内唯一。

MAC 地址可以分为广播地址、多播地址和单播地址。

广播地址是 48 位全 1 的地址,用十六进制数表示是 ff:ff:ff:ff:ff:ff(6 个用冒号分隔的全 1 字节)。

多播地址范围是 01:00:5e:00:00:00～01:00:5e:7f:ff:ff。

单播地址是广播和多播地址以外且 I/G 位为 0 的 MAC 地址。

1.2.5 MAC 帧

1. MAC 帧结构

连接在总线上的两个终端之间传输的数据需要封装成帧，由于由以太网 MAC 层处理该帧，因而被称为 MAC 帧。MAC 帧结构如图 1.11 所示。

图 1.11　MAC 帧结构

1）先导码和帧开始分界符

先导码和帧开始分界符并不是 MAC 帧的一部分，它们的作用是帮助接收终端完成帧对界的功能。

先导码是由 7 个二进制数位流模式为 10101010 的字节组成的一组编码，它的作用是帮助连接在总线上的终端完成位同步过程。

帧开始分界符为 1 字节二进制数位流模式为 10101011 的编码，用于告知接收端该编码后面是 MAC 帧。这意味着连接在总线上的每一个终端都必须能够通过先导码和帧开始分界符完成从由物理层分割成的每一帧 MAC 帧对应的一段二进制位流中正确定位 MAC 帧的起始字节（目的地址字段的第一个字节）的过程。

2）目的地址和源地址字段

目的地址是用于标识该 MAC 帧接收终端的 48 位 MAC 地址，目的地址可以是单播地址、广播地址和多播地址。如果该 MAC 地址是单播地址，表明该 MAC 帧的接收终端是由该 MAC 地址标识的唯一终端。如果该 MAC 地址是广播地址，表明该 MAC 帧的接收终端是连接在总线上的所有其他终端。如果该 MAC 地址是多播地址，表明该 MAC 帧的接收终端是连接在总线上且属于该多播地址指定的多播组的终端。

源地址是用于标识该 MAC 帧发送终端的 48 位 MAC 地址，源地址只能是单播地址。

当终端 A 发送 MAC 帧给终端 B 时，用终端 A 的 MAC 地址作为 MAC 帧的源 MAC 地址，用终端 B 的 MAC 地址作为 MAC 帧的目的 MAC 地址。终端 A 发送的 MAC 帧被连接在总线上的所有其他终端接收，每一个终端用自己的 MAC 地址和 MAC 帧中的目的 MAC 地址比较，如果相符，则继续处理，否则将该 MAC 帧丢弃。因此，当一个终端想要给另一个终端发送 MAC 帧时，它必须先获取另一个终端的 MAC 地址，否则只能以广播方式发送 MAC 帧。

对于目的 MAC 地址类型不同的 MAC 帧，接收到 MAC 帧的终端用不同的方法确定自己是否是该 MAC 帧的接收终端。如果是单播 MAC 地址，则只有目的 MAC 地址和其 MAC 地址相符的单个终端接收并处理该 MAC 帧。如果是广播地址，则连接在总线上的所有终端均接收并处理该 MAC 帧。如果是多播地址，只有属于多播地址所指定的多播组的终端才接收并处理该 MAC 帧。

3）类型字段

类型字段用于标明数据类型，MAC 帧所封装的数据可以是 IP 分组，也可以是 ARP 请求报文或其他类型的数据，包含不同类型数据的 MAC 帧需要提交给不同的进程处理，类型字段就用于接收端选择和数据的类型相对应的进程。

4）数据字段

数据字段用于传输数据。和其他字段不同，数据字段才真正承载高层协议要求传输的数据，其他字段只是用于保证数据的正确传输，因此，把数据字段称作 MAC 帧的净荷字段。数据字段的长度是可变的。

5）帧检验序列字段

帧检验序列（Frame Check Sequence，FCS）字段是 MAC 帧的检错码，接收端用 FCS 检测 MAC 帧传输过程中发生的错误。以太网采用循环冗余检验（Cyclic Redundancy Check，CRC）码对 MAC 帧进行检错，使用以下生成多项式：

$$G(x) = x^{32} + x^{26} + x^{23} + x^{22} + x^{16} + x^{12} + x^{11} + x^{10} +$$
$$x^8 + x^7 + x^5 + x^4 + x^2 + x + 1$$

32 位帧检验序列（FCS）就是以目的地址、源地址、类型、数据和填充字段组合成的二进制数位流为原始数据，根据生成多项式 $G(x)$ 计算出的 CRC-32。

如果接收端通过 FCS 字段检测出 MAC 帧在传输过程中出错，接收端丢弃该 MAC 帧。以太网 MAC 层没有设置确认和重传机制。

MAC 帧有着严格的长度限制，它的长度必须为 64～1518B，由于其他字段占用了 18B（6B 源 MAC 地址＋6B 目的 MAC 地址＋2B 类型字段＋4B 帧检验序列），数据字段长度应该为 46～1500B。但高层协议要求传输的数据的长度是任意的，一旦数据的字节数不足 46B，就需要用填充字段将 MAC 帧的长度填充到 64B，由此可以推出填充字段的长度为 0～46B。

2．帧对界

两帧 MAC 帧之间要求存在间歇，间歇期间总线为空闲状态。传输 MAC 帧时，首先传输先导码对应的曼彻斯特编码，而曼彻斯特编码很容易让终端监测到总线从空闲状态转变为发送先导码状态，并因此实现帧对界功能。总线发送 MAC 帧的信号状态如图 1.12 所示。值得强调的是，将经过总线传输的二进制位流分割为每一帧 MAC 帧对应的一段二进制位流的过程是由物理层实现的，但只有 MAC 层才能识别 MAC 帧结构，并通过先导码和帧开始分界符完成从由物理层分割成的每一帧 MAC 帧对应的一段二进制位流中正确定位 MAC 帧的起始字节（目的地址字段的第一个字节）的过程。

空闲状态	曼彻斯特编码	空闲状态	曼彻斯特编码	空闲状态	曼彻斯特编码
	MAC帧		MAC帧		MAC帧

图 1.12　总线状态

1.2.6　CSMA/CD 工作原理

CSMA/CD 的中文名称是载波侦听（Carrier Sense）、多点接入（Multiple Access）/冲突检测（Collision Detection），它的作用是让每一个连接在总线上的终端完成通过总线发送数据的过程。

1．CSMA/CD 算法

每一个连接在总线上的终端用 CSMA/CD 算法完成通过总线发送数据的步骤如下。

1）先听再讲

某个想要通过总线发送数据的终端必须确定总线上没有其他终端正在发送数据后，才能开始往总线上发送数据。一旦经过总线传输数据，总线上便存在高低电平有规律跳变的电信号，这种电信号称为载波，是数据的曼彻斯特编码。如果总线空闲，总线上是固定电平。因此，该终端先要侦听总线上是否有载波，在确定总线空闲（无载波出现）的情况下，才能开始发送数据。一旦开始发送数据，随着电信号在总线上传播，总线上所有其他终端都能侦听到载波存在，这就是先听（侦听总线载波）再讲（发送数据）。

2）等待帧间最小间隔

并不是一侦听到总线空闲就立即发送数据，而是必须侦听到总线持续空闲一段时间后，才能开始发送数据，这段时间称为帧间最小间隔（Inter Frame Gap，IFG）。帧间最小间隔与总线数据传输速率有关，10Mb/s 以太网的帧间最小间隔为 $9.6\mu s$。

设置帧间最小间隔的目的主要有 3 个：①如果接连两帧 MAC 帧的接收终端相同，必须在两帧之间给接收终端一点用于腾出缓冲器空间的时间；②一个想连续发送数据的终端，在发送完当前帧后，不允许接着发送下一帧，必须和其他终端公平争用发送下一帧的机会；③总线在发送完一帧 MAC 帧后，必须回到空闲状态，以便在发送下一帧 MAC 帧时，能够让连接在总线上的终端正确监测到先导码和帧开始分界符，如图 1.12 所示。

3）边讲边听

一旦某个终端开始发送数据，其他终端都能侦听到载波，在侦听到载波期间，所有其他终端均不能发送数据。这些终端中想要发送数据的终端只能在侦听到总线持续空闲帧间最小间隔后才能开始发送数据。但可能存在这样一种情况，两个终端都想发送数据，因此都开始侦听总线，当发送数据的终端完成数据发送过程后，这两个终端同时侦听到总线空闲，并在总线持续空闲帧间最小间隔后同时发送数据，这样，两个终端发送的电信号就会叠加在总线上，导致冲突发生。其实，由于电信号经过总线传播需要时间，如果两个终端相隔较远，即使一个终端开始发送数据，在电信号传播到另一个终端前，另一个终端仍然认为总线空闲。因此，即使不是同时开始侦听总线，只要两个终端开始侦听总线的时间差在电信号传播时延内，仍然可能发生冲突。因此，某个终端开始发送数据后，必须一直检测总线上是否发生冲突，如果检测到冲突发生，就停止数据发送过程，发送 4B 或 6B 长度的阻塞信号（也称干扰信号），迫使所有发送数据的终端都能检测到冲突发生，并结束数据发送过程。这就是边讲（发送数据）边听（检测冲突是否发生）。检测冲突是否发生的方法很多，其中比较简单的一种是边发送边接收，并将接收到的数据和发送的数据进行比较，一旦发现不相符的情况，就表明冲突发生。

4）退后再讲

一旦检测到冲突发生，就停止数据发送过程，延迟一段时间后，再开始侦听总线。两个终端的延迟时间必须不同，否则可能进入发送→冲突→延迟→侦听→发送→冲突→……这样的循环中。如果两个终端的延迟时间不同，延迟时间短的终端先开始侦听总线，在侦听到总线空闲并持续空闲帧间最小间隔后，开始发送数据。当延迟时间长的终端开始侦听总线时,由于另一个终端已经开始发送数据,它必须等待总线空闲后才可以开始发送过程。CSMA/CD 的操作过程如图 1.13 所示。

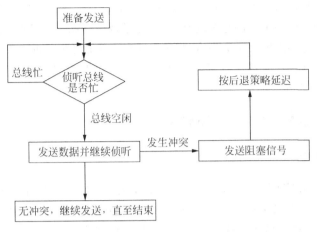

图 1.13 CSMA/CD 操作过程

2. 后退算法

终端检测到冲突发生后,通过后退算法生成延迟时间。后退算法需要保证以下 3 点:①每一个终端生成的延迟时间都是随机的,且相互独立,因此,两个以上终端生成相同延迟时间的概率较小;②最小的且与其他终端的延迟时间不同的延迟时间最好为 0;③所有终端的平均延迟时间尽可能小。

1) 后退算法描述

以太网采用称为截断二进制指数类型的后退算法,算法如下:

(1) 确定参数 K。初始时,$K=0$,每发生一次冲突,K 就加 1,但 K 不能超过 10,因此,$K=\mathrm{MIN}[\text{冲突次数},10]$。

(2) 从整数集合 $[0,1,\cdots,2^K-1]$ 中随机选择某个整数 r。

(3) 根据 r,计算出后退时间 $T=r\times t_\text{基}$($t_\text{基}$ 是基本延迟时间,对于 10Mb/s 以太网,$t_\text{基}=51.2\mu\mathrm{s}$)。

(4) 如果连续重传了 16 次都检测到冲突发生,则终止传输,并向高层协议报告。

2) 后退算法分析

对于两个终端发生冲突的情况。每一个终端单独执行后退算法,在计算延迟时间时,对于第一次冲突,因为 $K=1$,两个终端各自在 $[0,1]$ 中随机挑选一个整数,由于只有两种挑选结果,两个终端挑选相同整数的概率为 50%。如果两个终端在第一次发生冲突后挑选了相同整数,则将再一次发生冲突。当检测到第二次冲突发生时,因为 $K=2$,两个终端各自在 $[0,1,2,3]$ 中随机挑选整数,由于选择余地增大,两个终端挑选到相同整数的概率降为 25%。随着冲突次数不断增加,两个终端产生相同延迟时间的概率不断降低。当两个终端的延迟时间不同时,选择较小延迟时间的终端先成功发送数据。

对于多个终端发生冲突的情况。假如 100 个终端发生冲突,在第一次冲突发生时,其中一个终端选择整数 0,其余 99 个终端选择整数 1 的概率几乎为 0。但随着冲突次数的不断增多,整数集合的不断扩大,因而有可能在发生 16 次冲突前,有一个终端选择了整数 r,它和所有其他终端选择的整数不同,且小于所有其他终端选择的整数。

通过上述分析可以看出,截断二进制指数类型的后退算法是一种自适应后退算法,在少量终端发生冲突的情况下,为了提高总线的利用率,尽量减少终端平均延迟时间。在大量终端发生冲突的情况下,通过不断增大整数集合,尽量保证有终端最终获取通过总线发送数据的机会。

由于 CSMA/CD 算法容易实现,因此,采用 CSMA/CD 算法的总线型以太网因为简单和便宜,成为最常见的办公网络。

1.2.7　CSMA/CD 算法的缺陷

1. 只适应轻负荷

通过分析 CSMA/CD 和后退算法得出,对于连接在总线上的终端中只有少量终端需要同时发送数据的情况,终端之间重复发生冲突的概率较小,终端的平均延迟时间较短,因此,总线的利用率较高。对于总线上连接大量终端,且这些终端需要密集发送数据的情况,这些终端不是因为发生冲突,就是因为处于延迟时间内而不能使用总线,总线的利用率非常低。因此,CSMA/CD 算法是一种只适应轻负荷的算法,采用 CSMA/CD 算法的总线型以太网只适用于轻负荷应用环境。

2. 捕获效应

截断二进制指数类型的后退算法在两个终端都要连续发送数据的情况下,有可能导致一个终端长时间内一直争到总线发送数据,而另一个终端长时间内一直争不到总线发送数据,这种情况称为捕获效应。

如图 1.14 所示,当两个终端同时要连续发送数据时,都去侦听总线,当总线持续空闲帧间最小间隔后,两个终端同时向总线发送数据,导致冲突发生,两个终端分别用后退算法生成延迟时间,假定终端 A 选择的延迟时间为 $0 \times t_基$,而终端 B 选择的延迟时间为 $1 \times t_基$,终端 A 成功发送第 1 帧数据。

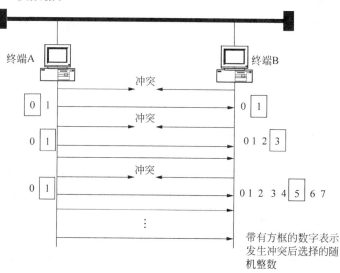

图 1.14　捕获效应示意图

由于终端 A 有大量数据需要发送,在发送完第 1 帧数据后,紧接着发送第 2 帧数据,但必须通过争用总线过程获得发送第 2 帧数据的机会。当终端 A 和终端 B 又侦听到总线空闲,并又同时发送数据,导致冲突再次发生时,对于终端 A 而言,由于是发送第 2 帧数据时发生的第 1 次冲突,因此 $K=1$,在整数集合[0,1]之间随机选择一个整数 r,而对于终端 B 而言,由于是发送第 1 帧数据时发生的第 2 次冲突,因此 $K=2$,在整数集合[0,1,2,3]中随机选择一个整数 r',显然,$r<r'$ 的概率更大,使得终端 A 又一次成功发送第 2 帧数据。

根据终端 B 选择的延迟时间大小和终端 A 的 MAC 帧长度,有可能在终端 B 延迟时间内,终端 A 已成功发送若干 MAC 帧。但当终端 B 再次开始侦听总线并试图发送数据时,又将和终端 A 发生冲突。对于终端 A,由于 $K=1$,仍然在整数集合[0,1]中随机选择一个整数 r。对于终端 B,由于 $K=3$,将在整数集合[0,1,2,3,4,5,6,7]中随机选择一个整数 r',$r<r'$ 的概率比前一次更大,又导致终端 A 发送成功。最终导致终端 A 长时间通过总线发送数据,而终端 B 一直得不到发送数据的机会。

捕获效应表明 CSMA/CD 和后退算法不是一种能够让所有终端公平使用总线的算法。由于让连接在总线上的终端公平享有使用总线的权利是总线型以太网的旨旨,因此,捕获效应是一个很大的问题,如果不能解决,将严重影响采用 CSMA/CD 算法的总线型以太网的广泛应用。

3. 冲突域直径和最短帧长之间的制约

1) 冲突域直径

对于总线型以太网,任何时候,连接在总线上的终端中只能有一个终端发送数据,一旦有两个(或以上)终端同时发送数据,就会发生冲突,因此,将具有这种传输特性的网络所覆盖的地理范围称为冲突域,将同一冲突域中相距最远的两个终端之间的物理距离称为冲突域直径。

图 1.16 中是用时间而不是用距离来标识冲突域直径,是因为在知道信号传播速度的情况下,传播时间和传播距离是可以相互换算的,因而,也可以用信号传播时间来标识冲突域直径。假定同轴电缆的长度为 L,电信号传播速度为 V,则传播时间 $T=L/V$。电信号真空中的传播速度等于光速 c。由于阻抗的因素,电信号电缆中的传播速度约为 $(2/3)c$,因此,$T=3L/2c$。如果确定了传播时间 T,可以得出电缆长度 $L=(2/3)c\times T$。

2) 中继器扩展电信号传播距离

电信号通过电缆传播会产生衰减,衰减程度与电缆的长度成正比,因此,单段电缆不允许很长,表 1.3 中给出了不同传输介质单段电缆的长度限制。为了扩大冲突域直径,必须使用电缆连接设备——中继器。中继器是一个物理层设备,它的功能是将衰减后的电信号再生,即放大和同步,图 1.15 中给出中继器再生基带信号的过程。中继器将一端接收到的已经衰减的电信号进行放大、同步,然后从另一端输出的过程需要时间,因此,在使用中继器互连电缆的冲突域中,不能简单地根据作为冲突域直径的时间 T 推算物理距离 $L=(2/3)c\times T$,而必须考虑电信号经过中继器所花费的时间。如果每一个中继器的延迟时间为 T',冲突域中有 N 个中继器,根据作为冲突域直径的时间 T,可大致推算出冲突域直径的物理距离 $L=(2/3)c\times(T-N\times T')$。

中继器是物理层互连设备,理论上可以通过中继器的信号再生功能无限扩大冲突域,即

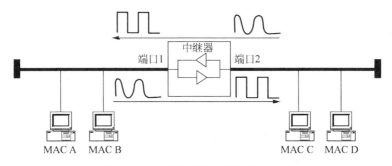

图 1.15　中继器再生基带信号的过程

经过中继器互连的同轴电缆总长不受限制。

3）MAC 帧的最短帧长

为了保证发送端能够检测到任何情况下发生的冲突，发送端发送 MAC 帧的最短时间和冲突域直径之间存在关联。而 MAC 帧的长度和总线的传输速率又决定了 MAC 帧的发送时间，因此，冲突域直径和 MAC 帧的最短帧长之间存在关联。

假定图 1.16 中的终端 A 和终端 B 是冲突域中间隔最远的两个终端，因此，当冲突域直径是时间 t 时，电信号从终端 A 传播到终端 B 所需要的时间为 t（电信号传播过程中可能经过若干中继器）。

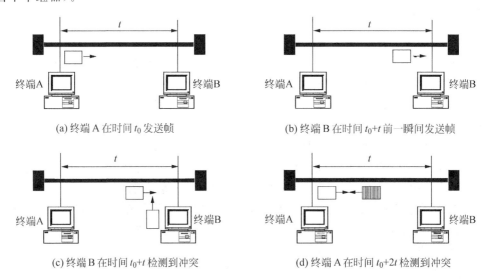

图 1.16　冲突域直径和最短帧长之间关系

如图 1.16(a)所示，假定终端 A 在时间 t_0 开始发送 MAC 帧。由于时间表示的冲突域直径是 t，因此，终端 A 在时间 t_0 开始发送的信号，在时间 t_0+t 时到达终端 B。如图 1.16(b)所示，假定在 t_0+t 前一瞬间，终端 B 由于侦听到总线空闲，也开始发送数据。如图 1.16(c)所示，终端 B 立即检测到冲突发生。终端 B 一方面停止发送 MAC 帧，另一方面通过发送阻塞信号来强化冲突，迫使终端 A 检测到冲突发生。如图 1.16(d)所示，由于终端 B 发送的电信号必须经过时间 t 才能到达终端 A，和终端 A 发送的电信号叠加，使终端 A 检测到冲突发生，因此，终端 A 在时间 t_0+2t 时才能检测到已经发生的冲突。由于终端 A 是边发送 MAC 帧边检测冲突是否发生，因此，为了确保能够检测到任何情况下发生的冲突，终端 A 发送

MAC 帧的时间不能小于 $2t$。将发送时间为 $2t$ 的 MAC 帧长度称为最短帧长,如果最短帧长为 M,网络传输速率为 S,则 $M/S=2t$,求出 $M=2t\times S$。

10Mb/s 以太网标准规定 $t=25.6\mu s$,$2t=51.2\mu s$,$S=10$Mb/s,求出 MAC 帧最短帧长 $=51.2\times10^{-6}\times10\times10^{6}=512b=64$B。64B 最短帧长的含义是:在确定冲突域直径为 $25.6\mu s$ 的前提下,发送端只保证每一帧的发送时间 $\geqslant51.2\mu s$,才能检测到任何情况下发生的冲突。$2t$ 称为争用期,也称为冲突窗口。任何一个终端只有在冲突窗口内没有检测到冲突发生,才能保证该次发送不会发生冲突。

4)冲突域直径与基本延迟时间

后退算法求出的延迟时间 $T=r\times t_{基}$,其中 r 是整数集中随机选择的整数,$t_{基}$ 是基本延迟时间,基本延迟时间 $t_{基}=2\times$ 时间表示的冲突域直径,对于 10Mb/s 以太网,$t_{基}=51.2\mu s$。

通过图 1.16 可以发现,只有当两个终端的延迟时间差大于或等于 $2\times$ 时间表示的冲突域直径时,才能保证两个终端不再发生冲突。对于如图 1.16 所示的情况,如果终端 B 在 t_B 时间检测到冲突发生,发送完阻塞信号后,停止数据发送过程。假定终端 B 选择的整数为 1,求出延迟时间 $T=t_{基}$,终端 B 将在 $t_B+t_{基}$ 时间开始侦听总线。终端 A 在 t_B+t 时间检测到冲突发生,发送完阻塞信号后,停止数据发送过程。假定终端 A 选择的整数为 0,则终端 A 在时间 t_B+t+帧间最小间隔开始发送数据,信号在 t_B+t+帧间最小间隔$+t$ 时间到达终端 B。由于终端 B 在 $t_B+t_{基}$ 时间开始侦听总线,如果终端 B 持续 $t_B+t_{基}\sim t_B+t_{基}+$帧间最小间隔一直检测到总线空闲,将在时间 $t_B+t_{基}+$帧间最小间隔开始发送数据。为了避免终端 A 和终端 B 再次发生冲突,必须使得 t_B+t+帧间最小间隔$+t\leqslant t_B+t_{基}+$帧间最小间隔,得出 $2t\leqslant t_{基}$,其中 t 是以时间表示的冲突域直径。

5)最短帧长对高速以太网冲突域直径的限制

如果没有中继设备,冲突域两端直接用电缆连接,$25.6\mu s$ 的冲突域直径对应的物理距离 $=(25.6\times10^{-6}\times2\times10^{8})m=5120$m(其中 $2c/3=2\times10^{8}$m/s)。无论是粗同轴电缆还是细同轴电缆,单段电缆的长度都不可能达到 5120m,如表 1.3 所示。因此,必须使用中继器,使用中继器后的冲突域直径的物理距离和冲突域两端之间通路中的中继器数量及中继器实现信号再生所需的时间有关。表 1.3 给出了不同传输介质下 $25.6\mu s$ 传播时间能够达到的物理距离,即转换成物理距离的冲突域直径。需要强调的是,表 1.3 是标准推荐的冲突域直径的物理距离,它不仅需要考虑中继器信号再生过程所需的时间,还须有一定的冗余,因此,它小于极端条件下计算出的物理距离。

表 1.3 各种类型电缆的物理距离

传输介质类型	中继器数量	单段电缆长度/m	冲突域直径/m
粗同轴电缆	4	500	2500
细同轴电缆	4	185	925
双绞线	4	100	500

在明白了最短帧长和冲突域直径之间的关系后,就会发现以太网发展过程中遇到的诸多困难。电信号传播时间与终端发送数据的速率无关,基本上只和传播距离以及中间经过的中继器数量有关。当终端的传输速率从 10Mb/s 上升到 100Mb/s 时,如果保持冲突域直径不变(仍然为 $25.6\mu s$),由于发送端发送 MAC 帧的时间必须大于或等于 $25.6\mu s\times2=51.2\mu s$,

计算出最短帧长＝$(51.2\times10^{-6}\times100\times10^{6})$＝5120b，即640B。如果为了兼容，要求最短帧长不变，仍为64B，则冲突域直径必须缩小到以100Mb/s传输速率发送512位二进制数所需时间的一半，即$(512/(100\times10^{6}\times2))$s＝2.56$\mu$s，将其转换成物理距离的话，大约在200m左右（考虑中间存在中继器的情况）。100Mb/s以太网选择了最短帧长和10Mb/s以太网兼容，但将转换成物理距离的冲突域直径降低到216m，图1.17所示是标准推荐的100Mb/s以太网的连接方式。216m是冲突域两端之间通路存在两个中继器的情况下，电信号在2.56μs时间内所能传播的最大物理距离。

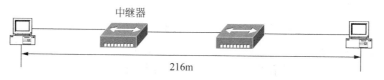

图1.17　100Mb/s以太网的连接模式

当以太网从100Mb/s传输速率发展到1000Mb/s传输速率时，如果维持最短帧长不变，仍为64B，则冲突域直径将缩小到以1000Mb/s传输速率发送512位二进制数所需时间的一半，即$(512/(1000\times10^{6}\times2))$s＝0.256$\mu$s。最短帧长和冲突域直径之间的矛盾更加突出。这种情况下，转换成物理距离的冲突域直径将下降为50m左右，网络将失去实际意义。因此，1000Mb/s以太网将最短帧长选择为640B，这样，冲突域直径可以提高到以1000Mb/s传输速率发送5120位二进制数所需时间的一半，即$(5120/(1000\times10^{6}\times2))$s＝2.56$\mu$s，仍然能够将转换成物理距离的冲突域直径维持在200m左右（考虑中间存在中继器的情况）。

1000Mb/s以太网扩大最短帧长的方法有两种。一种是将多个帧长小于640B的MAC帧集中起来当作一个MAC帧发送，保证发送时间大于2.56μs；另一种是如果发送的MAC帧的长度小于640B，终端在发送完MAC帧后，继续发送填充数据，保证每次发送时间大于2.56μs。通过这两种方法，1000Mb/s以太网既保证了将最短帧长扩大到640B，又能和10Mb/s以太网、100Mb/s以太网兼容。

由此可以得出，冲突域直径与最短帧长之间的相互制约关系已经严重影响采用CSMA/CD算法的总线型以太网数据传输速率的提高。

1.2.8　集线器和星形以太网结构

自从出现双绞线作为传输介质的以太网标准，人们开始广泛采用集线器（hub）来互连终端。集线器是一个多端口中继器，端口支持的传输介质类型通常为双绞线缆，因此，用集线器连接终端方式构建的以太网仍然是一个共享式以太网，即整个以太网是一个冲突域。图1.18所示是用集线器互连终端的网络结构和集线器工作原理图。

从图1.18中可以看出，虽然连接终端的双绞线缆分别有一对双绞线用于发送，一对双绞线用于接收，但一旦某个终端发送数据，发送的数据将传播到所有终端的接收线上，因此，任何时候仍然只允许一个终端向集线器发送数据。集线器只是改变了以太网的拓扑结构，将以太网从总线型变为星形，但终端通过争用总线传输数据的本质没有改变。可以将集线器想象成缩成一个点的总线，把这种物理上的星形网络当作逻辑上的总线型网络，即从物理

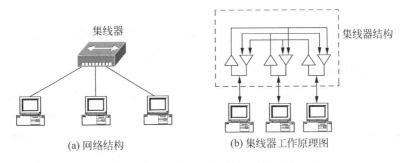

(a) 网络结构　　　　　　　(b) 集线器工作原理图

图 1.18　集线器互连终端的网络结构和集线器工作原理图

连接方式看是星形,但从信号传播方式看,仍然和总线型以太网相同,因此,连接在集线器上的终端必须通过 CSMA/CD 算法完成数据传输过程。

　　集线器互连终端的方式如图 1.19 所示,将两端连接水晶头的双绞线缆的一端插入集线器 RJ-45 标准端口。另一端插入 PC 网卡 RJ-45 标准端口。RJ-45 是双绞线接口标准。多台集线器可以通过双绞线缆串接在一起,根据以太网标准,10Mb/s 传输速率的集线器最多可以串接 4 个,冲突域直径为 500m。100Mb/s 传输速率的集线器最多可以串接两个,冲突域直径为 216m 的集线器其实就是多端口中继器,因此,图 1.17 所示也是串接两个集线器的网络结构。

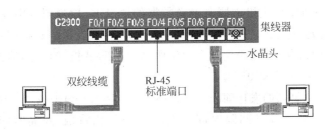

图 1.19　集线器互连终端示意图

1.2.9　例题解析

【例 1.1】　根据 CSMA/CD 工作原理,下述情况中需要提高最短帧长的是_____。

A. 网络传输速率不变,冲突域最大距离变短

B. 冲突域最大距离不变,网络传输速率变高

C. 上层协议使用 TCP 概率增加

D. 在冲突域最大距离不变的情况下,减少线路中的中继器数量

【解析】　最短帧长 $=2\times T\times S$,T 是化作时间的冲突域直径,即电信号经过冲突域最大距离传播所需要的时间,S 是网络传输速率。

　　A 情况中,T 减小,S 不变,最短帧长应该减小,不是提高。

　　B 情况中,T 不变,S 变高,最短帧长应该提高。

　　C 情况中,底层网络的工作过程应该和高层协议无关,这也是分层的主要原因,因此,上层使用 TCP 的概率和最短帧长无关。

　　D 情况中,由于线路中的中继器数量减少,在冲突域最大距离不变的情况下,电信号经过冲突域最大距离传播所需要的时间 T 减少,最短帧长应该减小。

综合以上分析,正确答案是 B。

【例 1.2】 在一个采用 CSMA/CD 的网络中,传输介质是一根完整的电缆,传输速率为 1Gb/s,电缆中的信号传播速度为(2/3)c,即 2×10^8 m/s,若最小帧长减少 800b,则相距最远的两个站点之间的距离至少需要_____。

   A. 增加 160m   B. 增加 80m   C. 减少 160m   D. 减少 80m

【解析】 根据公式:最短帧长=$2\times T\times S$,求出作为冲突域直径的时间差 ΔT=最小帧长差$/(2\times S)$=$(800/(2\times10^9))$s=4×10^{-7}s,冲突域直径的距离差=冲突域直径的时间差 $\Delta T\times$电信号传播速度=4×10^{-7}s$\times2\times10^8$m/s=80m。正确答案是减少 80m,选 D。

【例 1.3】 某局域网采用 CSMA/CD 协议实现介质访问控制,数据传输速率为 10Mb/s,主机甲和主机乙相距 2km,信号传播速度为 200 000km/s,请回答下列问题并给出计算过程。

(1)若主机甲和主机乙发送数据时发生冲突,从开始发送数据到两个主机均检测到冲突发生的最短和最长时间分别是多少?(假定主机甲和主机乙发送数据期间,其他主机不发送数据。)

(2)若网络不存在任何冲突和差错,主机甲以以太网标准允许的最长数据帧(1518B)向主机乙发送数据,一旦主机乙成功接收当前数据帧,主机甲立即发送下一帧,主机甲的有效数据传输速率是多少?(不考虑 MAC 帧的先导码。)

【解析】 (1)主机甲和主机乙同时发送数据的情况下,检测到冲突发生所需的时间最短,为端到端传播时延,等于$(2/200000)$s=1×10^{-5}s。一方发送的数据到达另一方时,另一方才开始发送数据的情况下,检测到冲突发生所需的时间最长,为端到端传播时延的两倍,等于$(2\times(2/200\,000))$s=2×10^{-5}s。

(2)主机甲两帧数据帧的发送间隔=$((1518\times8)/(10\times10^6)+(2/200\,000))$s=$1.2244\times10^{-3}$s,有效数据传输速率等于间隔时间内实际发送的比特数/间隔时间=$((1518\times8)/(1.2244\times10^{-3}))$Mb/s=9.92Mb/s。

1.3   网桥与冲突域分割

总线型以太网是一个冲突域,CSMA/CD 算法导致总线型以太网只适用于轻负荷应用环境,存在捕获效应和最短帧长与冲突域直径之间的制约关系。这些缺陷严重影响了采用 CSMA/CD 算法的总线型以太网的应用,必须找出解决总线型以太网这些缺陷的方法。这种情况下,网桥及网桥互连多个冲突域的以太网结构应运而生。

1.3.1   网桥分割冲突域原理

缩小冲突域有两个方法:一是可以使得连接在每一个冲突域中的终端数量变少,冲突域内的负荷变轻;二是可以通过降低冲突域直径来减轻冲突域直径与最短帧长之间的制约关系所造成的影响。因此,需要能够将一个大型以太网分割成若干个冲突域,并用一种设备将多个冲突域互连在一起,这种互连多个冲突域的设备就是网桥。以太网中,冲突域也称为网段,因此,网桥也是互联网段的设备。

图 1.20 所示是一种用双端口网桥将两个冲突域互连成一个以太网的结构,终端 A、终

端 B 和网桥端口 1 构成一个冲突域。终端 C、终端 D 和网桥端口 2 构成另一个冲突域。和中继器不同,网桥不会将从一个端口接收到的电信号经放大、整型和同步后从另一个端口发送出去。网桥实现电信号隔断和位于不同冲突域的终端之间通信功能的原理如图 1.21 所示。

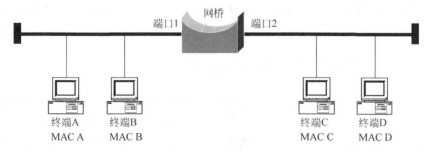

图 1.20 用双端口网桥互连两个冲突域的以太网结构

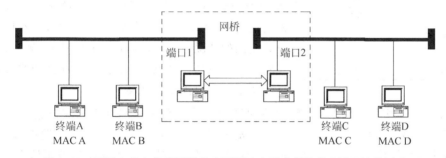

图 1.21 网桥实现电信号隔断并在不同冲突域之间转发 MAC 帧的原理

一个网络成为单个冲突域是因为连接在网络中的任何一个终端所发送的信号都被传播到整个网络中。一个实现两段电缆互连的中继器虽然从物理上将电缆分割成了两段,但连接在其中一段电缆上的终端所发送的电信号仍然可以通过中继器传播到另一段,只是中继器在将电信号从一个端口连接的电缆传播到另一个端口连接的电缆时,还将已经衰减的电信号放大、整型、同步,还原成标准的基带信号。虽然互连两段电缆的网桥和互连两段电缆的中继器的物理连接方式一样,但网桥互连的两段电缆分别构成两个网段。如图 1.21 所示,网桥完全隔断了电信号的传播通路,电信号只能在构成网段的单段电缆上传播,一段电缆上的电信号无法通过网桥传播到另一段电缆上。因此,从电信号传播的角度看,通过网桥连接的两段电缆完全是相互独立的两个冲突域,图 1.20 中的双端口网桥将网络分割为两个相互独立的总线型以太网。

如图 1.21 所示,在同一个冲突域中,网桥端口和其他终端的功能是一样的,一方面,它也接收其他终端经过总线发送的 MAC 帧;另一方面,它也通过连接的总线发送 MAC 帧。发送 MAC 帧时,同样需要执行 CSMA/CD 算法,在侦听到总线空闲并持续空闲 IFG 所规定的时间段后,才能开始 MAC 帧发送过程。

为了实现位于不同冲突域的两个终端之间的通信功能,网桥能够从一个端口接收 MAC 帧,再从另一个端口将 MAC 帧转发出去。值得指出的是,网桥同样需要通过执行 CSMA/CD 算法完成从另一个端口转发 MAC 帧的过程。

网桥作为一个采用数据报交换方式的分组交换机实现两个冲突域之间的 MAC 帧转发过程,因此它是存储转发设备,必须有缓冲器来存储因另一个端口所连总线忙而无法及时转发的 MAC 帧。网桥连接的两个冲突域可以同时进行数据传输而不会发生冲突，比如图 1.20 中的终端 A 和终端 B、终端 C 和终端 D 就允许同时进行数据传输过程。

同一冲突域中，由于 N 个终端共享总线带宽 M，在不考虑因为冲突导致的带宽浪费的情况下，每一个终端平均分配 M/N 带宽。由于网桥每一个端口连接的冲突域都是独立的，因此，对于 N 个端口的网桥，当每一个端口连接的冲突域的带宽为 M 时，总的带宽是 $N \times M$。

1.3.2　转发表和 MAC 帧转发过程

如果是位于同一冲突域的两个终端之间进行 MAC 帧传输过程，如图 1.20 中的终端 A 向终端 B 发送 MAC 帧的情况，网桥连接该冲突域的端口虽然也接收到该 MAC 帧，但丢弃该 MAC 帧。如果是位于某个冲突域的终端向位于另一个冲突域的终端发送 MAC 帧，如图 1.20 中的终端 A 向终端 C 发送 MAC 帧的情况，网桥从端口 1 接收该 MAC 帧，在端口 2 所连总线空闲的情况下，通过端口 2 将该 MAC 帧转发出去。问题在于网桥如何判别 MAC 帧的源和目的终端是否位于网桥不同端口连接的冲突域中。

表 1.4　转发表

MAC 地址	转发端口
MAC A	端口 1
MAC B	端口 1
MAC C	端口 2
MAC D	端口 2

网桥通过转发表确定 MAC 帧的源和目的终端是否位于网桥不同端口连接的冲突域中。表 1.4 是图 1.21 中网桥所建立的转发表，转发表中的每一项称为转发项，转发项由 MAC 地址和转发端口组成，MAC 地址指定某个终端，对应的转发端口表明该 MAC 地址所指定的终端连接在转发端口所连接的冲突域上。如转发表中有一个转发项的 MAC 地址是 MAC A，转发端口为端口 1，表明 MAC 地址为 MAC A 的终端（终端 A）连接在端口 1 所连接的冲突域上。

网桥中一旦生成了如表 1.4 所示的转发表，就能够轻易确定 MAC 帧的源和目的终端是否位于网桥不同端口连接的冲突域中。由于每一个 MAC 帧都携带源 MAC 地址和目的 MAC 地址，源 MAC 地址给出发送终端的 MAC 地址，而目的 MAC 地址给出接收终端的 MAC 地址，当网桥从一个端口接收到 MAC 帧，根据 MAC 帧携带的目的 MAC 地址去查找转发表，假定在转发表中找到一个转发项，该转发项的 MAC 地址和 MAC 帧的目的 MAC 地址相同，且该转发项的转发端口为 X。如果端口 X 就是接收到该 MAC 帧的端口，意味着发送该 MAC 帧的终端和接收该 MAC 帧的终端位于同一个冲突域，即网桥端口 X 所连的冲突域，则网桥丢弃该 MAC 帧。如果端口 X 不是网桥接收到该 MAC 帧的端口，意味着接收终端连接在端口 X 所连接的冲突域上，而且和发送终端不在同一个冲突域，网桥必须通过执行 CSMA/CD 算法将该 MAC 帧通过端口 X 转发出去。如果某项转发项的 MAC 地址和 MAC 帧的目的 MAC 地址相同，表示该转发项和该 MAC 帧的目的地址匹配。

1.3.3　网桥工作流程

网桥建立如表 1.4 所示的转发表后，可以正常转发 MAC 帧。但转发表是如何建立的呢？建立转发表的方法有两种。一种是手工配置，由网络管理人员手工完成每一个网桥中转发表的配置工作。这不仅非常麻烦，而且几乎不可行。另一种是由网桥通过地址学习自动建立转发表。当网桥从端口 X 接收到一个 MAC 帧,意味着端口 X 和该 MAC 帧的发送终端位于同一个冲突域,网桥可以在转发表中添加一个转发项,该转发项的 MAC 地址为该 MAC 帧携带的源 MAC 地址,而转发端口为网桥接收到该 MAC 帧的端口 X。当网桥所连接的两个冲突域上的所有终端均发送 MAC 帧后,网桥才能完整地建立如表 1.4 所示的转发表。如果网桥刚初始化,转发表为空,对接收到的第一个 MAC 帧作何处理? 或者虽然转发表中已有若干转发项,但没有与接收到的 MAC 帧匹配的转发项,又将如何? 这种情况下,网桥将从除接收到该 MAC 帧的端口以外的所有其他端口广播该 MAC 帧。

网桥地址学习和 MAC 帧转发过程如图 1.22 所示。只要网桥接收到某个 MAC 帧,在转发表中添加与该 MAC 帧源 MAC 地址关联的转发项,转发项中的 MAC 地址为该 MAC 帧的源 MAC 地址,转发端口为网桥接收该 MAC 帧的端口。转发表中的每一项转发项都设置一个定时器,如果在规定时间内没有接收到以该转发项中 MAC 地址为源 MAC 地址的 MAC 帧,将从转发表中删除该转发项。这样做的原因在于网络中终端的位置不是一成不变的,终端可能在不同的时间连接到网桥不同端口连接的冲突域中。

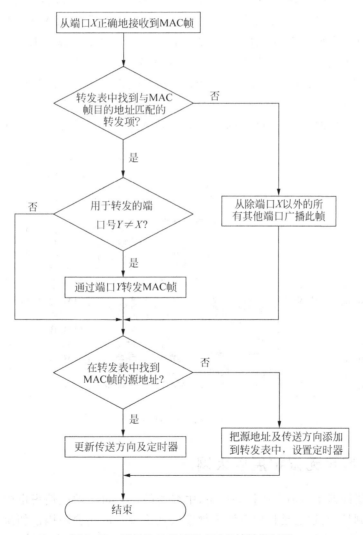

图 1.22 网桥地址学习和 MAC 帧转发过程

网桥转发 MAC 帧过程分为以下 3 种情况：一是转发表中不存在与该 MAC 帧匹配的转发项，这种情况下，网桥将从除接收该 MAC 帧的端口以外的所有其他端口输出该 MAC 帧，即网桥广播该 MAC 帧；二是该 MAC 帧匹配的转发项中的转发端口与接收该 MAC 帧的端口相同，这种情况下，网桥将丢弃该 MAC 帧；三是该 MAC 帧匹配的转发项中的转发端口与接收该 MAC 帧的端口不同，这种情况下，网桥将从转发项指定的转发端口输出该 MAC 帧。

1.3.4　端到端交换路径

由终端以及网桥和互连终端与网桥、网桥与网桥的物理链路构成的以太网中，两个终端之间的 MAC 帧传输路径称为两个终端之间的交换路径。例如，在图 1.23 中，终端 A 至终端 B 的交换路径是：终端 A→S1 端口 1→S1 端口 2→终端 B。终端 A→S1 端口 1 和 S1 端口 2→终端 B 是两段互连终端和网桥端口的物理链路。S1 端口 1→S1 端口 2 由网桥工作原理、S1 的转发表和终端 B 的 MAC 地址确定。S1 通过端口 1 接收到终端 A 发送给终端 B 的 MAC 帧，转发表中转发项<MAC B,2>将终端 B 的 MAC 地址与端口 2 绑定在一起，S1 以此完成该 MAC 帧的 S1 端口 1→S1 端口 2 的交换过程。以此类推，终端 A 至终端 C 的交换路径是：终端 A→S1 端口 1→S1 端口 3→S2 端口 1→S2 端口 2→S3 端口 3→S3 端口 1→终端 C。终端 A 至终端 E 的交换路径是：终端 A→S1 端口 1→S1 端口 3→S2 端口 1→S2 端口 4→终端 E。两个终端之间交换路径经过的每一个网桥根据转发表和 MAC 帧的目的 MAC 地址完成 MAC 帧输入端口至输出端口的交换过程。

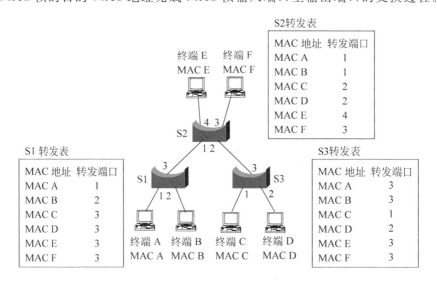

图 1.23　交换路径

1.3.5　网桥无限扩展以太网

中继器或集线器是传输介质扩展设备，中继器的信号再生功能使得由中继器互连的传输介质长度得到扩展，这也是称中继器为物理层互连设备的主要原因。如果单从传播电信号的角度出发，两个终端之间串接的集线器可以有无穷个，但由于存在冲突域直径限制，使得两个终端之间串接的集线器数目受到严格限制。

虽然每一个冲突域受冲突域直径限制,但网桥的互连级数没有限制,可以由无数个网桥互连无数个冲突域,因此,经网桥扩展后的以太网的端到端传输距离可以无限大。

从网桥转发 MAC 帧的过程可以看出,网桥是数据报分组交换设备,具备处理 MAC 帧的能力。因此,网桥必须具有以太网物理层和 MAC 层功能,而且不同端口的物理层可以不同,这是称网桥为链路层(MAC 层)互连设备的主要原因。

1.3.6 全双工通信扩展无中继传输距离

图 1.20 中的双端口网桥可以互连两个冲突域,一个 n 端口网桥可以互连 n 个冲突域。即使网桥每一个端口只连接一个终端,网桥每一个端口与该端口连接的终端之间仍然构成一个冲突域,只是该冲突域只包含终端和网桥端口。这种情况下,网桥端口和终端之间允许的最大物理距离等于用距离表示的冲突域直径。假定网桥端口和终端的数据传输速率都是 1000Mb/s,在最短帧长只有 64B 的情况下,它们之间允许的最大距离等于$(512/(2\times1000\times10^{6}))\times(2/3)c=51.2\mathrm{m}$。该结果的计算过程如下:首先计算出用时间表示的冲突域直径,它等于以 1000Mb/s 传输速率发送 512 位二进制数所需时间的一半,即$(512/(2\times1000\times10^{6}))\mu\mathrm{s}=0.256\mu\mathrm{s}$,将用时间表示的冲突域直径转换成用物理距离表示的冲突域直径的过程就是计算电信号在 $0.256\mu\mathrm{s}$ 时间内传播的物理距离的过程。由于网桥端口和终端之间直接用线路互连,没有其他中继设备,因此,电信号在 $0.256\mu\mathrm{s}$ 时间内传播的物理距离等于电信号以$(2/3)c$的传播速度在 $0.256\mu\mathrm{s}$ 时间内传播的距离,即 $20\times10^{7}\mathrm{m/s}\times0.256\times10^{-6}\mathrm{s}=51.2\mathrm{m}$。

1000Mb/s 传输速率、以双绞线缆为传输介质的以太网采用 4 对双绞线的双绞线缆互连终端和网桥端口,其中一对双绞线用于发送数据,另一对双绞线用于接收数据,因此,网桥端口与终端之间可以采用全双工通信方式,网桥端口和终端可以同时发送和接收数据,这种情况下,网桥端口与终端不再构成冲突域。如果网桥端口与终端之间通过两根光纤互连,由于存在发送和接收光纤,网桥端口与终端之间也可以采用全双工通信方式。因此可以得出如下结论:如果网桥每一个端口只连接一个终端,且终端和网桥端口之间采用全双工通信方式,冲突域将不复存在,冲突域导致的限制也将不复存在,终端和网桥端口之间的传输距离不再受冲突域直径限制。同样,互联网桥的物理链路也可采用全双工通信方式,以此消除冲突域直径对两个网桥之间的传输距离的限制。

1.3.7 以太网拓扑结构与生成树协议

1. 以太网拓扑结构

根据网桥处理 MAC 帧方式,网桥为互连设备的以太网只能是星形和树形结构,树形拓扑结构实际上就是通过级联网桥将多个星形拓扑结构连接在一起的网络结构,如图 1.24 所示。星形结构与树形结构的相同处是任何两个终端之间只存在一条传输路径,即网桥之间不存在环路,这是网桥处理 MAC 帧方式所要求的。

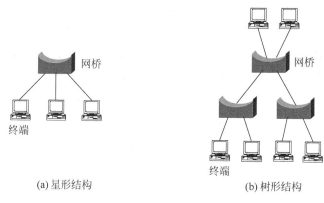

(a) 星形结构   (b) 树形结构

图 1.24   以太网结构

2. 生成树协议

树形结构以太网中,任何两个终端之间只存在一条传输路径,因此,任何一段链路发生故障,都会使一部分终端无法和网络中的其他终端通信。是否能够设计这样一种以太网结构,它存在冗余链路,但在网络运行时,通过阻塞某些端口使整个网络没有环路,当某条链路因为故障无法通信时,通过重新开通原来阻塞的一些端口,使网络终端之间依然保持连通性,而又没有形成环路,这样,既提高了网络的可靠性,又消除了环路带来的问题。生成树协议就是这样一种机制,图 1.25 描述了生成树协议的作用过程。

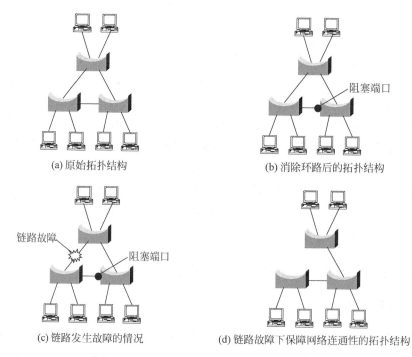

(a) 原始拓扑结构   (b) 消除环路后的拓扑结构

(c) 链路发生故障的情况   (d) 链路故障下保障网络连通性的拓扑结构

图 1.25   生成树协议作用过程

原始网络拓扑结构如图 1.25(a)所示,网桥之间存在环路,这种网桥之间存在环路的网络结构称为网状结构。通过运行生成树协议,阻塞其中一个网桥端口,生成如图 1.25(b)

所示的既保持网桥之间的连通性,又避免环路的网络拓扑结构,即将物理的网状结构转换成逻辑的树形结构。如果网桥之间物理链路发生故障,导致网桥之间连通性被破坏,如图 1.25(c)所示。生成树协议通过重新开通被阻塞的网桥端口,再次保证网桥之间的连通性,如图 1.25(d)所示。第 3 章将对生成树协议的工作过程作详细讨论。

1.3.8 中继器与网桥

中继器是传输介质互连设备,两个端口的中继器结构如图 1.26(a)所示。互连的两段传输介质可以是不同类型的传输介质,两段传输介质上传播的可以是不同类型的信号,但两段传输介质上传输的是相同的二进制位流。即两段传输介质上传播的信号所表示的是相同传输速率、相同位流模式的二进制位流。因此,中继器是物理层设备。

网桥是网段互连设备,两个端口的网桥结构如图 1.26(b)所示。互连的两个网段的物理层可以不同,意味着两个网段的数据传输速率可以不同,二进制位流模式可以不同。网桥需要根据转发表和 MAC 帧的目的 MAC 地址确定是否需要完成 MAC 帧从一个网段至另一个网段的转发过程。经网桥转发的 MAC 帧维持不变。因此,网桥是处理 MAC 帧的MAC 层设备。

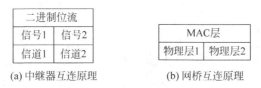

(a) 中继器互连原理　　　　(b) 网桥互连原理

图 1.26 中继器与网桥

1.3.9 网桥工作过程举例

【例 1.4】 如果图 1.27 中的互连设备是集线器,计算图 1.27 中的冲突域数量。

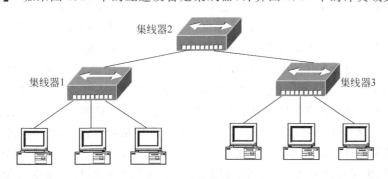

图 1.27 用集线器构建网络

【解析】 由于图 1.27 中 3 个互连设备都是集线器,因此,整个网络是一个冲突域,所以图 1.27 中只有一个冲突域。根据以太网标准,图 1.27 所示网络结构只适用于 10Mb/s 以太网。

【例 1.5】 如果图 1.27 所示是用一个网桥互连两个集线器的网络结构(用网桥取代集线器 2),重新计算图 1.27 中的冲突域数量。

【解析】　这种情况下,图1.27中的冲突域数量为2,每一个冲突域范围是网桥端口加上集线器所连接的终端。

【例1.6】　如果图1.27是用3个网桥构建的网络结构,每一个网桥端口只连接一个终端,终端和网桥之间、网桥和网桥之间采用全双工通信方式,重新计算图1.27中的冲突域数量。

【解析】　这种情况下,图1.27中不存在冲突域,所有对冲突域的限制对上述假定下的图1.27所示网络结构不起作用。

【例1.7】　如果图1.28所示是用3个网桥构建的网络结构,每一个网桥端口只连接一个终端,假定这3个网桥的初始转发表为空表,请给出按照顺序进行的终端A→终端D、终端C→终端D、终端E→终端A、终端C→终端E的数据传输过程。

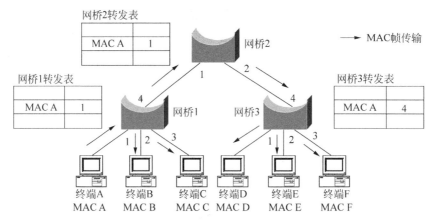

图1.28　MAC帧终端A→终端D传输过程

【解析】　(1)终端A→终端D数据传输过程。当终端A需要给终端D发送数据时,它将需要发送的数据封装在MAC帧中的数据字段,以终端A的MAC地址MAC A为MAC帧的源MAC地址,终端D的MAC地址MAC D为MAC帧的目的MAC地址,然后将MAC帧发送给网桥1。网桥1从端口1接收到该MAC帧,用该MAC帧携带的目的MAC地址去查找转发表,由于转发表为空,找不到匹配的转发项,网桥1将该MAC帧从除接收端口(端口1)以外的所有其他端口(端口2、3、4)发送出去。用该MAC帧携带的源MAC地址去查找转发表,由于找不到匹配的转发项,在转发表中添加一个转发项,其中的MAC地址为该MAC帧携带的源MAC地址(MAC A),转发端口为接收该MAC帧的端口(端口1)。网桥1的广播操作使网桥2的端口1和终端B、C均接收到该MAC帧,终端B、C发现该MAC帧携带的目的MAC地址和自身的MAC地址不符,将该MAC帧丢弃。而网桥2和网桥1一样,由于在转发表中找不到该MAC帧对应的转发端口,广播该MAC帧,并根据该MAC帧携带的源MAC地址在转发表中添加一个转发项。

该MAC帧到达网桥3,最终从网桥3的端口1、2、3(除接收该MAC帧的端口4以外的所有其他端口)转发出去,并根据该MAC帧携带的源MAC地址在网桥3的转发表中添加一个转发项。从网桥3的端口1、2、3转发出去的MAC帧到达终端D、E、F,由于终端D自身的MAC地址MAC D和该MAC帧携带的目的MAC地址相同,继续处理该MAC帧,其他终端丢弃该MAC帧,传输过程结束。

（2）终端 C→终端 D 数据传输过程。终端 C→终端 D 的数据传输过程和终端 A→终端 D 的数据传输过程基本相同,由于在转发表中找不到与终端 C 的 MAC 地址 MAC C 匹配的转发项,因此,网桥 1、2、3 的转发表中都增加了 MAC 地址为 MAC C 的转发项,如图 1.29 所示。

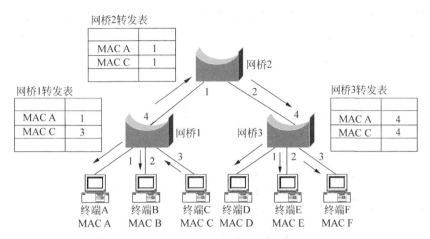

图 1.29　MAC 帧终端 C→终端 D 传输过程

（3）终端 E→终端 A 数据传输过程。终端 E→终端 A 的数据传输过程如图 1.30 所示。当网桥 3 接收到终端 E 发送的源 MAC 地址为 MAC E,目的 MAC 地址为 MAC A 的 MAC 帧时,网桥 3 用该 MAC 帧携带的目的 MAC 地址去查找转发表,找到匹配的转发项,并获知该 MAC 帧的转发端口为端口 4,将该 MAC 帧从端口 4 发送出去(不广播,只从端口 4 转发该 MAC 帧),同时,在转发表中添加一项转发项,该转发项的 MAC 地址为 MAC E(该 MAC 帧携带的源 MAC 地址),转发端口为端口 2(网桥 3 接收到该 MAC 帧的端口)。

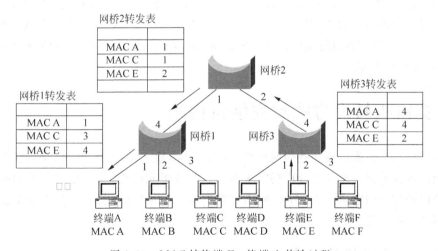

图 1.30　MAC 帧终端 E→终端 A 传输过程

从网桥 3 端口 4 发送出去的该 MAC 帧到达网桥 2 的端口 2,网桥 2 同样根据转发表将该 MAC 帧从端口 1 发送出去,并在转发表中添加一个转发项。网桥 1 依此操作,将该 MAC 帧通过端口 1 发送给终端 A,同时在转发表中添加一个转发项。

（4）终端C→终端E数据传输过程。MAC帧从终端C传输到终端E的过程和MAC帧从终端E传输到终端A的过程基本相同，由于网桥1、2、3都能在转发表中找到和该MAC帧携带的目的MAC地址MAC E匹配的转发项，都能从指定端口发送该MAC帧。但由于转发表中已经存在和该MAC帧的源MAC地址MAC C匹配的转发项，且该转发项给出的转发端口和网桥接收该MAC帧的端口相同，因此，网桥只刷新与该转发项关联的定时器（重新开始计时），而不用添加新的转发项。MAC帧的传输过程如图1.31所示。

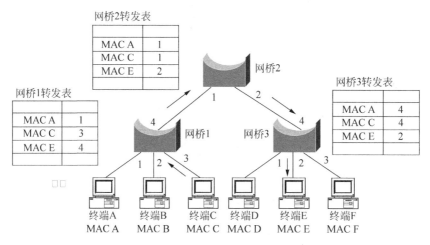

图 1.31　MAC 帧终端 C→终端 E 传输过程

当转发表中不存在和需要转发的MAC帧携带的目的MAC地址匹配的转发项时，网桥广播该MAC帧，因此，在转发表完全建立之前，大量MAC帧是以广播方式传输的。为了使网络中所有终端在所有网桥的转发表中都有匹配的转发项，每一个终端在加电启动后广播一帧以自身MAC地址为源MAC地址，以广播地址（48位全1）为目的MAC地址的MAC帧，以便让网络中的所有网桥都能在转发表中添加一项与该终端自身MAC地址匹配的转发项。以后，当有其他终端向该终端发送MAC帧时，该MAC帧经过的网桥不再以广播方式转发该MAC帧。

1.4　交换机转发方式和交换机结构

交换机的基本工作原理和透明网桥是相同的，从本质上说，交换机是透明网桥的市场名称。但交换机在不同时期为迎合市场需求做了一些改进和改变，如采用多种不同的转发方式。交换机的核心功能是完成MAC帧输入端口至输出端口的交换过程，不同交换机结构有着不同的交换性能。

1.4.1　交换机转发方式

透明网桥是分组交换设备，采取存储转发方式，但交换机为了实现快速转发，采用了多种不同的转发方式。

1. 直通转发方式

交换机从输入端口开始接收 MAC 帧的第一位二进制数到输出端口开始发送该 MAC 帧的第一位二进制数所需的时间称为转发时延,为了减少转发时延,有的交换机采用直通转发方式(也称直接交换方式)。输入端口无须接收完整的 MAC 帧,在接收完 6B 的目的地址字段后,开始进行 MAC 帧输入端口至输出端口的交换操作,并通过输出端口发送该 MAC 帧。直通转发方式能够有效减少转发时延。

采用直通转发方式的前提如下:①输入端口和输出端口的数据传输速率相同;②输出端口连接的是全双工信道且输出端口空闲。

直通转发方式的缺陷是有可能转发长度小于 64B 的 MAC 帧和已经发生传输错误的 MAC 帧。

2. 碎片避免转发方式

一旦检测到冲突发生,发送端将立即停止 MAC 帧发送,并发送 4B 或 6B 长度的阻塞信号(也称干扰信号)。因此,长度小于 64B 的 MAC 帧往往是因为发生冲突而产生的碎片(不完整 MAC 帧),交换机转发这种类型的 MAC 帧会严重浪费链路带宽和交换机、终端的处理能力。为了避免转发碎片,交换机在接收到 64B 后,才开始 MAC 帧输入端口至输出端口的交换操作,并通过输出端口发送该 MAC 帧。这种转发方式称为碎片避免转发方式,除了不再转发碎片,碎片避免转发方式的前提和缺陷与直通转发方式相同。

3. 存储转发方式

存储转发方式下,交换机完整接收 MAC 帧,根据 MAC 帧中除 FCS 字段外的各个字段值计算 CRC 码,并用计算出的 CRC 码和 MAC 帧中的 FCS 字段值比较。如果相等,表示 MAC 帧经过信道传输时没有发生错误;如果不相等,表示 MAC 帧经过信道传输时发生错误,交换机丢弃该 MAC 帧。交换机只对没有检测出传输错误的 MAC 帧进行输入端口至输出端口的交换操作,并通过输出端口发送该 MAC 帧。

4. 三种转发方式比较

(1) 三种转发方式的转发时延。

完整的转发时延由 4 部分组成:一是交换机接收 MAC 帧中要求接收的字节长度所需要的时间,该时间取决于 MAC 帧中要求接收的字节长度和交换机输入端口的速率;二是交换机完成检错,并根据 MAC 帧所携带的目的 MAC 地址确定输出端口的时间;三是完成 MAC 帧输入端口至输出端口的交换过程所需要的时间;四是在发生拥塞(多个端口输入的 MAC 帧需要从同一个端口输出)的情况下,在输出队列中排队等待的时间。对于直通转发方式和碎片避免转发方式,由于没有进行检错,因此不存在检错需要的时间;而且由于只有在输出端口空闲的情况下才能实施转发过程,因此不存在在输出队列中排队等待的时间。

为了方便比较,在计算转发时延时,只考虑输入端口接收 MAC 帧中要求接收的字节长度所需要的时间,忽略其他所需的时间。

在假定 MAC 帧的长度为 1518B,端口数据传输速率为 10Mb/s 的情况下,采用存储转发方式时的转发时延为$((1518 \times 8)/10^7)s = 1.2144 \times 10^{-3}s$。

直通转发方式的转发时延与 MAC 帧长度无关，采用直通转发方式时的转发时延为$((6 \times 8)/10^7)s = 4.8 \times 10^{-6}s$。

碎片避免转发方式的转发时延也与 MAC 帧长度无关，采用碎片避免转发方式时的转发时延$= ((64 \times 8)/10^7)s = 5.12 \times 10^{-5}s$。

（2）结论。

在转发时延方面，直通转发方式带有明显的优势，但存储转发方式的转发时延与交换机端口的传输速率和 MAC 帧长度有关，因此，直通转发方式在早期 10Mb/s 以太网交换机中作为一种改进交换机性能的重要技术予以推出。随着端口传输速率的提高，存储转发方式完整接收 MAC 帧所需的时间降低，而直通转发方式只有在特殊情况下才能实施，且取消了 MAC 层的差错控制功能，因此，对于目前端口传输速率大于或等于 100Mb/s 的以太网交换机，尤其是多种传输速率的端口并存的交换机，通常采用存储转发方式。

1.4.2　交换机结构

1. 交换机的一般结构

交换机的一般结构如图 1.32 所示，交换机端口用于连接传输介质，传输介质可以是非屏蔽双绞线和光纤。存储转发方式下，MAC 帧输入端口至输出端口的交换过程如下：①由输入端口完成帧对界，即从通过传输介质接收到的电信号或光信号序列中分解出每一帧 MAC 帧；②由输入端口完成对 MAC 帧的检错，丢弃传输出错的 MAC 帧，将没有出错的 MAC 帧存储到输入队列；③交换机根据 MAC 帧的目的 MAC 地址和转发表（也称 MAC 表）确定输出端口，通过交换结构将 MAC 帧从输入端口的输入队列交换到输出端口的输出队列；④如果输出端口空闲，立即将 MAC 帧从输出端口发送出去，如果输出端口正在发送其他 MAC 帧，该 MAC 帧将在输出端口的输出队列中排队等候。直通转发方式下，输入端口接收完 6B 目的 MAC 地址后，就开始根据 MAC 帧的目的 MAC 地址和转发表确定输出端口的过程。

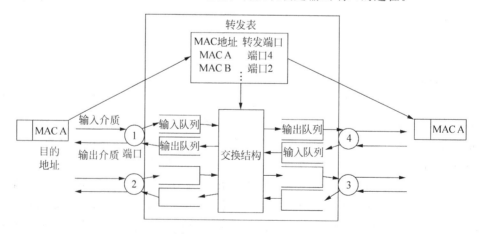

图 1.32　交换机一般结构

交换机的交换性能取决于以下两个性能指标：一是根据 MAC 帧的目的 MAC 地址和转发表确定输出端口所需的时间，二是 MAC 帧从输入端口交换到输出端口所需的时间。

目前主要通过采用内容寻址存储器(Content Addressable Memory,CAM)来提高前一个性能指标,CAM 是一种以目的 MAC 地址作为地址输入,以转发端口作为内容输出的存储器,但这种存储器的存储单元数量远远少于 2^{48} 个,因此,需要采用特殊的存储器结构和 MAC 地址至存储器地址的映射算法。提高后一种性能指标需要改进交换结构,目前常用的交换结构有共享总线和交叉矩阵,交叉矩阵的交换性能好于共享总线,但硬件结构也相对复杂。

2. 共享总线交换结构

共享总线交换结构如图 1.33 所示,管理器和所有端口连接在 3 组总线上,3 组总线分别为数据总线(DB)、控制总线(CB)和结果总线(RB)。管理器负责总线仲裁和根据目的 MAC 地址和转发表(MAC 表)确定输出端口的功能。下面以终端 A 向终端 B 发送 MAC 帧为例,讨论共享总线交换结构完成 MAC 帧从输入端口交换到输出端口的过程:

(1) 端口 1 完整接收 MAC 帧,完成对 MAC 帧的检错,将没有传输错误的 MAC 帧放入输入队列,由总线控制器通过控制总线(CB)向管理器发出请求使用数据总线(DB)信号。

(2) 如果数据总线空闲,管理器通过控制总线向端口 1 总线控制器发送允许使用数据总线信号。

(3) 端口 1 总线控制器通过数据总线发送 MAC 帧和控制信息,控制信息是除 MAC 帧以外管理器完成地址学习、确定输出端口所需的全部信息,这里主要是输入端口号,以后还需要包括输入端口所属 VLAN 的 VLAN 标识符等。MAC 帧和控制信息被连接在数据总线上的所有端口和管理器接收并存储。

(4) 管理器根据接收到的 MAC 帧的目的 MAC 地址和创建的 MAC 表确定输出端口,通过结果总线(RB)发送输出端口号,同时根据控制信息完成地址学习过程。

(5) 所有端口的总线控制器接收到输出端口号后,和自己保存的端口号比较。如果相同,将 MAC 帧放入输出队列;如果不同,丢弃该 MAC 帧。输出端口逐个输出存储在输出队列中的 MAC 帧。

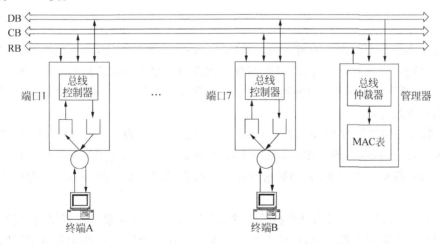

图 1.33　共享总线交换结构

共享总线交换结构任何时候都只能实现 MAC 帧两个端口之间的单向传输过程。由于管理器根据接收到的 MAC 帧的目的 MAC 地址和创建的 MAC 表确定输出端口需要的时间，为提高数据总线的利用率，将 MAC 帧经过数据总线传输的过程与管理器确定 MAC 帧输出端口的过程分为流水线上的两个操作步骤，在管理器确定前一帧 MAC 帧的输出端口的同时，允许数据总线传输其他终端之间的 MAC 帧。

3. 交叉矩阵交换结构

交叉矩阵能够同时建立不同端口对之间的双向传输通路，允许多对端口之间同时进行双向 MAC 帧传输过程，如图 1.34(a)所示。如果交换机有 N 个传输速率为 X(单位为 Mb/s)的端口，理想的交叉矩阵的交换容量为 $2 \times N \times X$(单位为 Mb/s)。图 1.34(b)是交叉矩阵的一种实现，8 个交换机端口同时连接在 8 条横线和 8 条竖线上，横线和竖线之间存在开关。一旦开关闭合，横线和竖线相连；一旦开关断开，横线和竖线断开。图中黑点表示闭合的横线和竖线之间的开关，图 1.34(b)中横线和竖线相连的情况对应图 1.34(a)所示的多对端口之间的连接。需要强调的是，图 1.34(b)所示的是交叉矩阵的原始实现方式，并不是目前交换机中采用的交叉矩阵的实现方式。

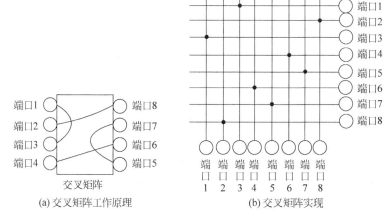

(a) 交叉矩阵工作原理　　　　(b) 交叉矩阵实现

图 1.34　交叉矩阵

交叉矩阵交换结构如图 1.35 所示，所有端口和交叉矩阵相连，交叉矩阵可以同时在不同端口对之间建立双向传输通路，以此实现不同端口对之间 MAC 帧的并行传输。下面以终端 A 向终端 B 发送 MAC 帧为例，讨论交叉矩阵交换结构完成 MAC 帧从输入端口交换到输出端口的过程：

(1) 端口 1 完整接收 MAC 帧，完成对 MAC 帧检错，将没有传输错误的 MAC 帧放入输入队列，由总线控制器通过控制总线(CB)向管理器发送请求使用数据总线(DB)信号。

(2) 如果数据总线空闲，管理器通过控制总线向端口 1 总线控制器发送允许使用数据总线信号。

(3) 端口 1 总线控制器通过数据总线发送控制信息，控制信息是管理器完成地址学习、确定输出端口所需的全部信息，这里主要是输入端口号、MAC 帧源和目的 MAC 地址等，以后还需要包括输入端口所属 VLAN 的 VLAN 标识符等，管理器接收并存储控制信息。

（4）管理器根据接收到的控制信息和创建的 MAC 表确定输出端口,通过结果总线(RB)发送输出端口号,同时根据控制信息完成地址学习过程。

（5）端口 1 总线控制器接收到输出端口号后,生成用于要求交叉矩阵建立输入端口和输出端口之间双向传输通路的指令,并将指令发送给交叉矩阵,随后,将 MAC 帧发送给交叉矩阵。交叉矩阵通过已经建立的输入端口和输出端口之间的双向传输通路,将 MAC 帧传输给输出端口。

（6）端口 2 接收到 MAC 帧后,将 MAC 帧放入输出队列。输出端口逐个输出存储在输出队列中的 MAC 帧。

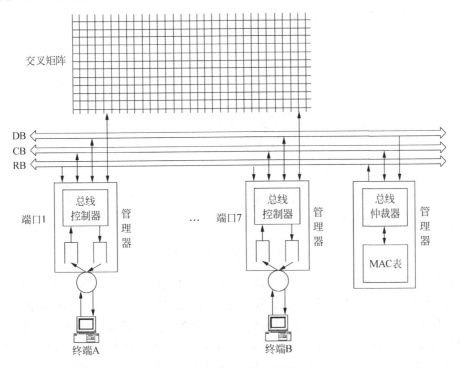

图 1.35　交叉矩阵交换结构

交叉矩阵交换结构和共享总线交换结构最大的不同在于输入端口通过数据总线传输的仅仅是几十字节长度的控制信息,因此,传输控制信息和确定输出端口所需的时间较短。由于交叉矩阵能够同时建立不同端口对之间的双向传输通路,多对端口之间允许同时传输 MAC 帧。

4．交换式以太网的本质含义

交换机本质上是一个数据报分组交换机,如图 1.32 所示,转发表中各转发项用于指出通往由 MAC 地址指定的目的终端的传输路径。交换机有多个端口,每一个端口可以连接点对点信道,也可以连接广播信道。广播信道可以是单段总线,或是由中继器互连的多段总线,也可以是由集线器互连的多对双绞线缆。目前常见的广播信道是由集线器构成的星形冲突域。如果某个端口连接的是全双工点对点信道,则可以直接通过输出物理链路输出 MAC 帧,不需要在输出 MAC 帧时进行 CSMA/CD 操作;如果某个端口连接的是广播信道或半双工点对点信道,则输出 MAC 帧时需要进行 CSMA/CD 操作。由于广播信道和半双工点对点信道本身是一个冲突域,最远距离受冲突域直径限制。

交换机在 MAC 帧端到端传输过程中完成的功能有两个:一是检测 MAC 帧经过每一段物理链路传输后是否出错,并丢弃出错的 MAC 帧;二是选择通往目的终端的传输路径。因此,图 1.36 所示由交换机互连点对点信道或广播信道构成的网络就是一个数据报分组交换网络。根据 OSI 网络体系结构所定义的功能,点对点信道或广播信道实现物理层要求的基带信号传输功能。全双工点对点信道的链路层功能相对简单,只是完成 MAC 帧封装、帧对界及检错等功能;广播信道或半双工点对点信道还需要通过 CSMA/CD 操作解决信道争用问题。交换机实现网络层要求的路由功能。

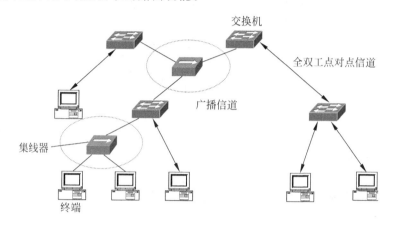

图 1.36　数据报分组交换网络

实际的讨论中为什么将交换机作为链路层设备? 其主要原因是目前习惯将网际层等同于网络层,由于网际层的功能是路由 IP 分组,因此,只有用于互连不同类型传输网络的路由器可以被称为网络层设备,而交换机因为路由 MAC 帧,只能被定义为链路层设备。这也表明 OSI 体系结构的功能定义只适用于单种类型的传输网络,并不适用于互联网结构。因此,在以后的讨论中对设备按层分类的依据是该设备处理的对象。如果处理的对象是电信号或光信号表示的二进制数位流,则为物理层设备;如果处理的对象是和特定传输网络相关的信息格式,如以太网的 MAC 帧,则为链路层设备;如果处理的对象是 IP 分组,则为网际层设备。为了和人们目前的习惯一致,网际层设备也可以称为网络层设备。网络层设备称为三层设备,依次类推,链路层设备称为二层设备。以太网中由交换机和互连交换机的物理链路构成的端到端传输路径称为交换路径,以此凸现交换机的分组交换功能。

5. 例题解析

【例 1.8】　共享总线交换结构和交叉矩阵交换结构上均连接 4 个端口,数据总线和端口连接交叉矩阵链路的带宽均为 1Gb/s,假定两对端口之间需要同时传输长度为 1000B 的 MAC 帧,控制信息的长度为 32B,除完成控制信息和 MAC 帧传输需要的时间外,其他操作所需要的时间忽略不计。求共享总线交换结构和交叉矩阵交换结构各自完成两对端口之间 MAC 帧传输过程所需的时间。

【解析】　共享总线交换结构串行传输两组 MAC 帧和控制信息,所需时间为((2×

$(1000+32)\times8)/(10^9))s=1.6512\times10^{-5}s$。

交叉矩阵交换结构由于只需串行传输控制信息,两对终端之间可以并行传输 MAC 帧,因此,所需时间为$(((2\times32+1000)\times8)/(10^9))s=8.512\times10^{-6}s$。

【例 1.9】 交换机连接终端和集线器的方式如图 1.37 所示。假定终端下面的字母表示终端的 MAC 地址,初始转发表为空表,回答以下问题。

(1) 终端 A 发送的目的 MAC 地址为 B 的 MAC 帧到达哪些终端?

(2) 终端 B 发送的目的 MAC 地址为 A 的 MAC 帧到达哪些终端?

(3) 终端 E 发送的目的 MAC 地址为 B 的 MAC 帧到达哪些终端?

(4) 终端 B 发送的目的 MAC 地址为 E 的 MAC 帧到达哪些终端?

(5) 终端 B 发送的目的 MAC 地址为广播地址的 MAC 帧到达哪些终端?

(6) 终端 F 发送的目的 MAC 地址为 E 的 MAC 帧到达哪些终端?

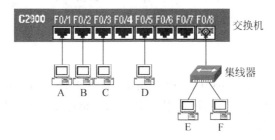

图 1.37 交换机连接终端和集线器的方式

【解析】 (1) 由于初始转发表为空表,转发表中没有 MAC 地址 B 匹配的转发项,该 MAC 帧被交换机广播,到达除终端 A 以外的所有其他终端(终端 B、C、D、E 和 F)。转发表中增加 MAC 地址=A,转发端口=F0/1 的转发项。

(2) 由于转发表中存在与 MAC 地址 A 匹配的转发项,交换机只从端口 F0/1 输出该 MAC 帧,该 MAC 帧只到达终端 A。转发表中增加 MAC 地址=B,转发端口=F0/2 的转发项。

(3) 由于连接终端 E 的设备是集线器,因此,该 MAC 帧被集线器广播,到达交换机端口 F0/8 和终端 F。由于转发表中存在与 MAC 地址 B 匹配的转发项,交换机从端口 F0/2 输出该 MAC 帧,该 MAC 帧到达终端 B。因此,该 MAC 帧到达终端 B 和终端 F。转发表中增加 MAC 地址=E,转发端口=F0/8 的转发项。

(4) 由于转发表中存在与 MAC 地址 E 匹配的转发项,交换机只从端口 F0/8 输出该 MAC 帧,由于连接端口 F0/8 的设备是集线器,被集线器广播的该 MAC 帧到达终端 E 和终端 F。

(5) 由于 MAC 帧的目的地址是广播地址,该 MAC 帧被广播到除终端 B 以外的所有其他终端(终端 A、C、D、E 和 F)。

(6) 由于连接终端 F 的设备是集线器,该 MAC 帧被集线器广播,到达交换机端口 F0/8 和终端 E。由于转发表中存在与 MAC 地址 E 匹配的转发项,且输出端口 F0/8 是交换机接收该 MAC 帧的端口,交换机丢弃接收到的 MAC 帧。因此,该 MAC 帧只到达终端 E。

1.5　以太网标准

以太网根据传输介质和传输速率的组合分类标准,传输介质分为双绞线缆、多模光纤和单模光纤,传输速率分为 10Mb/s、100Mb/s、1Gb/s、10Gb/s、40Gb/s 和 100Gb/s 等。

1.5.1　10Mb/s 以太网标准

1. 10BASE5

10BASE5 是用粗同轴电缆作为传输介质的以太网标准,10 代表 10Mb/s,BASE 代表基带传输方式,5 代表单段电缆的长度限制为 500m,超过 500m 需要由中继器互连的两段电缆组成,这个标准已经淘汰。

2. 10BASE2

10BASE2 是用细同轴电缆作为传输介质的以太网标准,10 和 BASE 的含义与10BASE5 相同,2 代表单段电缆的长度限制为 200m,超过 200m 需要由中继器互连的两段电缆组成,这个标准已经淘汰。

3. 10BASE-T

10BASE-T 是用双绞线缆作为传输介质的以太网标准,10 和 BASE 的含义与10BASE5相同。双绞线缆由 4 对双绞线组成,用其中一对双绞线发送数据,另一对双绞线接收数据,因此,可以实现全双工通信。10BASE-T 的出现是以太网发展史上的一个里程碑,它同时引发了一个新的行业——综合布线,使得综合布线作为计算机网络的基础设施,在计算机网络的实施过程中成为必不可少的一部分。

10BASE-T 用于以集线器或交换机为组网设备的以太网中,网络设备之间、网络设备和终端之间的距离必须小于 100m。10BASE-T 可以采用 3 类双绞线缆。

1.5.2　100Mb/s 以太网标准

1. 100BASE-TX

100BASE-TX 是用双绞线缆作为传输介质的以太网标准,100 代表 100Mb/s。100BASE-TX 必须采用 5 类以上双绞线缆。和 10BASE-T 一样,它也只用于以集线器或交换机为组网设备的以太网中,网络设备之间、网络设备和终端之间距离必须小于 100m。如果以集线器为组网设备,整个网络构成一个冲突域,冲突域直径必须小于 216m,这样,整个网络中最多只允许 2 级集线器级联;如果以交换机为组网设备,由于交换机的互连级数不受限制,使得网络覆盖范围不受限制。如果交换机与交换机之间、交换机和终端之间均采用全双工通信方式,就可消除冲突域,无中继通信距离不再受冲突域直径限制。

支持 100BASE-TX 的以太网交换机端口或网卡一般都支持 10BASE-T,在标明传输速率时,用 100/10BASE-TX 表明同时支持 100BASE-TX 和 10BASE-T,而且能够根据对方端口或网卡的传输速率标准自动选择传输速率(如果对方支持 100BASE-TX,则选择 100BASE-TX;如果对方只支持 10BASE-T,则选择 10BASE-T)。

2. 100BASE-FX

用双绞线缆作为传输介质有一些限制:一是距离较短,不要说楼宇之间,就是同一楼层两端之间的距离就有可能超出 100m;二是必须要避开强电和强磁设备;三是封闭性不够,不能用于室外。因此,室外通信或超过 100m 的室内通信均采用光缆,而且室外通信必须采用铠装光缆,这是一种封闭性很好、又有金属支撑和保护的光缆,可直埋地下或架空。

100BASE-FX 是用多模光纤作为传输介质的以太网标准,采用两根 $50/125\mu m$ 或 $62.5/125\mu m$ 的多模光纤,可以同时发送和接收数据,因此,它支持全双工通信方式。如果两个 100BASE-FX 端口(通常情况下,一个是交换机端口,另一个是交换机端口或网卡)以全双工方式进行通信,它们之间的传输距离可达 2km。但如果以半双工方式进行通信,传输距离在 500m 左右,这是由于一旦采用半双工通信方式,则两个 100BASE-FX 端口之间就构成一个冲突域,对于 100BASE-FX 而言,512 位二进制数的最短帧长将冲突域直径限制为 $2.56\mu s$,换算成物理距离,大约等于 $(2/3)c\times2.56\times10^{-6}=(200\,000\times10^3\times2.56\times10^{-6})=512m((2/3)c$,如果以 m/s 为单位等于 $200\,000\times10^3$ m/s, $2.56\mu s=2.56\times10^{-6}$ s),因此,光纤连接的两个端口之间必须采用全双工通信方式才能真正体现光纤传输的远距离特点。

1.5.3　1Gb/s 以太网标准

1. 1000BASE-T

1000BASE-T 是用双绞线缆作为传输介质的以太网标准,1000 代表 1000Mb/s。1000BASE-T 必须采用 5e 类以上的双绞线缆。支持 1000BASE-T 标准的端口通常也支持 100BASE-TX 标准,因此,常常标记成 1000/100/10BASE-TX,而且能够根据双绞线缆另一端连接的端口所支持的传输速率标准,从高到低自动选择传输速率。

2. 1000BASE-SX

1000BASE-SX 是用多模光纤作为传输介质的以太网标准。在全双工通信方式(许多 1Gb/s 以太网光纤端口只支持全双工通信方式)下,如果采用 $62.5/125\mu m$ 多模光纤,无中继传输距离可达 225m;如果采用 $50/125\mu m$ 多模光纤,无中继传输距离可达 500m。

3. 1000BASE-LX

1000BASE-LX 是用单模光纤作为传输介质的以太网标准,采用 $9\mu m$ 单模光纤。在全双工通信方式下,最小无中继传输距离为 2km,不同 1000BASE-LX 端口由于采用的激光强度不一样,无中继传输距离为 2~70km。

1.5.4　10Gb/s 以太网标准

1. 10GBASE-LR

10GBASE-LR 是用单模光纤作为传输介质的以太网标准，10G 代表 10Gb/s。10GBASE-LR 只能工作在全双工通信方式，无中继传输距离为 10km。很显然，交换和全双工通信方式完全消除了冲突域直径问题，使得以太网无论在传输速率上还是传输距离上都成为城域网（Metropolitan Area Network，MAN）的最佳选择之一。

2. 10GBASE-ER

10GBASE-ER 是用单模光纤作为传输介质的以太网标准，只能工作在全双工通信方式，无中继传输距离可达 40km。

10Gb/s 以太网从 2004 年推向市场后，逐渐成为校园网主干网络的主流技术，在城域网中也和同步数字体系（SDH）并驾齐驱，随着 10Gb/s 以太网逐渐成为局域网和城域网主流技术以及 10GBASE-T 标准和 7 类布线系统的出台，10Gb/s 以太网也会像 1Gb/s 以太网一样得到普及。

1.5.5　40Gb/s 和 100Gb/s 以太网标准

由于到达桌面的传输速率普遍为 100Mb/s 甚至更高。因此，10Gb/s 传输速率已经无法满足大型校园网核心链路的带宽要求。同样，10Gb/s 传输速率也已经无法满足数据中心内实现服务器之间互连和服务器与网络之间互连的链路的带宽要求。这种情况下，对 40Gb/s 以太网甚至 100Gb/s 以太网的需求开始显现。

1. 40GBASE-SR4

40GBASE-SR4 是用多模光纤作为传输介质的以太网标准，40G 代表 40Gb/s。40GBASE-SR4 只能工作在全双工通信方式，无中继传输距离可达 100m。

2. 40GBASE-LR4

40GBASE-LR4 是用单模光纤作为传输介质的以太网标准，只能工作在全双工通信方式，无中继传输距离可达 10km。

3. 100GBASE-SR10

100GBASE-SR10 是用多模纤作为传输介质的以太网标准，100G 代表 100Gb/s。100GBASE-SR10 只能工作在全双工通信方式，无中继传输距离可达 100m。

4. 100GBASE-LR4

100GBASE-LR4 是用单模光纤作为传输介质的以太网标准，只能工作在全双工通信方式，无中继传输距离可达 10km。

5. 100GBASE-ER4

100GBASE-ER4 是用单模光纤作为传输介质的以太网标准,只能工作在全双工通信方式,无中继传输距离可达 40km。

本章小结

- 初始以太网是 10Mb/s 总线型以太网,曼彻斯特编码和 CSMA/CD 算法是其核心技术。
- 以太网体系结构将以太网分为物理层和 MAC 层。
- 网桥是一个采用数据报交换方式的分组交换机,可以实现多个总线型以太网互连,网桥将以太网作用范围扩展到无限。
- 全双工通信方式消除了冲突域,拓展了物理链路无中继传输距离。
- 交换机是透明网桥的市场名称。
- 早期交换机因为端口传输速率较低,为了尽可能降低转发时延,采用了多种转发方式。
- 不同的交换机结构有着不同的交换性能。
- 以太网根据传输介质和传输速率的组合划分标准。

习题

1.1 什么是网络拓扑结构? 目前存在哪些以太网拓扑结构?

1.2 IEEE 802.3 标准局域网和以太网有什么区别? 目前使用的以太网是否是 IEEE 802.3 标准局域网? 为什么?

1.3 冲突域直径是如何确定的? 限制冲突域直径的主要因素是信号衰减吗?

1.4 什么是帧对界? 以太网如何实现帧对界?

1.5 以太网不采用出错重传的差错控制机制,只是在接收端对接收到的 MAC 帧进行差错检验,丢弃传输出错的 MAC 帧。这种简单的差错检验机制对以太网提出了什么要求?

1.6 以太网最短帧长是如何确定的? 为什么必须检测到任何情况下发生的冲突?

1.7 后退算法如何体现它的自适应性?

1.8 什么是捕获效应? 总线型以太网适合传输类似数字语音数据这样的多媒体数据吗? 为什么?

1.9 假定单根总线的长度为 1km,传输速率为 1Gb/s,信号传播速度为 $(2/3)c$,求最短帧长。

1.10 10Mb/s 以太网中某个终端在检测到冲突后,后退算法选择了随机数 $r=100$。该终端需要等待多长时间才能发送数据? 如果是 100Mb/s 的以太网呢?

1.11 终端 A 和 B 在同一个 10Mb/s 以太网网段上,它们之间的传播时延为 225 比特时间。(1 比特时间是发送 1 比特需要的时间,该单位所表示的具体值与数据传输速率相关)假定在时间 $t=0$ 时,终端 A 和 B 同时发送了数据帧,在 $t=225$ 比特时间时同时检测到冲突发生,并在 $t=225+48=273$ 比特时间发送完干扰信号,假定终端 A 和 B 选择的随机数分别是 0 和 1,回答以下问题:

(1) 终端 A 和终端 B 何时重传数据帧?

(2) 终端 A 重传的数据何时到达终端 B?

(3) 终端 A 和终端 B 重传的数据会不会再次发生冲突?

(4) 终端 B 在后退延迟后是否立即重传数据帧?

1.12　有 10 个终端连接到以太网上,试计算以下 3 种情况下每一个终端分配到的平均带宽:

(1) 10 个终端连接到 10Mb/s 集线器。

(2) 10 个终端连接到 100Mb/s 集线器。

(3) 10 个终端连接到 10Mb/s 以太网交换机。

1.13　假定终端 A、B、C 和 D 连接在总线型以太网上,当终端 D 传输数据帧时,终端 A、B 和 C 开始侦听总线。画出终端 A、B 和 C 完成数据帧传输的流程图,要求:

(1) 成功传输数据帧顺序为终端 B、C 和 A。

(2) 传输过程中至少发生 4 次冲突。

1.14　以太网上只有两个终端,它们同时发送数据,发生了冲突,于是按截断二进制指数类型后退算法进行重传,重传次数计为 $i,i=1,2,3,\cdots$,试计算第 1 次、第 2 次、第 3 次重传失败的概率以及某个终端成功发送数据之前的平均重传次数 L。

1.15　以太网传输速率从 10Mb/s 发展到 100Mb/s、1Gb/s、10Gb/s 的主要技术障碍是什么? 如何解决? 讨论一下以太网最终能够成为 LAN、MAN 主流技术的原因。

1.16　假定图 1.38 中作为总线的电缆中间没有接任何中继设备,MAC 帧的最短帧长为 512b,电信号在电缆中的传播速度为 $(2/3)c$(c 为光速),分别计算出如图 1.38 所示的总线型以太网在 10Mb/s、100Mb/s、1000Mb/s 传输速率下的冲突域直径。

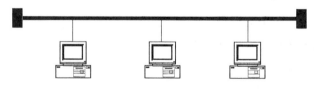

图 1.38　题 1.16 图

1.17　网桥分割冲突域的原理是什么? 网桥如何实现属于不同冲突域的终端之间的通信功能?

1.18　说网桥是分组交换设备的依据是什么?

1.19　为什么说"交换到无限"?

1.20　为什么说交换式以太网是一个广播域? 讨论一下广播带来的危害。

1.21　现有 5 个终端分别连接在 3 个局域网上,并且用两个网桥连接起来,如图 1.39 所示,每个网桥的两个端口号都标明在图上。开始时,两个网桥中的转发表都是空表,后来进行以下传输操作:H1→H5,H3→H2,H4→H3,H2→H1,试将每一次传输操作发生的有关事项填写在表 1.5 中。

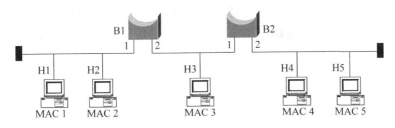

图 1.39 题 1.21 图

表 1.5 题 1.21 表

传 输 操 作	网桥 1 转发表		网桥 2 转发表		网桥 1 的处理（转发、丢弃、登记）	网桥 2 的处理（转发、丢弃、登记）
	MAC 地址	转发端口	MAC 地址	转发端口		
H1→H5						
H3→H2						
H4→H3						
H2→H1						

1.22 图 1.40 所示的网络结构有多少个冲突域？有多少个广播域？

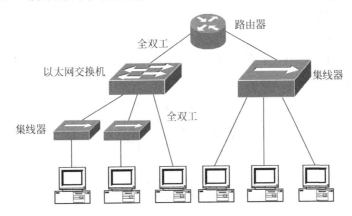

图 1.40 题 1.22 图

1.23 根据图 1.41 所示的网络结构，假定所有以太网交换机的初始转发表为空表，给出完成终端 A→终端 B、终端 E→终端 F、终端 C→终端 A 的数据帧传输后各个以太网交换机转发表内容。

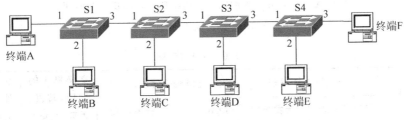

图 1.41 题 1.23 图

1.24 网络结构如图 1.42 所示,根据传输介质为双绞线和光纤这两种情况,分别计算终端 A 和终端 B 之间的最大传输距离。假定集线器的信号处理时延为 $0.56\mu s$。

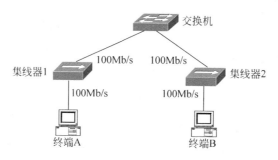

图 1.42 题 1.24 图

1.25 网络结构如图 1.43 所示,假定交换机初始转发表为空表,给出依次进行(1)～(5)MAC 帧传输时,交换机 1 和交换机 2 完成的操作及转发表变化过程,并将其填写在表 1.6 中。

(1) 终端 A→终端 B。

(2) 终端 G→终端 H。

(3) 终端 B→终端 A。

(4) 终端 H→终端 G。

(5) 终端 E→终端 H。

(6) 如果将终端 A 移到交换机 1 端口 5 后,进行终端 E→终端 A 的 MAC 帧传输,会发生什么情况?如何解决?

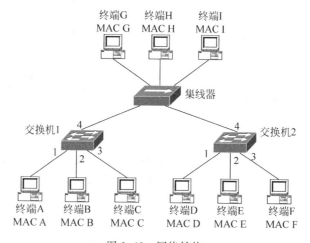

图 1.43 网络结构

表 1.6 题 1.25 表

传 输 操 作	交换机 1 转发表		交换机 2 转发表		交换机 1 的处理(转发、丢弃、登记)	交换机 2 的处理(转发、丢弃、登记)
	MAC 地址	转发端口	MAC 地址	转发端口		
终端 A→终端 B						
终端 G→终端 H						

续表

传输操作	交换机 1 转发表		交换机 2 转发表		交换机 1 的处理（转发、丢弃、登记）	交换机 2 的处理（转发、丢弃、登记）
	MAC 地址	转发端口	MAC 地址	转发端口		
终端 B→终端 A						
终端 H→终端 G						
终端 E→终端 H						

1.26　图 1.44 是连接某一幢楼内各个房间中终端的网络拓扑结构图,假定楼高为 30m,楼长为 90m,当图中设备的端口速率分别是 10Mb/s 和 100Mb/s 时,哪些设备可以是以太网交换机或集线器? 哪些设备只能是以太网交换机? 为什么?

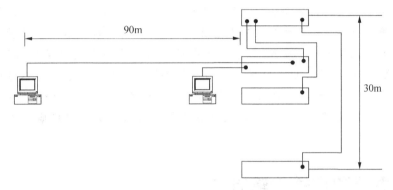

图 1.44　题 1.26 图

1.27　有两幢楼间距离超过 500m 的楼,每幢楼有 5 层,每层有 20 个房间,每个房间至少有一台终端,现在要求设计能够把所有房间中的终端连接在一起的交换式以太网,请给出设备配置(多少端口、端口采用的以太网标准),并说明原因。

1.28　共享总线交换结构和交叉矩阵交换结构上连接 8 个端口,数据总线和端口连接交叉矩阵链路的带宽均为 1Gb/s,假定 4 对端口之间同时需要传输长度为 1000B 的 MAC 帧,控制信息长度为 32B,除完成控制信息和 MAC 帧传输需要的时间外,其他操作所需要的时间忽略不计。求共享总线交换结构和交叉矩阵交换结构各自完成 4 对端口之间 MAC 帧传输所需时间。

第 2 章

虚拟局域网

交换机和交换式以太网消除了冲突域直径与最短帧长之间的相互制约和共享式以太网的带宽瓶颈,实现了端到端传输路径的无限延长(交换到无限)。全双工点对点链路使得交换机之间、交换机和终端之间的无中继传输距离只受传输介质特性和信号质量的限制。但交换式以太网本身是一个广播域,由于大量高层协议以广播方式实现数据传输过程,交换机转发 MAC 帧的操作过程也使得大量单播 MAC 帧以广播方式传输,这些以广播方式传输的 MAC 帧到达广播域内的每一个终端。这不仅浪费了链路带宽和终端的处理能力,还造成严重的安全隐患。虚拟局域网通过分割广播域解决了以广播方式传输造成的问题。

2.1 广播域和广播传输方式

广播是一种使得 MAC 帧遍历以太网中所有物理链路,到达以太网中所有终端的传输方式。在以太网中,广播是无法避免的,但广播又是有害的。因此,需要找出一种缩小广播域的方法。

2.1.1 单播传输方式和广播传输方式

如果交换机从某个端口接收到目的地址为单播地址的 MAC 帧,且在转发表中找到与该 MAC 帧的目的 MAC 地址匹配的转发项,交换机只从转发项指定的端口将该 MAC 帧转发出去,这种转发方式称为单播传输方式。

如果交换机从某个端口接收到目的 MAC 地址为广播地址的 MAC 帧,或者目的 MAC 地址虽然是单播地址,但在转发表中找不到与该 MAC 帧的目的 MAC 地址匹配的转发项,交换机从除接收该 MAC 帧的端口以外的所有其他端口将 MAC 帧转发出去,这种转发方式称为广播传输方式。

用集线器或总线构成的以太网是一个共享式以太网,任何终端发送的 MAC 帧都能够被其他所有终端接收,因此,在共享式以太网中,即在同一个冲突域中,单播传输方式和广播传输方式是相同的。但在由交换机构成的以太网中,对于单播方式传输的 MAC 帧,交换机通过查找转发表确定单一转发端口转发该 MAC 帧,网络中其他非目的终端接收不到该 MAC 帧。图 2.1 给出了共享式和交换式以太网转发终端 A→终端 B 的 MAC 帧的差别,图中的箭头表示终端 A→终端 B MAC 帧。

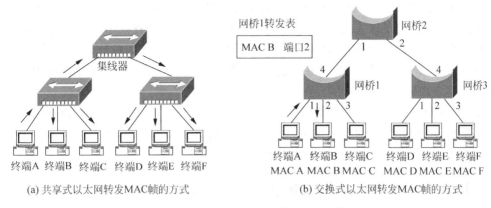

(a) 共享式以太网转发MAC帧的方式　　(b) 交换式以太网转发MAC帧的方式

图 2.1　共享式和交换式以太网转发 MAC 帧的差别

如果 MAC 帧的目的 MAC 地址为广播地址,或者虽然 MAC 帧的目的 MAC 地址为单播地址,但在交换机转发表中找不到和该 MAC 帧的目的 MAC 地址匹配的转发项,该 MAC 帧仍将被广播到网络中的所有其他终端,如图 2.2 所示。

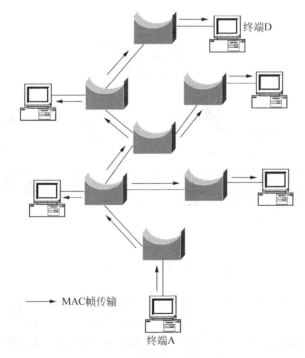

图 2.2　交换式以太网广播传输方式

2.1.2　广播域

将广播域定义为目的 MAC 地址为广播地址的 MAC 帧在网络中的传播范围。根据广播域的定义,可以得出广播域和冲突域的最大区别在于,任何终端发送的任何 MAC 帧均覆盖整个冲突域,而只有以广播方式传输的 MAC 帧才可能覆盖整个广播域。支持广播传输方式的网络称为广播型网络。

虽然由交换机构建的交换式以太网消除了冲突域带来的问题,但整个交换式以太网仍然是一个广播域。对于以太网,广播操作是不可避免的,一是只有在不断的广播操作中,交换机才能建立完整的转发表,二是 TCP/IP 协议栈中的许多协议如地址解析协议(Address Resolution Protocol,ARP)、动态主机配置协议(Dynamic Host Configuration Protocol,DHCP)等都是面向广播的协议。

如果整个以太网就是一个广播域,而广播操作又频繁地进行,网络带宽的利用率及终端的负荷都将成为问题。更为严重的是,由于广播传输方式将 MAC 帧传输给广播域中的每一个终端,从而引发 MAC 帧中数据的安全性问题。

2.1.3　传统分割广播域的方式

为了解决广播引发的问题,需要将一个大型的交换式以太网分割成若干个较小的子网,并用路由器将这些子网互连在一起,如图 2.3 所示。每一个子网就是一个广播域,即使是目的 MAC 地址为广播地址的 MAC 帧,也不能跨越路由器从一个子网广播到另一个子网。使用子网这个术语是为了说明这些小型以太网是划分大型以太网后产生的,实际上,每一个子网就是一个独立的以太网。

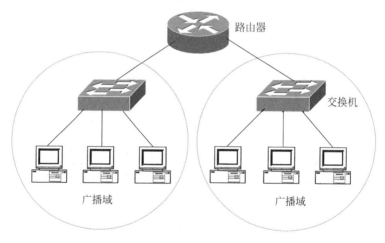

图 2.3　用路由器分割广播域

图 2.3 是虚拟局域网出现前的一种常见网络拓扑结构,用以太网交换机(或网桥)构成若干较小的以太网,用路由器将这些小型的以太网互连成一个大型网络。这种结构存在一些缺陷:一是由于传输距离的限制,某个交换机所连接的终端必须局限在相对较小的地理范围内,导致子网必须以物理地域作为划分单位;二是一旦网络完成设计和实施过程后,增加或删除一个子网,或者重新划分子网都是一件十分不容易的事。但在实际应用中,人们希望不受物理地域限制来划分子网。例如一个课题组包含了数学系、计算机系和无线电系的若干教员,这些教员分散在不同的大楼内,但需要共享一些与课题有关的文件和程序,简单而安全的共享方式要求他们所使用的终端必须在一个子网内。还有,为了对不同应用的服务器设置不同的安全等级,也常常需要重新划分子网,将不同安全等级的服务器分配到相应子网中,但最好在不需要对现有网络架构进行物理调整的前提下完成这种分配过程。

2.2 VLAN 定义和分类

由于划分到同一广播域的具有相同工作特性和安全等级的终端可能分布在以太网的各个网段,并且每一个广播域中的终端组合是变化的,这就要求广播域划分具有以下特性:一是物理位置无关性,二是动态性。物理位置无关性表示广播域可以由分布在以太网任意网段中的多个终端组成。动态性表示可以在不改变以太网物理结构的前提下,改变任何广播域中的终端组合。这就需要一种新的划分广播域的技术,这种技术就是虚拟局域网(VLAN)。

2.2.1 VLAN 定义

真正解决广播引发的问题的方法必须做到以下几点:①可以在不改变一个大型交换式以太网的物理连接的前提下,任意划分子网;②每一个子网中的终端具有物理位置无关性,即每一个子网可以包含位于任何物理位置的终端;③子网划分和子网中终端的组成可以通过配置改变,且这种改变对网络的物理连接不会提出任何新的要求。这就要求一种全新的子网划分(或广播域划分)技术,这种技术就是 VLAN 技术。

图 2.4 是一个在物理交换式以太网上划分 3 个 VLAN 的实例,物理交换式以太网由3 台交换机互连而成,每一个交换机通过端口 1~端口 4 连接 4 个终端,12 个终端被划分为3 个 VLAN,每一个 VLAN 可以包含任意数量、位于任意物理位置的终端。通过配置,在不需要改变交换式以太网物理连接的前提下,可以任意改变 VLAN 数量和每一个 VLAN 包含的终端。对于如图 2.4 所示的物理交换式以太网,可以通过配置,将 3 个 VLAN 变为4 个VLAN,增加的 VLAN 可以包含 12 个终端中的任意终端。但一般情况下,每一个终端只能属于一个 VLAN。

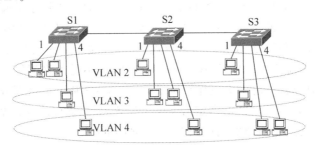

图 2.4 VLAN 原理图

VLAN 完全等同于一个独立的交换式以太网。虽然,多个 VLAN 可以存在于同一个由交换机组成的物理交换式以太网中,但这些 VLAN 是相互独立的,属于不同 VLAN 的终端之间是不能相互通信的。为了讨论方便,将网桥作为一种无论物理上还是逻辑上都只能属于单个 VLAN 的设备,而将以太网交换机作为一种支持 VLAN 划分的设备,一旦某台以太网交换机被划分为多个 VLAN,该以太网交换机等同于若干个功能独立的网桥。

2.2.2　VLAN 分类

为了实现广播域划分,必须能够将连接在物理交换式以太网上的终端按照用户制定的分配原则分配到各个 VLAN 中,根据将终端分配到 VLAN 的方式,可以将 VLAN 分为基于端口划分的 VLAN、基于 MAC 地址划分的 VLAN、基于协议划分的 VLAN 和基于网络地址划分的 VLAN 等。

1. 基于端口划分的 VLAN

基于端口划分的 VLAN 如图 2.5 所示,创建某个 VLAN,将交换机端口分配给某个 VLAN,建立端口和 VLAN 之间的绑定。每一个 VLAN 可以包含任意的交换机端口组合。对应如图 2.5 所示的 VLAN 划分,建立表 2.1 所示的端口和 VLAN 之间的绑定。直接连接终端的交换机端口称为接入端口,一般情况下,每一个接入端口只能分配给一个 VLAN。

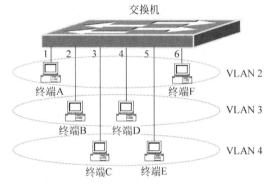

图 2.5　基于端口划分的 VLAN

表 2.1　端口和 VLAN 之间的绑定

端　　口	VLAN
端口 1	VLAN 2
端口 2	VLAN 3
端口 3	VLAN 4
端口 4	VLAN 3
端口 5	VLAN 4
端口 6	VLAN 2

基于端口划分的 VLAN 中的基本成员是端口,根据表 2.1 所示的端口和 VLAN 之间的绑定,如果终端 A 接入端口 1,则终端 A 属于 VLAN 2,在 VLAN 2 中广播的 MAC 帧能够到达终端 A。但如果将终端 A 和终端 B 互换,即通过端口 2 接入终端 A,终端 A 将属于 VLAN 3。因此,基于端口划分的 VLAN 由端口组成,而不是由终端组成,终端只有接入属于某个 VLAN 的端口后,才能确定该终端所属的 VLAN。基于端口划分的 VLAN 是最常见的 VLAN,端口和 VLAN 之间的绑定需要手工配置,如果需要改变某个 VLAN 中的端口组合,必须通过手工配置重新建立端口和 VLAN 之间的绑定。

2. 基于 MAC 地址划分的 VLAN

对于基于端口划分的 VLAN,如果要求将某个终端固定分配给某个 VLAN,即在该终端漫游过程中,不改变该终端所属的 VLAN,则必须在该终端所有可能漫游到的地方留有分配给该 VLAN 的端口。这一方面可能造成交换机端口浪费,另一方面由于所有插入这些端口的终端都被作为该 VLAN 的成员,可能破坏用户制定的终端与 VLAN 之间的绑定关系。

为了建立终端与 VLAN 之间的绑定,必须建立终端标识符与 VLAN 之间的绑定,最常用作终端标识符的是 MAC 地址,因此,可以建立如表 2.2 所示的 MAC 地址与 VLAN 之间的绑定,交换机不是根据终端接入交换机的端口确定该终端所属的 VLAN,而是通过接收到的 MAC 帧的源 MAC 地址确定发送该 MAC 帧的终端所属的 VLAN。设终端 A 到终端 F 的 MAC 地址分别为 MAC A 到 MAC F,如果需要按照图 2.5 所示的 VLAN 组成将终端分配给各个 VLAN,则建立如表 2.2 所示的 MAC 地址与 VLAN 之间的绑定。这种 VLAN 划分方式下,即使将终端 A 与终端 B 互换,即将终端 A 接入交换机端口 2,将终端 B 接入交换机端口 1,终端 A 仍然属于 VLAN 2,终端 B 仍然属于 VLAN 3。

基于 MAC 地址划分的 VLAN 中的基本成员是终端,某个端口属于哪一个 VLAN,由接入该端口的终端的 MAC 地址确定。当终端 A 漫游时,只要表 2.2 所示的 MAC 地址与 VLAN 之间的绑定不变,任何接入终端 A 的交换机端口都属于 VLAN 2,与该交换机端口的位置和编号无关。

3. 基于协议划分的 VLAN

基于协议划分的 VLAN 中的基本成员是终端,根据终端使用的网络协议来确定终端所属的 VLAN,为了确定某个终端所属的 VLAN,必须建立表 2.3 所示的网络协议与 VLAN 之间的绑定,交换机根据接收到的分组的协议类型和网络协议与 VLAN 之间的绑定来确定发送分组的终端所属的 VLAN。由于目前基本使用 IP,因此,基于协议划分 VLAN 会使 IP 对应的广播域过大,失去划分 VLAN 的意义,因此,这种 VLAN 划分方式目前很少使用。

表 2.2　MAC 地址和 VLAN 之间的绑定

MAC 地址	VLAN
MAC A	VLAN 2
MAC B	VLAN 3
MAC C	VLAN 4
MAC D	VLAN 3
MAC E	VLAN 4
MAC F	VLAN 2

表 2.3　网络协议和 VLAN 之间的绑定

网络协议	VLAN
IP	VLAN 2
IPX	VLAN 3

4. 基于网络地址划分的 VLAN

基于网络地址划分的 VLAN 中的基本成员是终端,根据终端使用的网络地址来确定终端所属的 VLAN,为了确定某个终端所属的 VLAN,必须建立表 2.4 所示的网络地址与 VLAN 之间的绑定,交换机根据接收到的 IP 分组的源 IP 地址和网络地址与 VLAN 之间的绑定来确定发送 IP 分组的终端所属的 VLAN。由于目前终端的 IP 地址通常通过 DHCP 自动获得,而且终端自动获得的 IP 地址往往取决于终端所属的 VLAN,因此,这种 VLAN 划分方式目前也很少使用。

表 2.4　网络地址和 VLAN 之间的绑定

网络地址	VLAN
192.1.1.0/24	VLAN 2
192.1.2.0/24	VLAN 3
192.1.3.0/24	VLAN 4
192.1.4.0/24	VLAN 5
192.1.5.0/24	VLAN 6
192.1.6.0/24	VLAN 7

4 种 VLAN 划分方式中，基于端口划分 VLAN 方式是最常用的，所有交换机都支持这种 VLAN 划分方式；基于 MAC 地址划分 VLAN 方式是比较高级的，各个厂家有着各自的基于 MAC 地址划分 VLAN 的技术；其他两种 VLAN 划分方式因为目前很少使用，不再展开讨论。

2.3 基于端口划分 VLAN

可以将物理以太网划分为任意多个 VLAN，每一个 VLAN 可以包含任意的端口组合。属于同一 VLAN 的任意一对端口之间能够建立交换路径。

2.3.1 单交换机 VLAN 划分过程

VLAN 划分允许将物理以太网中任意多个交换机中的任意端口组合分配到某个 VLAN 中，且建立这些交换机端口之间的交换路径。这里先学习将单个交换机中的任意端口组合分配到某个 VLAN 中的过程。

1. 为 VLAN 分配端口

图 2.6(a)所示是一个拥有 9 个端口的交换机，初始状态下，交换机所有端口属于一个 VLAN，该 VLAN 称为交换机的默认 VLAN。因此，默认状态下，交换机所有端口属于同一个广播域。

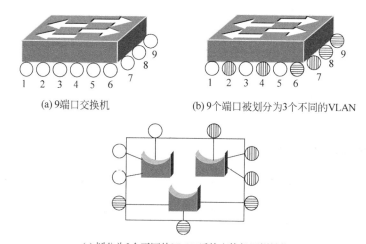

(a) 9端口交换机　　　(b) 9个端口被划分为3个不同的VLAN

(c) 划分为3个不同的VLAN后的交换机逻辑结构

图 2.6 交换机划分 VLAN 过程

将端口分配给不同的 VLAN，一是需要确定将交换机划分为几个 VLAN，二是需要确定交换机端口与 VLAN 之间的对应关系。交换机端口与 VLAN 之间的对应关系是任意的，即每一个端口可以分配给任何 VLAN，每一个 VLAN 可以包含任意交换机端口组合。

如图 2.6(b)所示，假定交换机划分为 3 个 VLAN，分别命名为 VLAN 2、VLAN 3 和 VLAN 4。交换机端口 1、3、5 分配给 VLAN 2，交换机端口 2、4、7 分配给 VLAN 3，剩余端口(端口6、8、9)分配给 VLAN 4。为建立上述交换机端口与 VLAN 之间的对应关系,一是需要在交换机中创建 VLAN 2、VLAN 3 和 VLAN 4,二是需要将交换机端口 1、3、5 分配给 VLAN 2,将交换机端口 2、4、7 分配给 VLAN 3,将交换机端口 6、8、9 分配给 VLAN 4。这里,每一个交换机端口只分配给单个 VLAN。完成 VLAN 端口配置过程后,建立如表 2.5 所示的 VLAN 与交换机端口映射,该映射表中给出了 VLAN 与端口之间的对应关系。

表 2.5　VLAN 与交换机端口映射表

VLAN	交换机端口
VLAN 2	端口 1、端口 3、端口 5
VLAN 3	端口 2、端口 4、端口 7
VLAN 4	端口 6、端口 8、端口 9

2. 建立端口之间的交换路径

每一个广播域都可以想象成一个用网桥连接的以太网。因此,将 9 个端口分割为 3 个广播域的交换机,逻辑上等同于在交换机内设置了 3 个独立的网桥,这 3 个网桥分别连接属于 3 个不同广播域的端口,如图 2.6(c)所示。交换机中每一个广播域的端口配置是任意的,因此,交换机内的网桥也只有逻辑意义。

当交换机配置了一个广播域,该广播域就拥有单独的转发表,当交换机从属于该广播域的某个端口接收到一个 MAC 帧时,首先判别该 MAC 帧的目的 MAC 地址是否是广播地址,若是,就从属于该广播域的所有其他端口发送出去,否则就用该 MAC 帧的目的 MAC 地址去查找转发表,如果找到该 MAC 帧的目的 MAC 地址匹配的转发项,就从该转发项指定的转发端口发送出去,MAC 帧的输入端口和输出端口必须属于同一个广播域。如果在转发表中找不到与该 MAC 帧的目的 MAC 地址匹配的转发项,和广播帧一样,就将该 MAC 帧从属于该广播域的所有其他端口发送出去。

因此,一旦将同一个交换机中的任意端口组合分配给某个 VLAN,这些端口就相当于连接在该 VLAN 关联的网桥上,这些端口之间的关系与连接在相同物理网桥上的端口之间的关系一样。该 VLAN 关联的网桥将自动建立这些端口之间的交换路径。

3. 确定 MAC 帧所属的 VLAN

由于交换机的每一个端口只属于一个 VLAN,因此,该 MAC 帧所属的 VLAN 由接收该 MAC 帧的交换机端口确定。接收该 MAC 帧的交换机端口所属的 VLAN 就是该 MAC 帧所属的 VLAN。因此,对于交换机的每一个端口只属于一个 VLAN 的情况,从任何端口接收到的 MAC 帧只能在该端口所属的 VLAN 内转发。

2.3.2 跨交换机 VLAN 划分过程

跨交换机 VLAN 划分过程是指将物理以太网中任意多个交换机中的任意端口组合分配到某个 VLAN 中,且建立这些交换机端口之间的交换路径的过程。

1. 端口配置原则

为实现跨交换机 VLAN 划分,端口配置过程需要遵循以下原则:一是允许将属于不同交换机的多个端口分配到同一个 VLAN;二是必须保证任何两个属于同一 VLAN 的端口之间存在交换路径。

如图 2.7 所示,假定某个 VLAN 包含端口 A 和端口 B,且这两个端口分别属于交换机 1 和交换机 2,其中端口 A 属于交换机 1,端口 B 属于交换机 2。为了建立端口 A 和端口 B 之间的交换路径,需要在交换机 1 中选择某个端口 C,它和端口 A 属于同一个 VLAN,在交换机 2 中选择某个端口 D,它和端口 B 属于同一个 VLAN,并连接端口 C 和端口 D。

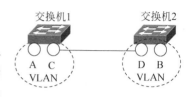

图 2.7   建立跨交换机 VLAN
端口之间交换路径

2. 配置实例

如图 2.8 所示,为了实现终端 A 和终端 D 之间、终端 B 和终端 C 之间可以互相通信,终端 A、D 和终端 B、C 之间不能互相通信的目标,分别在交换机 1 和交换机 2 中将连接终端 A 和终端 D 的端口配置给 VLAN 2,连接终端 B 和终端 C 的端口配置给 VLAN 3。在每一个交换机端口只能属于一个 VLAN 的情况下,必须在交换机 1 和 2 选择两个端口,并将两个端口分别配置给 VLAN 2 和 VLAN 3,用两条物理链路互连交换机 1 和交换机 2 中分别属于 VLAN 2 和 VLAN 3 的两对端口。完成 VLAN 端口配置过程后,建立如表 2.6 和表 2.7 所示的交换机 1 和交换机 2 的 VLAN 与交换机端口映射,即 VLAN 与端口之间的对应关系。

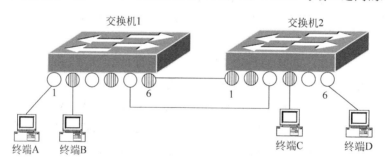

图 2.8   跨交换机 VLAN 划分过程

表 2.6   交换机 1 的 VLAN 与交换机端口映射表

VLAN	交换机端口
VLAN 2	端口 1、端口 3、端口 5
VLAN 3	端口 2、端口 4、端口 6

表 2.7   交换机 2 的 VLAN 与交换机端口映射表

VLAN	交换机端口
VLAN 2	端口 3、端口 5、端口 6
VLAN 3	端口 1、端口 2、端口 4

3. 存在问题

上述配置实例带来的问题是,交换机之间的物理链路数量是不确定的,随着跨交换机

VLAN 数量的变化而变化。这与在不改变以太网物理结构的前提下实现 VLAN 划分的要求相悖。因此,实现跨交换机 VLAN 划分必须解决的问题是:能够通过交换机之间单一的物理链路建立任何两个属于同一 VLAN 的端口之间的交换路径。

2.3.3 IEEE 802.1q 与 VLAN 内 MAC 帧传输过程

1. 端口配置

图 2.9 是用单一物理链路实现跨交换机 VLAN 内终端之间通信过程的网络结构,根据图 2.9 所示的跨交换机 VLAN 划分过程,交换机 1 端口 7 和交换机 2 端口 1 必须同时属于 VLAN 2 和 VLAN 3,这种同时属于多个 VLAN 的端口称为共享端口。为了与共享端口区别,将只属于单个 VLAN 的交换机端口称为接入端口。

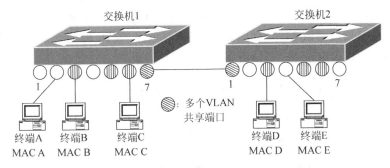

图 2.9 用单一物理链路实现跨交换机 VLAN 内终端之间通信

通过共享端口输出的 MAC 帧所属的 VLAN 必须与该共享端口所属的 VLAN 范围一致,即如果图 2.9 中交换机 1 端口 7 和交换机 2 端口 1 同时属于 VLAN 2 和 VLAN 3,这两个共享端口只能输出属于 VLAN 2 或 VLAN 3 的 MAC 帧。互连这两个共享端口的物理链路同时成为属于 VLAN 2 的终端之间和属于 VLAN 3 的终端之间的交换路径。

根据图 2.9 所示完成交换机 1 和交换机 2 的 VLAN 端口配置过程后,交换机 1 和交换机 2 建立如表 2.8 和表 2.9 所示的 VLAN 与交换机端口映射。

表 2.8 交换机 1 的 VLAN 与交换机端口映射表

VLAN	接 入 端 口	共 享 端 口
VLAN 2	端口 1、端口 2、端口 4	端口 7
VLAN 3	端口 3、端口 5、端口 6	端口 7

表 2.9 交换机 2 的 VLAN 与交换机端口映射表

VLAN	接 入 端 口	共 享 端 口
VLAN 2	端口 2、端口 4、端口 7	端口 1
VLAN 3	端口 3、端口 5、端口 6	端口 1

2. IEEE 802.1q 与确定 MAC 帧所属的 VLAN

针对如图 2.9 所示的端口配置,终端 A→终端 E 的 MAC 帧传输过程中会出现一些问题。当终端 A 通过端口 2 向交换机 1 发送源 MAC 地址为 MAC A,目的 MAC 地址为 MAC E 的 MAC 帧时,交换机 1 由于通过端口 2 接收到该 MAC 帧,确定在 VLAN 2 内转发该 MAC 帧。如果在 VLAN 2 关联的转发表中找不到和 MAC E 匹配的转发项,交换机 1 通过端口 1、4 和 7 将该 MAC 帧转发出去;如果在 VLAN 2 关联的转发表中找到和 MAC

E 匹配的转发项,则只通过端口 7 转发该 MAC 帧。交换机 2 通过端口 1 接收到交换机 1 从端口 7 转发出去的 MAC 帧,由于交换机 2 端口 1 是共享端口,交换机 2 无法根据接收该 MAC 帧的端口确定该 MAC 帧所属的 VLAN。

其实,交换机 1 将该 MAC 帧从端口 7 转发出去时,是知道该 MAC 帧所属的 VLAN 的,而且交换机 1 也知道端口 7 是共享端口,属于不同 VLAN 的 MAC 帧都有可能从该端口转发出去。为了让连接共享端口的交换机能够确定每一帧从共享端口转发出去的 MAC 帧所属的 VLAN,交换机 1 在所有从共享端口转发出去的 MAC 帧上加上一个 12 位二进制数表示的 VLAN 标识符(VLAN Identifier,VID)字段,包含 VLAN 标识符字段的 MAC 帧格式如图 2.10 所示。这种携带 VLAN 标识符字段的 MAC 帧结构称为 IEEE 802.1q 帧格式,IEEE 802.1q 是 IEEE 802 委员会为实现跨交换机 VLAN 内通信过程而制定的标准。图 2.10 中源地址字段之后的两个字节 8100H 用于指明该 MAC 帧携带的 VLAN 标识符,为与类型字段相区分,类型字段值中不允许出现 8100H。对于携带 VID 的 MAC 帧,当交换机通过共享端口接收到该 MAC 帧时,不是根据接收该 MAC 帧的交换机端口,而是根据 MAC 帧携带的 VID 确定该 MAC 帧所属的 VLAN。

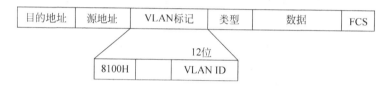

图 2.10　携带 VLAN 标识符字段的 MAC 帧格式(IEEE 802.1q)

针对图 2.9 所示的跨交换机 VLAN 划分过程,属于相同 VLAN 的任意两个终端之间的通信过程如图 2.11 所示。对于终端 A 传输给终端 E 的 MAC 帧,由于交换机 1 通过共享端口(端口 7)转发该 MAC 帧时,在该 MAC 帧上加上了 VLAN 标识符(VID=2),当交换机 2 通过共享端口(端口 1)接收到该 MAC 帧时,不是通过接收该 MAC 帧的端口,而是通过该 MAC 帧携带的 VLAN 标识符(VID=2)确定用于转发该 MAC 帧的 VLAN,并用该 MAC 帧的目的地址查找该 VLAN 关联的转发表。如果在转发表中找到匹配的转发项,通过该转发项指定的端口(端口 4)转发该 MAC 帧;否则,通过属于该 VLAN 的所有其他端口(端口 2、4、7)输出该 MAC 帧。

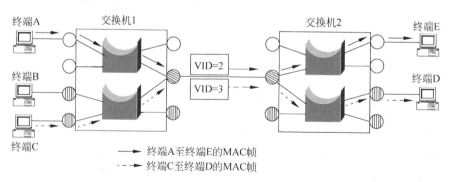

图 2.11　实现跨交换机 VLAN 内通信的过程

3. 确定 MAC 帧所属 VLAN 规则

1）端口分类

端口可以分为共享端口（也称标记端口）、接入端口（也称非标记端口）和混合端口，共享端口是同时属于多个 VLAN 的交换机端口，接入端口是只属于单个 VLAN 的交换机端口，混合端口是同时作为共享端口和接入端口加入多个 VLAN 的交换机端口，作为共享端口可以同时加入若干 VLAN，作为接入端口只允许加入一个 VLAN。一般交换机都支持共享端口和接入端口，但不是所有交换机都支持混合端口。

2）各类端口确定 MAC 帧所属 VLAN 规则

如果交换机支持 IEEE 802.1q，某个端口可以是同时属于多个 VLAN 的共享端口，为了确定从共享端口输入的 MAC 帧所属的 VLAN，MAC 帧需要携带 VLAN 标识符，交换机通过该 MAC 帧携带的 VLAN 标识符确定该 MAC 帧所属的 VLAN。为了标识从某个共享端口输出的 MAC 帧所属的 VLAN，需要给通过共享端口输出的 MAC 帧加上 VLAN 标识符。

通过共享端口输入的 MAC 帧所携带的 VLAN 标识符必须与该共享端口所属的 VLAN 范围一致，否则，交换机将丢弃该 MAC 帧。假定共享端口同时属于 VLAN 3、VLAN 5 和 VLAN 7。如果从该共享端口输入的 MAC 帧携带 VLAN 标识符且 VLAN 标识符是 3、5 和 7 中之一，则确定该 MAC 帧或者属于 VLAN 3（VLAN 标识符为 3），或者属于 VLAN 5（VLAN 标识符为 5），或者属于 VLAN 7（VLAN 标识符为 7）。如果从该共享端口输入的 MAC 帧没有携带 VLAN 标识符，或者 VLAN 标识符不是 3、5 和 7 中之一，交换机将丢弃该 MAC 帧。

通过接入端口输入的 MAC 帧不能是携带 VLAN 标识符的 MAC 帧，该 MAC 帧属于该接入端口所属的 VLAN。从接入端口输出的 MAC 帧不能是携带 VLAN 标识符的 MAC 帧。交换机丢弃通过接入端口输入的携带 VLAN 标识符的 MAC 帧。

通过混合端口输入的 MAC 帧可以是携带 VLAN 标识符的 MAC 帧，也可以是没有携带 VLAN 标识符的 MAC 帧。如果输入的 MAC 帧携带 VLAN 标识符，交换机将输入该 MAC 帧的混合端口作为共享端口，根据 MAC 帧携带的 VLAN 标识符确定该 MAC 帧所属的 VLAN。和共享端口相似，该 MAC 帧所携带的 VLAN 标识符必须与该混合端口作为共享端口加入的 VLAN 范围一致，否则，交换机将丢弃该 MAC 帧。

如果输入的 MAC 帧没有携带 VLAN 标识符，交换机将输入该 MAC 帧的混合端口作为接入端口，该 MAC 帧属于混合端口作为接入端口加入的 VLAN。

2.3.4 VLAN 例题解析

【例 2.1】 交换机连接终端和集线器方式及端口分配给各个 VLAN 的情况如图 2.12 所示。假定终端下面的字母表示终端的 MAC 地址，初始转发表为空表，回答以下问题：

(1) 终端 A 发送的目的 MAC 地址为 B 的 MAC 帧到达哪些终端？

(2) 终端 B 发送的目的 MAC 地址为 A 的 MAC 帧到达哪些终端？

(3) 终端 E 发送的目的 MAC 地址为 B 的 MAC 帧到达哪些终端？

(4) 终端 B 发送的目的 MAC 地址为 E 的 MAC 帧到达哪些终端？

(5) 终端 B 发送的目的 MAC 地址为广播地址的 MAC 帧到达哪些终端？

(6) 终端 F 发送的目的 MAC 地址为 E 的 MAC 帧到达哪些终端？

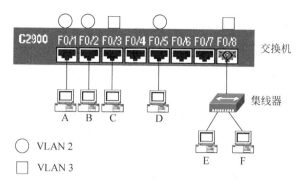

图 2.12　交换机连接终端和集线器的方式

【解析】（1）由于初始转发表为空表，VALN 2 对应的转发表中没有 MAC 地址 B 匹配的转发项，该 MAC 帧被交换机在 VLAN 2 内广播，到达 VLAN 2 内除终端 A 以外的所有其他终端（终端 B 和 D）。VLAN 2 对应的转发表中增加 MAC 地址＝A，转发端口＝F0/1 的转发项。

（2）由于 VLAN 2 对应的转发表中存在与 MAC 地址 A 匹配的转发项，交换机只从端口 F0/1 输出该 MAC 帧，该 MAC 帧只到达终端 A。VLAN 2 对应的转发表中增加 MAC 地址＝B，转发端口＝F0/2 的转发项。

（3）由于连接终端 E 的设备是集线器，因此，该 MAC 帧被集线器广播，到达交换机端口 F0/8 和终端 F。由于 VLAN 3 对应的转发表中没有与 MAC 地址 B 匹配的转发项，该 MAC 帧被交换机在 VLAN 3 内广播，到达 VLAN 3 内除连接在端口 F0/8 以外的所有其他终端（终端 C）。因此，该 MAC 帧到达终端 C 和终端 F。VLAN 3 对应的转发表中增加 MAC 地址＝E，转发端口＝F0/8 的转发项。

（4）由于 VLAN 2 对应的转发表中没有 MAC 地址 E 匹配的转发项，该 MAC 帧被交换机在 VLAN 2 内广播，到达 VLAN 2 内除终端 B 以外的所有其他终端（终端 A 和 D）。

（5）由于 MAC 帧的目的地址是广播地址，该 MAC 帧被交换机在 VLAN 2 内广播，到达 VLAN 2 内除终端 B 以外的所有其他终端（终端 A 和 D）。

（6）由于连接终端 F 的设备是集线器，该 MAC 帧被集线器广播，到达交换机端口 F0/8 和终端 E。由于 VLAN 3 对应的转发表中存在与 MAC 地址 E 匹配的转发项，且输出端口 F0/8 是交换机接收该 MAC 帧的端口，交换机丢弃接收到的 MAC 帧。该 MAC 帧只到达终端 E。

【例 2.2】　假定网络结构如图 2.13 所示，终端 A、终端 D 和终端 E 属于一个 VLAN（VLAN 2），终端 B、终端 C 和终端 F 属于另一个 VLAN（VLAN 3）。

（1）如何进行 VLAN 配置？

（2）给出终端 B→终端 C、终端 A→终端 D、终端 F→终端 B 的传输过程。

（3）能否实现终端 B→终端 D 的通信过程？解释原因。

【解析】（1）配置 VLAN 的原则是所有属于同一 VLAN 的终端之间必须存在交换路径。如果某个端口只有属于单个 VLAN 的终端之间的交换路径经过，则配置为该 VLAN 的非标记端口，即接入端口；如果某个端口被多对属于不同 VLAN 的终端之间的交换路径经过，则配置为被这些 VLAN 共享的标记端口，即共享端口。根据图 2.13 给出的终端之间

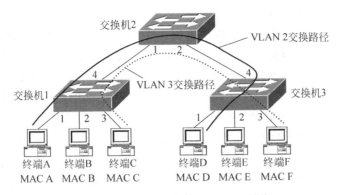

图 2.13 网络拓扑结构及 VLAN 划分

的交换路径,得出如图 2.14 所示的 VLAN 配置,交换机 1 创建两个 VLAN,分别命名为 VLAN 2 和 VLAN 3。VLAN 2 包括端口 1 和 4,其中端口 4 为标记端口,被两个 VLAN 共享。VLAN 3 包括端口 2、3 和 4,端口 4 为标记端口。交换机 2 配置两个 VLAN,端口 1 和 2 均被 VLAN 2 和 VLAN 3 所共享,因此,这两个端口均是标记端口。交换机 3 配置两个 VLAN,VLAN 2 包括端口 1、2 和 4,VLAN 3 包括端口 3 和 4,端口 4 为标记端口,被 VLAN 2 和 VLAN 3 所共享。表 2.10、表 2.11 和表 2.12 分别是对应如图 2.14 所示的 VLAN 配置的交换机 1、交换机 2 和交换机 3 的 VLAN 与交换机端口映射。

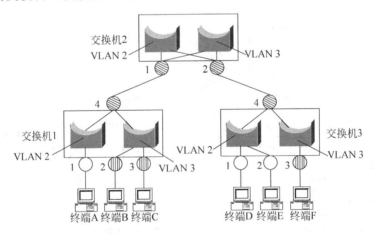

图 2.14 VLAN 配置

表 2.10 交换机 1 的 VLAN 与交换机端口映射表

VLAN	接 入 端 口	共 享 端 口
VLAN 2	端口 1	端口 4
VLAN 3	端口 2、端口 3	端口 4

表 2.11 交换机 2 的 VLAN 与交换机端口映射表

VLAN	接 入 端 口	共 享 端 口
VLAN 2		端口 1、端口 2
VLAN 3		端口 1、端口 2

表 2.12 交换机 3 的 VLAN 与交换机端口映射表

VLAN	接 入 端 口	共 享 端 口
VLAN 2	端口 1、端口 2	端口 4
VLAN 3	端口 3	端口 4

（2）MAC 帧传输过程如下。

① 终端 B→终端 C 的 MAC 帧传输过程。终端 B 获取终端 C 的 MAC 地址 MAC C 后，构建一个以 MAC B 为源 MAC 地址、MAC C 为目的 MAC 地址的 MAC 帧，并将该 MAC 帧通过互连终端 B 和交换机 1 端口 2 的双绞线缆发送给交换机 1。交换机 1 根据接收该 MAC 帧的端口（端口 2）确定该 MAC 帧属于 VLAN 3，用该 MAC 帧的目的 MAC 地址 MAC C 查找 VLAN 3 关联的转发表，由于没有找到匹配的转发项（一开始转发表为空），在 VLAN 3 内广播该 MAC 帧，同时在交换机 1 内 VLAN 3 关联的转发表中添加 MAC 地址为 MAC B、转发端口为端口 2 的转发项。对于交换机 1，属于 VLAN 3 的端口为端口 2、3 和 4，因此，通过除接收端口（端口 2）以外的所有其他端口（端口 3、4）转发该 MAC 帧。由于端口 4 对于 VLAN 3 是 IEEE 802.1q 标记端口，从端口 4 转发出去的 MAC 帧需要携带 VLAN 标识符。因此，交换机 1 在从端口 4 转发出去的 MAC 帧上带上 VLAN 3 的 VLAN 标识符（VID＝3）。

交换机 2 通过端口 1 接收到该 MAC 帧，通过该 MAC 帧携带的 VLAN 标识符（VID＝3）得知该 MAC 帧属于 VLAN 3，同样用该 MAC 帧的目的 MAC 地址 MAC C 查找 VLAN 3 关联的转发表，由于找不到匹配的转发项，交换机 2 继续以广播方式广播该 MAC 帧，同时在 VLAN 3 关联的转发表内添加该 MAC 帧的源 MAC 地址 MAC B 对应的转发项。该 MAC 帧一直在图 2.14 所示的 VLAN 3 中广播，到达属于 VLAN 3 的所有终端，如图 2.15 所示。

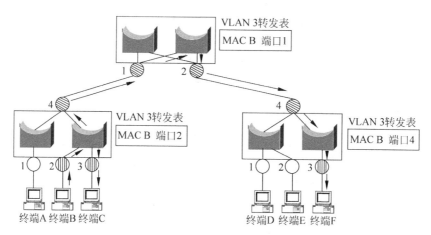

图 2.15　终端 B→终端 C 的 MAC 帧传输过程

② 终端 A→终端 D 的 MAC 帧传输过程。终端 A→终端 D 的 MAC 帧传输过程与终端 B→终端 C 的 MAC 帧传输过程大致相同。由于交换机 1、2、3 和 VLAN 2 关联的转发表中均没有与该 MAC 帧的目的 MAC 地址 MAC D 匹配的转发项，该 MAC 帧在 VLAN 2 内广播，广播过程如图 2.16 所示。

③ 终端 F→终端 B 的 MAC 帧传输过程。终端 F→终端 B 传输方式与前两次传输方式有所不同，由于交换机 1、2、3 和 VLAN 3 关联的转发表中均有与该 MAC 帧的目的 MAC 地址 MAC B 匹配的转发项，因此，交换机 3 从端口 3 接收到该 MAC 帧后，只从端口 4 将该 MAC 帧转发出去，当然，转发出去的 MAC 帧携带 VLAN 3 的 VLAN 标识符（VID＝3）。交换机 2 通过查找和 VLAN 3 关联的转发表，将该 MAC 帧从端口 1 转发出去。交换机

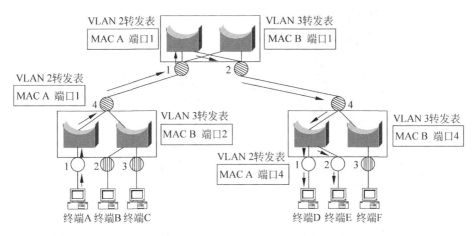

图 2.16 终端 A→终端 D 的 MAC 帧传输过程

1 也通过查找和 VLAN 3 关联的转发表,从端口 2 将该 MAC 帧转发出去。由于在配置 VLAN 3 时指定端口 2 为非标记端口,在将该 MAC 帧从端口 2 转发出去前,必须先移走该 MAC 帧上的 VLAN 标识符(VID=3),传输过程如图 2.17 所示。

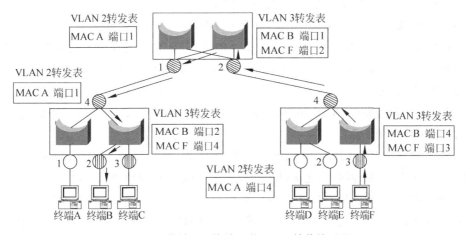

图 2.17 终端 F→终端 B 的 MAC 帧传输过程

(3) 不能实现终端 B→终端 D 的 MAC 帧传输过程。由于在 VLAN 3 关联的转发表中找不到与 MAC D 匹配的转发项,以 MAC B 为源 MAC 地址、MAC D 为目的 MAC 地址的 MAC 帧只能以广播方式在 VLAN 3 内广播,但只能到达属于 VLAN 3 的所有终端。终端 D 属于 VLAN 2,该 MAC 帧到达不了终端 D,如图 2.15 所示。

【例 2.3】 VLAN 配置如图 2.18 所示,交换机 1 的端口 1、2、4 和 7 属于 VLAN 2,端口 3、5 和 6 属于 VLAN 3,所有端口均为接入端口(非标记端口)。交换机 2 的端口 2、4 和 7 属于 VLAN 2,端口 1、3、5 和 6 属于 VLAN 3,所有端口均为接入端口(非标记端口)。回答以下问题:

(1) 终端 A 能否和终端 E 通信?为什么?

(2) 终端 B 能否和终端 D 通信?为什么?

（3）终端 A 能否和终端 D 通信？为什么？

（4）终端 B 能否和终端 E 通信？为什么？

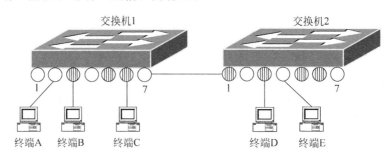

图 2.18　VLAN 配置图

【解析】　图 2.18 所示和图 2.9 所示的差别在于交换机 1 的端口 7 和交换机 2 的端口 1 的配置。在图 2.9 中,这两个端口均被 VLAN 2 和 VLAN 3 所共享,且都是标记端口,这种配置下,题中 4 问很容易回答:同一 VLAN 内的终端之间,即使跨交换机,也可以互相通信;不同 VLAN 内的终端之间,即使连接在同一交换机上,也不可以互相通信。但一旦是如图 2.18 所示的 VLAN 配置方式,情况就不同了。

（1）由于终端 A 所连的端口 2 和端口 7 属于同一个 VLAN,终端 A 发送给终端 E 的 MAC 帧可以从端口 7 转发出去,进入交换机 2 的端口 1。由于交换机 1 的端口 7 是非标记端口,因此,进入交换机 2 端口 1 的 MAC 帧没有携带任何 VLAN 标识符,而交换机 2 的端口 1 又作为非标记端口属于 VLAN 3,因此,交换机 2 确定该 MAC 帧属于 VLAN 3,交换机 2 在 VLAN 3 内转发该 MAC 帧,从而无法到达属于 VLAN 2 的端口 4,因此,也无法到达连接在端口 4 上的终端 E。

（2）由于终端 B 所连的端口 3 和端口 7 不属于同一个 VLAN,终端 B 发送的 MAC 帧无法从端口 7 转发出去,因而也无法进入交换机 2 的端口 1,导致通信失败。

（3）由于终端 A 所连的端口 2 和端口 7 属于同一个 VLAN,终端 A 发送给终端 D 的 MAC 帧可以从端口 7 转发出去,进入交换机 2 的端口 1。由于进入交换机 2 端口 1 的 MAC 帧没有携带任何 VLAN 标识符,而交换机 2 的端口 1 又作为非标记端口属于 VLAN 3,因此,交换机 2 确定该 MAC 帧属于 VLAN 3,交换机 2 在 VLAN 3 内转发该 MAC 帧。由于终端 D 所连的端口 3 属于 VLAN 3,该 MAC 帧能够到达终端 D。

（4）由于终端 B 所连的端口 3 和端口 7 不属于同一个 VLAN,终端 B 发送的 MAC 帧无法从端口 7 转发出去,因而也无法进入交换机 2 的端口 1,导致通信失败。

造成上述情况的原因在于,如果输出端口是非标记端口,VLAN 只有本地意义。对于终端 A 发送的 MAC 帧,由于交换机 1 接收该 MAC 帧的端口 2 作为非标记端口属于 VLAN 2,因此,交换机 1 确定该 MAC 帧属于 VLAN 2,交换机 1 在 VLAN 2 内转发该 MAC 帧。但一旦该 MAC 帧离开交换机 1,就像终端 A 刚发送的 MAC 帧一样,由于没有携带任何 VLAN 标识符,其他交换机只能重新通过接收该 MAC 帧的端口来确定该 MAC 帧所属的 VLAN。

2.4　Cisco 基于 MAC 地址划分 VLAN 技术

基于端口划分 VLAN 方式,端口与 VLAN 之间的绑定是通过配置建立的,即只能通过配置建立或改变端口与 VLAN 之间的绑定。如果要求某个到处漫游的终端固定属于同一个 VLAN,基于端口划分 VLAN 的方式是很难满足这一需求的,需要采用基于 MAC 地址划分 VLAN 的方式。

2.4.1　基于端口划分 VLAN 的缺陷

到目前为止,讨论的 VLAN 划分方式都是基于端口的,在一个交换式以太网中,通过配置可以将任意端口组合定义成一个 VLAN,但这种端口组合是静态的,如果要改变某个 VLAN 的端口组合,必须重新对 VLAN 进行配置。或许存在这样的需求,允许一台笔记本计算机在校园漫游,不用重新配置该笔记本计算机的 IP 地址就可在校园各处上网。基于端口配置 VLAN 的方式对这种应用限制较大,如果该笔记本计算机配置了属于某个 IP 子网的 IP 地址,那么,在不重新配置该笔记本计算机的 IP 地址的情况下,该笔记本计算机只能插入属于和该 IP 子网相关联的 VLAN 的端口。例如假定该笔记本计算机的 IP 地址为 192.1.1.1,而和 IP 子网 192.1.1.0/24 关联的 VLAN 为 VLAN 7,如果该笔记本计算机要坚持使用 IP 地址 192.1.1.1,它只能插入属于 VLAN 7 的端口。如果这种需求很大,需要在每一楼层为所有 VLAN 预留一些平时不用的端口,当 VLAN 数目很大时,预留的端口数就会很多。由于是静态配置且这些端口用于直接连接终端,每个端口只能固定对应一个 VLAN,因此,预留端口的利用率很低。

2.4.2　Cisco 基于 MAC 地址划分 VLAN 的过程

除了基于端口配置 VLAN 外,还有一种基于 MAC 地址动态配置 VLAN 的方法。假定某个交换机有 24 个端口,它可以用基于端口配置方式将 22 个端口分配给指定 VLAN,但将余下的两个端口作为动态端口,这两个端口究竟属于哪一个 VLAN,由连接到端口上的终端的 MAC 地址确定,其过程如图 2.19 所示。

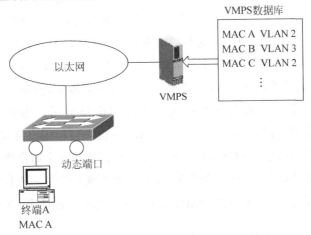

图 2.19　基于 MAC 地址划分 VLAN 的过程

首先必须在 VLAN 成员策略服务器（VLAN Membership Policy Server，VMPS）中建立 MAC 地址与 VLAN 之间的绑定，如图 2.19 中 VMPS 数据库所示。当某个动态端口接入终端 A，终端 A 就通过接入的动态端口传输以 MAC A 为源 MAC 地址的 MAC 帧，以太网交换机接收到该 MAC 帧后，发现该端口是动态端口，且还没有将该端口配置给任何 VLAN，就向 VMPS 发送请求，请求中包含该 MAC 帧的源 MAC 地址 MAC A。VMPS 用 MAC A 检索数据库，找到对应项，确定和 MAC A 关联的 VLAN 是 VLAN 2。VMPS 向以太网交换机回送一个确认响应，并指出将该端口暂时配置给 VLAN 2。后续通过该端口接收到的 MAC 帧都在 VLAN 2 内进行转发。如果该端口一段时间内接收不到 MAC 帧，该端口将重新回到初始状态，不再属于任何 VLAN。在再次能够转发 MAC 帧前，必须重新通过查询 VMPS，获得有关该端口所属 VLAN 的确认信息。

2.5　专用 VLAN

当以太网作为接入网络时，为了安全起见，要求不同的用户终端属于不同的 VLAN，每一个 VLAN 内只存在单个用户终端与宽带接入服务器之间的交换路径。对于宽带接入服务器，为了管理和分配 IP 地址方便，要求将整个接入网络作为一个网络，所有用户终端分配网络地址相同的 IP 地址和相同的默认网关地址。专用 VLAN 技术就用于解决以太网作为接入网络时产生的矛盾。

2.5.1　专用 VLAN 的作用

以太网作为接入网络的 Internet 接入过程如图 2.20 所示。这种接入过程存在如何选择 VLAN 划分单元的问题，如果将整个接入网络作为单个 VLAN，可以有效减少 VLAN 数量，同步减少宽带接入服务器中的路由项数量，只需为接入网络分配单个网络地址，所有用户终端有着相同的默认网关地址。但允许用户终端之间相互通信，每一个用户终端能够接收到以广播传输方式在接入网络中传输的 MAC 帧。如果将每一个连接用户终端的端口分配到不同的 VLAN，交换机之间互连的端口配置成共享端口，能够保证每一个用户终端只能与宽带接入服务器通信，但需要创建与用户终端数量相等的 VLAN。由于不同的 VLAN 对应着不同的网络，需要为每一个 VLAN 分配不同的网络地址，为每一个用户终端分配不同的默认网关地址，宽带接入服务器将同步增加路由项数量。为此，需要有这样一种 VLAN 划分机制：在接入网络内部，每一个 VLAN 只包含连接用户终端的交换机端口（接入端口）和交换机上联其他交换机的端口（共享端口），保证每一个用户终端只能与宽带接入服务器通信；对于宽带接入服务器，这些 VLAN 又组合成一个单一 VLAN，宽带接入服务器将接入网络作为单个 VLAN 分配网络地址，建立路由项。这种 VLAN 划分技术就是专用 VLAN。

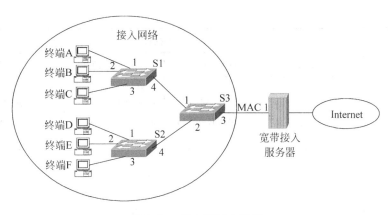

图 2.20 以太网接入网络

2.5.2 Cisco 专用 VLAN 工作原理

目前并不存在标准的专用 VLAN 协议,各个厂家实现专用 VLAN 的机制各不相同,这里以 Cisco 实现专用 VLAN 的技术为例讨论专用 VLAN 的工作原理。其他厂家的专用 VLAN 实现技术大致与此相似。

1. 专用 VLAN 中不同类型端口之间的 MAC 帧转发情况

Cisco 专用 VLAN 实现技术采用二层 VLAN 机制,整个接入网络作为一个 VLAN,该 VLAN 作为主 VLAN,同时允许将主 VLAN 再次划分为多个次 VLAN。存在两种次 VLAN 类型,一是孤立 VLAN,二是团体 VLAN。每一个主 VLAN 只允许再次划分出一个孤立 VLAN,孤立 VLAN 中的接入端口称为孤立端口,属于同一孤立 VLAN 的孤立端口之间禁止相互通信。每一个主 VLAN 允许再次划分出多个团体 VLAN,团体 VLAN 中的接入端口称为团体端口,允许属于相同团体 VLAN 的团体端口之间相互通信。可以将主 VLAN 中的某个端口设置成混杂端口,允许孤立 VLAN 中的孤立端口与混杂端口相互通信,也允许不同团体 VLAN 中的团体端口与混杂端口相互通信。表 2.13 给出 MAC 帧输入端口和输出端口之间的通信情况。

表 2.13 MAC 帧输入端口和输出端口之间的通信情况

输入端口	输出端口			
	孤立端口	团体端口	混杂端口	共享端口
孤立端口	禁止	禁止	允许(如果混杂端口是共享端口,携带主 VLAN 对应的 VLAN ID)	允许(携带孤立 VLAN 对应的 VLAN ID)
团体端口	禁止	允许(属于和输入端口相同的团体 VLAN)	允许(如果混杂端口是共享端口,携带主 VLAN 对应的 VLAN ID)	允许(携带团体 VLAN 对应的 VLAN ID)

续表

输入端口	输出端口			
	孤立端口	团体端口	混杂端口	共享端口
混杂端口	允许（在主 VLAN 内转发，对于主 VLAN，不存在孤立端口和团体端口）		允许（如果混杂端口是共享端口，携带主 VLAN 对应的 VLAN ID）	允许（携带主 VLAN 对应的 VLAN ID）
共享端口	禁止	允许	允许（如果混杂端口是共享端口，携带主 VLAN 对应的 VLAN ID）	允许（携带的 VLAN ID 不变）

2. 创建主次 VLAN

对于如图 2.20 所示的接入网络，设计要求如下：

（1）终端 B、终端 C、终端 D 和终端 E 只能与宽带接入服务器相互通信。

（2）允许终端 A 和终端 F 相互通信，并与宽带接入服务器相互通信。

（3）宽带接入服务器将整个接入网络作为单个 VLAN。

下面以实现满足上述设计要求的接入网络为例，讨论 Cisco 专用 VLAN 的工作原理。

创建如图 2.21 所示的主次 VLAN。创建 VLAN ID 为 VLAN 100 的 VLAN，将其作为主 VLAN。创建 VLAN ID 为 VLAN 200 的 VLAN，将其作为孤立 VLAN。创建 VLAN ID 为 VLAN 300 的 VLAN，将其作为团体 VLAN。由于次 VLAN 是再次划分主 VLAN 的结果，因此，必须建立主次 VLAN 之间的绑定，而且所有属于次 VLAN 的端口均属于主 VLAN。

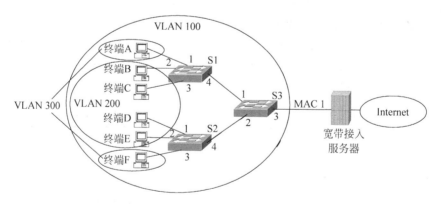

图 2.21　主 VLAN 和次 VLAN

3. 为孤立 VLAN 配置端口

将交换机 S1 端口 2 和 3，交换机 S2 端口 1 和 2 作为接入端口分配给 VLAN 200（次 VLAN 且孤立 VLAN），这些端口成为孤立 VLAN 中的孤立端口。将交换机 S1 端口 4、交换机 S2 端口 4、交换机 S3 端口 1 和 2 作为共享端口分配给 VLAN 200，这些端口成为被孤立 VLAN 共享的共享端口。孤立端口输入的 MAC 帧禁止从其他孤立端口转发出去,但允许从被孤立 VLAN 共享的共享端口转发出去,转发出去的 MAC 帧携带孤立 VLAN 对应的 VLAN ID。从被孤立 VLAN 共享的共享端口接收到的 MAC 帧,如果携带孤立 VLAN 对应的 VLAN ID,只能从其他被孤立 VLAN 共享的共享端口转发出去,禁止从其他孤立端口转发出去。

4. 为团体 VLAN 配置端口

将交换机 S1 端口 1、交换机 S2 端口 3 作为接入端口分配给 VLAN 300(次 VLAN 且团体 VLAN),这些端口成为团体 VLAN 中的团体端口。将交换机 S1 端口 4、交换机 S2 端口 4、交换机 S3 端口 1 和 2 作为共享端口分配给 VLAN 300,这些端口成为被团体 VLAN 共享的共享端口。团体端口输入的 MAC 帧允许从属于同一团体 VLAN 的其他团体端口和被该团体 VLAN 共享的共享端口转发出去。从被团体 VLAN 共享的共享端口转发出去的 MAC 帧携带该团体 VLAN 对应的 VLAN ID。从被团体 VLAN 共享的共享端口接收到的 MAC 帧,如果携带团体 VLAN 对应的 VLAN ID,允许从 VLAN ID 指定的被团体 VLAN 共享的共享端口和属于 VLAN ID 指定的团体 VLAN 的其他团体端口转发出去。

5. 配置混杂端口

将交换机 S3 端口 3 作为主 VLAN 接入端口,并定义为混杂端口。从混杂端口接收到的 MAC 帧,如果从被次 VLAN 共享的共享端口转发出去,携带的 VLAN ID 为主 VLAN 对应的 VLAN ID。混杂端口之间,混杂端口和孤立端口、团体端口、共享端口之间均能相互通信。从混杂端口转发出去的 MAC 帧完全等同于从主 VLAN 接入端口转发出去的 MAC 帧。需要强调的是,如果混杂端口是一个共享端口,无论是通过孤立端口还是团体端口输入的 MAC 帧,通过混杂端口输出时,都携带主 VLAN 对应的 VLAN ID。

6. 确定 MAC 帧所属 VLAN 原则

所有从孤立端口接收到的 MAC 帧都属于孤立 VLAN,在孤立 VLAN 内转发。所有从团体端口接收到的 MAC 帧都属于该团体端口所属的团体 VLAN,在该团体 VLAN 内转发。所有从共享端口接收到的 MAC 帧,根据 MAC 帧携带的 VLAN ID 确定该 MAC 帧所属的 VLAN,在 VLAN ID 指定的 VLAN 内转发。从混杂端口接收到的 MAC 帧属于主 VLAN,在主 VLAN 内转发。主 VLAN 包含次 VLAN 包含的所有端口。

7. MAC 帧传输过程

假定终端 A 到终端 F 对应的 MAC 地址为 MAC A 到 MAC F,交换机 S1 到 S3 已经建立表 2.14 到表 2.16 所示的各个 VLAN 对应的转发表,讨论下述终端之间、终端和宽带接入服务器之间 MAC 帧传输过程。

表 2.14　交换机 S1 中各个 VLAN 对应的转发表

VLAN	MAC 地 址	转 发 端 口	端 口 类 型
VLAN 100	MAC A	端口 1	接入端口
VLAN 100	MAC B	端口 2	接入端口
VLAN 100	MAC C	端口 3	接入端口
VLAN 100	MAC D	端口 4	共享端口
VLAN 100	MAC E	端口 4	共享端口
VLAN 100	MAC F	端口 4	共享端口
VLAN 100	MAC 1	端口 4	共享端口
VLAN 200	MAC B	端口 2	孤立端口
VLAN 200	MAC C	端口 3	孤立端口
VLAN 200	MAC D	端口 4	共享端口
VLAN 200	MAC E	端口 4	共享端口
VLAN 300	MAC A	端口 1	团体端口
VLAN 300	MAC F	端口 4	共享端口

表 2.15　交换机 S2 中各个 VLAN 对应的转发表

VLAN	MAC 地 址	转 发 端 口	端 口 类 型
VLAN 100	MAC A	端口 4	共享端口
VLAN 100	MAC B	端口 4	共享端口
VLAN 100	MAC C	端口 4	共享端口
VLAN 100	MAC D	端口 1	接入端口
VLAN 100	MAC E	端口 2	接入端口
VLAN 100	MAC F	端口 3	接入端口
VLAN 100	MAC 1	端口 4	共享端口
VLAN 200	MAC B	端口 4	共享端口
VLAN 200	MAC C	端口 4	共享端口
VLAN 200	MAC D	端口 1	孤立端口
VLAN 200	MAC E	端口 2	孤立端口
VLAN 300	MAC A	端口 4	共享端口
VLAN 300	MAC F	端口 3	团体端口

表 2.16　交换机 S3 中各个 VLAN 对应的转发表

VLAN	MAC 地 址	转 发 端 口	端 口 类 型
VLAN 100	MAC A	端口 1	共享端口
VLAN 100	MAC B	端口 1	共享端口
VLAN 100	MAC C	端口 1	共享端口
VLAN 100	MAC D	端口 2	共享端口
VLAN 100	MAC E	端口 2	共享端口
VLAN 100	MAC F	端口 2	共享端口
VLAN 100	MAC 1	端口 3	混杂端口
VLAN 200	MAC B	端口 1	共享端口
VLAN 200	MAC C	端口 1	共享端口
VLAN 200	MAC D	端口 2	共享端口
VLAN 200	MAC E	端口 2	共享端口
VLAN 300	MAC A	端口 1	共享端口
VLAN 300	MAC F	端口 2	共享端口

(1) 终端 B→终端 C 的 MAC 帧传输过程。终端 B 发送的 MAC 帧通过端口 2 进入交换机 S1,由于端口 2 作为接入端口分配给 VLAN 200,且 VLAN 200 被定义为次 VLAN 和孤立 VLAN,因此,端口 2 为孤立端口,该 MAC 帧在 VLAN 200 内转发。交换机 S1 在表 2.14 中查找 VLAN ID 为 VLAN 200、MAC 地址为 MAC B 的转发项,匹配的转发项确定从端口 3 转发该 MAC 帧,由于端口 3 是孤立端口,交换机 S1 丢弃该 MAC 帧。

(2) 终端 B→终端 D 的 MAC 帧传输过程。终端 B 发送的 MAC 帧通过端口 2 进入交换机 S1,由于端口 2 为孤立端口,该 MAC 帧在 VLAN 200 内转发。交换机 S1 在表 2.14 中查找 VLAN ID 为 VLAN 200、MAC 地址为 MAC D 的转发项,匹配的转发项确定从端口 4 转发该 MAC 帧,由于端口 4 是共享端口,交换机 S1 将该 MAC 帧从端口 4 转发出去,从端口 4 转发出去的 MAC 帧携带的 VLAN ID 是 VLAN 200。

交换机 S3 从端口 1 接收到该 MAC 帧,由于端口 1 是共享端口,根据 MAC 帧携带的 VLAN ID 确定在 VLAN 200 内转发该 MAC 帧,交换机 S3 在表 2.16 中查找 VLAN ID 为 VLAN 200、MAC 地址为 MAC D 的转发项,匹配的转发项确定从端口 2 转发该 MAC 帧,由于端口 2 是共享端口,交换机 S3 将该 MAC 帧从端口 2 转发出去,从端口 2 转发出去的 MAC 帧携带的 VLAN ID 是 VLAN 200。

交换机 S2 从端口 4 接收到该 MAC 帧,由于端口 4 是共享端口,根据 MAC 帧携带的 VLAN ID 确定在 VLAN 200 内转发该 MAC 帧,交换机 S2 在表 2.15 中查找 VLAN ID 为 VLAN 200、MAC 地址为 MAC D 的转发项,匹配的转发项确定从端口 1 转发该 MAC 帧,由于端口 1 是孤立端口,交换机 S2 丢弃该 MAC 帧。

(3) 终端 A→终端 F 的 MAC 帧传输过程。终端 A 发送的 MAC 帧通过端口 1 进入交换机 S1,由于端口 1 作为接入端口分配给 VLAN 300,且 VLAN 300 被定义为次 VLAN 和团体 VLAN,因此,端口 1 是 VLAN ID 为 VLAN 300 的团体 VLAN 的团体端口,该 MAC 帧在 VLAN 300 内转发。交换机 S1 在表 2.14 中查找 VLAN ID 为 VLAN 300、MAC 地址为 MAC F 的转发项,匹配的转发项确定从端口 4 转发该 MAC 帧,由于端口 4 是共享端口,从端口 4 转发出去的 MAC 帧携带的 VLAN ID 是 VLAN 300。

交换机 S3 从端口 1 接收到该 MAC 帧,由于端口 1 是共享端口,根据 MAC 帧携带的 VLAN ID 确定在 VLAN 300 内转发该 MAC 帧,交换机 S3 在表 2.16 中查找 VLAN ID 为 VLAN 300、MAC 地址为 MAC F 的转发项,匹配的转发项确定从端口 2 转发该 MAC 帧,由于端口 2 是共享端口,从端口 2 转发出去的 MAC 帧携带的 VLAN ID 是 VLAN 300。

交换机 S2 从端口 4 接收到该 MAC 帧,由于端口 4 是共享端口,根据 MAC 帧携带的 VLAN ID 确定在 VLAN 300 内转发该 MAC 帧。交换机 S2 在表 2.15 中查找 VLAN ID 为 VLAN 300、MAC 地址为 MAC F 的转发项,匹配的转发项确定从端口 3 转发该 MAC 帧,由于端口 3 是 VLAN ID 为 VLAN 300 的团体 VLAN 的团体端口,交换机 S2 删除该 MAC 帧携带的 VLAN ID,将 MAC 帧从端口 3 转发出去,该 MAC 帧到达终端 F。

(4) 终端 A→宽带服务器的 MAC 帧传输过程。终端 A 发送的 MAC 帧通过端口 1 进入交换机 S1,由于端口 1 是 VLAN ID 为 VLAN 300 的团体 VLAN 的团体端口,该 MAC 帧在 VLAN 300 内转发。交换机 S1 在表 2.14 中找不到 VLAN ID 为 VLAN 300、MAC 地址为 MAC 1 的转发项,通过属于同一 VLAN 的其他团体端口、被 VLAN 300 共享的共享端口和混杂端口广播该 MAC 帧。该 MAC 帧从端口 4 转发出去,从端口 4 转发出去的

MAC 帧携带的 VLAN ID 是 VLAN 300。

交换机 S3 从端口 1 接收到该 MAC 帧，由于端口 1 是共享端口，根据 MAC 帧携带的 VLAN ID 确定在 VLAN 300 内转发该 MAC 帧，交换机 S3 在表 2.16 中找不到 VLAN ID 为 VLAN 300、MAC 地址为 MAC 1 的转发项，通过属于同一 VLAN 的其他团体端口、被 VLAN 300 共享的共享端口和混杂端口广播该 MAC 帧。由于交换机 S3 的端口 3 是混杂端口且是主 VLAN 的接入端口，交换机 S3 删除该 MAC 帧携带的 VLAN ID，将该 MAC 帧从端口 3 转发出去，从端口 3 转发出去的 MAC 帧到达宽带接入服务器。由于交换机 S3 的端口 2 是 VLAN 300 的共享端口，从端口 1 接收到的携带 VLAN ID VLAN 300 的 MAC 帧也通过端口 2 转发出去。从端口 2 转发出去的 MAC 帧到达交换机 S2。

交换机 S2 从端口 4 接收到该 MAC 帧，由于端口 4 是共享端口，根据 MAC 帧携带的 VLAN ID 确定在 VLAN 300 内转发该 MAC 帧，交换机 S2 在表 2.15 中找不到 VLAN ID 为 VLAN 300、MAC 地址为 MAC 1 的转发项，通过属于同一 VLAN 的其他团体端口、被 VLAN 300 共享的共享端口广播该 MAC 帧。由于交换机 S2 的端口 3 是属于 VLAN ID 为 300 的团体 VLAN 的团体端口，交换机 S2 删除该 MAC 帧携带的 VLAN ID，将该 MAC 帧从端口 3 转发出去。由于终端 F 的 MAC 地址不是 MAC 1，终端 F 丢弃该 MAC 帧。

（5）宽带服务器→终端 D 的 MAC 帧传输过程。宽带接入服务器发送的 MAC 帧通过端口 3 进入交换机 S3，由于端口 3 是混杂端口且是主 VLAN 的接入端口，该 MAC 帧确定在主 VLAN 内转发。交换机 S3 在表 2.16 中查找 VLAN ID 为 VLAN 100、MAC 地址为 MAC B 的转发项，匹配的转发项确定从端口 2 转发该 MAC 帧，由于端口 2 是共享端口，从端口 2 转发出去的 MAC 帧携带的 VLAN ID 是 VLAN 100。

交换机 S2 从端口 4 接收到该 MAC 帧，由于端口 4 是共享端口，根据 MAC 帧携带的 VLAN ID 确定在 VLAN 100 内转发该 MAC 帧。交换机 S2 在表 2.15 中查找 VLAN ID 为 VLAN 100、MAC 地址为 MAC D 的转发项，匹配的转发项确定从端口 1 转发该 MAC 帧，由于端口 1 是接入端口，交换机 S2 删除该 MAC 帧携带的 VLAN ID，将 MAC 帧从端口 1 转发出去。该 MAC 帧到达终端 D。

2.6　VLAN 属性注册协议

将一个大型物理以太网划分为多个 VLAN 的过程中，有些配置是所有交换机都是相同的。为了避免在所有交换机上重复完成相同的配置，可以只在其中一台交换机上创建 VLAN，并通过某种机制自动在其他所有交换机上完成相同的配置。VLAN 属性注册协议（又称 GARP VLAN 注册协议，GARP VLAN Registration Protocol，GVRP）就是这样一种机制。

2.6.1　GVRP 的作用

如果需要实现如图 2.22 所示的 VLAN 配置，需要分别在交换机 S1、S2 和 S3 中创建 VLAN 2 和 VLAN 3，同时，将实现交换机互连的端口配置为被 VLAN 2 和 VLAN 3 共享的共享端口。图 2.22 中，实现交换机互连的端口有交换机 S1 的端口 3，交换机 S2 的端口

1 和端口 2,交换机 S3 的端口 3。针对交换机 S1 和 S3,还需将端口 1 作为接入端口分配给 VLAN 2,将端口 2 作为接入端口分配给 VLAN 3。

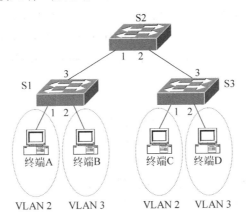

图 2.22 VLAN 配置

如图 2.22 所示的 VLAN 配置过程分为两部分:一部分是所有交换机都相同的部分,这部分包括创建 VLAN 2 和 VLAN 3,并将用于实现交换机互连的端口配置为被 VLAN 2 和 VLAN 3 共享的共享端口;另一部分是各交换机不同的部分,这部分包括将端口 1 作为接入端口分配给 VLAN 2,将端口 2 作为接入端口分配给 VLAN 3。

如果 3 台交换机的地域分布非常广泛,在 3 台交换机上手工创建 VLAN,并使得在 3 台交换机上手工创建的 VLAN 保持一致是困难的。能否有这样一种机制,只需在一台交换机上创建 VLAN,这些 VLAN 的属性能够自动分发到交换式以太网中的所有其他交换机,并在这些交换机上自动创建具有相同属性的 VLAN。GVRP 就是这样一种机制。

对于如图 2.22 所示的 VLAN 配置过程,启动 GVRP 后,只需在其中一台交换机上创建 VLAN 2 和 VLAN 3,GVRP 自动在其他交换机上完成所有交换机都相同的那部分配置:创建 VLAN 2 和 VLAN 3,并将用于实现交换机互连的端口配置为被 VLAN 2 和 VLAN 3 共享的共享端口。

2.6.2 GARP

1. GARP 简介

GVRP 是通用属性注册协议(Generic Attribute Registration Protocol)的一种应用。GARP 的作用是向其他参与者的应用实体注册属性和注销属性。图 2.23 中,交换机 S1、S2 和 S3 都是参与者,每一个启动 GARP 的交换机端口都是 GARP 的应用实体,注册的属性随 GARP 应用的不同而不同,对于 GVRP,注册的属性是 VLAN 相关属性。

GARP 通过声明和撤销声明消息来完成属性注册和注销,发送声明和撤销声明消息的端口称为声明端口,接收、处理声明和撤销声明消息的端口称为注册端

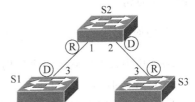

Ⓓ 声明端口
Ⓡ 注册端口

图 2.23 GARP 注册属性过程

口。图 2.23 中 S1 端口 3 作为声明端口向 S2 端口 1 发送声明消息，S2 端口 1 作为注册端口接收到声明消息后，在端口 1 中注册声明消息指定的属性。如果 S1 端口 3 向 S2 端口 1 发送撤销声明消息，S2 端口 1 接收到撤销声明消息后，在端口 1 中注销撤销声明消息指定的属性。注册和注销属性操作对于不同的 GARP 应用是不同的，对于 GVRP，注册属性是指将端口加入到指定 VLAN，注销属性是指将端口从指定 VLAN 中退出。

2．GARP 消息类型

GARP 主要有 3 类消息，分别为 Join 消息、Leave 消息和 LeaveAll 消息，Join 消息是声明消息，Leave 消息和 LeaveAll 消息是撤销声明消息。

1）Join 消息

当一个 GARP 应用实体希望其他设备注册自己的属性信息时，对外发送 Join 消息。通常在接收到其他实体发送的 Join 消息或本设备静态配置了某些需要其他 GARP 应用实体注册的属性时，向外发送 Join 消息。

Join 消息分为 JoinEmpty 和 JoinIn 两种，如果发送 Join 消息的应用实体本身没有注册该属性，发送 JoinEmpty 消息；如果发送 Join 消息的应用实体本身已经注册该属性，发送 JoinIn 消息。

2）Leave 消息

当一个 GARP 应用实体希望其他设备注销自己的属性信息时，对外发送 Leave 消息。通常在接收到其他实体发送的 Leave 消息或静态注销了某些需要其他 GARP 应用实体注销的属性时，向外发送 Leave 消息。

Leave 消息分为 LeaveEmpty 和 LeaveIn 两种，如果发送 Leave 消息的应用实体本身没有注册该属性，发送 LeaveEmpty 消息；如果发送 Leave 消息的应用实体本身已经注册该属性，发送 LeaveIn 消息。

3）LeaveAll 消息

每个设备启动后，将同时启动 LeaveAll 定时器，当该定时器超时（或溢出）后，所有应用实体将对外发送 LeaveAll 消息，LeaveAll 消息注销所有属性。LeaveAll 消息的作用是周期性地清除网络中的垃圾属性，一旦注销所有属性，必须通过接收其他应用实体发送的 Join 消息重新注册属性。一些没有重新注册的属性就是通过 LeaveAll 消息注销的垃圾属性，例如，某个属性已经被某个设备删除，但由于该设备突然断电，并没有发送 Leave 消息来通知其他应用实体注销该属性，导致该属性被某些应用实体长期错误注册，LeaveAll 消息可以注销这样的属性。

3．定时器

GARP 协议中用到了 4 个定时器，下面分别介绍它们的作用。

1）Join 定时器

Join 定时器用来控制 Join 消息（包括 JoinIn 消息和 JoinEmpty 消息）的发送过程。为了保证 Join 消息能够可靠地传输到其他应用实体，发送第一个 Join 消息后将启动 Join 定时器，如果在 Join 定时器溢出前接收到 JoinIn 消息，不需重发 Join 消息；如果在 Join 定时器溢出前没有接收到 JoinIn 消息，重发 Join 消息。

每个端口维护独立的 Join 定时器。

2）Hold 定时器

Hold 定时器用来减少 Join 消息（包括 JoinIn 和 JoinEmpty）和 Leave 消息（包括 LeaveIn 和 LeaveEmpty）的发送频率。当应用实体接收到其他应用实体发送的消息，或者设备配置或删除了某些需要通知其他应用实体的属性，应用实体不是立即向外发送消息，而是启动 Hold 定时器。设备对该时间段内接收到的消息进行合并，并将该时间段内配置或删除的属性尽可能插入合并后的消息中。在 Hold 定时器溢出后，发送合并后的消息，以此减少消息的发送频率。如果没有 Hold 定时器，每接收一个消息就发送一个消息，或者设备每完成一次配置或删除属性操作就发送一个消息，会大大增加网络中消息的数量。

每个端口维护独立的 Hold 定时器。Hold 定时器的值要小于或等于 Join 定时器值的一半。

3）Leave 定时器

Leave 定时器用来控制属性注销。每个应用实体接收到 Leave 或 LeaveAll 消息后，启动 Leave 定时器，如果直到 Leave 定时器溢出，都没有接收到该属性的 Join 消息，该属性才会被注销。这样做的原因是，某个属性可能有多个属性源，接收到其中一个属性源发送的 Leave 消息，只能表示该属性源已经删除该属性，并不代表所有的属性源都已经删除该属性。因此不能立刻注销该属性，而是要等待其他属性源可能发送的 Join 消息。如果某个属性源存在该属性，接收到 Leave 或 LeaveAll 消息后，将发送 Join 消息。因此，存在在接收到 Leave 消息之后接收到 Join 消息的可能。一旦发生这种情况，表示该属性仍然需要保留，不能注销。因此，只有在接收到 Leave 或 LeaveAll 消息后，超过两倍 Join 定时器时间仍没有收到该属性的 Join 消息时，才能认为网络中该属性的所有属性源均已删除该属性，才能允许注销该属性。因此，Leave 定时器的值必须大于两倍 Join 定时器的值。

每个端口维护独立的 Leave 定时器。

4）LeaveAll 定时器

每个设备启动后，将同时启动 LeaveAll 定时器，当该定时器溢出时，所有 GARP 应用实体将对外发送 LeaveAll 消息，随后再次启动 LeaveAll 定时器，开始新的一轮循环。接收到 LeaveAll 消息的实体将重新启动所有的定时器，包括 LeaveAll 定时器。任何设备只有在 LeaveAll 定时器溢出时，才向外发送 LeaveAll 消息，以此避免多个设备短时间内发送多个 LeaveAll 消息的情况。如果不同设备的 LeaveAll 定时器同时溢出，就会同时发送多个 LeaveAll 消息，增加不必要的 LeaveAll 消息数量，为了避免不同设备同时发生 LeaveAll 定时器溢出的情况，实际定时器值是在设置的 LeaveAll 定时器值的 1～1.5 倍随机选择的一个值。

一次 LeaveAll 事件相当于全网所有属性的一次清零。由于 LeaveAll 影响范围很广，LeaveAll 定时器的值不能太小，至少应该大于 Leave 定时器的值。每个设备只在全局维护一个 LeaveAll 定时器。

2.6.3 GVRP 工作原理

1. 端口注册模式

交换机手工配置的 VLAN 为静态 VLAN，通过 GVRP 创建的 VLAN 为动态 VLAN，GVRP 能够在交换机中创建动态 VLAN，并将端口分配给动态创建的 VLAN。GVRP 有

3 种注册模式,不同的注册模式对静态 VLAN 和动态 VLAN 的处理方式也不同。

1) Normal 模式

允许动态 VLAN 在端口上进行注册,同时会发送静态 VLAN 和动态 VLAN 的声明消息。

2) Fixed 模式

不允许动态 VLAN 在端口上注册,只发送静态 VLAN 的声明消息。

3) Forbidden 模式

不允许动态 VLAN 在端口上进行注册,同时删除端口上除 VLAN 1（默认 VLAN）以外的所有其他 VLAN,只发送 VLAN 1 的声明消息。

2. GVRP 工作过程

下面以完成图 2.22 要求的 VLAN 配置为例,讨论 GVRP 的工作过程。

1) 完成 GVRP 配置

在 GVRP 开始工作之前,需要在交换机 S1、S2 和 S3 上启动 GVRP,同时,将交换机 S1 端口 3、交换机 S2 端口 1 和端口 2、交换机 S3 端口 3 配置为被所有 VLAN 共享的共享端口,在这些共享端口上启动 GVRP,并将这些共享端口的注册模式配置为 Normal 模式。

2) 在交换机 S1 上手工创建静态 VLAN——VLAN 2

交换机 S1 上手工创建静态 VLAN——VLAN 2,导致交换机 S1 启动 GVRP 的端口（端口 3)向外发送 Join 消息。由于端口 3 本身没有接收过针对 VLAN 2 的 Join 消息,没有注册 VLAN 2 属性,因此,发送的是 JoinEmpty 消息。封装 JoinEmpty 消息的 MAC 帧的目的地址是组地址 01:80:C2:00:00:21,图 2.24 中用 JE(VLAN 2)表示针对 VLAN 2 的 JoinEmpty 消息。各个交换机端口注册 VLAN 2 属性和转发 JoinEmpty 消息的过程如图 2.24所示。交换机 S2 端口 1 接收到 JE(VLAN 2)后,创建动态 VLAN——VLAN 2,注册 VLAN 2 属性,并通过端口 2 向外发送 JE(VLAN 2)。交换机 S3 端口 3 接收到 JE(VLAN 2)后,创建动态 VLAN——VLAN 2,注册 VLAN 2 属性。此时交换机 S1、S2 和 S3 均存在 VLAN 2,其中交换机 S1 中的 VLAN 2 是静态 VLAN,不能通过 Leave 和 LeaveAll 消息注销;交换机 S2 和 S3 中的 VLAN 2 是动态 VLAN,可以通过 Leave 和 LeaveAll 消息注销。需要强调的是,交换机 S1 上手工创建 VLAN 2 所引发的 VLAN 2 属性声明和注册过程只是在交换机 S2 端口 2 和交换机 S3 端口 3 注册 VLAN 2 属性,即将这些端口加入 VLAN 2。交换机 S1 端口 3 和交换机 S2 端口 2 只是声明端口,并没有通过 GVRP 加入 VLAN 2。但在初始配置时,已将交换机启动 GVRP 的端口配置成被所有 VLAN 共享的共享端口,因此,虽然 GVRP 并没有在交换机 S1 端口 3 和交换机 S2 端口 2 注册 VLAN 2 属性,但在交换机 S1、S2 和 S3 中创建 VLAN 2 后,交换机 S1 和 S3 之间仍然存在属于 VLAN 2 的交换路径。

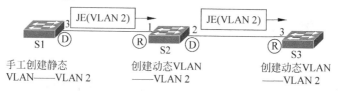

图 2.24　VLAN 2 属性声明和注册过程

交换机 S1 端口 3 针对 VLAN 2 或者发送两个 JE(VLAN 2)消息,或者发送一个 JE (VLAN 2)后,接收到一个针对 VLAN 2 的 JoinIn 消息,并用计数器记录这一发送状态。一旦接收到 LeaveAll 消息,清除端口 3 针对所有属性的 Join 消息发送状态。因此,在静态 VLAN——VLAN 2 依然存在的情况下,交换机 S1 端口 3 将再次启动针对 VLAN 2 的 Join 消息发送过程,即或者发送两个 JE(VLAN 2)消息,或者发送一个 JE(VLAN 2)后,接收到一个针对 VLAN 2 的 JoinIn 消息。

3) 在交换机 S3 上手工创建静态 VLAN——VLAN 3

交换机 S3 上手工创建静态 VLAN——VLAN 3 后,进行图 2.25 所示的 VLAN 属性 (VLAN 3)声明和注册过程。完成图 2.25 所示的属性声明和注册过程后,交换机 S1、S2 和 S3 均存在 VLAN 3。其中交换机 S3 中的 VLAN 3 是静态 VLAN,不能通过 Leave 和 LeaveAll 消息注销;交换机 S2 和 S1 中的 VLAN 3 是动态 VLAN,可以通过 Leave 和 LeaveAll 消息注销。交换机 S3 端口 3 一旦接收到 LeaveAll 消息,同样将清除端口 3 针对所有属性的 Join 消息发送状态。因此,在静态 VLAN——VLAN 3 依然存在的情况下,交换机 S3 端口 3 将再次启动针对 VLAN 3 的 Join 消息发送过程。

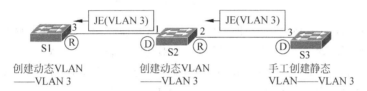

图 2.25　VLAN 3 属性声明和注册过程

4) 交换机 S2 LeaveAll 定时器溢出

一旦交换机 S2 LeaveAll 定时器溢出,就开始图 2.26 所示的 LeaveAll 定时器溢出事件处理过程。交换机 S2 注销启动 GVRP 的端口(端口 1 和端口 2)已经注册的所有属性,删除动态 VLAN——VLAN 2 和 VLAN 3,并通过启动 GVRP 的端口向外发送 LeaveAll 消息。交换机 S1 端口 3 接收到 LeaveAll 消息后,注销 VLAN 3 属性,删除动态 VLAN—— VLAN 3,清除端口 3 针对 VLAN 2 的 Join 消息发送状态,导致交换机 S1 再次发送针对 VLAN 2 的 JoinEmpty 消息,开始图 2.24 所示的 VLAN 2 属性声明和注册过程。交换机 S3 端口 3 接收到 LeaveAll 消息后,注销 VLAN 2 属性,删除动态 VLAN——VLAN 2,清除端口 3 针对 VLAN 3 的发送状态,导致交换机 S3 再次发送针对 VLAN 3 的 JoinEmpty 消息,开始图 2.25 所示的 VLAN 3 属性声明和注册过程。完成图 2.24 和图 2.25 所示的属性声明和注册过程后,交换机 S1、S2 和 S3 中均创建了 VLAN 2 和 VLAN 3,其中交换机 S1 中的 VLAN 2 和交换机 S3 中的 VLAN 3 是静态 VLAN。

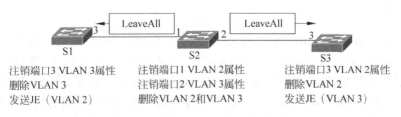

图 2.26　交换机 S2 LeaveAll 定时器溢出事件处理过程

5）在交换机 S3 上手工删除静态 VLAN——VLAN 3

一旦在交换机 S3 上手工删除静态 VLAN——VLAN 3,交换机 S3 将通过端口 3 发送针对 VLAN 3 的 LeaveEmpty 消息,图 2.27 中用 LE(VLAN 3)表示。交换机 S2 通过端口 2 接收到 LE(VLAN 3)消息后,在端口 2 中注销 VLAN 3 属性,由于 VLAN 3 属性只在端口 2 中注册,因此,交换机 S2 删除动态 VLAN——VLAN 3。完成这些操作后,交换机 S2 通过端口 1 向外发送 LE(VLAN 3)消息。交换机 S1 通过端口 3 接收到 LE(VLAN 3)消息后,在端口 3 中注销 VLAN 3 属性,由于 VLAN 3 属性只在端口 3 中注册,因此,交换机 S1 删除动态 VLAN——VLAN 3。完成图 2.27 所示的 VLAN 3 属性注销过程后,交换机 S1、S2 和 S3 中只存在 VLAN 2,其中交换机 S1 中的 VLAN 2 是手工创建的静态 VLAN。

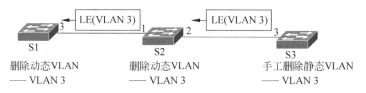

图 2.27　VLAN 3 属性注销过程

需要强调的是,如果某个端口注册了某个 VLAN 属性,但交换机不存在该 VLAN,交换机必须创建该 VLAN。由于该 VLAN 由 GVRP 创建,作为动态 VLAN。如果交换机中所有端口都注销了某个动态 VLAN 的 VLAN 属性,交换机删除该动态 VLAN。

GVRP 使得在一台交换机上手工创建静态 VLAN 的操作通过属性注册被快速传播到其他交换机上。同样,一台交换机上手工删除某个静态 VLAN 的操作也通过属性注销被快速传播到其他交换机上。通过在一台交换机上手工创建和删除 VLAN,使交换式以太网中的所有其他交换机自动创建和删除与该交换机一致的 VLAN,简化了交换式以太网的VLAN 配置。

2.6.4　VTP

VLAN 主干协议（VLAN Trunking Protocol, VTP）是 Cisco 专用协议,其作用与GVRP 相似。首先创建一个 VTP 域,在一台属于该 VTP 域的交换机上创建和删除 VLAN 的操作可以扩散到整个 VTP 域,即属于同一 VTP 域的交换机自动创建和删除与该交换机一致的 VLAN。这就保证了在整个 VTP 域中只需对一台属于该 VTP 域的交换机进行 VLAN 配置,其配置结果可以扩散到属于同一 VTP 域的所有其他交换机。这将大大简化交换式以太网的 VLAN 配置过程。

1. VTP 域

VTP 域由一组配置了相同域名,通过共享端口互连的交换机组成。属于同一 VTP 域的交换机之间必须通过共享端口互连,因此,只有当图 2.28 中交换机 S1 端口 3、交换机 S2 端口 1 和端口 2、交换机 S3 端口 3 是共享端口时,才能保证交换机 S1、S2 和 S3 构成一个 VTP 域。在实际配置过程中,为某台交换机配置的域名将自动传播给通过共享端口互连的一组交换机,如果图 2.28 中所有用于互连交换机的端口都是共享端口,在其中一台交换机上配置的域名将传播给图 2.28 中的所有交换机。为了生成图 2.28 所示的两个 VTP 域,必须在域边缘交换机(交换机 S2 和 S5)手工配置不同的域名,例如在交换机 S5 配置域名 ABC 后,在交换机 S2 配置域名 BCD。

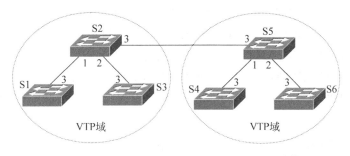

图 2.28 VTP 域

需要强调的是,VTP 域只是确定了 VTP 消息的传播范围,与广播域分割无关,如果属于不同的 VTP 域的两个端口属于编号(VLAN ID)相同的 VLAN,且这两个端口之间存在属于该 VLAN 的交换路径,则这两个端口属于同一个广播域,端口之间可以相互通信。

2. 交换机模式

VTP 将交换机模式分为服务器模式、客户模式和透明模式。

1) 服务器模式

服务器模式交换机允许创建和删除 VLAN,创建和删除 VLAN 的操作传播到属于同一 VTP 域的所有其他交换机,这些交换机自动创建和删除与该交换机一致的 VLAN。服务器模式交换机既可以手工创建和删除 VLAN,也需要根据相邻交换机发送给它的 VTP 消息自动创建和删除 VLAN。一旦交换机中的 VLAN 发生改变,立即通过共享端口向相邻交换机发送 VTP 消息。在没有 VLAN 发生变化的情况下,服务器模式交换机定期通过共享端口向相邻交换机发送 VTP 消息。

2) 客户模式

客户模式交换机不允许手工创建和删除静态 VLAN,只有在接收到 VTP 消息后,根据 VTP 消息创建和删除动态 VLAN。客户模式交换机完成动态 VLAN 创建和删除的操作后,立即通过共享端口向相邻交换机发送 VTP 消息。在没有 VLAN 发生变化的情况下,定期通过共享端口向相邻交换机发送 VTP 消息。客户模式交换机创建的动态 VLAN,断电后不会保留。

3) 透明模式

透明模式交换机只是转发 VTP 消息,不对 VTP 消息作任何处理。当它从某个共享端口接收到 VTP 消息后,只是将 VTP 消息通过除接收该 VTP 消息以外的所有其他共享端口发送出去,VTP 消息本身对它是透明的。透明模式交换机允许手工创建和删除静态 VLAN,但手工创建和删除静态 VLAN 的操作只有本地意义,不对其他交换机产生影响。如果透明模式交换机和其他模式交换机存在属于相同编号的 VLAN 的端口,这些端口属于同一个广播域。因此,交换式以太网中,所有属于相同编号的 VLAN 的端口属于同一个广播域,无论这些端口是分布在多个属于不同 VTP 域的交换机上,还是分布在多个有着不同模式的交换机上。

3. VTP 消息类型

VTP 定义了 4 种消息类型：汇总通告（Summary advertisements）、子集通告（Subset advertisements）、通告请求（Advertisement requests）和 VTP Join 消息。前 3 种 VTP 消息用于实现同一 VTP 域中 VLAN 同步，最后一种消息用于 VTP 剪枝。这些消息在 VLAN 1 中传播，封装成 MAC 帧后的目的 MAC 地址为多播地址 01:00:0C:CC:CC:CC。

汇总通告和子集通告消息用于向相邻交换机通告 VLAN 的情况，消息包含的主要信息如图 2.29 所示。

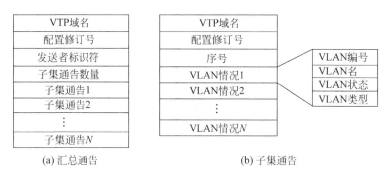

图 2.29 汇总通告和子集通告包含的主要信息

1）VTP 域名

每一个交换机只能属于一个 VTP 域，发送汇总通告和子集通告的交换机将自己的 VTP 域名作为汇总通告和子集通告的 VTP 域名。接收汇总通告和子集通告的交换机只有当自己的 VTP 域名与消息的 VTP 域名相同时，才对消息进行处理，否则，丢弃接收到的汇总通告和子集通告。

2）配置修订号

交换机的初始配置修订号为 1，只有当交换机的 VLAN 情况发生变化时，才递增配置修订号，最大配置修订号的汇总通告和子集通告反映出交换机最新的 VLAN 情况。当发生以下两种情况之一时，交换机发送汇总通告和子集通告：一种情况是交换机的 VLAN 情况发生变化；另一种情况是发送汇总通告和子集通告的时间间隔到。因此，即使在没有发生 VLAN 变化的情况下，交换机也定时发送汇总通告和子集通告，这些汇总通告和子集通告中的配置修订号维持不变。交换机对每一个向其发送汇总通告和子集通告的相邻交换机保留最新的配置修订号，如果接收到某个相邻交换机发送的汇总通告和子集通告，且消息中给出的配置修订号大于为该汇总通告和子集通告发送者保留的配置修订号，用消息中的配置修订号替换保留的配置修订号，继续处理该消息，否则丢弃该消息。

3）发送者标识符

汇总通告中给出发送汇总通告的交换机的标识符，交换机通常将为其配置的管理 IP 地址作为其标识符。接收到汇总通告和子集通告的交换机通过消息中的发送者标识符检索为该消息发送者保留的最新配置修订号。

4）VLAN 情况

给出交换机目前的 VLAN 配置情况，如存在哪些 VLAN 以及这些 VLAN 的类型（这里主要是以太网 VLAN)、编号(VLAN ID)、名字和状态(激活或删除)等。

交换机只有当 VLAN 情况发生变化时才在汇总通告后面跟随子集通告,汇总通告后面允许跟随多个子集通告,由子集通告数量字段值给出跟随的子集通告数量。通过子集通告给出该次 VLAN 变化的结果。对于周期性发送的汇总通告,并不需要跟随子集通告,子集通告数量字段值为 0。

某个交换机在下述情况下发送通告请求:

- 交换机重新启动。
- 接收到的汇总通告中的配置修订号大于为该消息发送者保留的配置修订号,但该汇总通告没有跟随子集通告或者跟随的子集通告不完整。
- 交换机配置新的 VTP 域名。

通告请求可以要求发送所有子集通告(被请求交换机目前所有 VLAN 的情况),也可以只要求发送指定序号的子集通告。

4. VTP 工作过程

1) 初始配置

为了通过 VTP 实现图 2.22 所示的 VLAN 配置,且要求交换机 S1 和 S3 均能创建和删除 VLAN,对交换机 S1、S2 和 S3 完成下述初始配置:将交换机 S1 端口 3、交换机 S2 端口 1 和端口 2、交换机 S3 端口 3 配置为被所有 VLAN 共享的共享端口,交换机 S1 和 S3 为服务器模式,交换机 S2 为客户模式。在交换机 S1 或 S3 上配置 VTP 域名,如 abc。图 2.30 是完成初始配置后的交换机之间 VTP 消息交换过程。假定初始状态下交换机只包含默认 VLAN——VLAN 1。

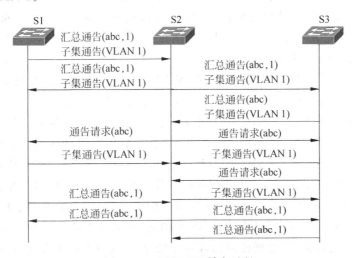

图 2.30 配置 VTP 域名过程

一旦将交换机 S1 的模式和 VTP 域名配置为服务器模式和 abc,交换机 S1 通过共享端口发送汇总通告和子集通告,汇总通告中给出 VTP 域名和配置修订号,如图 2.30 中的汇总通告(abc,1)。子集通告中给出交换机 S1 现有的 VLAN 配置情况。交换机 S2 接收到汇总通告和子集通告后,将其 VTP 域名配置为 abc,将消息中给出的配置修订号 1 作为交换机 S1 的最新配置修订号,并根据子集通告配置 VLAN,由于子集通告中的 VLAN 情况与交换机 S2 现有的 VLAN 配置情况相同,交换机 S2 无须进行创建或删除 VLAN 操作。

交换机 S2 完成 VTP 域名配置后,立即通过共享端口发送汇总通告和子集通告,子集通告中给出交换机 S2 现有的 VLAN 配置情况。通过共享端口——端口 1 和端口 2 发送出去的汇总通告和子集通告分别到达交换机 S1 和 S3。由于交换机 S1 已经配置 VTP 域名且 VTP 域名与汇总通告中的 VTP 域名相同,将消息中的配置修订号 1 作为交换机 S2 的最新配置修订号。由于子集通告中的 VLAN 情况与交换机 S1 现有的 VLAN 配置情况相同,交换机 S1 无须进行创建或删除 VLAN 操作。

交换机 S3 接收到汇总通告和子集通告后,将其 VTP 域名配置为 abc,将消息中给出的配置修订号 1 作为交换机 S2 的最新配置修订号,并根据子集通告配置 VLAN。由于子集通告中的 VLAN 情况与交换机 S3 现有的 VLAN 配置情况相同,交换机 S3 无须进行创建或删除 VLAN 操作。

交换机 S3 完成 VTP 域名配置后,立即通过共享端口发送汇总通告和子集通告,子集通告中给出交换机 S3 现有的 VLAN 配置情况。通过共享端口发送出去的汇总通告和子集通告到达交换机 S2。由于交换机 S2 已经配置 VTP 域名且 VTP 域名与汇总通告中的 VTP 域名相同,将消息中的配置修订号 1 作为交换机 S3 的最新配置修订号。由于子集通告中的 VLAN 情况与交换机 S2 现有的 VLAN 配置情况相同,交换机 S2 无须进行创建或删除 VLAN 操作。

交换机 S2 和 S3 在改变 VTP 域名后,通过共享端口发送通告请求,要求相邻交换机通过子集通告给出其所有 VLAN 的配置情况。由于交换机 S1、S2 和 S3 的 VLAN 配置情况相同,因此,这些 VTP 消息交换过程不会改变交换机的 VLAN 配置。

在 VLAN 配置没有改变的情况下,交换机 S1、S2 和 S3 周期性发送汇总通告,对于这些汇总通告,由于汇总通告中的配置修订号(为 1)与接收该汇总通告的交换机为该汇总通告发送者保留的最新配置修订号相同,接收这些汇总通告的交换机将丢弃这些汇总通告。

2) 交换机 S1 创建 VLAN 2

在交换机 S1 上手工创建 VLAN 2 后的 VTP 消息交换过程如图 2.31 所示。一旦在交换机 S1 上手工创建 VLAN 2,交换机 S1 的 VLAN 配置情况就发生改变,交换机 S1 递增配置修订号(配置修订号变为 2),通过共享端口发送汇总通告和子集通告,子集通告中给出交换机 S1 配置的所有 VLAN 的情况。交换机 S2 接收到汇总通告和子集通告后,首先判别 VTP 域名,在确定汇总通告中给出的 VTP 域名 abc 与自己的 VTP 域名相同的情况下,继续判别配置修订号,由于汇总通告中给出的配置修订号 2 大于交换机 S2 为交换机 S1 保留的最新配置修订号 1,将 2 作为交换机 S1 的最新配置修订号,开始处理子集通告。由于交换机 S2 没有 VLAN 2,创建 VLAN 2。由于创建 VLAN 2 的操作改变了交换机 S2 的 VLAN 配置情况,交换机 S2 递增配置修订号,通过共享端口发送汇总通告和子集通告。交换机 S1 接收到交换机 S2 发送的汇总通告和子集通告后,只是将汇总通告中的配置修订号 2 作为交换机 S2 的最新配置修订号。交换机 S3 将汇总通告中的配置修订号 2 作为交换机 S2 的最新配置修订号,创建 VLAN 2。同样,由于创建 VLAN 2 的操作改变了交换机 S3 的 VLAN 配置情况,交换机 S3 递增配置修订号,通过共享端口发送汇总通告和子集通告。交换机 S2 接收到交换机 S3 发送的汇总通告和子集通告后,只是将汇总通告中的配置修订号 2 作为交换机 S3 的最新配置修订号。

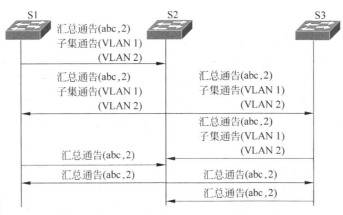

图 2.31 创建 VLAN 2 的过程

同样,在 VLAN 配置没有改变的情况下,交换机 S1、S2 和 S3 周期性发送汇总通告,对于这些汇总通告,由于汇总通告中的配置修订号(为 2)与接收该汇总通告的交换机为该汇总通告发送者保留的最新配置修订号相同,接收这些汇总通告的交换机将丢弃这些汇总通告。

3) 交换机 S3 创建 VLAN 3

在交换机 S3 上手工创建 VLAN 3 后的 VTP 消息交换过程如图 2.32 所示。一旦在交换机 S3 上手工创建 VLAN 3,交换机 S3 的 VLAN 配置情况就发生改变,交换机 S3 递增配置修订号(配置修订号变为 3),通过共享端口发送汇总通告和子集通告,子集通告中给出交换机 S3 配置的所有 VLAN 的情况。交换机 S2 接收到汇总通告和子集通告后,首先判别 VTP 域名,在汇总通告中给出的 VTP 域名 abc 与自己的 VTP 域名相同的情况下,继续判别配置修订号,由于汇总通告中给出的配置修订号 3 大于交换机 S2 为交换机 S3 保留的最新配置修订号 2,将 3 作为交换机 S3 的最新配置修订号,开始处理子集通告。由于交换机 S2 没有 VLAN 3,创建 VLAN 3。由于创建 VLAN 3 的操作改变了交换机 S2 的 VLAN 配置情况,交换机 S2 递增配置修订号,通过共享端口发送汇总通告和子集通告。交换机 S1 在接收到交换机 S2 发送的汇总通告和子集通告后,创建 VLAN 3,使得交换机 S1、S2 和 S3 的 VLAN 配置情况相同(每一个交换机均包含 VLAN 1、VLAN 2 和 VLAN 3)。

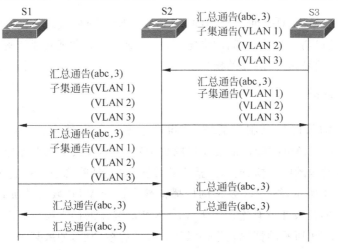

图 2.32 创建 VLAN 3 的过程

4）交换机 S1 删除 VLAN 3

由于交换机 S1 和 S3 的模式是服务器模式，可以在交换机 S1 和 S3 上手工创建和删除 VLAN，而且任何一个服务器模式的交换机可以删除在另一个服务器模式的交换机上创建的 VLAN。因此，交换机 S1 可以删除在交换机 S3 上手工创建的 VLAN 3。

在完成图 2.32 所示的 VTP 消息交换过程后，交换机 S1、S2 和 S3 均包含 VLAN 1、VLAN 2 和 VLAN 3。一旦在交换机 S1 上手工删除 VLAN 3，交换机之间就开始图 2.33 所示的 VTP 消息交换过程。由于交换机 S1 手工删除 VLAN 3 的操作使交换机 S1 的 VLAN 配置情况发生改变，交换机 S1 递增配置修订号（配置修订号变为 4），通过共享端口发送汇总通告和子集通告，子集通过中给出交换机 S1 当前的 VLAN 配置情况（只存在 VLAN 1 和 VLAN 2）。交换机 S2 接收到汇总通告和子集通告后，开始根据子集通告给出的 VLAN 配置情况调整自己的 VLAN 配置，由于子集通告中没有包含 VLAN 3，交换机 S2 删除 VLAN 3。由于删除 VLAN 3 的操作改变了交换机 S2 的 VLAN 配置情况，交换机 S2 递增配置修订号，通过共享端口发送汇总通告和子集通告。交换机 S3 在接收到交换机 S2 发送的汇总通告和子集通告后，删除 VLAN 3，使得交换机 S1、S2 和 S3 的 VLAN 配置情况相同（每一个交换机只包含 VLAN 1 和 VLAN 2）。

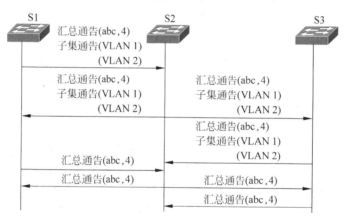

图 2.33 删除 VLAN 3 过程

需要强调的是，VTP 只是使属于相同 VTP 域的所有交换机的 VLAN 配置同步，但并不能确定交换机端口与 VLAN 之间的绑定，每一个交换机必须通过手工配置方式完成将特定交换机端口分配给特定 VLAN 的操作。

5. VTP 剪枝过程

划分 VLAN 的目的是限制广播域，使得广播帧只能在特定 VLAN 内广播，但由于 VTP 域中所有互连交换机的端口都被配置成被所有 VLAN 共享的共享端口，因此，属于任何 VLAN 的终端发送的广播帧（或以广播方式传输的单播帧）都被广播到 VTP 域内的所有交换机。如图 2.34 所示，终端 A 发送的广播帧被广播到 VTP 域内的所有交换机，虽然交换机 S3 及所连接的分枝并没有连接属于 VLAN 2 的终端的接入端口。

为了避免图 2.34 所示的情况发生，VTP 引入了剪枝功能，如果某个服务器模式的交换机启动剪枝功能，剪枝功能将传播到 VTP 域内的所有交换机。一旦启动剪枝功能，交换机初始时除了属于默认 VLAN 的广播帧(或在默认 VLAN 内以广播方式传输的单播帧),共享端口并不发送属于其他 VLAN 的广播帧。当某个交换机端口被分配给某个 VLAN 时,该交换机生成一个 VTP Join 消息,Join 消息中给出该 VLAN 的编号(VLAN ID)和名字,并将该 Join 消息通过所有共享端口发送出去。如果某个交换机通过某个共享端口接收到该 Join 消息,该共享端口将记录 Join 消息中给出的 VLAN 编号和名字,以后该交换机将从该共享端口发送属于该 VLAN 的广播帧。完成记录后,该交换机将从所有其他共享端口转发该 Join 消息,使该 Join 消息到达 VTP 域中的所有交换机。图 2.35 给出将交换机 S1 和 S4 某个端口分配给 VLAN 2 后引发的 Join 消息传播过程及记录 VLAN 2 的共享端口。

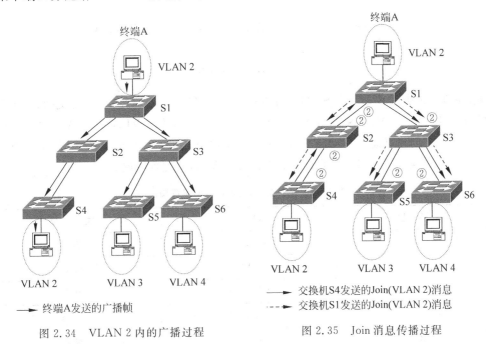

图 2.34　VLAN 2 内的广播过程　　　　图 2.35　Join 消息传播过程

启动剪枝功能后,如果某个交换机接收到属于某个 VLAN 的广播帧,该交换机将从除接收该广播帧的端口以外的且符合下列条件之一的所有其他端口转发该广播帧。

- 端口为分配给该 VLAN 的接入端口。
- 端口为记录了该 VLAN 编号的共享端口。

终端 A 发送的广播帧不再广播到 VTP 域内的所有交换机,而只是沿着连接属于 VLAN 2 的终端的分枝广播,如图 2.36 所示。

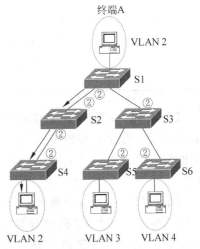

图 2.36　新的 VLAN 2 内的广播过程

2.6.5　GVRP 例题解析

【例 2.4】　假定图 2.37 所示网络结构的初始配置如下:

- 交换机 S1、S2 和 S3 只存在静态 VLAN——

VLAN 1。

- 在交换机 S1 端口 3、S2 端口 1 和端口 2、S3 端口 3 上启动 GVRP。
- 将交换机 S1 端口 3、交换机 S2 端口 1 和端口 2、交换机 S3 端口 3 配置为被所有 VLAN 共享的共享端口。
- 将这些共享端口的注册模式配置为 Normal 模式。

如果在交换机 S1 上手工创建静态 VLAN——VLAN 2,在交换机 S3 上手工创建静态 VLAN——VLAN 3。给出 GVRP 最终在交换机 S1、S2 和 S3 上创建的 VLAN 及类型。

图 2.37   网络结构

【解析】   交换机 S1、S2 和 S3 初始存在静态 VLAN——VLAN 1。因为交换机 S1 手工创建静态 VLAN——VLAN 2,导致交换机 S2 和 S2 创建动态 VLAN——VLAN 2。因为交换机 S3 手工创建静态 VLAN——VLAN 3,导致交换机 S2 和 S1 创建动态 VLAN——VLAN 3。最终得出表 2.17 所示的 3 个交换机的 VLAN 配置情况。

表 2.17   3 个交换机的 VLAN 配置情况

交 换 机	VLAN	类 型
S1	VLAN 1	静态
	VLAN 2	静态
	VLAN 3	动态
S2	VLAN 1	静态
	VLAN 2	动态
	VLAN 3	动态
S3	VLAN 1	静态
	VLAN 2	动态
	VLAN 3	静态

【例 2.5】   其余初始配置和例 2.4 相同,但将交换机 S1 端口 3 的注册模式配置为 Fixed 模式。如果在交换机 S1 上手工创建静态 VLAN——VLAN 2,在交换机 S3 上手工创建静态 VLAN——VLAN 3,给出 GVRP 最终在交换机 S1、S2 和 S3 上创建的 VLAN 及类型。

【解析】   由于 Fixed 模式端口能够声明静态 VLAN,因此,在交换机 S1 上手工创建静态 VLAN——VLAN 2 依然导致交换机 S2 和 S2 创建动态 VLAN——VLAN 2。由于 Fixed 模式端口不能注册动态 VLAN,因此,在交换机 S3 上手工创建静态 VLAN——VLAN 3 只能导致在交换机 S2 上创建动态 VLAN——VLAN 3。最终得出表 2.18 所示的 3 个交换机的 VLAN 配置情况。

表 2.18 3 个交换机的 VLAN 配置情况

交 换 机	VLAN	类 型
S1	VLAN 1	静态
	VLAN 2	静态
S2	VLAN 1	静态
	VLAN 2	动态
	VLAN 3	动态
S3	VLAN 1	静态
	VLAN 2	动态
	VLAN 3	静态

【例 2.6】 其余初始配置和例 2.4 相同,但将交换机 S1 端口 3 的注册模式配置为 Forbidden 模式。如果在交换机 S1 上手工创建静态 VLAN——VLAN 2,在交换机 S3 上手工创建静态 VLAN——VLAN 3,给出 GVRP 最终在交换机 S1、S2 和 S3 上创建的 VLAN 及类型。

【解析】 由于 Forbidden 模式端口无法声明除 VLAN 1 以外的静态 VLAN,因此,在交换机 S1 上手工创建静态 VLAN——VLAN 2 无法导致在交换机 S2 和 S3 上创建动态 VLAN——VLAN 2。由于 Forbidden 模式端口无法注册动态 VLAN,交换机 S3 上手工创建静态 VLAN——VLAN 3 只能导致在交换机 S2 上创建动态 VLAN——VLAN 3。最终得出表 2.19 所示的 3 个交换机的 VLAN 配置情况。

表 2.19 3 个交换机的 VLAN 配置情况

交 换 机	VLAN	类 型
S1	VLAN 1	静态
	VLAN 2	静态
S2	VLAN 1	静态
	VLAN 3	动态
S3	VLAN 1	静态
	VLAN 3	静态

本章小结

- 以太网是一个广播域,广播是不可避免的,但广播又是有害的。
- 通过划分 VLAN 分割广播域。
- 可以基于端口、MAC 地址、网络协议或网络地址划分 VLAN。
- 除了基于端口划分 VLAN 方式,其他划分 VLAN 方式需要建立统一的划分标准与 VLAN 之间的绑定,如 MAC 地址与 VLAN 之间的绑定,且交换机能够访问到划分标准与 VLAN 之间的绑定。
- 属于同一 VLAN 的交换机端口之间必须建立交换路径,属于不同 VLAN 的交换机端口之间不能通信。
- 基于端口划分 VLAN 方式将交换机端口分为接入端口、共享端口和混合端口。

- 专用 VLAN 是一种既能实现只允许用户终端与宽带服务器之间建立交换路径，又无须为不同的用户终端配置不同的 VLAN 的机制。
- GVRP 是一种使得在某个交换机上配置的 VLAN 信息可以扩散到所有其他交换机中的协议。
- VTP 是一种 Cisco 专用的协议，其作用与 GVRP 相似。

习题

2.1 简述引出 VLAN 的原因，实现 VLAN 的技术基础。

2.2 IEEE 802.1q 有什么作用？连接终端的以太网交换机端口是否只能是非标记端口？为什么？

2.3 要求将图 2.38 所示网络中的终端 A、终端 B 和终端 F 划分为 VLAN 2，终端 C、终端 E 划分为 VLAN 3，终端 D、终端 G 和终端 H 划分为 VLAN 4。请给出 3 个以太网交换机的端口配置；给出在所有终端都广播了以自身 MAC 地址为源 MAC 地址，全 1 广播地址为目的 MAC 地址的广播帧后，3 个 VLAN 相关联的转发表内容；根据转发表内容讲述终端 A→终端 F 的传输过程，说明终端 A→终端 D 不可达的原因。

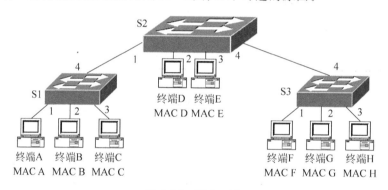

图 2.38 题 2.3 图

2.4 交换式以太网结构如图 2.39 所示，要求终端 A、B 和 G 属于一个 VLAN，终端 E、F 和 H 属于一个 VLAN，终端 C 和 D 属于一个 VLAN，给出交换机配置，并说明理由。

2.5 GVRP 中每当交换机增加 VLAN 属性时，该交换机发送两次 Join 消息（或是发送一个 Join 消息后接收一个 JoinIn 消息），是否可能发生因为两个 Join 消息丢失导致其他交换机永远无法完成相应 VLAN 属性注册的问题？

2.6 GVRP 中每当交换机删除属性时，该交换机发送一次 Leave 消息，是否可能发生因为 Leave 消息丢失导致其他交换机永远无法完成相应 VLAN 属性注销的问题？

2.7 假定图 2.40 所示的网络结构的初始配置如下：

- 交换机 S1、S2 和 S3 只存在静态 VLAN——VLAN 1。
- 在交换机 S1 端口 3、交换机 S2 端口 1 和端口 2、交换机 S3 端口 3 上启动 GVRP。
- 将交换机 S1 端口 3、交换机 S2 端口 1 和端口 2、交换机 S3 端口 3 配置为被所有 VLAN 共享的共享端口。

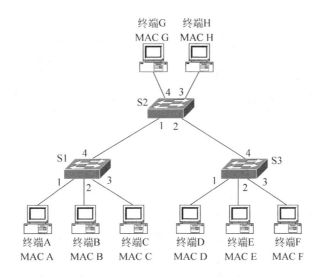

图 2.39 题 2.4 图

- 交换机 S1 端口 3 的注册模式为 Fixed 模式,交换机 S2 端口 1 的注册模式为 Forbidden 模式,其他共享端口的注册模式配置为 Normal 模式。

图 2.40 题 2.7 图

如果在交换机 S1 上手工创建静态 VLAN——VLAN 2,在交换机 S3 上手工创建静态 VLAN——VLAN 3。给出 GVRP 最终在交换机 S1、S2 和 S3 上创建的 VLAN 及类型。

2.8 简述交换机发送通告请求的条件,针对每一种条件给出实例。

2.9 交换式以太网结构如图 2.41 所示,同一填充图案的端口属于同一 VLAN,所有端口为非标记端口(Access 端口),给出所有连接在不同交换机上且能够实现通信的终端对,并简述原因。

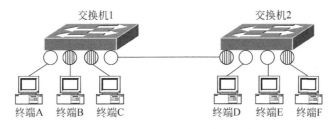

图 2.41 题 2.9 图

2.10 交换式以太网结构如图 2.42 所示,同一填充图案的端口属于同一 VLAN,交换机 1 端口 4 和交换机 2 端口 1 为被所有 VLAN 共享的共享端口且 IEEE 802.1q 标记端口,其他端口为非标记端口(Access 端口),给出所有连接在不同交换机上且能够实现通信的终端对,并简述结果与题 2.9 不同的原因。

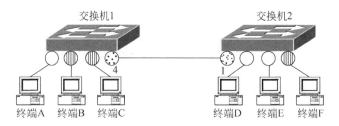

图 2.42　题 2.10 图

2.11　交换机连接终端和集线器方式及端口分配给各个 VLAN 的情况如图 2.43 所示。假定终端下面的字母表示终端的 MAC 地址，初始转发表为空表，回答以下问题：

（1）终端 A 发送的目的 MAC 地址为 B 的 MAC 帧到达哪些终端？

（2）终端 B 发送的目的 MAC 地址为 A 的 MAC 帧到达哪些终端？

（3）终端 E 发送的目的 MAC 地址为 B 的 MAC 帧到达哪些终端？

（4）终端 B 发送的目的 MAC 地址为 E 的 MAC 帧到达哪些终端？

（5）终端 B 发送的目的 MAC 地址为广播地址的 MAC 帧到达哪些终端？

（6）终端 F 发送的目的 MAC 地址为 E 的 MAC 帧到达哪些终端？

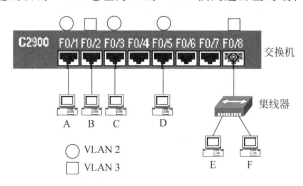

图 2.43　题 2.11 图

2.12　引入专用 VLAN 的原因是什么？简述 Cisco 专用 VLAN 技术的实现要点。

第3章

生成树协议

交换机工作原理要求交换机之间不允许存在环路,但树形结构交换式以太网的可靠性存在问题,一旦网络中某段链路或某个交换机发生故障,会导致一部分终端无法和网络中其他终端通信。生成树协议允许设计一个存在冗余链路的网络,但在网络运行时,通过阻塞某些端口使整个网络没有环路。当某条链路或某个交换机发生故障时,通过重新开通原来阻塞的一些端口,使网络终端之间依然保持连通性,而又没有形成环路,这样,既提高了网络的可靠性,又消除了环路带来的问题。

3.1 生成树协议的作用

网桥转发 MAC 帧机制要求网桥之间不允许存在环路。但树形结构的以太网又缺乏容错功能。生成树协议(Spanning Tree Protocol,STP)就是一种既允许通过在网桥之间增加环路使网络具有容错功能,又能在网络工作时通过阻塞网桥端口使网络成为树形结构的机制。

3.1.1 环路引发广播风暴

网桥在没有完全建立转发表之前,以广播方式转发 MAC 帧的机制对网桥之间的连接方式带来很大限制。图 3.1 是两个网桥之间存在环路的连接方式,这种连接方式会给 MAC 帧传输带来一些问题。

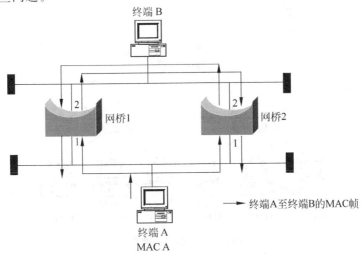

图 3.1 网桥之间存在环路的连接方式

假定网桥 1 和网桥 2 中的转发表还没有学习到终端 B 的 MAC 地址，当终端 A 向终端 B 发送 MAC 帧时，网桥 1 和网桥 2 的端口 1 均收到该 MAC 帧，由于网桥 1 和网桥 2 的转发表中均没有和终端 B 的 MAC 地址匹配的转发项，网桥 1 和网桥 2 又都从端口 2 将该 MAC 帧发送出去（广播方式）。同样，网桥 1 端口 2 通过争用共享媒体发送的 MAC 帧被网桥 2 的端口 2 收到，而网桥 2 端口 2 通过争用共享媒体发送的 MAC 帧又被网桥 1 的端口 2 收到。此时，虽然终端 B 已经重复两次收到该 MAC 帧，但网桥 1 和网桥 2 仍然又通过端口 1 将该 MAC 帧发送出去（广播方式）。使得该 MAC 帧在由网桥 1、网桥 2 构成的环路内不停地兜圈子，白白浪费了网络带宽。导致该问题发生的罪魁祸首就是网桥之间存在的环路，环路引发了广播风暴。

环路除了引发广播风暴外，还会造成转发表的错误，当图 3.1 中网桥 1 和网桥 2 通过端口 1 接收到终端 A 发送的 MAC 帧时，网桥 1 和网桥 2 在转发表中建立将终端 A 的 MAC 地址 MAC A 与端口 1 绑定在一起的转发项。但当网桥 1 和网桥 2 再次通过端口 2 接收到该 MAC 帧时，将转发项中与 MAC A 绑定的端口由端口 1 改变为端口 2，如果此时终端 B 向终端 A 发送 MAC 帧，网桥 1 和网桥 2 将因为该 MAC 帧的输入端口与转发表指定的输出端口相同而丢弃该 MAC 帧。当然，随着终端 A 发送的 MAC 帧不断地在由网桥 1、网桥 2 构成的环路内兜圈子，网桥 1 和网桥 2 转发表中 MAC A 匹配的转发项的转发端口也在不断地发生变化。

3.1.2　树形网络的弱可靠性

为了消除因为环路引发的广播风暴，用网桥互连而成的网络中，要求任何两个终端之间只允许存在一条传输路径。在设计网络时做到这一点并不难，可以设计一个树形结构的网络，终端为树的叶结点，从树根到任何叶结点之间不容许有任何环路存在（只允许有一条传输路径），这样的树形结构网络如图 3.2 所示。但这种网络结构的可靠性不高，任何一段链路发生故障，就有可能使一部分终端无法和网络中的其他终端通信。例如图 3.2 中网桥 2 连接网桥 3 的链路一旦发生故障，网桥 3 连接的终端将无法和网桥 1 连接的终端通信。因此，树形结构网络的可靠性不高。

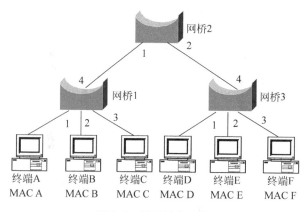

图 3.2　树形结构网络

3.1.3 生成树协议的由来和发展

是否能够设计这样一种网络,它存在冗余链路,但在网络运行时,通过阻塞某些端口使整个网络没有环路,当某条链路因为故障无法通信时,通过重新开通原来阻塞的一些端口,使网络终端之间依然保持连通性,而又没有形成环路,这样,既提高了网络的可靠性,又消除了环路带来的问题。生成树协议就是这样一种机制,图3.3就是描述生成树协议作用过程的示意图。

原始网络结构如图3.3(a)所示,网桥之间存在环路,以此提高网络的可靠性。STP阻塞形成环路的端口后,网络结构变成图3.3(b)所示的以根网桥为树根的树形结构,这种由生成树协议构建的树形结构称为生成树。但一旦网桥之间链路发生故障,例如图3.3(c)中的网桥4和网桥5、网桥5和网桥7之间链路发生故障,STP通过重新开通原来阻塞的一些端口,使网桥之间依然保持连通性,如图3.3(d)所示。

STP经过不断发展,衍生出快速生成树协议(Rapid Spanning Tree Protocol,RSTP)和多生成树协议(Multiple Spanning Tree Protocol,MSTP)。

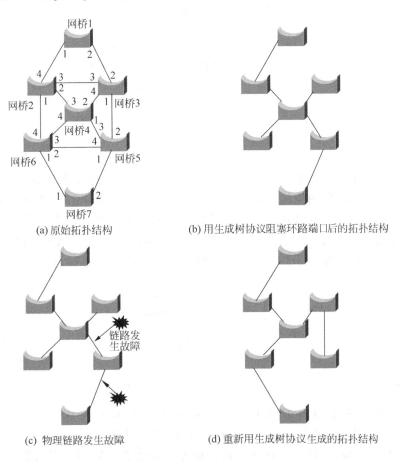

(a) 原始拓扑结构   (b) 用生成树协议阻塞环路端口后的拓扑结构

(c) 物理链路发生故障   (d) 重新用生成树协议生成的拓扑结构

图 3.3　生成树协议作用过程示意图

3.2 STP 工作原理

STP 通过选举根网桥,确定根端口和指定端口,阻塞所有既非根端口又非指定端口的端口,完成将网状结构转换成树形结构的过程。

3.2.1 STP 基本概念

图 3.4 是 STP 构建的一棵生成树。本节以之为例,介绍与生成树有关的一些基本概念。

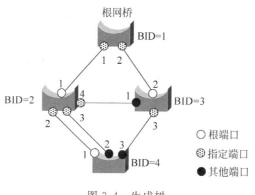

图 3.4　生成树

1. 网桥标识符

图 3.4 中的每一个网桥都有着唯一的标识符,该标识符称为网桥标识符(Bridge Identifier,BID),由 2B 的网桥优先级和网桥的 MAC 地址组成,如图 3.5 所示。网桥优先级可以手工配置。图 3.4 中的 BID 只给出手工配置的网桥优先级。8B 的网桥标识符等同于一个 8B 长度的无符号数。该无符号数的值越小,表明网桥标识符越小。因此,对任何网桥,可以通过配置较小的网桥优先级使得该网桥有着较小的网桥标识符。

2B	6B
网桥优先级	网桥MAC地址

图 3.5　网桥标识符

2. 端口标识符

网桥中的每一个端口有着网桥内唯一的标识符,该标识符称为端口标识符(Port Identifier,PID)。早期版本的端口标识符由 8b(1B)端口优先级和 8b(1B)端口号组成,如图 3.6 所示。端口优先级可以手工配置。同样,2B 的端口标识符等同于一个 2B 长度的无符号数。该无符号数的值越小,表明端口标识符越小。因此,对任何端口,可

1B	1B
端口优先级	端口号

图 3.6　端口标识符

以通过配置较小的端口优先级使得该端口有着较小的端口标识符。

目前,为了支持大数量端口的网桥,将端口优先级降为4b,将端口号扩展为12b,但为了和早期版本兼容,仍然根据8位二进制数能够表示的范围配置端口优先级,但端口优先级只能是16的倍数,以此保证配置的端口优先级中只有高4位是有效的,低4位固定为0。

3．根网桥

在由生成树协议构建的生成树中作为树根的网桥称为根网桥。生成树中的根网桥是网络中网桥标识符最小的网桥。

4．路径开销

每一个端口有路径开销,端口的路径开销由端口的传输速率决定,端口传输速率与端口路径开销之间的关系如表3.1所示。显然,端口的传输速率越高,端口的路径开销越小。

表 3.1 端口传输速率和端口路径开销之间对应关系

端口传输速率	端口路径开销
10Mb/s	100
100Mb/s	19
1Gb/s	4
10Gb/s	2

5．根路径开销

网桥通往根网桥的路径称为根路径。一条根路径所经过的端口的路径开销之和称为根路径开销。在网桥之间存在环路的情况下,某个网桥有多条根路径,每一条根路径有各自的根路径开销。

6．根端口

网桥中的某个端口如果符合以下条件,称为根端口。
- 该网桥的一条根路径经过该端口;
- 在该网桥所有根路径中,经过该端口的根路径开销最小。

除了根网桥,每一个网桥有唯一的根端口。在通过生成树协议成功构建生成树后,每一个网桥只允许存在一条经过根端口的根路径。

7．指定端口

在通过生成树协议成功构建生成树后,网桥用于向网段转发来自根网桥的MAC帧的端口称为指定端口。图3.4中,网段是指互联网桥端口的链路。每一条链路连接的网桥端口中,只允许有一个指定端口。

3.2.2 STP基本步骤

1. BPDU

网桥之间通过相互交换网桥协议数据单元(Bridge Protocol Data Unit,BPDU)来学习网络拓扑结构,构建生成树。BPDU只在直接连接的两个网桥之间传输,不能转发。BPDU的格式及主要包含的内容如图3.7所示。BPDU的目的MAC地址固定为01:80:C2:00:00:

00,网桥将目的 MAC 地址为 01:80:C2:00:00:00 的 MAC 帧提交给生成树协议进程处理。

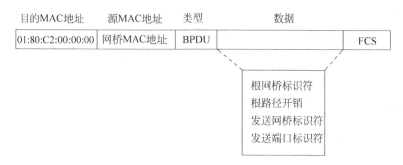

图 3.7　BPDU 格式

数据域中的各项含义如下：

- 根网桥标识符是发送该 BPDU 的网桥选举的根网桥的网桥标识符。任何一个网桥在接收到的所有 BPDU 中选择值最小的根网桥标识符作为该网桥选举的根网桥的网桥标识符。
- 根路径开销是发送该 BPDU 的网桥的最小根路径开销。
- 发送网桥标识符是发送该 BPDU 的网桥的网桥标识符。
- 发送端口标识符是发送该 BPDU 的网桥输出该 BPDU 的端口的端口标识符。

2. 选举根网桥

初始时，每一个网桥将自己作为根网桥，定时向其他网桥发送以自己的网桥标识符为根网桥标识符的 BPDU。每一个网桥一旦接收到根网桥标识符小于自己的网桥标识符的 BPDU，就停止发送 BPDU。每一个网桥在接收到的所有 BPDU 中选择值最小的根网桥标识符作为该网桥选举的根网桥的网桥标识符。经过一轮 BPDU 发送后，最终只有真正的根网桥定时发送 BPDU。

3. 确定根端口

非根网桥的网桥可能从多个端口接收到 BPDU，每一个端口接收到 BPDU 后，将该 BPDU 中的根路径开销和自己的路径开销之和作为该端口的根路径开销。网桥在所有接收到 BPDU 的端口中选择根端口的算法如下。

（1）比较接收到 BPDU 中的根网桥标识符。

如果某个端口接收到的 BPDU 中的根网桥标识符与其他端口接收到的 BPDU 中的根网桥标识符不同，且小于所有其他端口接收到的 BPDU 中的根网桥标识符，该端口被网桥指定为根端口。

（2）比较根路径开销。

如果多个端口接收到的 BPDU 中的根网桥标识符相同，且小于其他端口接收到的 BPDU 中的根网桥标识符，则比较这几个端口的根路径开销。如果某个端口的根路径开销小于这几个端口中其他端口的根路径开销，该端口被网桥指定为根端口。

（3）比较接收到 BPDU 中的发送网桥标识符。

如果多个端口接收到的 BPDU 中的根网桥标识符相同，且这些端口的根路径开销也相同,则比较接收到的 BPDU 中的发送网桥标识符。如果某个端口接收到的 BPDU 中的发送网桥标识符与其他端口接收到的 BPDU 中的发送网桥标识符不同,且小于所有其他端口接收到的 BPDU 中的发送网桥标识符,该端口被网桥指定为根端口。

（4）比较接收到 BPDU 中的发送端口标识符。

如果多个端口接收到的 BPDU 中的根网桥标识符相同,这些端口的根路径开销也相同,而且这些端口接收到的 BPDU 中的发送网桥标识符也相同,则比较接收到的 BPDU 中的发送端口标识符。如果某个端口接收到的 BPDU 中的发送端口标识符与其他端口接收到的 BPDU 中的发送端口标识符不同,且小于所有其他端口接收到的 BPDU 中的发送端口标识符,该端口被网桥指定为根端口。

确定根端口后,网桥从根端口接收到的 BPDU 称为网桥最优 BPDU,网桥将缓存网桥最优 BPDU。网桥其他所有端口将根端口接收到的 BPDU 中的根网桥标识符作为自己的根网桥标识符,将根端口的根路径开销作为自己的根路径开销。如果从根端口接收到BPDU,网桥中所有已经被网桥指定为指定端口的端口将创建并输出 BPDU,该 BPDU 称为该端口的端口 BPDU。每一个端口输出的端口 BPDU 中,以该端口的根网桥标识符为端口 BPDU 的根网桥标识符,以该端口的根路径开销为端口 BPDU 的根路径开销,以该端口所在网桥的网桥标识符为端口 BPDU 的发送网桥标识符,以该端口的端口标识符为端口 BPDU 的发送端口标识符。

4. 确定指定端口

网桥某个非根端口接收到 BPDU 后,如果满足以下条件之一,该端口被网桥指定为指定端口。

（1）BPDU 中的根网桥标识符大于该端口的根网桥标识符。

（2）BPDU 中的根网桥标识符等于该端口的根网桥标识符,但 BPDU 中的根路径开销大于该端口的根路径开销。

（3）BPDU 中的根网桥标识符等于该端口的根网桥标识符,BPDU 中的根路径开销等于该端口的根路径开销,但 BPDU 中的发送网桥标识符大于该端口所在网桥的网桥标识符。

（4）BPDU 中的根网桥标识符等于该端口的根网桥标识符,BPDU 中的根路径开销等于该端口的根路径开销,BPDU 中的发送网桥标识符等于该端口所在网桥的网桥标识符,但 BPDU 中的发送端口标识符大于该端口的端口标识符。

如果该端口被指定为指定端口,该端口根据网桥最优 BPDU 和根端口的根路径开销推导出的端口 BPDU 成为该端口的端口最优 BPDU。

如果网桥非根端口接收到 BPDU 后,使得自己成为非指定端口,接收到的 BPDU 成为该端口的端口最优 BPDU。该端口将缓存接收到的 BPDU,即端口最优 BPDU。

STP 成功构建生成树后,只有根端口和指定端口允许输入输出数据帧和 BPDU,其他端口只能接收 BPDU。

5. BPDU 最大传输时延

在 STP 收敛过程中,网络中可能存在 BPDU 传输环路,导致根网桥发送的 BPDU 在网络中无休止地触发非根网桥发送端口 BPDU。为了防止这种情况发生,BPDU 中增加了

BPDU 传输时延（Message Age）字段，BPDU 在该字段中累计经过链路传输的时延和触发非根网桥发送端口 BPDU 所需要的时延，一旦累计时延超过 BPDU 最大存活时间（Max Age），网桥就丢弃该 BPDU，不再由该 BPDU 触发端口 BPDU 的传输过程。

3.2.3　端口状态

1. 端口状态分类

端口状态分为关闭状态、阻塞状态、侦听状态、学习状态和转发状态。

1）关闭状态

当网桥端口状态为关闭状态（Disabled）时，该端口物理上与网络分离。

2）阻塞状态

当网桥端口状态为阻塞状态（Blocking）时，该端口只允许接收并处理 BPDU。STP 通过将一些端口的状态转换成阻塞状态，将网桥间存在环路的网状结构转变为树形结构。

3）侦听状态

当网桥端口状态为侦听状态（Listening）时，该端口不允许输入输出数据帧，但可以输入输出 BPDU。侦听状态是一种过渡状态，网桥各个端口在这一阶段完成根网桥、根端口和指定端口的选举过程。

4）学习状态

当网桥端口状态为学习状态（Learning）时，该端口不仅可以输入输出 BPDU，而且允许接收数据帧，根据数据帧的源 MAC 地址建立转发表，但不允许转发数据帧。学习状态（Learning）也是一种过渡状态。

5）转发状态

当网桥端口状态为转发状态（Forwarding）时，该端口不仅可以输入输出 BPDU，且允许正常接收、转发数据帧。只有根端口和指定端口才能进入这种状态。

2. 端口状态迁移过程

端口状态迁移过程如图 3.8 所示。如果端口是开启的，启动 STP 后，端口状态是侦听状态。这种状态下，一种情况是端口被网桥指定为根端口或指定端口，且在转发延迟时间内一直作为根端口或指定端口，在转发时延定时器溢出时，端口状态转变为学习状态。另一种情况是端口没有被网桥指定为根端口或指定端口（既非根端口，又非指定端口），端口状态转变为阻塞状态。

如果端口状态是学习状态，且在转发时延内一直作为根端口或指定端口，在转发时延定时器溢出时，端口状态转变为转发状态。一旦该端口不再是根端口或指定端口，端口状态转变为阻塞状态。

如果端口状态是转发状态，一旦该端口不再是根端口或指定端口，端口状态转变为阻塞状态。

如果端口状态是阻塞状态，一旦该端口被指定为根端口或指定端口，端口状态转变为侦听状态。

一旦关闭端口，无论端口处于何种状态，端口状态转变为关闭状态。

如果端口状态是关闭状态，一旦开启该端口，端口状态转变为阻塞状态。

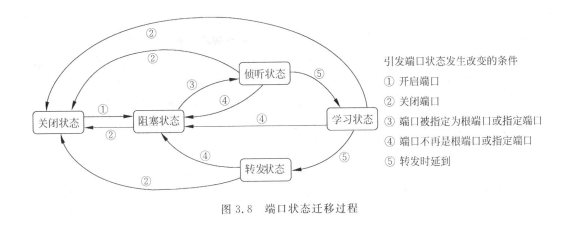

图 3.8 端口状态迁移过程

引发端口状态发生改变的条件
① 开启端口
② 关闭端口
③ 端口被指定为根端口或指定端口
④ 端口不再是根端口或指定端口
⑤ 转发时延到

3.2.4 定时器

STP 定义了 3 个定时器,分别是 BPDU 最大存活时间定时器、间隔时间定时器和转发时延定时器。

1. BPDU 最大存活时间定时器(Max Age)

该定时器初值为手工配置的网桥最优 BPDU 和端口最优 BPDU 的最大存活时间,每当接收到网桥最优 BPDU 和端口最优 BPDU 时,复位该定时器。一旦该定时器溢出,表示原有的网桥最优 BPDU 和端口最优 BPDU 无效。由此表明,在最大存活时间所规定的时间段内必须再次接收网桥最优 BPDU 和端口最优 BPDU,否则将使网桥或端口进入初始状态。网桥初始状态将以网桥自身为根网桥,并因此开始 STP 操作过程。端口初始状态以根据网桥最优 BPDU 推导出的端口 BPDU 作为端口最优 BPDU。

2. 间隔时间定时器(Hello Time)

该定时器初值为手工配置的根网桥从所有非阻塞端口发送 BPDU 的时间间隔。每当该定时器溢出,根网桥通过所有非阻塞端口发送端口 BPDU。

3. 转发时延定时器(Forward Delay)

该定时器初值是手工配置的 BPDU 从根网桥逐级中继到最外围网桥所需要的时间。一旦该定时器溢出,将导致端口状态发生迁移,如图 3.8 所示。

4. 默认定时器初值

3 个定时器初值均有默认值,Max Age 是 20s,Hello Time 是 2s,Forward Delay 是 15s。

5. 从阻塞状态到转发状态的时延

当某个端口处于阻塞状态时,只有直到 BPDU 最大存活时间定时器溢出,都没有接收到该端口的端口最优 BPDU 或优于端口最优 BPDU 的 BPDU,该端口才会从阻塞状态转变为侦听状态。一旦某个端口进入侦听状态,启动转发时延定时器,一旦转发时延定时器溢出,端口进入学习状态。再次启动转发时延定时器,一旦转发时延定时器溢出,端口进入转发状态。只有处于转发状态的端口才能正常输入输出终端之间的数据帧。从中可以看出,当因为网络拓扑结构发生变化,某个端口从阻塞状态转变为转发状态需要经过(Max Age)$+2\times$(Forward Delay)时间。这样设计的目的是为了保证在 STP 收敛过程中不会发生数据帧传输路径形成环路的情况。但这样可能使网络的连通性短时间出现问题。

3.2.5　STP 构建生成树的过程

下面以 STP 构建如图 3.4 所示的生成树为例,讨论 STP 构建生成树的过程。为了方便起见,假定网桥每一个端口的传输速率都是 100Mb/s。每一个网桥的网桥标识符如图中所示,每一个端口的端口标识符是图中所示的端口号,发送和接收的 BPDU 由四元组<根网桥标识符,根路径开销,发送网桥标识符,发送端口标识符>表示。

1. 初始化

加电后,每一个网桥将自己作为根网桥,根路径开销为 0,由此产生网桥最优 BPDU。网桥各个端口根据网桥最优 BPDU 产生端口最优 BPDU。每当间隔时间定时器溢出时,各个端口发送端口最优 BPDU。

对于图 3.4 中 BID=1 的网桥,网桥最优 BPDU=<1,0,1,x>,其中根网桥标识符=1,根路径开销=0,发送网桥标识符=1。由于是自己产生的网桥最优 BPDU,没有端口标识符。端口 1 根据网桥最优 BPDU 产生的端口最优 BPDU=<1,0,1,1>。端口 2 根据网桥最优 BPDU 产生的端口最优 BPDU=<1,0,1,2>。

对于图 3.4 中 BID=2 的网桥,网桥最优 BPDU=<2,0,2,x>。端口 1 根据网桥最优BPDU 产生的端口最优 BPDU=<2,0,2,1>。端口 2 根据网桥最优 BPDU 产生的端口最优 BPDU=<2,0,2,2>。端口 3 根据网桥最优 BPDU 产生的端口最优 BPDU=<2,0,2,3>。端口 4 根据网桥最优 BPDU 产生的端口最优 BPDU=<2,0,2,4>。

对于图 3.4 中 BID=3 的网桥,网桥最优 BPDU=<3,0,3,x>。端口 1 根据网桥最优BPDU 产生的端口最优 BPDU=<3,0,3,1>。端口 2 根据网桥最优 BPDU 产生的端口最优BPDU=<3,0,3,2>。端口 3 根据网桥最优 BPDU 产生的端口最优 BPDU=<3,0,3,3>。

对于图 3.4 中 BID=4 的网桥,网桥最优 BPDU=<4,0,4,x>。端口 1 根据网桥最优BPDU 产生的端口最优 BPDU=<4,0,4,1>。端口 2 根据网桥最优 BPDU 产生的端口最优BPDU=<4,0,4,2>。端口 3 根据网桥最优 BPDU 产生的端口最优 BPDU=<4,0,4,3>。

2. 选举根网桥并指定根端口

由于所有网桥端口有相同的路径开销,因此,每一个网桥中接收到网桥最优 BPDU 的端口成为根端口。选择网桥最优 BPDU 的范围包括网桥接收到的所有 BPDU 和当前网桥最优 BPDU,选择最优网桥 BPDU 的算法如下:
- 如果有最小根网桥标识符的 BPDU 只有一个,该 BPDU 成为网桥最优 BPDU。
- 如果有最小根网桥标识符的 BPDU 有多个,但这些 BPDU 中只有一个 BPDU 的根路径开销最小,该 BPDU 成为网桥最优 BPDU。
- 如果有最小根网桥标识符的 BPDU 有多个,且这些 BPDU 中有最小根路径开销的

BPDU 不止一个,但这些有相同的最小根网桥标识符和最小根路径开销的 BPDU 中只有一个 BPDU 的发送网桥标识符最小,该 BPDU 成为网桥最优 BPDU。

- 如果有最小根网桥标识符的 BPDU 有多个,这些 BPDU 中有最小根路径开销的 BPDU 不止一个,而且这些有相同的最小根网桥标识符和最小根路径开销的 BPDU 中有最小发送网桥标识符的 BPDU 不止一个,在它们中间选择发送端口标识符最小的 BPDU 作为网桥最优 BPDU。

对于图 3.4 中 BID=1 的网桥,通过端口 1 接收到 BPDU=<2,0,2,1>,通过端口 2 接收到 BPDU=<3,0,3,2>。由于这两个 BPDU 中的根网桥标识符大于网桥最优 BPDU 中的根网桥标识符,维持网桥最优 BPDU 不变。由于不存在接收网桥最优 BPDU 的端口,因此,该网桥不存在根端口。各个端口的端口 BPDU 维持不变,每当间隔时间定时器溢出时,各个端口发送端口 BPDU。

对于图 3.4 中 BID=2 的网桥,通过端口 1 接收到 BPDU=<1,0,1,1>,通过端口 2 接收到 BPDU=<4,0,4,1>,通过端口 3 接收到 BPDU=<4,0,4,2>,通过端口 4 接收到 BPDU=<3,0,3,1>。由于 BPDU=<1,0,1,1> 中的根网桥标识符最小,且小于网桥最优 BPDU 中的根网桥标识符,BPDU=<1,0,1,1> 成为网桥最优 BPDU。端口 1 成为根端口。端口 1 根据接收到的 BPDU=<1,0,1,1> 计算出根路径开销为 0+19=19,其中 0 是 BPDU 中的根路径开销,19 是端口 1 的路径开销。其他非根端口根据网桥最优 BPDU 和根端口的根路径各自导出端口 BPDU。端口 2 的端口 BPDU=<1,19,2,2>,其中根网桥标识符是网桥最优 BPDU 中的根网桥标识符 1,根路径开销是根端口的根路径开销 19,发送网桥标识符是端口所属网桥的网桥标识符 2,端口标识符是该端口的标识符 2。端口 3 的端口 BPDU=<1,19,2,3>,端口 4 的端口 BPDU=<1,19,2,4>。当通过根端口接收到网桥最优 BPDU 时,各个非根端口发送各自的端口 BPDU。

对于图 3.4 中 BID=3 的网桥,通过端口 1 接收到 BPDU=<2,0,2,4>,通过端口 2 接收到 BPDU=<1,0,1,2>,通过端口 3 接收到 BPDU=<4,0,4,3>。由于 BPDU=<1,0,1,2> 中的根网桥标识符最小,且小于网桥最优 BPDU 中的根网桥标识符,BPDU=<1,0,1,2> 成为网桥最优 BPDU。端口 2 成为根端口。端口 2 根据接收到的 BPDU=<1,0,1,2> 计算出根路径开销为 0+19=19,其中 0 是 BPDU 中的根路径开销,19 是端口 2 的路径开销。其他非根端口根据网桥最优 BPDU 和根端口的根路径各自导出端口 BPDU。端口 1 的端口 BPDU=<1,19,3,1>。端口 3 的端口 BPDU=<1,19,3,3>。当通过根端口接收到网桥最优 BPDU 时,各个非根端口发送各自的端口 BPDU。

对于图 3.4 中 BID=4 的网桥,第一阶段通过端口 1 接收到 BPDU=<2,0,2,2>,通过端口 2 接收到 BPDU=<2,0,2,3>,通过端口 3 接收到 BPDU=<3,0,3,3>。对于 BPDU=<2,0,2,2> 和 BPDU=<2,0,2,3>,由于 BPDU=<2,0,2,2> 中的发送端口标识符小于 BPDU=<2,0,2,3> 中的发送端口标识符,因此,BPDU=<2,0,2,2> 优于 BPDU=<2,0,2,3>。由于 BPDU=<2,0,2,2> 是所有接收到的 BPDU 中的最优 BPDU,且该 BPDU 中的根网桥标识符小于网桥最优 BPDU 中的根网桥标识符,BPDU=<2,0,2,2> 成为网桥最优 BPDU。端口 1 成为根端口。端口 1 根据接收到的 BPDU=<2,0,2,2> 计算出根路径开销为 0+19=19。其他非根端口根据网桥最优 BPDU 和根端口的根路径各自导出端口 BPDU。端口 2 的端口 BPDU=<2,19,4,2>。端口 3 的端口 BPDU=<2,19,4,3>。

当通过根端口接收到网桥最优 BPDU 时,各个非根端口发送各自的端口 BPDU。

第二阶段通过端口 1 接收到 BPDU＝<1,19,2,2>,通过端口 2 接收到 BPDU＝<1,19,2,3>,通过端口 3 接收到 BPDU＝<1,19,3,3>。由于 BPDU＝<1,19,2,2>是所有接收到的 BPDU 中的最优 BPDU,且该 BPDU 中的根网桥标识符小于网桥最优 BPDU 中的根网桥标识符,BPDU＝<1,19,2,2>成为网桥最优 BPDU。端口 1 成为根端口。端口 1 根据接收到的 BPDU＝<1,19,2,2>计算出根路径开销为 19＋19＝38。其他非根端口根据网桥最优 BPDU 和根端口的根路径各自导出端口 BPDU。端口 2 的端口 BPDU＝<1,38,4,2>。端口 3 的端口 BPDU＝<1,38,4,3>。当通过根端口接收到网桥最优 BPDU 时,各个非根端口发送各自的端口 BPDU。

3. 指定指定端口

由于只有根网桥的各个非处于阻塞状态的端口能够定时发送端口 BPDU,其他网桥只有在通过根端口接收到网桥最优 BPDU 时,各个既非根端口又非处于阻塞状态的端口才能发送端口 BPDU,因此,如果某个网桥端口通过点对点链路与另一个网桥的根端口直接相连,该网桥端口是接收不到 BPDU 的。该网桥端口根据网桥最优 BPDU 和根端口的根路径开销推导出的端口 BPDU 一直是该端口的端口最优 BPDU。

由于图 3.4 中 BID＝1 的网桥是根网桥,端口 1 和端口 2 接收不到 BPDU,因此,端口 1 和端口 2 的端口 BPDU 分别成为端口 1 和端口 2 的端口最优 BPDU,端口 1 和端口 2 被网桥指定为指定端口。

对于图 3.4 中 BID＝2 的网桥,端口 2、端口 3 和端口 4 是非根端口。由于端口 2 接收不到 BPDU,因此,端口 2 的端口 BPDU 成为端口 2 的端口最优 BPDU,端口 2 被网桥指定为指定端口。端口 3 接收到 BPDU＝<1,38,4,2>。由于端口 3 的端口 BPDU＝<1,19,2,3>优于接收到的 BPDU＝<1,38,4,2>,因此,端口 3 的端口 BPDU 成为端口 3 的端口最优 BPDU,端口 3 被网桥指定为指定端口。端口 4 接收到 BPDU＝<1,19,3,1>。由于端口 4 的端口 BPDU＝<1,19,2,4>优于接收到的 BPDU＝<1,19,3,1>。因此,端口 4 的端口 BPDU 成为端口 4 的端口最优 BPDU,端口 4 被网桥指定为指定端口。

对于图 3.4 中 BID＝3 的网桥,端口 1 和端口 3 是非根端口。端口 1 接收到 BPDU＝<1,19,2,4>。由于端口 1 接收到的 BPDU＝<1,19,2,4>优于端口 1 的端口 BPDU＝<1,19,3,1>,因此,端口 1 接收到的 BPDU 成为端口 1 的端口最优 BPDU。由于端口 1 既是非根端口,又是非指定端口,端口 1 进入阻塞状态。由于端口 3 接收不到 BPDU,因此,端口 3 的端口 BPDU 成为端口 3 的端口最优 BPDU,端口 3 被网桥指定为指定端口。

对于图 3.4 中 BID＝4 的网桥,端口 2 和端口 3 是非根端口。端口 2 接收到 BPDU＝<1,19,2,3>。由于端口 2 接收到的 BPDU＝<1,19,2,3>优于端口 2 的端口 BPDU＝<1,38,4,2>,因此,端口 2 接收到的 BPDU 成为端口 2 的端口最优 BPDU。由于端口 2 既是非根端口,又是非指定端口,端口 2 进入阻塞状态。端口 3 接收到 BPDU＝<1,19,3,3>。由于端口 3 接收到的 BPDU＝<1,19,3,3>优于端口 3 的端口 BPDU＝<1,38,4,3>,因此,端口 3 接收到的 BPDU 成为端口 3 的端口最优 BPDU。由于端口 3 既是非根端口,又是非指定端口,端口 3 进入阻塞状态。

3.2.6 STP 容错功能

1. 定期维护网络拓扑结构

端口状态稳定后,图 3.9 中的根端口和指定端口进入转发状态,输入输出数据帧,并通过地址学习建立转发表。既非根端口又非指定端口的其他端口进入阻塞状态,只能接收 BPDU。

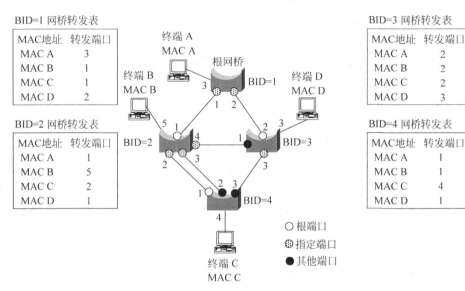

图 3.9 拓扑结构和转发表

根网桥每当间隔时间定时器溢出时,通过所有指定端口输出各自的端口 BPDU。其他网桥每当通过根端口接收到网桥最优 BPDU 时,更新网桥最优 BPDU 关联的 BPDU 最大存活时间定时器,通过所有指定端口输出各自的端口 BPDU。

既非根端口又非指定端口的其他端口接收到端口最优 BPDU 后,更新端口最优 BPDU 关联的 BPDU 最大存活时间定时器。

根网桥每当间隔时间定时器溢出时发送的 BPDU 经过网桥逐级中继后最终到达生成树的叶网桥。所有网桥只要在 BPDU 最大存活时间定时器溢出前通过根端口接收到网桥最优 BPDU,该网桥的根端口和网桥最优 BPDU 就维持不变。所有既非根端口又非指定端口的其他端口只要在 BPDU 最大存活时间定时器溢出前接收到端口最优 BPDU,该端口的端口最优 BPDU 和端口状态就维持不变。

2. 容错过程

如果 BID=1 网桥与 BID=2 网桥之间的链路发生故障,BID=2 网桥将无法通过根端口(端口 1)接收到根网桥端口 1 发送的网桥最优 BPDU。当 BPDU 最大存活时间定时器溢出时,原网桥最优 BPDU 作废,BID=2 网桥将自己作为根网桥,并生成网桥最优 BPDU=<2,0,2,x>。端口 1 生成端口 BPDU=<2,0,2,1>,端口 2 生成端口 BPDU=<2,0,2,2>,端口 3 生成端口 BPDU=<2,0,2,3>,端口 4 生成端口 BPDU=<2,0,2,4>。每当间隔时间定时器溢出时,各个端口输出各自的端口 BPDU。

BID=3 网桥端口 1 直到 BPDU 最大存活时间定时器溢出，都没有接收到端口最优 BPDU 或优于端口最优 BPDU 的 BPDU。根据 BID=3 网桥的网桥最优 BPDU 和根端口的根路径开销生成的端口 BPDU=<1,19,3,1>成为端口最优 BPDU，端口 1 进入侦听状态。每当网桥通过根端口接收到网桥最优 BPDU 时，端口 1 输出端口 BPDU。

BID=4 网桥端口 1 直到 BPDU 最大存活时间定时器溢出都没有接收到网桥最优 BPDU，原网桥最优 BPDU 作废。BID=4 网桥将自己作为根网桥，并生成网桥最优 BPDU=<4,0,4,x>。当端口 3 接收到端口最优 BPDU=<1,19,3,3>时，由于端口 3 接收到的端口最优 BPDU=<1,19,3,3>优于网桥最优 BPDU=<4,0,4,x>，BPDU=<1,19,3,3>成为网桥最优 BPDU，端口 3 成为根端口，计算出端口 3 的根路径开销为 19+19=38。以此导出端口 1 的端口 BPDU=<1,38,4,1>，端口 2 的端口 BPDU=<1,38,4,2>。每当网桥通过根端口接收到网桥最优 BPDU 时，端口 1 和端口 2 输出各自的端口 BPDU。

BID=2 网桥通过端口 2 接收到 BPDU=<1,38,4,2>，通过端口 3 接收到 BPDU=<1,38,4,3>，通过端口 4 接收到 BPDU=<1,19,3,1>。BPDU=<1,19,3,1>成为网桥最优 BPDU，端口 4 成为根端口，计算出端口 4 的根路径开销为 19+19=38。以此导出端口 1 的端口 BPDU=<1,38,2,1>，端口 2 的端口 BPDU=<1,38,2,2>，端口 3 的端口 BPDU=<1,38,2,3>。每当网桥通过根端口接收到网桥最优 BPDU 时，端口 2 和端口 3 输出各自的端口 BPDU。

BID=4 网桥端口 1 接收到 BPDU=<1,38,2,2>，由于 BPDU=<1,38,2,2>优于端口 1 的端口 BPDU=<1,38,4,1>，BPDU=<1,38,2,2>成为端口 1 的端口最优 BPDU，端口 1 进入阻塞状态。BID=4 网桥端口 2 接收到 BPDU=<1,38,2,3>，由于 BPDU=<1,38,2,3>优于端口 2 的端口 BPDU=<1,38,4,2>，BPDU=<1,38,2,2>成为端口 2 的端口最优 BPDU，端口 2 进入阻塞状态。

由于 BID=2 网桥的端口 2 和端口 3 一直没有接收到优于端口 BPDU 的 BPDU，端口 2 和端口 3 被指定为指定端口。各自的端口 BPDU 成为端口最优 BPDU。

完成上述操作后，如图 3.9 所示的网络拓扑结构转变为如图 3.10 所示的网络拓扑结构。

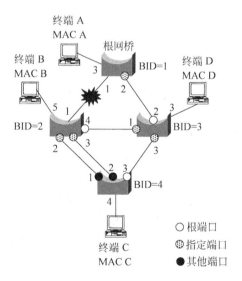

图 3.10　重新构建的生成树

3. 修改转发表

1）修改转发表的方法

图 3.10 所示的生成树保证了在 BID=1 网桥与 BID=2 网桥之间的链路发生故障的情况下网桥之间的连通性，但网络拓扑结构已从图 3.11(a)所示的生成树转变为图 3.11(b)所示的生成树。如果各个网桥中的转发表内容维持如图 3.9 所示的转发表内容不变，各个终端之间是无法实现通信的。

转发表发生改变的原因有两个。一是某个终端发送了数据帧，且该数据帧的源 MAC

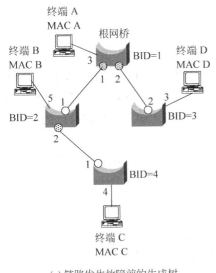

(a) 链路发生故障前的生成树　　　　　　　(b) 链路发生故障后的生成树

图 3.11　生成树变换过程

地址与网桥接收该数据帧的端口之间的绑定发生改变。网桥将修改该 MAC 地址匹配的转发项中的转发端口。二是某项转发项关联的寿命定时器溢出,网桥从转发表中删除该项转发项。因此,改变转发表的简单方法是缩短转发项关联的寿命定时器的溢出时间。

2) 拓扑改变条件

为了保证终端之间的连通性,只要网络拓扑结构发生改变,就必须通过缩短转发表中与转发项关联的寿命定时器的溢出时间,及时删除可能过时的转发项。

网桥一旦检测到以下情况之一,就表明网络拓扑结构发生变化:

- 某个网桥至少有一个指定端口,且网桥中某个端口的状态从其他状态转变为转发状态。
- 网桥中某个端口的状态由转发状态或学习状态转变为阻塞状态。

3) TCN 与置位 TC 和 TCA 的配置 BPDU

STP 中存在两类 BPDU,一类是配置 BPDU;另一类是拓扑改变通知(Topology Change Notification,TCN)BPDU,目前为止讨论的 BPDU 都是配置 BPDU。网桥一旦检测到拓扑结构改变,就通过根端口发送 TCN BPDU。上一级网桥接收到 TCN BPDU 后,发送一个置位 TCA 的配置 BPDU。然后通过根端口向它的上一级网桥发送 TCN BPDU。当根网桥接收到 TCN BPDU 时,向发送 TCN BPDU 的网桥发送一个置位 TCA 标志位的配置 BPDU,然后在(Max Age)+(Forward Delay)时间内,将自己的转发表中与转发项关联的寿命定时器的溢出时间缩短为 Forward Delay,并在定时发送的配置 BPDU 中置位 TC。所有网桥一旦接收到置位 TC 的配置 BPDU,就将自己的转发表中与转发项关联的寿命定时器的溢出时间缩短为 Forward Delay。

TC 和 TCA 是配置 BPDU 中的两个标志位。TCA 用于通知下一级网桥,上一级网桥已经接收到 TCN BPDU。因此,下一级网桥一旦检测到拓扑结构改变,就会定时通过根端口发送 TCN BPDU,直到接收到上一级网桥发送的置位 TCA 的配置 BPDU。

网桥一旦接收到置位 TC 的配置 BPDU,就将自己的转发表中与转发项关联的寿命定时器的溢出时间缩短为 Forward Delay。

4) 拓扑结构改变通知实例

拓扑结构改变通知实例如图 3.12 所示。当 BID＝3 网桥端口 1 的状态从阻塞状态转换为转发状态时,BID＝3 网桥通过根端口向 BID＝1 网桥发送 TCN BPDU,由于 BID＝1 网桥是根网桥,因此向 BID＝3 网桥发送置位 TCA 和 TC 的配置 BPDU。BID＝3 网桥接收到置位 TCA 和 TC 位的配置 BPDU 后,一是停止发送 TCN BPDU,二是将自己的转发表中与转发项关联的寿命定时器的溢出时间缩短为 Forward Delay,三是通过指定端口向下一级网桥发送置位 TC 的配置 BPDU。下一级网桥接收到置位 TC 的配置 BPDU 后,将自己的转发表中与转发项关联的寿命定时器的溢出时间缩短为 Forward Delay。

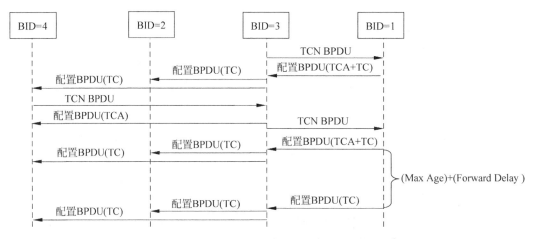

图 3.12　拓扑结构改变通知实例

当 BID＝4 网桥端口 1 的状态从其他状态转换为阻塞状态时,BID＝4 网桥通过根端口向 BID＝3 网桥发送 TCN BPDU, BID＝3 网桥向 BID＝4 网桥发送置位 TCA 的配置 BPDU。BID＝4 网桥接收到置位 TCA 的配置 BPDU 后,停止发送 TCN BPDU。BID＝3 网桥通过根端口向 BID＝1 网桥发送 TCN BPDU,由于 BID＝1 网桥是根网桥,因此向 BID＝3网桥发送置位 TCA 和 TC 的配置 BPDU。BID＝3 网桥接收到置位 TCA 和 TC 的配置 BPDU 后,一是停止发送 TCN BPDU,二是将自己的转发表中与转发项关联的寿命定时器的溢出时间缩短为 Forward Delay,三是通过指定端口向下一级网桥发送置位 TC 的配置 BPDU。下一级网桥接收到置位 TC 位的配置 BPDU 后,将自己的转发表中与转发项关联的寿命定时器的溢出时间缩短为 Forward Delay。

BID＝1 网桥在(Max Age)＋(Forward Delay)时间内,一旦间隔时间定时器溢出,就通过指定端口发送置位 TC 的 BPDU,下一级网桥接收到置位 TC 的配置 BPDU 后,将自己的转发表中与转发项关联的寿命定时器的溢出时间缩短为 Forward Delay。

3.2.7　STP 例题解析

【例 3.1】　网络结构如图 3.13 所示,假定所有网桥的优先级采用默认值,所有端口连接 100Mb/s 链路,整个网络属于默认 VLAN——VLAN 1,求出 STP 构建的生成树,给出每一个端口的状态(D:指定端口,R:根端口,B:阻塞端口)。

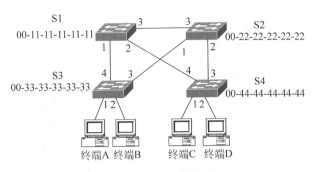

图 3.13　网络结构

【解析】　(1) 确定根网桥,由于所有网桥的优先级采用相同的默认值,拥有最小的 MAC 地址的网桥为根网桥,因此,网桥 S1 为根网桥。

(2) 确定根端口,由于所有端口的路径开销相同,因此,与根网桥之间具有最小跳数的路径即为根路径,连接根路径的端口即为根端口。由于网桥 S2、S3、S4 与 S1 直接相连,这些网桥连接互连 S1 的链路的端口——S2 端口 3、S3 端口 4 和 S4 端口 4 为根端口。

(3) 确定指定端口,S1 的所有端口为指定端口(除非 S1 端口之间直接用链路互连)。S3、S4 连接终端的端口为指定端口,因为这些端口接收不到配置 BPDU。S2、S3 和 S4 的其他端口通过比较链路两端端口的端口 BPDU 确定指定端口。例如比较 S4 端口 3 和 S2 端口 2 的端口 BPDU 时发现,两者的根网桥相同;两者的根路径开销相同(都是一跳,值为 19),但两者的发送网桥标识符不同,因此网桥标识符较小的网桥 S2 为指定网桥,S2 端口 2 为指定端口,从而导出 S3 端口 3 为阻塞端口。其他端口的状态依此确定。

完成上述操作后,最终形成图 3.14(a)所示的端口状态。删除其中一端为阻塞端口的链路后,构成图 3.14(b)所示的生成树。

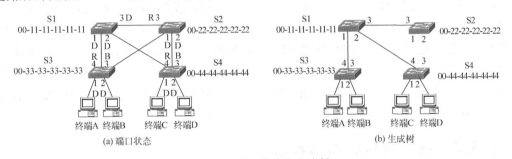

图 3.14　端口状态和生成树

【例 3.2】　网络结构如图 3.13 所示,所有端口连接 100Mb/s 链路,终端 A 和终端 C 属于 VLAN 2,终端 B 和终端 D 属于 VLAN 3,要求不同 VLAN 的流量尽量利用所有链路的带宽,给出需要的配置,求出每一个 VLAN 对应的生成树。

【解析】　由于 VLAN 相当于独立的以太网,因此,不同的 VLAN 对应不同的生成树,生成树是基于 VLAN 的。为了充分利用各条链路的带宽,要求 VLAN 2 对应的生成树的根网桥为 S1,VLAN 3 对应的生成树的根网桥为 S2。因此,在构建基于 VLAN 3 的生成树时,将网桥 S2 的优先级配置为 600(小于默认值)。由此产生如图 3.15 所示的 VLAN 2 和 VLAN 3 对应的生成树。

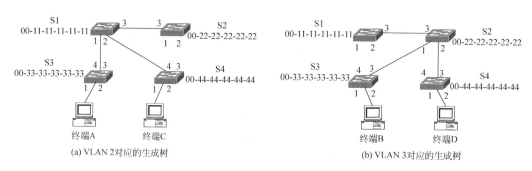

图 3.15　VLAN 2 和 VLAN 3 对应的生成树

3.3　快速生成树协议

RSTP 与 STP 的最大不同在于完成端口状态迁移过程所需的时间,RSTP 通过以下改进缩短了完成端口状态迁移过程所需的时间:一是将网桥最优 BPDU 和端口最优 BPDU 的溢出时间由 Max Age 缩短为 3×(Hello Time),二是尽可能将根端口和指定端口的端口状态从丢弃状态转换成转发状态所需的时间由 2×(Forward Delay)缩短为瞬时。

3.3.1　STP 的缺陷

STP 收敛前,可能存在短暂的连通和环路问题,为了消除收敛前可能发生的短暂的环路问题,STP 对根端口和指定端口增加了侦听和学习这两个过渡状态,使得从确定为根端口或指定端口到端口开始转发数据帧之间的时间间隔为 2×(Forward Delay)时间,其中 Forward Delay 是配置 BPDU 从根网桥辐射到最外围网桥所需要的时间。以此保证只有在 STP 已经收敛的情况下,某个端口才有可能处于转发状态,消除了短暂环路问题。但 STP 消除短暂环路问题的方法不仅没有消除短暂连通问题,在网络拓扑结构发生变化时,还有可能使网络在(Max Age)+2×(Forward Delay)时间内存在连通问题。为了在消除短暂环路问题的前提下有效减少因为网络拓扑结构发生变化导致网络存在连通问题的时间,提出了快速生成树协议(Rapid Spanning Tree Protocol,RSTP)。

3.3.2　端口角色和端口状态

1. 端口角色

RSTP 将端口角色分为根端口(root port)、指定端口(designated port)、替换端口(alternate port)、备份端口(backup port)和边缘端口(edge port),各种端口角色的含义如图 3.16 所示。根端口(图 3.16 中用 R 表示)和指定端口(图 3.16 中用 D 表示)的名称和含义与 STP 相同。如果某个端口因为接收到其他网桥发送的端口最优 BPDU,成为既非根端口又非指定端口,从而进入阻塞状态,则该端口称为替换端口(图 3.16 中用 A 表示)。如果同一网桥有多个端口连接到共享网段上,其中端口标识符最小的端口成为指定端口,其他端口则为备份端口(图 3.16 中用 B 表示),显然,备份端口是因为接收到端口所在网桥发送的端口最优 BPDU,成为既非根端口又非指定端口,从而进入阻塞状态的。根网桥的所有端口通常都是指定端口。如果发生直接用链路互连根网桥的两个端口的情况,其中一个端口标识符较小的端口为指定端口,另一个端口为备份端口。备份端口是对指定端口的备份,如果指定端口发生故障,可以用备份端口取代指定端口,这个过程瞬时完成,因此可以大大减少网络存在连通问题的时间。边缘端口(图 3.16 中用 E 表示)是指网桥直接连接终端的端口,这些端口不会构成数据帧传输环路,因此,不需要参与 STP 构建生成树过程。边缘端口通过人工配置确定,如果某个边缘端口接收到 BPDU,该边缘端口自动转

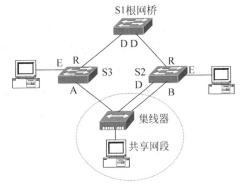

图 3.16 端口类型示意图

换为非边缘端口,参与通过 RSTP 构建生成树的过程。

2. 端口状态

RSTP 将端口状态简化为 3 种:丢弃状态(Discarding)、学习状态(Learning)和转发状态(Forwarding),根端口和指定端口可以处于这 3 种状态的任何一种,处于丢弃状态的根端口和指定端口只允许发送、接收 BPDU。处于学习状态的根端口和指定端口允许发送、接收 BPDU,且允许学习数据帧的源 MAC 地址,但不允许转发数据帧。处于转发状态的根端口和指定端口允许输入、输出数据帧。替换端口和备份端口的稳定状态是丢弃状态,处于丢弃状态的替换端口和备份端口只允许接收 BPDU。边缘端口开通后,立即处于转发状态。

确定端口角色的过程就是 RSTP 构建生成树的过程,该过程与 STP 构建生成树的过程基本相同。RSTP 对 STP 最大的改进在于端口状态迁移过程,STP 中,某个端口被确定为根端口或指定端口后,必须经过 $2 \times ($Forward Delay$)$ 时间才能进入转发状态,而 RSTP 允许根端口和指定端口快速完成从丢弃状态到转发状态的迁移。

3.3.3 端口状态快速迁移过程

1. BPDU 标志字段

RSTP 标志字段(图 3.17)增加了 BPDU 发送端口角色标志位和端口状态标志位。如果 BPDU 发送端口是指定端口且处于丢弃状态,则端口角色标志位值为 11。端口状态标志位 Learning 和 Forwarding 的值为 0。标志位 Proposal 和 Agreement 用于完成指定端口从丢弃状态到转发状态的快速迁移。

7	6	5	4	3	2	1	0
TCA	Agreement	Forwarding	Learning	端口角色		Proposal	TC

00:未知
01:根端口
10:替换或备份端口
11:指定端口

图 3.17 BPDU 标志字段

2. 端口 BPDU 触发机制

STP 中，只有根网桥每间隔 Hello Time 时间通过所有指定端口发送端口 BPDU，非根网桥只有通过根端口接收到网桥最优 BPDU 时，才通过所有指定端口发送端口 BPDU。因此，BPDU 都是从根网桥辐射到最外围网桥。RSTP 中，每一个网桥每间隔 Hello Time 时间通过所有指定端口发送端口 BPDU，因此，网桥最优 BPDU 和端口最优 BPDU 的溢出定时器初值定义为 $3\times$(Hello Time)，而不是 Max Age 时间，表示如果某个非根网桥持续 $3\times$(Hello Time)时间没有通过根端口接收到网桥最优 BPDU，该网桥将回到初始状态，将自己作为根网桥，开始新的生成树构建过程。同样，如果某个替换端口或备份端口如果持续 $3\times$(Hello Time)时间没有接收到使其成为替换端口或备份端口的端口最优 BPDU，该端口将成为指定端口，并定时发送端口 BPDU。

需要强调的是，如果某个端口的端口 BPDU 优于接收到的 BPDU，该端口将成为指定端口，并立即发送该端口的端口 BPDU。链路另一端的端口接收到该 BPDU 后将转变成替换端口或备份端口。

3. 指定端口状态快速迁移过程

指定端口快速迁移机制作用于点对点链路，如果某个端口是指定端口，且端口状态处于丢弃状态或学习状态，该端口发送一个置位 Proposal 标志位的端口 BPDU（称为 Proposal BPDU）。如果接收到 Proposal BPDU 的链路另一端端口是根端口、替换端口和备份端口 3 种端口角色之一，该端口所在交换机就将所有其他指定端口的状态设置为丢弃状态，然后，向 Proposal BPDU 的发送端口回送一个置位 Agreement 标志位的 BPDU（称为 Agreement BPDU）。发送 Proposal BPDU 的端口一旦接收到链路另一端端口发送的 Agreement BPDU，就将端口状态直接转变为转发状态，而 STP 将指定端口状态从丢弃状态迁移到转发状态需要 $2\times$(Forward Delay)时间。该过程从根网桥指定端口开始，一直辐射到最外围网桥。图 3.18 给出了生成树指定端口状态的快速迁移过程。

当网桥 S1 确定自己为根网桥时，由于网桥 S1 不存在直接用链路互连的端口，所有端口成为指定端口，这些指定端口的初始状态为丢弃状态，因此，网桥 S1 通过这些指定端口发送 Proposal BPDU。网桥 S2 端口 3 和网桥 S3 端口 2 接收到网桥 S1 发送的 Proposal BPDU，由于网桥 S2 端口 3 是根端口，网桥 S2 将指定端口——端口 1 和端口 2 的状态设置为丢弃状态，向网桥 S1 端口 1 发送 Agreement BPDU，网桥 S1 通过端口 1 接收到网桥 S2 端口 3 发送的 Agreement BPDU 后，将端口 1 的状态设置为转发状态。同样，由于网桥 S3 端口 2 是根端口，网桥 S3 将指定端口——端口 1 的状态设置为丢弃状态，向网桥 S1 端口 2 发送 Agreement BPDU，网桥 S1 通过端口 2 接收到网桥 S3 端口 2 发送的 Agreement BPDU 后，将端口 2 的状态设置为转发状态。此时，根网桥的所有指定端口状态已经转换成转发状态，整个过程如图 3.18(b)所示。之所以将网桥 S2 和 S3 除根端口以外的所有其他指定端口的状态设置为丢弃状态，是为了避免因为将根网桥指定端口设置为转发状态而产生的数据帧传输环路。

网桥 S2 端口 1 和端口 2 为指定端口，且端口状态为丢弃状态。网桥 S2 通过端口 1 和端口 2 发送 Proposal BPDU，网桥 S2 端口 1 发送的 Proposal BPDU 被网桥 S4 端口 3 接收

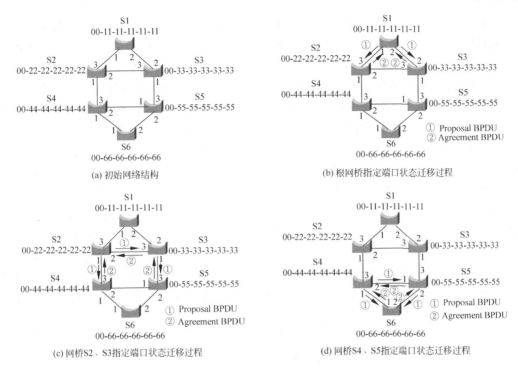

图 3.18 指定端口状态快速迁移过程

到,由于 S4 端口 3 是根端口,网桥 S4 将指定端口——端口 1 和端口 2 的状态设置为丢弃状态,向网桥 S2 端口 1 发送 Agreement BPDU。网桥 S2 通过端口 1 接收到网桥 S4 端口 3 发送的 Agreement BPDU 后,将端口 1 的状态设置为转发状态。网桥 S2 通过端口 2 发送的 Proposal BPDU 被网桥 S3 端口 3 接收到,由于网桥 S3 端口 3 是替换端口,网桥 S3 将指定端口——端口 1 的状态设置为丢弃状态,向网桥 S2 端口 2 发送 Agreement BPDU。网桥 S2 通过端口 2 接收到网桥 S3 端口 3 发送的 Agreement BPDU 后,将端口 2 的状态设置为转发状态。此时,网桥 S2 所有指定端口的状态已经转换成转发状态,整个过程如图 3.18(c)所示。其他网桥依此操作,使得所有网桥的指定端口状态全部转变为转发状态。

4. 根端口状态快速迁移过程

当根端口接收到 BPDU 时,如果该 BPDU 的标志位表明发送该 BPDU 的端口是指定端口且端口状态为转发状态,根端口状态立即转变为转发状态。如果网桥通过某个非根端口接收到 BPDU,且该 BPDU 成为网桥新的网桥最优 BPDU,则接收该 BPDU 的端口成为新的根端口。只要原来的根端口状态为丢弃状态,且该 BPDU 的标志位表明发送该 BPDU 的端口是指定端口且端口状态为转发状态,新的根端口状态立即转变为转发状态。

3.3.4 网桥转发表刷新机制

当网桥某个非边缘端口的状态迁移到转发状态时,表明生成树结构发生改变,需要对网桥的转发表进行刷新操作。检测到生成树结构发生改变的网桥清空转发表中通过非边缘端口学习到的 MAC 地址,同时,通过所有处于转发状态的指定端口和根端口持续 $2\times$(Hello Time)时间发送 TC 标志位置位的 BPDU(称为 TC BPDU)。

一旦其他网桥通过处于转发状态的指定端口和根端口接收到 TC BPDU,就清除转发表中除接收该 TC BPDU 端口以外的其他所有非边缘端口学习到的 MAC 地址,通过处于转发状态的指定端口和根端口持续 2×(Hello Time)时间发送 TC BPDU。

假定图 3.19 中互联网桥 S4 和 S6 的链路发生故障,网桥 S6 的端口 2 由替换端口变为根端口,并快速完成丢弃状态至转发状态的状态迁移过程,由于网桥 S6 检测到有端口从其他状态转变为转发状态,就启动 TC BPDU 泛洪过程。首先,网桥 S6 通过处于转发状态的端口——端口 2 发送 TC BPDU,由于网桥 S5 接收到 TC BPDU 的端口是处于转发状态的指定端口,清除转发表中通过除端口 2 以外的其他所有端口学习到的 MAC 地址。然后,通过其他所有处于转发状态的指定端口和根端口发送 TC BPDU。由于网桥 S5 除端口 2 外,只有端口 3 是处于转发状态的根端口,通过端口 3 发送 TC BPDU。其他网桥依此泛洪 TC BPDU。网桥 S2 通过端口 2 发送的 TC BPDU 到达网桥 S3 的端口 3,由于网桥 S3 的端口 3 是替换端口,网桥 S3 只是简单地丢弃该 TC BPDU,没有后续处理过程。只处理通过处于转发状态的指定端口和根端口接收到的 TC BPDU,只从除接收 TC BPDU 的端口以外的其他所有处于转发状态的指定端口和根端口泛洪 TC BPDU,是为了保证 TC BPDU 只沿着生成树传播。

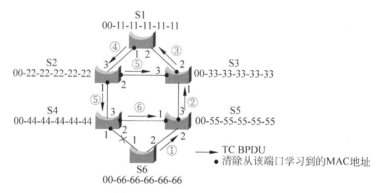

图 3.19   TC BPDU 泛洪过程

3.3.5   RSTP 应用实例

1. 定期维护网络拓扑结构

RSTP 成功构建如图 3.20 所示的生成树后,每当间隔时间定时器溢出时,网桥每一个指定端口发送各自的端口 BPDU。由于每一个端口的端口最优 BPDU 的溢出定时器初值是 3×(Hello Time),因此,只要在 3×(Hello Time)时间内接收到该端口最优 BPDU,该端口最优 BPDU 就保持有效,网络拓扑结构就维持不变。

2. 拓扑结构改变时端口状态迁移的过程

如果如图 3.20 所示的生成树中互连 BID=1 网桥和 BID=2 网桥之间的链路发生故障,BID=

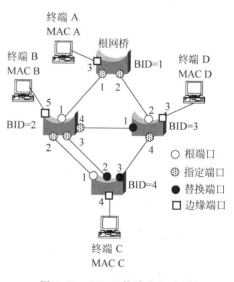

图 3.20   RSTP 构建的生成树

2网桥由于持续3×(Hello Time)时间没有接收到网桥最优BPDU,导致BID=2网桥回到初始状态,将自己作为根网桥,并因此得出端口1的端口BPDU=<2,0,2,1>,端口2的端口BPDU=<2,0,2,2>,端口3的端口BPDU=<2,0,2,3>,端口4的端口BPDU=<2,0,2,4>。每当间隔时间定时器溢出时,BID=2网桥的每一个端口就发送各自的端口BPDU。

当BID=3网桥端口1接收到BPDU=<2,0,2,4>时,由于端口1的端口BPDU=<1,19,3,1>优于接收到的BPDU,该端口角色转换为指定端口,端口状态为丢弃状态。由于该端口的端口状态为丢弃状态,该端口发送Proposal BPDU=<1,19,3,1>。BID=2网桥端口4接收到该Proposal BPDU后,确定该BPDU为网桥最优BPDU,端口4为根端口,求出端口4的根路径开销为19+19=38。以此导出端口1的端口BPDU=<1,38,2,1>,端口2的端口BPDU=<1,38,2,2>,端口3的端口BPDU=<1,38,2,3>。由于端口4为根端口,且BID=2网桥各个端口的状态为丢弃状态,BID=2网桥通过端口4发送Agreement BPDU。BID=3网桥端口1接收到Agreement BPDU后,将端口状态转变为转发状态。每当间隔时间定时器溢出时,BID=3网桥端口1发送标志位Forwarding置位的BPDU。BID=2网桥端口4接收到该BPDU后,将端口状态转变为转发状态。

当BID=4网桥通过端口1接收到BPDU=<2,0,2,2>,通过端口2接收到BPDU=<2,0,2,3>时,确定端口3为根端口,端口3状态直接转变为转发状态,计算出端口3的根路径开销为19+19=38,以此导出端口1的端口BPDU=<1,38,4,1>,端口2的端口BPDU=<1,38,4,2>。每当间隔时间定时器溢出时,BID=4网桥的端口1发送Proposal BPDU=<1,38,4,1>,端口2发送Proposal BPDU=<1,38,4,2>。

当BID=2网桥通过端口2接收到Proposal BPDU=<1,38,4,1>,由于该BPDU次于端口BPDU=<1,38,2,2>,端口2维持指定端口角色不变,发送Proposal BPDU=<1,38,2,2>。端口3同样维持指定端口角色不变,发送Proposal BPDU=<1,38,2,3>。

当BID=4网桥通过端口1接收到Proposal BPDU=<1,38,2,2>时,由于该BPDU优于端口BPDU=<1,38,4,1>,端口1的端口角色转变为替换端口,由于该端口角色为替换端口,且其他指定端口状态为丢弃状态,BID=4网桥通过端口1发送Agreement BPDU。当BID=4网桥通过端口2接收到Proposal BPDU=<1,38,2,2>时,端口2的端口角色同样转换为替换端口,并通过端口2发送Agreement BPDU。

当BID=2网桥分别通过端口2和端口3接收到Agreement BPDU,两个端口的状态转换为转发状态。完成上述过程后,重新构建的生成树如图3.21所示。

值得指出的是,所有网桥一旦检测到非边缘端口状态从其他状态转变为转发状态,就通过所

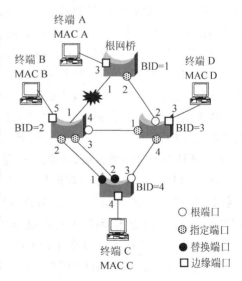

图3.21 重新构建的生成树

有处于转发状态的指定端口和根端口持续 $2\times$（Hello Time）时间发送 TC 标志位置位的 BPDU（称为 TC BPDU）。

3. STP 和 RSTP 稳定时间分析

STP 从发生链路故障到重新完成生成树的构建，使得根端口和指定端口的状态处于转发状态所需的时间大致是（Max Age）$+2\times$（Forward Delay）。RSTP 完成同一过程所需时间大致是 $3\times$（Hello Time）。

3.3.6　RSTP 例题解析

【例 3.3】　网络结构如图 3.22 所示，网桥 S1、S2 和 S3 的优先级分别为 100、200 和

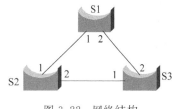

图 3.22　网络结构

300，网桥之间链路的传输速率全部为 100Mb/s，如果在完成生成树构建后拔掉网桥 S1 和 S3 之间的链路，给出 RSTP 下网桥 S3 端口角色和状态的变化过程。

【解析】　一旦拔掉网桥 S1 和 S3 之间的链路，网桥 S3 将检测到端口 2 处于链路断开状态，需要寻找新的根端口。由于网桥 S3 中存在替换端口，表明存在其他通往根网桥的路径，网桥 S3 在所有替换端口中选择保存的端口最优 BPDU 为最优 BPDU 的替换端口作为根端口，并立即将其状态转变为转发状态。这里，由于网桥 S3 只有端口 1 是替换端口，立即将端口 1 作为根端口，并使其处于转发状态，因此，在 RSTP 下，瞬时完成端口角色和状态转换。

【例 3.4】　对于图 3.22 所示网络结构，如果在完成生成树构建后拔掉网桥 S1 和 S2 之间的链路，分别给出 STP 和 RSTP 下网桥 S2 端口角色和状态的变化过程。

【解析】　在 STP 下，网桥 S2 检测到端口 1 处于链路断开状态，且不存在其他通往根网桥的路径，因此，将自己作为根网桥，并通过所有连接链路的端口发送以网桥 S2 为根网桥的端口 BPDU，这里网桥 S2 只通过端口 2 发送端口 BPDU＝< S2,0,S2,2>。由于网桥 S3 端口 1 为阻塞端口，且端口保存的端口最优 BPDU＝< S1,19,S2,2>，当网桥 S3 通过端口 1 接收到 BPDU＝< S2,0,S2,2>时，由于 BPDU＝< S1,19,S2,2>优于 BPDU＝< S2,0,S2,2>，因此，不会对网桥 S3 产生影响。直到经过 Max Age 时间，BPDU＝< S1,19,S2,2>关联的定时器溢出，网桥 S3 端口 1 的端口 BPDU＝< S1,19,S3,1>成为端口最优 BPDU，端口 1 成为指定端口，并在通过端口 2 接收到根网桥 S1 发送的 BPDU 的情况下，通过端口 1 发送端口 BPDU＝< S1,19,S3,1>，使得网桥 S2 将端口 2 确定为根端口，并经过 $2\times$（Forward Delay）时间使根端口（端口 2）进入转发状态。

在 RSTP 下，一旦确定互联网桥 S2 和 S3 的链路为对点对链路，当网桥 S3 通过端口 1 接收到 BPDU＝< S2,0,S2,2>时，发现端口 1 的端口 BPDU＝< S1,19,S3,1>优于 BPDU＝< S2,0,S2,2>，网桥 S3 端口 1 立即成为指定端口，将状态设置为丢弃状态，并通过端口 1 发送置位 Proposal 标志位的端口 BPDU＝< S1,19,S3,1>。当网桥 S2 通过端口 2 接收到置位 Proposal 标志位的端口 BPDU＝< S1,19,S3,1>时，将该 BPDU 作为网桥最优 BPDU，将端口 2 作为根端口，通过端口 2 向网桥 S3 回送 Agreement BPDU，使网桥 S3 端口 1 立即

进入转发状态。然后,网桥 S3 端口 1 向网桥 S2 端口 2 发送表明端口角色是指定端口,端口状态是转发状态的 BPDU,使网桥 S2 端口 2 进入转发状态。

3.4 多生成树协议

MSTP 将网络拓扑结构划分为多个域,用公共生成树建立域间无环路传输通路。每一个域用内部生成树建立域内交换机间无环路传输通路。每一个域内可以建立多个生成树,每一个域内的生成树可以与一个或多个 VLAN 建立映射。

3.4.1 MSTP 的必要性

STP 和 RSTP 是单生成树协议,基于整个物理以太网构建单个生成树,这样做有两个问题,一是无法做到将属于不同 VLAN 的流量均衡分布到多条不同的链路上;二是由于不同 VLAN 之间的传输路径可能经过不同的链路,一旦基于整个物理以太网构建单个生成树,在保证一些 VLAN 的连通性的情况下,可能导致其他一些 VLAN 无法保证连通性。虽然一些设备厂家,如 Cisco,将 STP 和 RSTP 扩展为基于 VLAN 构建生成树,但由于每一个 VLAN 均独立构建生成树,导致经过共享链路的 BPDU 流量剧增,影响网络性能。因此,需要一种既是基于 VLAN 构建生成树,又尽可能降低生成树构建操作开销的生成树协议,这就是多生成树协议(MSTP)产生的原因。

3.4.2 MSTP 的基本思想

1. 基本概念

1) MST 域

实施 MSTP 的网络结构如图 3.23 所示,MSTP 将网络分成若干域,这些域称为多生成树域(MST Region)。每一个多生成树域由若干交换机和互连这些交换机的链路组成,每一台交换机只能属于单个多生成树域。属于相同多生成树域的交换机必须配置相同的 MST 配置标识符(MST Configuration ID),MST 配置标识符由 4 部分内容组成:1B 的格式选择符(Format Selector),目前固定为 0;32B 的域名(Configuration Name);2B 的修订级别(Revision Level);16B 的摘要(Configuration Digest),摘要是对 VLAN 与实例之间的映射关系进行 HMAC-MD5 运算得到的结果。

2) MSTI

每一个多生成树域中可以构建多棵不同的生成树,每一棵生成树可以与一个或多个 VLAN 建立映射,但每一个 VLAN 只能与单棵生成树建立映射。多生成树域中的每一棵生成树称为多生成树实例(Multiple Spanning Tree Instance,MSTI)。不同的多生成树实例由多生成树实例标识符唯一标识。如图 3.24 所示,每一个 MST 域中,分别与 VLAN 2 和 VLAN 3 建立映射的两棵不同的生成树就是该域内两个不同的 MSTI,用不同的 MSTI 标识符标识。每一个多生成树域中 VLAN 2 映射的生成树如图 3.24(a)所示,VLAN 3 映射的生成树如图 3.24(b)所示。

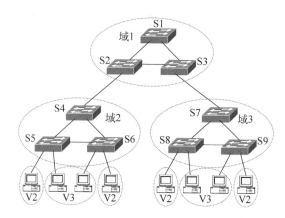

图 3.23   实施 MSTP 的网络结构

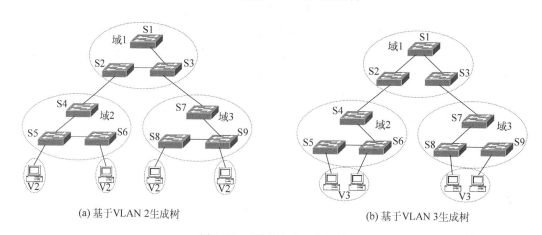

(a) 基于VLAN 2生成树   (b) 基于VLAN 3生成树

图 3.24   基于 VLAN 生成树

3）CST

公共生成树（Common Spanning Tree，CST）用于建立 MST 域间无环路传输通路。在构建 CST 的过程中，每一个 MST 域等同于一个结点，即等同于 STP 和 RSTP 构建生成树过程中的一台交换机。对于 CST，同一 MST 域有着统一的外特性。

4）IST

内部生成树（Internal Spanning Tree，IST）是一种特殊的多生成树实例，体现在以下两点：一是无论是否建立 VLAN 与生成树之间映射，该生成树都会建立；二是所有没有和特定生成树建立映射的 VLAN 都映射到该生成树。每一个 MST 域中的 IST 用于建立该 MST 域中交换机间无环路传输通路。

图 3.23 中的域 2 构建了 3 棵生成树：一是 IST，如图 3.25 所示；二是 VLAN 2 映射的生成树，如图 3.24(a)所示；三是 VLAN 3 映射的生成树，如图 3.24(b)所示。这 3 个生成树可以有不同的根交换机，在域 2 内有着不同的传输路径。

5）CIST

每一个域内的 IST 和 CST 结合，建立保证所有交换机之间连通性的公共内部生成树（Common and Internal Spanning Tree，CIST）。所有 MSTP BPDU 沿着 CIST 传输，即 CIST 中处于学习状态和转发状态的端口接收和发送 MSTP BPDU，处于丢弃状态的端口只接收 MSTP BPDU。图 3.25 所示的生成树就是根据图 3.23 所示网络结构构建的 CIST。

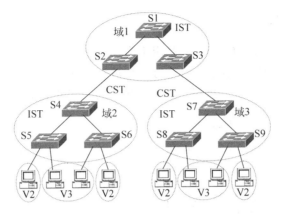

图 3.25 CIST

CIST 的根交换机称为总根,它是全网络中网桥标识符(BID)最小的交换机。每一个域内距离总根最近的交换机称为该域的主交换机。同一域内的每一个多生成树实例在域内有自己的根交换机,该交换机称为该多生成树实例对应的域根。

对于如图 3.23 所示的网络结构,如果所有互连交换机的链路的带宽相同,可以看出交换机 S1 是 CIST 的总根。交换机 S3 是域 1 中 VLAN 2 映射的多生成树实例的域根,交换机 S5 是域 2 中 VLAN 2 映射的多生成树实例的域根,交换机 S9 是域 3 中 VLAN 2 映射的多生成树实例的域根。

2. 端口角色和状态

域内的每一个多生成树实例存在独立的域根,同样,域内的交换机对应每一个多生成树实例存在根端口、指定端口、替换端口和备用端口,这些端口角色的功能及状态与 STP 和 RSTP 完全相同。对于必须构建的 CIST,增加了以下端口角色:

- 总根。网络结构中 BID 最小的交换机。
- 主网桥。每一个域中,针对已经选定的总根,根路径开销最小的交换机。它同时是 IST 的域根。对于总根所在的域,主网桥和总根是同一个交换机。
- 主端口。主网桥连接 CST 的端口,即主网桥根路径开销最小的端口。由于构建 CST 时将域等同于一个结点,因此,主端口就是该域在 CST 中的根端口。
- 域边界端口。位于域的边缘,用于和其他域相连。主端口是域边界端口,但每一个域的所有域边界端口中只有一个域边界端口是主端口。值得强调的是,由于每一个多生成树实例只具有域内意义,在不同域内,同一 VLAN 映射的多生成树实例也是相互独立的,例如图 3.24(a)所示的域 2 内 VLAN 2 映射的多生成树实例和域 3 内 VLAN 2 映射的多生成树实例。因此,构建多生成树实例时不会涉及域边界端口的角色。为了保证不同域内同一 VLAN 映射的多生成树实例之间的连通性,所有域边界端口在所有多生成树实例中的角色必须与这些域边界端口在 CIST 中的角色保持一致。

3.4.3　MSTP 的基本步骤

1. MSTP BPDU 格式

MSTP BPDU 包含两部分信息：一是用于构建 CIST 的信息，称为域间信息；二是用于构建 MSTI 的信息，称为域内信息。由于每一个域可以同时构建多个 MSTI，因此，MSTP BPDU 可能包含多组域内信息。MSTP BPDU 包含的两部分信息如图 3.26 所示。

CIST标志
CIST根标识符
CIST外部路径开销
CIST域根标识符
CIST发送端口标识符
MST配置标识符
CIST内部路径开销
CIST发送网桥标识符

MSTI标志
MSTI域根标识符
MSTI内部路径开销
MSTI发送网桥标识符
MSTI发送端口标识符
MSTI剩余跳数
MSTI标识符

(a) 域间信息　　　　　　　　(b) 域内信息

图 3.26　MSTP BPDU 格式

2. CIST 算法

构建 CIST 时，MSTP BPDU 由六元组< CIST 根标识符，CIST 外部路径开销，CIST 域根标识符，CIST 内部路径开销，CIST 发送网桥标识符，CIST 发送端口标识符>表示。

1）总根

总根是网络中网桥标识符最小的交换机。和 RSTP 一样，初始时，所有网桥将自己作为总根，向外发送 CIST 根标识符为自身标识符的 MSTP BPDU。经过几轮交换 MSTP BPDU，最终确定网络中网桥标识符最小的交换机为总根，其网桥标识符作为 CIST 根标识符。假定图 3.23 中的网桥标识符是 S1 最小，S7 最大，则 S1 成为总根。

2）域根

针对已经选定的总根，每一个域根是该域中外部路径开销最小的交换机。如果某个交换机接收到 MSTP BPDU，且发送该 MSTP BPDU 的交换机所在的域与接收该 MSTP BPDU 的交换机所在的域不同，即该交换机通过域边界端口接收到该 MSTP BPDU，则计算出该端口的 CIST 外部路径开销＝该 MSTP BPDU 中的 CIST 外部路径开销＋接收该 MSTP BPDU 的端口的端口路径开销，并用该端口的 CIST 外部路径开销替换该 MSTP BPDU 中的 CIST 外部路径开销。如果该交换机存在多个域边界端口，在通过该交换机的所有域边界端口接收到的多个 MSTP BPDU 中求出最优 MSTP BPDU。其过程是：依次比较这些 MSTP BPDU 中的 CIST 根标识符、CIST 外部路径开销、CIST 发送网桥标识符和 CIST 发送端口标识符，具有最小值的 MSTP BPDU 为最优 BPDU，如果最优 MSTP BPDU 优于当前网桥最优 MSTP BPDU，将最优 MSTP BPDU 作为网桥最优 MSTP BPDU，并将该交换机的网桥标识符作为网桥最优 MSTP BPDU 中的域根标识符，将网桥最优 MSTP BPDU 中的 CIST 内部路径开销设置为初值 0。交换机根据网桥最优 MSTP

BPDU 导出各个端口的端口 MSTP BPDU。

因此,对于如图 3.27(a)所示的拓扑结构,域 2 中 S4 交换机分别通过端口 1 和端口 2 接收到 MSTP BPDU 后,确定自己是域根,端口 1 是主端口,网桥最优 MSTP BPDU=<S1, 19,S4,0,S2,1>(假定交换机所有端口的传输速率都是 100Mb/s),端口 3 的端口 MSTP BPDU=<S1,19,S4,0,S4,3>。同样,域 2 中 S5 交换机分别通过端口 1 和端口 2 接收到 MSTP BPDU 后,确定自己是域根,端口 1 是主端口,网桥最优 MSTP BPDU=<S1,19,S5, 0,S2,2>,端口 3 的端口 MSTP BPDU=<S1,19,S5,0,S5,3>。

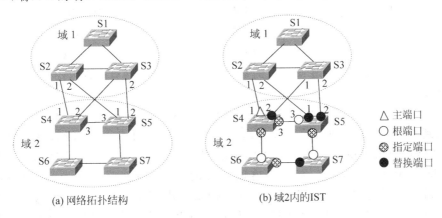

(a) 网络拓扑结构　　　　　　　(b) 域2内的IST

图 3.27　MSTP 工作过程

如果某个确定为域根的交换机接收到同一域内交换机发送的 MSTP BPDU,则计算出该端口的 CIST 内部路径开销=该 MSTP BPDU 中的 CIST 内部路径开销+接收该 MSTP BPDU 的端口的端口路径开销。交换机用网桥最优 MSTP BPDU 中的 CIST 根标识符、CIST 外部路径开销、CIST 域根标识符与该 MSTP BPDU 中的 CIST 根标识符、CIST 外部路径开销、CIST 域根标识符依次比较,一旦发现该 MSTP BPDU 更优,将域根端口设置为替换端口,将该 MSTP BPDU 作为网桥最优 BPDU,将接收该网桥最优 MSTP BPDU 端口的 CIST 内部路径开销作为网桥最优 MSTP BPDU 中的 CIST 内部路径开销。

因此,对于如图 3.27(a)所示的网络拓扑结构,当 S5 交换机通过端口 3 接收到 S4 交换机发送的 MSTP BPDU=<S1,19,S4,0,S4,3>时,由于该 MSTP BPDU 中的 CIST 根标识符、CIST 外部路径开销和 S5 交换机的网桥最优 MSTP BPDU 中的 CIST 根标识符、CIST 外部路径开销相同,但该 MSTP BPDU 中的域根标识符 S4 小于 S5 交换机的网桥最优 MSTP BPDU 中的域根标识符 S5,因此,S5 交换机将 MSTP BPDU=<S1,19,S4,19,S4,3> 作为网桥最优 MSTP BPDU,将端口 3 作为 IST 的根端口,将端口 1 的角色由主端口变为替换端口。S5 交换机根据网桥最优 MSTP BPDU 导出的端口 x 的端口 MSTP BPDU=<S1, 19,S4,19,S5,x>。

域内所有其他交换机从接收到的来自同一域内交换机的 MSTP BPDU 中求出网桥最优 MSTP BPDU,以网桥最优 MSTP BPDU 中的 CIST 根标识符、CIST 外部路径开销和 CIST 域根标识符作为交换机各个端口的端口 MSTP BPDU 中的相应字段值。最终,使得所有域内交换机保持的 CIST 根标识符、CIST 外部路径开销和 CIST 域根标识符相同。

3）构建 IST

构建 IST 的算法与 RSTP 构建生成树的算法完全相同,交换机一旦通过非域边界端口接收到 MSTP BPDU,就计算出该端口的 CIST 内部路径开销＝该 MSTP BPDU 中的 CIST 内部路径开销＋接收该 MSTP BPDU 的端口的端口路径开销,并用该端口的 CIST 内部路径开销替换该 MSTP BPDU 中的 CIST 内部路径开销。然后在所有通过非域边界端口接收到的 MSTP BPDU 中求出网桥最优 MSTP BPDU,即依次比较所有接收到的 MSTP BPDU 中 CIST 根标识符、CIST 外部路径开销、CIST 域根标识符、CIST 内部路径开销、CIST 发送网桥标识符和 CIST 发送端口标识符,具有较小字段值的 MSTP BPDU 成为网桥最优 MSTP BPDU。接收网桥最优 MSTP BPDU 的端口成为根端口。根据网桥最优 MSTP BPDU,导出该交换机其他端口的端口 MSTP BPDU。如果某个非根端口接收到 MSTP BPDU,且该 MSTP BPDU 优于该端口的端口 BPDU,则将该端口设置为替换端口,否则,将该端口设置为指定端口。

值得强调的是,域内交换机确定域根和 IST 的过程是同步进行的,只是通过域边界端口接收到 MSTP BPDU 时,需要计算出该端口的 CIST 外部路径开销,并用该端口的 CIST 外部路径开销替换该 MSTP BPDU 中的 CIST 外部路径开销。通过非域边界端口接收到 MSTP BPDU 时,只需要计算出该端口的 CIST 内部路径开销,并用该端口的 CIST 内部路径开销替换该 MSTP BPDU 中的 CIST 内部路径开销。然后通过依次比较所有接收到的 MSTP BPDU 中的 CIST 根标识符、CIST 外部路径开销、CIST 域根标识符或交换机网桥标识符、CIST 内部路径开销、CIST 发送网桥标识符、CIST 发送端口标识符求出网桥最优 MSTP BPDU,具有较小字段值的 MSTP BPDU 为网桥最优 MSTP BPDU。接收网桥最优 MSTP BPDU 的域边界端口成为主端口(域根端口),接收网桥最优 MSTP BPDU 的非域边界端口成为根端口,每一个交换机根据网桥最优 MSTP BPDU 导出该交换机其他端口的端口 MSTP BPDU。如果某个非根端口接收到 MSTP BPDU,且该 MSTP BPDU 优于该端口的端口 BPDU,则将该端口设置为替换端口,否则,将该端口设置为指定端口。

对于图 3.27(b)中的 S7 交换机,接收到 S5 交换机发送的 MSTP BPDU＝< S1,19,S4,19,S5,x>后,得出网桥最优 MSTP BPDU＝< S1,19,S4,38,S5,x>,将连接 S5 交换机的端口作为根端口,并因此导出其他端口的端口 MSTP BPDU＝< S1,19,S4,38,S7,x>。当接收到 S6 交换机发送的 MSTP BPDU＝< S1,19,S4,19,S6,x>后,将该 MSTP BPDU 中的 CIST 内部路径开销设置为 38。由于 S7 交换机的网桥最优 MSTP BPDU＝< S1,19,S4,38,S5,x>优于 MSTP BPDU＝< S1,19,S4,38,S6,x>,因此,S7 交换机维持网桥最优 MSTP BPDU 不变。由于 MSTP BPDU＝< S1,19,S4,19,S6,x>优于 S7 交换机接收该 MSTP BPDU 的端口的端口 MSTP BPDU＝< S1,19,S4,38,S7,x>,S7 交换机连接 S6 交换机的端口成为替换端口。

3. MSTI 算法

由于只在域内构建 MSTI,构建 MSTI 的算法与 RSTP 完全一样,只是交换机确定指定 MSTI 的网桥最优 MSTP BPDU 时,依次比较 MSTI 域根标识符、MSTI 内部路径开销、MSTI 发送网桥标识符、MSTI 发送端口标识符。配置交换机 MSTP 相关参数时,对每一个不同的 MSTI 分配一个 MSTI 标识符,将一个或一组 VLAN 与某个 MSTI 标识符绑定,交换机可以针对不同的 MSTI 标识符分配不同的优先级。域内所有交换机在针对特定 MSTI 标识符分配优先级后，生成该 MSTI 对应的网桥标识符，域内所有交换机对应该 MSTI 的最小网桥标识符为该 MSTI 的 MSTI 域根标识符。为了实现 MAC 帧转发，将所有用于实现交换机之间互连的端口配置为被所有 VLAN 共享的标记端口。完成 MSTI 构建后，当交换机接收到某个 MAC 帧时，首先确定该 MAC 帧所属的 VLAN，然后查找和该 MAC 帧所属 VLAN 绑定的 MSTI，如果接收该 MAC 帧的端口对于该 MSTI 处于转发状态，继续该 MAC 帧转发过程，否则，丢弃该 MAC 帧。确定该 MAC 帧转发端口后，同样需要判断转发端口对于该 MSTI 是否处于转发状态，只有当转发端口对于该 MSTI 处于转发状态时，才能通过转发端口输出该 MAC 帧。

3.4.4 MSTP 构建 CIST 实例

网络拓扑结构如图 3.28 所示，假定交换机标识符 S1＜S2＜S3＜S4＜S5＜S6，所有交换机端口的传输速率为 100Mb/s，CIST 构建过程如下。

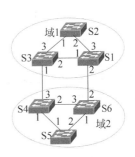

图 3.28 网络拓扑结构

1. 初始网桥最优 MSTP BPDU 和端口 MSTP BPDU

对于域 1 和域 2，各个交换机初始网桥最优 MSTP BPDU 和端口 BPDU 如表 3.2 所示。

表 3.2 各个交换机的初始网桥最优 MSTP BPDU

交 换 机	BPDU 类 型	MSTP BPDU＜CIST 根识符，CIST 外部路径开销，CIST 域根标识符，CIST 内部路径开销，CIST 发送网桥标识符，CIST 发送端口标识符，域名＞
S1	网桥最优 MSTP BPDU	＜S1,0,S1,0,S1,x＞
	端口 1 端口 MSTP BPDU	＜S1,0,S1,0,S1,1,域 1＞
	端口 2 端口 MSTP BPDU	＜S1,0,S1,0,S1,2,域 1＞
	端口 3 端口 MSTP BPDU	＜S1,0,S1,0,S1,3,域 1＞
S2	网桥最优 MSTP BPDU	＜S2,0,S2,0,S2,x＞
	端口 1 端口 MSTP BPDU	＜S2,0,S2,0,S2,1,域 1＞
	端口 2 端口 MSTP BPDU	＜S2,0,S2,0,S2,2,域 1＞
S3	网桥最优 MSTP BPDU	＜S3,0,S3,0,S3,x＞
	端口 1 端口 MSTP BPDU	＜S3,0,S3,0,S3,1,域 1＞
	端口 2 端口 MSTP BPDU	＜S3,0,S3,0,S3,2,域 1＞
	端口 3 端口 MSTP BPDU	＜S3,0,S3,0,S3,3,域 1＞
S4	网桥最优 MSTP BPDU	＜S4,0,S4,0,S4,x＞
	端口 1 端口 MSTP BPDU	＜S4,0,S4,0,S4,1,域 2＞
	端口 2 端口 MSTP BPDU	＜S4,0,S4,0,S4,2,域 2＞
	端口 3 端口 MSTP BPDU	＜S4,0,S4,0,S4,3,域 2＞
S5	网桥最优 MSTP BPDU	＜S5,0,S5,0,S5,x＞
	端口 1 端口 MSTP BPDU	＜S5,0,S5,0,S5,1,域 2＞
	端口 2 端口 MSTP BPDU	＜S5,0,S5,0,S5,2,域 2＞

续表

交　换　机	BPDU　类　型	MSTP BPDU＜CIST 根标识符，CIST 外部路径开销，CIST 域根标识符，CIST 内部路径开销，CIST 发送网桥标识符，CIST 发送端口标识符，域名＞
S6	网桥最优 MSTP BPDU	＜S6,0,S6,0,S6,x＞
	端口 1 端口 MSTP BPDU	＜S6,0,S6,0,S6,1,域2＞
	端口 2 端口 MSTP BPDU	＜S6,0,S6,0,S6,2,域2＞
	端口 3 端口 MSTP BPDU	＜S6,0,S6,0,S6,3,域2＞

2. 域 1 内部生成树构建过程

交换机 S1、S2 和 S3 定时发送端口 MSTP BPDU，当交换机 S2 通过端口 1 接收到交换机 S3 端口 3 发送的端口 MSTP BPDU＝＜S3,0,S3,0,S3,3,域 1＞时，发现端口 1 的端口 BPDU＝＜S2,0,S2,0,S2,1,域 1＞优于接收到的 MSTP BPDU＝＜S3,0,S3,0,S3,3,域 1＞（CIST 根网桥标识符 S2＜S3），因此，交换机 S2 维持网桥最优 MSTP BPDU 不变，端口 1 维持端口角色指定端口不变。当交换机 S2 通过端口 2 接收到交换机 S1 端口 3 发送的端口 MSTP BPDU＝＜S1,0,S1,0,S1,3,域 1＞时，发现接收到的 MSTP BPDU＝＜S1,0,S1,0,S1,3,域 1＞优于端口 2 的 MSTP BPDU＝＜S2,0,S2,0,S2,1,域 1＞（CIST 根网桥标识符 S2＞S1），将接收端口的端口路径开销 19 累加到接收到的 MSTP BPDU 中的 CIST 内部路径开销字段，使得接收到的 MSTP BPDU 变为＜S1,0,S1,19,S1,3,域 1＞。交换机 S2 将 MSTP BPDU＝＜S1,0,S1,19,S1,3＞作为网桥最优 MSTP BPDU，根据该 MSTP BPDU 推导出端口 1 的端口 BPDU＝＜S1,0,S1,19,S2,1,域 1＞，同时，将端口 2 的端口角色变为为根端口。

当交换机 S3 通过端口 2 接收到交换机 S1 端口 1 发送的端口 MSTP BPDU＝＜S1,0,S1,0,S1,1,域 1＞，发现接收到的 MSTP BPDU＝＜S1,0,S1,0,S1,1,域 1＞优于端口 2 的 端口 MSTP BPDU＝＜S3,0,S3,0,S3,2,域 1＞（CIST 根网桥标识符 S3＞S1），将接收端口的端口路径开销 19 累加到接收到的 MSTP BPDU 中的 CIST 内部路径开销字段，使得接收到的 MSTP BPDU 变为＜S1,0,S1,19,S1,1,域 1＞。交换机 S3 将 MSTP BPDU＝＜S1,0,S1,19,S1,1＞作为网桥最优 MSTP BPDU，根据该 MSTP BPDU 推导出端口 1 的端口 BPDU＝＜S1,0,S1,19,S3,1,域 1＞。端口 3 的端口 BPDU＝＜S1,0,S1,19,S3,3,域 1＞，同时，将端口 2 的端口角色变为为根端口。

当交换机 S3 通过端口 3 接收到交换机 S2 端口 1 发送的端口 MSTP BPDU＝＜S1,0,S1,19,S2,1,域 1＞时，发现接收到的 MSTP BPDU＝＜S1,0,S1,19,S2,1,域 1＞优于端口 3 的端口 MSTP BPDU＝＜S1,0,S1,19,S3,3,域 1＞（CIST 根标识符、CIST 外部路径开销、CIST 域根标识符和 CIST 内部路径开销相同，但 CIST 发送网桥标识符 S2＜S3），但由于累加端口 3 端口路径开销后的 CIST 内部路径开销（19＋19＝38）大于交换机 S3 的网桥最优 MSTP BPDU 中的 CIST 内部路径开销（19），因此，交换机 S3 维持网桥最优 MSTP BPDU 不变，将端口 3 的端口角色变为替换端口。

3. CST 和域 2 内部生成树构建过程

当域 2 中交换机 S4 端口 3 接收到交换机 S3 端口 1 发送的端口 MSTP BPDU=< S1, 0,S1,19,S3,1,域 1>时,发现该 MSTP BPDU 优于端口 3 的端口 MSTP BPDU(CIST 根网桥标识符 S1<S4),且该 MSTP BPDU 的发送交换机与自己不在同一个域,将端口 3 的端口路径开销 19 累加到接收到的 MSTP BPDU 中的 CIST 外部路径开销字段,使得接收到的 MSTP BPDU 变为< S1,19,S1,19,S3,1,域 1>。交换机 S4 根据 MSTP BPDU=< S1, 19,S1,19,S3,1,域 1>生成网桥最优 MSTP BPDU=< S1,19,S4,0,S3,1>,将端口 3 作为主端口(域根端口),根据网桥最优 MSTP BPDU 推导出端口 1 和端口 2 的端口 MSTP BPDU 分别为< S1,19,S4,0,S4,1,域 2>和< S1,19,S4,0,S4,2,域 2>。

同样,当域 2 交换机 S6 端口 2 接收到交换机 S1 端口 2 发送的端口 MSTP BPDU= < S1,0,S1,0,S1,2,域 1>时,发现该 MSTP BPDU 优于端口 2 的端口 MSTP BPDU(CIST 根网桥标识符 S1<S6),且该 MSTP BPDU 的发送交换机与自己不在同一个域,将端口 2 的端口路径开销 19 累加到接收到的 MSTP BPDU 中的 CIST 外部路径开销字段,使得接收到的 MSTP BPDU 变为< S1,19,S1,0,S1,2,域 1>。交换机 S6 根据 MSTP BPDU=< S1, 19,S1,19,S1,1,域 1>生成网桥最优 MSTP BPDU=< S1,19,S6,0,S1,2>,将端口 2 作为主端口(域根端口),根据网桥最优 MSTP BPDU 推导出端口 1 和端口 3 的端口 MSTP BPDU 分别为< S1,19,S6,0,S6,1,域 2>和< S1,19,S6,0,S6,3,域 2>。

当域 2 交换机 S6 端口 3 接收到交换机 S4 端口 2 发送的端口 MSTP BPDU=< S1,19, S4,0,S4,2,域 2>时,发现该 MSTP BPDU 优于端口 3 的端口 BPDU(CIST 根网桥标识符相等、CIST 外部路径开销相等,但域根标识符 S4<S6),将端口 3 的端口路径开销 19 累加到接收到的 MSTP BPDU 中的 CIST 内部路径开销字段,使得接收到的 MSTP BPDU 变为< S1,19,S4,19,S4,2,域 2>。交换机 S6 将 MSTP BPDU=< S1,19,S4,19,S4,2>作为网桥最优 MSTP BPDU,将端口 3 变为根端口,将端口 2(原来的域根端口)变为替换端口,根据网桥最优 MSTP BPDU=< S1,19,S4,19,S4,2>,推导出端口 1 和端口 3 的端口 MSTP BPDU 分别为< S1,19,S4,19,S6,1,域 2>和< S1,19,S4,19,S6,3,域 2>。

当交换机 S5 通过端口 1 接收到交换机 S4 端口 1 发送的端口 MSTP BPDU=< S1,19, S4,0,S4,1,域 2>时,发现该 MSTP BPDU 优于端口 1 的端口 MSTP BPDU(CIST 根网桥标识符 S1<S5),将端口 1 的端口路径开销 19 累加到接收到的 MSTP BPDU 中的 CIST 内部路径开销字段,使得接收到的 MSTP BPDU 变为< S1,19,S4,19,S4,1,域 2>,交换机 S5 将 MSTP BPDU=< S1,19,S4,19,S4,1>作为网桥最优 MSTP BPDU,将端口 1 作为根端口,根据网桥最优 MSTP BPDU 推导出端口 2 的端口 MSTP BPDU=< S1,19,S4,19,S5,2,域 2>。

当交换机 S5 通过端口 2 接收到交换机 S6 端口 1 发送的端口 MSTP BPDU=< S1,19, S4,19,S6,1,域 2>时,发现该 MSTP BPDU 次于端口 2 的端口 MSTP BPDU(CIST 根标识符、CIST 外部路径开销、CIST 域根标识符和 CIST 内部路径开销相同,但 CIST 发送网桥标识符 S6>S5),将端口 2 设置为指定端口。

当交换机 S6 通过端口 1 接收到交换机 S5 端口 2 发送的端口 MSTP BPDU < S1,19,
S4,19,S5,2,域 2>，发现该 MSTP BPDU 优于端口 1 的端口
MSTP BPDU(CIST 根标识符、CIST 外部路径开销、CIST 域
根标识符和 CIST 内部路径开销相同，但 CIST 发送网桥标识
符 S5<S6)，将端口 1 作为替换端口。

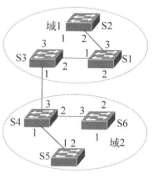

完成上述操作后，得出如图 3.29 所示的 CIST。值得强
调的是，计算 CST 时，域等同于一个结点，因此，到总根的最短
距离其实是到总根所在域的最短距离。虽然域 2 交换机 S6
到总根 S1 的距离最短，但交换机 S6 到域 1 的距离与交换机
S4 到域 1 的距离相等，由于交换机 S4 的网桥标识符小于交换
机 S6 的网桥标识符，因此交换机 S4 成为域 2 的域根。

图 3.29　CIST

本章小结

- 容错以太网结构是网状拓扑结构，但交换机工作原理要求交换式以太网是树形拓扑
  结构。
- STP 通过阻塞交换机端口将网状拓扑结构转换成树形拓扑结构，在链路和交换机发
  生故障的情况下，通过重新开启原先阻塞的交换机端口使网络保持连通性。
- RSTP 是比 STP 收敛性更好的协议。
- MSTP 允许建立多棵生成树，每一棵生成树可以与一个或多个 VLAN 建立映射。
- MSTP 中建立的多棵生成树可以经过不同的链路，从而实现多条链路的负载均衡。
- STP 基本工作过程如下：
  - 通过相互交换 BPDU 选出网络中的根网桥。
  - 在每一个非根网桥上选出唯一的根端口。
  - 在每一个网段上选出唯一的指定端口。
  - 阻塞所有既非根端口，又非指定端口的端口。
  - 根网桥定期发送 BPDU，所有交换机中继通过根端口接收到的 BPDU。
  - 根端口和指定端口通过定期接收 BPDU 维持端口角色。

习题

3.1　简述 STP 确定网桥根端口的步骤。

3.2　STP 中如何计算 Max Age 和 Forward Delay?

3.3　简述拓扑改变通知 BPDU 的作用。

3.4　简述 RSTP 加速生成树收敛的机制。

3.5　简述 RSTP 确定网桥指定端口和替换端口的步骤。

3.6　STP 和 RSTP 生成的配置 BPDU 有什么不同?

3.7　MSTP 构建 MSTI 时有哪些减少 BPDU 流量的机制?

3.8 根据图 3.30 标明的各网桥标识符,求出图中网桥所有端口的类型(RP:根端口,DP:指定端口,NDP:非指定端口)和状态(F:转发状态,B:阻塞状态)。

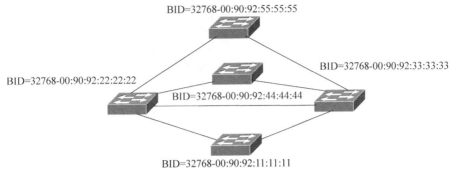

BID=32768-00:90:92:55:55:55

BID=32768-00:90:92:33:33:33

BID=32768-00:90:92:22:22:22

BID=32768-00:90:92:44:44:44

BID=32768-00:90:92:11:11:11

图 3.30 题 3.8 图

3.9 网络结构如图 3.31 所示,整个网络属于一个域。对应图中的每一个 VLAN 生成 MSTI,要求这些 MSTI 尽量均衡每一条链路上的流量。画出所有 MSTI。

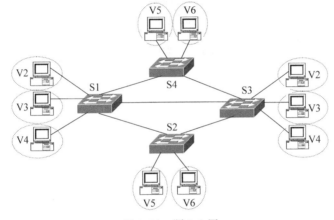

图 3.31 题 3.9 图

3.10 网络结构如图 3.32 所示,假定网桥标识符 S1<S2<S3<S4<S5,所有链路的带宽相同。画出对应的 CIST。如果将两个域归并为一个域,画出对应的 CIST,并解释造成这两个 CIST 不同的原因。

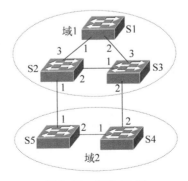

图 3.32 题 3.10 图

3.11   网络结构如图 3.33 所示,假定网桥标识符 S1<S2<S3<S4<S5<S6<S7<S8<S9<S10<S11<S12<S13<S14,所有链路的带宽相同。画出对应的 CIST。

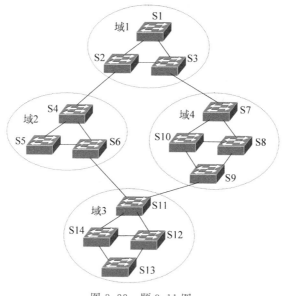

图 3.33   题 3.11 图

第4章

以太网链路聚合

以太网链路聚合技术使得一组绑定在一起的属性相同的端口可以像一个端口那样使用,通过聚合交换机之间的多条链路,可以在不进行硬件升级的前提下,增加交换机之间的带宽,并且使交换机之间的流量可以均衡分布到多条链路上,同时,多条链路还可以提供容错功能,在若干链路失效的情况下保证交换机之间的连通性。

4.1 链路聚合基础

链路聚合技术可以将多个端口聚合后作为单个逻辑端口使用,该逻辑端口的带宽是聚合的多个端口的带宽之和。两个系统之间如果用两个逻辑端口连接的一组链路互连,这两个系统之间的带宽就是这一组链路的带宽之和。

4.1.1 链路聚合含义

假定图 4.1 中交换机 S1 和 S2 只有 100Mb/s 端口,由于交换机之间不允许存在环路,如果需要提高交换机之间的带宽,不能简单地通过增加两台交换机之间的链路数量来提高交换机之间的带宽。链路聚合(link aggregation)(也称端口聚合)技术可以将多个端口聚合后作为单个逻辑端口使用。如图 4.1 所示,交换机 S1 和 S2 之间 3 条 100Mb/s 链路通过链路聚合技术聚合在一起后,完全等同于一条 300Mb/s 链路。S1 和 S2 中连接这 3 条链路的3 个端口完全等同于一个逻辑端口。为了做到这一点,要求:

- 从聚合在一起的多个端口中的某个端口接收到的广播帧不会从聚合在一起的其他端口中转发出去。
- 其中一台交换机可以将传输给另一台交换机的流量均衡地分布到聚合在一起的多个端口连接的多条链路上。
- 聚合在一起的多个端口中,若干端口或端口连接的链路发生故障,只会影响交换机之间的带宽,不会影响两台交换机之间的连通性。

图 4.1　链路聚合含义

每一台交换机中聚合在一起作为单个逻辑端口使用的一组端口称为聚合组。由于每一台交换机允许同时存在多个不同的聚合组，需要用标识符标识不同的聚合组，这种标识符称为聚合组标识符。

互连两台交换机聚合组的一组链路称为链路聚合组（Link Aggregation Group,LAG），同样需要用链路聚合组标识符标识不同的链路聚合组。链路聚合组等同于单条逻辑链路，经过链路聚合组传输的 MAC 帧不会发生错序问题。

需要强调的是，聚合组只涉及单个交换机，聚合链路组涉及这一组链路互连的两个交换机。当然，一组链路两端的设备除了交换机，还可以是路由器和终端，因此，将一组链路两端的设备统称为系统。

4.1.2 链路聚合方式

目前常见的链路聚合方式有手工聚合和动态聚合两种。

1. 手工聚合

手工聚合方式不需要启动链路聚合控制协议（Link Aggregation Control Protocol, LACP），是手工完成在两台交换机上创建聚合组，并将交换机端口分配给聚合组的配置过程。两台交换机上分配给由同一链路聚合组互连的两个聚合组的端口必须具有相同属性（如相同传输速率、相同通信方式等），如图 4.2(a)所示的由同一链路聚合组互连的交换机 S1 聚合组中的端口和交换机 S2 聚合组中的端口必须具有相同属性。如果用链路聚合组互连两个交换机，每一个交换机连接该组链路的端口必须是属于同一聚合组的端口，并且链路两端的端口必须都是激活端口，如图 4.2(a)所示，同一链路聚合组连接交换机 S1 一端的所有端口必须属于同一聚合组，同样，同一链路聚合组连接交换机 S2 一端的所有端口也必须属于同一聚合组。某台交换机分配给某个聚合组的端口不会监测链路另一端端口的属性和状态，因此，一旦发生某条链路两端端口的属性和状态不一致的情况，可能丢失经过该链路传输的 MAC 帧。

如图 4.2(b)所示，由于连接同一链路聚合组的其中一端的 3 个端口分布在交换机 S2 和 S3 的两个不同的聚合组中，而且在手工聚合方式下，连接链路聚合组的两端端口之间无法相互监测对方的属性和状态，因此，交换机 S1 因为无法检测出如图 4.2(b)所示的错误连接情况，导致发生将转发给交换机 S2 的数据帧错误地转发给交换机 S3 的问题。

(a) 正确连接　　　　　　　　　　　　　　　　　(b) 错误连接

图 4.2　手工聚合过程

2. 动态聚合

动态聚合方式通过链路聚合控制协议动态分配聚合组中的端口,通过交换 LACP 报文相互监测链路另一端端口的状态和属性。当 LACP 监测到链路两端端口具有相同属性和状态时,链路两端端口才被加入到聚合组;当 LACP 监测到链路两端端口的属性和状态不一致时,链路两端端口将从聚合组中删除。因此,对于如图 4.2(b)所示的互连交换机 S1 和 S3 的链路,由于交换机 S1 连接该链路的端口监测到该链路另一端端口所在的交换机与链路聚合组中其他链路另一端端口所在的交换机不同,使得交换机 S1 连接该链路的端口不能作为激活端口加入聚合组,从而无法输入输出数据帧。

4.1.3 端口属性

属于同一聚合组的端口需要保持一致的属性如下:

- STP 配置。包括端口路径开销、STP 报文格式、端口连接的链路类型(点对点链路或共享链路)、是否边缘端口、端口是否关闭等。
- VLAN 配置。端口属于的 VLAN 必须相同。
- 端口配置。包括端口传输速率、端口通信方式(半双工或全双工)、端口模式(接入端口或共享端口)、端口连接的链路类型(双绞线或光纤)。

4.2 链路聚合机制

链路聚合机制必须保证:聚合后的一组端口作为单个逻辑端口使用,从逻辑端口输入输出的数据帧均衡地分布到属于聚合组中的每一个端口;有着相同源和目的端的数据帧传输过程中不会发生错序;两个系统之间能够根据创建的聚合组和分配给聚合组的端口自动建立实现这两个系统之间互连的链路聚合组。

4.2.1 功能组成

链路聚合功能组成如图 4.3 所示,总体上分为聚合器和聚合控制两大块。聚合器实现将一组聚合在一起的端口当作一个逻辑端口使用的功能,聚合控制实现将一组相同属性和状态的端口聚合在一起的功能。

1. 聚合控制

聚合控制模块用于确定聚合在一起的一组端口。存在两种用于确定聚合在一起的一组端口的机制。

一是手工配置,完全由管理员确定属于每一个聚合组的端口,端口和聚合组之间的绑定关系是静态的,属于特定聚合组的每一个端口不监测链路另一端端口的属性和状态,有可能发生链路两端聚合组不匹配的问题,即对于链路聚合组的两端端口,其中一端端口属于同一个聚合组,而另一端端口分布在不同的聚合组中。

二是通过链路聚合控制协议动态分配属于每一个聚合组的端口。但这种动态分配并非

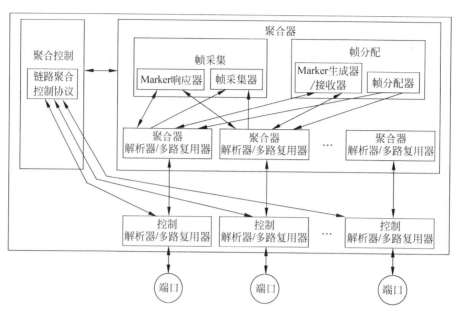

图 4.3　链路聚合功能组成

不需要手工配置。通常通过手工配置确定属于特定聚合组的端口,然后由链路聚合控制协议监测这些端口连接的链路的另一端端口的属性和状态。属于某个特定聚合组的一组端口中,只有由链路聚合控制协议保证其连接的一组链路的另一端端口属于同一个聚合组的这部分端口才能被激活。一旦链路一端端口的属性发生变化,链路聚合控制协议自动将链路两端端口从激活状态转换成非激活状态。处于非激活状态的端口不能输入输出数据帧。

2. 控制解析器/多路复用器

控制解析器/多路复用器的功能有两个:一是将来自聚合器和链路控制模块的 MAC 帧复合在一起,通过交换机端口输出;二是从交换机端口接收到 MAC 帧时,区分出处理 MAC 帧的实体,将 MAC 帧分别送往聚合器或链路控制模块。这里的链路控制模块通常是链路聚合控制协议实体。控制解析器/多路复用器通过 MAC 帧的目的地址及净荷中的子类型字段值确定处理该 MAC 帧的实体。如果 MAC 帧的目的地址是组地址 01-80-C2-00-00-02,净荷中的子类型字段值为 1,该 MAC 帧被送往 LACP 实体。

3. 聚合器

聚合器主要由帧分配模块、帧采集模块和聚合器解析器/多路复用器组成。

1) 帧分配模块

每个聚合组包含一组端口,对于交换机而言,属于同一聚合组的一组端口等同于单个逻辑端口,因此,在转发表中,将聚合组作为单个输出端口,交换机 MAC 帧转发进程只能根据 MAC 帧的目的地址确定聚合组,由帧分配模块确定输出 MAC 帧的交换机端口。帧分配模块将通过聚合组输出的 MAC 帧根据流量均衡原则分配到属于同一个聚合组的所有端口,并且保证这种分配过程不会引发经过以太网传输的 MAC 帧的错序。由于 MAC 帧经过端口输出时,可能需要在端口的输出队列中等待一段时间,等待时间长短与经过该端口的流量有关,因此,先到达交换机且从端口 X 输出的 MAC 帧可能比后到达交换机且从端口 Y 输出的 MAC 帧后离开交换机。由于以太网端到端传输路径是唯一的,对于某台交换机,源和目的端相同的 MAC 帧的输入输出端口是不变的,因此,经过以太网传输的 MAC 帧是不会错序的;但如果对于某台交换机,源和目的端相同的 MAC 帧的输入输出端口是变化的,就有可能导致源和目的端相同的 MAC 帧经过以太网传输后错序,因此,帧分配算法必须保证将源和目的端相同的 MAC 帧分配到聚合组中的同一个端口。分配算法可以基于以下 MAC 帧首部中的字段值和 MAC 帧封装的 IP 分组首部中的字段值分配端口:

- 源 MAC 地址。根据 MAC 帧的源 MAC 地址分配端口,有着相同源 MAC 地址的 MAC 帧被分配到聚合组中的同一个端口。
- 目的 MAC 地址。根据 MAC 帧的目的 MAC 地址分配端口,有着相同目的 MAC 地址的 MAC 帧被分配到聚合组中的同一个端口。
- 源和目的 MAC 地址。根据 MAC 帧的源和目的 MAC 地址分配端口,有着相同源和目的 MAC 地址的 MAC 帧被分配到聚合组中的同一个端口。
- 源 IP 地址。根据 MAC 帧封装的 IP 分组的源 IP 地址分配端口,所有封装了有着相同源 IP 地址的 IP 分组的 MAC 帧被分配到聚合组中的同一个端口。
- 目的 IP 地址。根据 MAC 帧封装的 IP 分组的目的 IP 地址分配端口,所有封装了有着相同目的 IP 地址的 IP 分组的 MAC 帧被分配到聚合组中的同一个端口。
- 源和目的 IP 地址。根据 MAC 帧封装的 IP 分组的源和目的 IP 地址分配端口,所有封装了有着相同源和目的 IP 地址的 IP 分组的 MAC 帧被分配到聚合组中的同一个端口。

需要说明的是,根据上述分配端口机制,源和目的端相同的 MAC 帧不是指源和目的 MAC 地址相同的 MAC 帧,而是指封装了源和目的端相同的 IP 分组的 MAC 帧。

选择端口分配机制必须充分考虑网络结构,否则可能无法通过端口聚合技术实现线性增加设备间带宽的目的。图 4.4 中,路由器 R1 的多个交换端口聚合后作为单个物理接口,为物理接口分配单一的 IP 地址,该 IP 地址成为所有交换机 S1 连接的终端的默认网关地址,这些终端通过 ARP 地址解析过程解析默认网关地址对应的 MAC 地址时获得相同的 MAC 地址。因此,所有交换机 S1 连接的终端发送给路由器 R1 的 MAC 帧有着

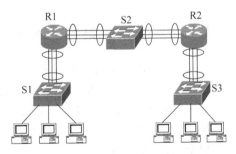

图 4.4 采用链路聚合技术的网络结构

相同的目的 MAC 地址,如果交换机 S1 使用基于 MAC 帧目的 MAC 地址选择聚合组中端口的端口分配机制,会导致这些终端发送给路由器 R1 的 MAC 帧都选择了聚合组中的同一个端口。同样,由于路由器 R1 发送给这些终端的 MAC 帧有着相同的源 MAC 地址,因此,路由器 R1 也不能使用基于 MAC 帧源 MAC 地址选择聚合组中端口的端口分配机制,否则无法通过端口聚合技术实现线性增加交换机 S1 和路由器 R1 之间带宽的目的。由于所有经过交换机 S2 转发的 MAC 帧有相同的源和目的 MAC 地址,因此,交换机 S2 不能使用基于 MAC 帧中的 MAC 地址选择聚合组中端口的端口分配机制。

2) 帧采集模块

帧采集模块将通过属于同一聚合组中的端口接收到的 MAC 帧提交给转发进程,由于

端口分配机制保证源和目的端相同的 MAC 帧经过交换机中相同的输入输出端口，因此，帧采集模块无须对通过不同端口接收到的 MAC 帧排序。

　　3）聚合器解析器/多路复用器

　　为了保证源和目的端相同的 MAC 帧经过聚合链路传输后不会错序，要求源和目的端相同的 MAC 帧经过链路聚合组中的同一物理链路传输。聚合链路的容错性要求在某条物理链路无法继续提供传输服务时，将原来分配给该物理链路的流量分散到其他物理链路上，但必须保证经过其他物理链路传输的 MAC 帧不能先于已经分配给该物理链路传输的 MAC 帧到达聚合链路的另一端。存在两种实现这一功能的机制：一是设置定时器，在发生物理链路切换后，经过规定时间才开始通过新的物理链路传输 MAC 帧，规定时间保证分配给旧物理链路的 MAC 帧或者已经到达链路的另一端，或者已经丢失；二是采用 Marker 协议，在发生物理链路切换后，帧分配模块中的 Marker 协议实体生成一个 Marker 请求帧，并通过旧的物理链路传输 Marker 请求帧，对端的帧采集模块中的 Marker 协议实体接收到 Marker 请求帧后，立即发送一个 Marker 响应帧，当帧分配模块中的 Marker 协议实体接收到 Marker 响应帧，表明分配给旧物理链路的 MAC 帧已经完成传输过程，分配模块可以通过新的物理链路传输 MAC 帧。这样，经过控制解析器/多路复用器分流出的 MAC 帧存在两种类型，一种是数据帧，另一种是 Marker 请求或响应帧，聚合器解析器/多路复用器的功能就是从经过控制解析器/多路复用器分流出的 MAC 帧中解析出 Marker 请求或响应帧，并将 Marker 请求或响应帧发送给 Marker 协议实体。聚合器解析器/多路复用器通过 MAC 帧的目的地址及净荷中的子类型字段值确定处理该 MAC 帧的实体。如果 MAC 帧的目的地址是组地址 01-80-C2-00-00-02，净荷中的子类型字段值为 2，该 MAC 帧被送往 Marker 协议实体。

4.2.2　交换机通过聚合组转发 MAC 帧的过程

　　图 4.5 所示网络结构能够正常工作的前提是：①已经在交换机 S1 和 S2 中分别创建一个聚合组。②交换机 S1 和 S2 已经完成对聚合组的端口分配。③链路聚合组两端端口各自属于同一个聚合组。这种情况下，聚合组对于交换机 S1 和 S2 等同于单个逻辑端口。当交换机通过属于聚合组的某个端口接收到 MAC 帧时，在转发表中创建一项转发项，该转发项将该 MAC 帧的源 MAC 地址与聚合组绑定在一起。当交换机通过检索转发表发现某个 MAC 帧的输出端口是聚合组时，将该 MAC 帧提交给和该聚合组绑定的聚合器，聚合器中的帧分配器根据配置的端口分配机制在属于聚合组的端口中确定用于输出该 MAC 帧的端口，并把该 MAC 帧提交给输出端口。

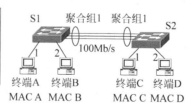

S1转发表	
MAC地址	转发端口
MAC A	1
MAC B	2
MAC C	聚合组1
MAC D	聚合组1

S2转发表	
MAC地址	转发端口
MAC A	聚合组1
MAC B	聚合组1
MAC C	1
MAC D	2

图 4.5　网络结构

交换机广播某个 MAC 帧时,聚合组作为单个逻辑端口,广播帧同样由帧分配器根据配置的端口分配机制在属于聚合组的端口中确定用于输出该广播帧的端口,因此,广播帧也只从属于聚合组的单个端口输出。从属于聚合组的某个端口接收到的广播帧不能从属于同一聚合组的其他端口输出,只能从不属于该聚合组的所有其他端口广播出去。

无论是地址学习、转发操作还是广播,聚合组对于交换机都等同于单个逻辑端口。需要通过聚合组输出的 MAC 帧(包括目的地址是广播地址和组地址的 MAC 帧)由聚合器的帧分配器选择单个属于聚合组的端口输出。通过属于聚合组的某个端口接收到的 MAC 帧(包括目的地址是广播地址和组地址的 MAC 帧)只能从不属于该聚合组的其他端口输出,不能从属于该聚合组的其他端口输出。

4.2.3 链路聚合组生成过程

交换机通过聚合组接收和发送 MAC 帧前,必须做到:①创建聚合组;②将端口分配给聚合组;③测试分配给同一聚合组的一组端口所连接的链路的另一端端口是否属于同一个聚合组;④将聚合组中激活的端口与聚合器绑定。

1. 创建聚合组

交换机默认状态下不存在聚合组,因此,需要手工创建聚合组。每一个交换机允许创建的聚合组数量是有限的。创建聚合组时,需要为新创建的聚合组分配标识符,一般情况下,用数字标识不同的聚合组。

2. 分配端口

属于同一聚合组的端口必须具有相同属性,如传输速率、通信方式、所连接的传输介质类型、端口所属的 VLAN 等,目前大多数交换机只允许连接点对点全双工链路的端口聚合在一起,因此,只有采用全双工通信方式的端口才允许分配给某个聚合组。一台交换机中,具有相同属性的端口很多,并不能将所有具有相同属性的端口自动分配给某个聚合组,聚合组和端口之间的绑定关系需要通过手工配置指定,因此,针对已经创建的每一个聚合组,需要通过手工配置指定分配给该聚合组的端口。

3. 激活端口

分配给某个聚合组中的端口存在两种类型:一是选中(Selected)端口,二是没有选中(Unselected)端口。只有选中端口才与聚合器绑定,才真正允许通过该端口发送、接收数据帧。没有选中端口不和聚合器绑定,端口所连链路不能传输数据帧。如果采用手工聚合方式,分配给某个聚合组的端口的类型通过手工配置确定,端口类型是固定的,与该端口连接的链路的另一端端口的属性无关。如果采用动态聚合方式,分配给聚合组的一组端口中只有满足下述条件的端口才是选中端口:

(1)这些端口连接的链路的另一端端口属于同一个聚合组。

(2)如果为聚合组设置了最大选中端口数量 n,则在满足条件(1)的端口中优先级最高的 n 个端口成为选中端口。

为了能够从分配给聚合组的一组端口中确定选中端口,并将其绑定到与该聚合组关联的聚合器,LACP 完成下述功能。

1）分配系统标识符和端口标识符

图 4.5 中的交换机 S1 和 S2 都是系统,系统标识符由分配给系统的优先级和系统的 MAC 地址组成,系统标识符较小的系统具有较高的优先级。每一个端口的端口标识符由分配给端口的优先级和端口号组成,端口标识符较小的端口具有较高的优先级。

2）分配操作键

能够绑定到与某个聚合组关联的聚合器的一组端口具有以下特点:

- 手工分配给该聚合组。
- 端口属性相同。
- 端口处于转发状态。

这样一组端口分配一个相同的整数,这个整数称为操作键。能够绑定到某个聚合器的一组端口必须具有相同的操作键,同样,这一组端口连接的链路的另一端端口也必须分配相同的操作键。

3）确定选中端口

链路聚合组互连的两个系统中,具有较高优先级的系统为主系统,另一个系统为从系统。分配给某个聚合组的所有端口可以与链路另一端的端口交换 LACP 报文,报文中给出发送端口的端口标识符、发送端口所在系统的系统标识符和分配给发送端口的操作键等。主系统从具有下述特性的一组端口中选择一个优先级最高的端口作为主端口:

- 该端口已经分配与 X 聚合组关联的特定操作键。
- 该端口连接的链路的另一端端口已经分配与 Y 聚合组关联的特定操作键。

将主端口绑定到与 X 聚合组关联的聚合器中,同时通过向对端端口发送 LACP 报文,要求对端系统将主端口连接的链路的另一端端口绑定到与 Y 聚合组关联的聚合器中。将两端端口所在系统的系统标识符和分配给两端端口的操作键作为链路聚合组的标识符。

以后,只有当某条链路两端端口所在系统的系统标识符和分配给端口的操作键与链路聚合组的标识符相同时,该链路的两端端口才能绑定到链路聚合组两端的聚合器上。如果为某个聚合组设置了最大选中端口数量 N,则主系统选择优先级较高的 N 个满足选中端口条件的端口作为选中端口。

4.3　链路聚合控制协议

链路两端通过相互交换 LACP 报文确定链路两端端口的属性和状态,并因此决定是否将该链路加入到链路聚合组或者将该链路从链路聚合组分离,以此实现链路聚合组的动态聚合过程。

4.3.1　LACP 简介

1. 基本功能

LACP 的功能是动态构建链路聚合组。在链路聚合组构建过程中,在两端系统中创建聚合组和将端口分配到聚合组的过程通常通过手工配置完成。LACP 需要完成的功能是:确定一组两端端口属于相同聚合组的链路,把这一组链路两端的端口绑定到端口所属聚合组所关联的聚合器上,并实时监测这一组链路两端端口属性的变化过程和两端聚合组中其他端口属性的变化过程,在某个链路聚合组中动态增加或删除某条链路。

为了做到这一点,LACP 需要定期交换链路两端端口属性和状态,如果监测到链路两端端口属性与某个已经建立的链路聚合组匹配,就将该链路增加到该链路聚合组。如果监测到某条已经加入某个链路聚合组的链路的两端端口属性发生变化,使得该链路两端端口属性不再与该链路聚合组匹配,就将该链路从该链路聚合组中删除。

2. 端口模式

LACP 将端口模式分为主动(active)和被动(passive)两种模式。主动模式端口定期发送 LACP 报文,被动模式端口只有接收到对端发送的 LACP 报文时才回送 LACP 报文,因此,链路两端端口中至少有一个端口的模式是主动模式。

4.3.2　LACP 报文格式

LACP 报文格式如图 4.6 所示。LACP 将发送报文的端口称为 Actor,将接收报文的端口称为 Partner;Actor 所在系统称为 Actor 系统,Partner 所在系统称为 Partner 系统。系统标识符、端口标识符和端口操作键的含义已经在 4.2.3 节中做了介绍。Actor 状态和 Partner 状态各占 1B,每一位的含义如下:

bit0:为 1,表示端口处于主动模式;为 0,表示端口处于被动模式。

bit1:为 1,表示端口处于长溢出方式,每 30s 发送一个 LACP 报文,溢出时间为 90s。为 0,表示端口处于短溢出方式,每秒发送一个 LACP 报文,溢出时间为 3s。

bit2:为 1,表示端口可以和其他端口聚合;为 0,表示端口不能和其他端口聚合。

bit3:为 1,表示端口已经绑定到对应聚合器;为 0,表示端口没有绑定到对应聚合器。

bit4:为 1,表示已经启动端口的帧采集器;为 0,表示没有启动端口的帧采集器。

bit5:为 1,表示已经启动端口的帧分配器;为 0,表示没有启动端口的帧分配器。

bit6:为 1,表示端口的信息来自 LACP;为 0,表示端口信息来自手工配置。

bit7:为 1,表示端口接收到的 LACP 报文已经超时;为 0,表示端口接收到的 LACP 报文没有超时。

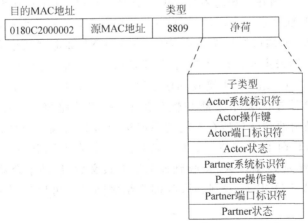

图 4.6　LACP 报文格式

4.3.3　LACP 工作过程

1. 初始配置

LACP 开始工作前,必须完成系统的初始配置。对于如图 4.7 所示的系统 A 和 B,初始配置如下:

- 分别在系统 A 和系统 B 中创建聚合组 X 和 Y,并且分别将 3 个端口分配给聚合组 X 和 Y,系统 A 和系统 B 中分别分配给聚合组 X 和 Y 的 3 个端口有着相同操作键 B 和 C。操作键 B 和 C 根据端口所属的聚合组和端口属性生成。
- 分别为系统 A 和 B 分配优先级,系统 A 和 B 根据分配的优先级（或默认优先级）和自己的 MAC 地址生成系统标识符 IDA 和 IDB,假定 IDA＜IDB。
- 属于聚合组 X 和 Y 的 3 个端口分别根据分配的端口优先级（或默认优先级）和端口编号生成端口标识符 X1～X3 和 Y1～Y3,假定 X1＜X2＜X3。
- 将 6 个端口的模式配置为主动模式（或端口 X1、X2 和 X3 为主动模式,端口 Y1、Y2 和 Y3 为被动模式）。

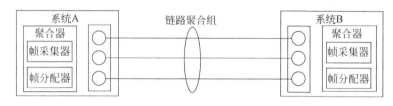

图 4.7　链路聚合过程

2. 链路加入链路聚合组的过程

完成上述配置后,链路两端端口之间开始交换 LACP 报文,图 4.8 是端口 X1 和端口 Y1 交换 LACP 报文的过程。首先由端口 X1 发送 LACP 报文＜ IDA,B＞,表明端口 X1 所在系统的系统标识符是 IDA,端口 X1 的操作键是 B。端口 Y1 接收到端口 X1 发送的 LACP 报文后,向端口 X1 发送 LACP 报文＜ IDB,C,IDA,B＞,LACP 报文除了端口 X1 的信息外,还给出端口 Y1 所在系统的系统标识符 IDB 和端口 Y1 的操作键 C。端口 X1 接收到端口 Y1 发送的 LACP 报文后,得知端口 X1 和端口 Y1 是链路两端端口。由于系统 A 是主系统,且端口 X1 的端口标识符最小,因此将端口 X1 绑定到和聚合组 X 关联的聚合器,启动聚合器中的帧采集器。端口 X1 在发送给端口 Y1 的 LACP 报文中把 Actor 状态中 bit3 和 bit4 设置为 1。端口 Y1 接收到该 LACP 后,将端口 Y1 绑定到与聚合组 Y 关联的聚合器,启动聚合器中的帧采集器和帧分配器,创建链路聚合组＜ IDA,B,IDB,C＞。＜ IDA,B,IDB,C＞是由两端端口所在系统的系统标识符和两端端口的操作键构成的链路聚合组标识符。端口 Y1 向端口 X1 发送 LACP 报文,并在 LACP 报文中把 Actor 状态中 bit3、bit4 和 bit5 设置为 1,端口 X1 接收到该 LACP 报文后,启动聚合器中的帧分配器,创建链路聚合组＜ IDA,B,IDB,C＞。此时,两端系统之间已经可以通过链路聚合组传输数据帧。

当端口 X2 和 Y2 之间、端口 X3 和 Y3 之间相互交换 LACP 报文后,发现两端端口所在

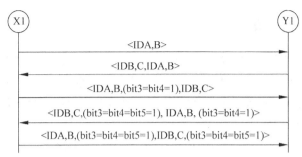

<IDA,B ,(bit3=bit4=bit5=1),IDB,C,(bit3=bit4=bit5=1)>表示如下含义：
- Actor标识符：IDA
- Actor操作键：B
- Actor状态：bit3、bit4和bit5设置为1
- Partner标识符：IDB
- Partner操作键：C
- Partner状态：bit3、bit4和bit5设置为1

图 4.8　链路两端端口之间 LACP 报文交换过程

系统的系统标识符和两端端口的操作键与已经建立的链路聚合组< IDA，B，IDB，C >匹配，因此将互连端口 X2 与端口 Y2、端口 X3 与端口 Y3 的链路加入该链路聚合组。将某条链路加入该链路聚合组意味着已经完成将链路两端端口各自绑定到聚合组 X 和 Y 关联的聚合器并向链路另一端端口发送将 Actor 状态中 bit3、bit4 和 bit5 设置为 1 的 LACP 报文的过程。

只要链路正常，链路两端端口之间定期交换 LACP 报文，端口定时器就不会溢出，链路和链路聚合组之间的绑定关系就会一直维持。

3．链路从链路聚合组分离的过程

两种情况导致链路从链路聚合组分离：一是长时间接收不到链路另一端端口发送的 LACP 报文，二是链路两端端口中至少有一个端口的操作键发生改变。

如果某个端口在长溢出时间段（默认时间为90s）内一直没有接收到链路另一端端口发送的 LACP 报文，将导致定时器溢出，该端口将定时器溢出时间设置为短溢出时间段（默认时间为3s），并在发送给链路另一端端口的 LACP 报文中将 Actor 状态中的 bit1 设置成 0，要求链路另一端端口立即发送 LACP 报文。如果在短溢出时间段内仍然一直没有接收到链路另一端端口发送的 LACP 报文，将再次导致定时器溢出，表明链路或链路另一端端口发生问题，该端口将和聚合器分离。

如果端口的操作键发生改变，该端口将和绑定的聚合器分离，在发送给链路另一端端口的 LACP 报文中给出新的端口操作键，并将 Actor 状态中的 bit2 设置成 0。链路另一端系统同样将该端口和绑定的聚合器分离。链路两端通过交换 LACP 报文开始将该链路加入新的链路聚合组的过程。改变端口操作键的原因主要有以下这些：
- 通过手工配置改变了端口所属的聚合组。
- 端口属性发生改变，如通信方式由全双工变为半双工。
- 端口所属的 VLAN 发生改变。

4.3.4　N∶M 备份

N∶M 备份要求为指定聚合组分配 N＋M 个端口,但将该聚合组激活端口上限设定为
N。链路聚合组两端优先级高的系统在分配给指定聚合组的 N＋M 个端口中选择优先级
最高的 N 个端口,并将这些端口连接的链路加入该链路聚合组。保证该链路聚合组中有 N
条可以传输数据帧的链路。

当 LACP 监测到该链路聚合组中的某条链路失效时,链路聚合组两端优先级高的系统
在备份端口中选择一个优先级最高的端口,将该端口连接的链路加入该链路聚合组,重新保
证该链路聚合组中有 N 条可以传输数据帧的链路。

链路聚合组两端优先级高的系统在分配给指定聚合组的 N＋M 个端口中选择优先级
最高的端口,如果 LACP 确定该端口连接的链路两端端口的属性相同,就将该链路作为该
链路聚合组中的第一条链路。

将某条链路加入该链路聚合组时,LACP 必须确定该链路两端端口所属的聚合组与该
链路聚合组中其他链路两端端口所属的聚合组相同,且该链路两端端口的属性与该链路聚
合组中其他链路两端端口的属性相同。

本章小结

- 可以将多个端口聚合到同一个聚合组,聚合组作为单个逻辑端口使用,该逻辑端口
的带宽是聚合组中所有端口的带宽之和。
- 两个系统之间可以用各自聚合组连接的一组链路实现互连,两个系统之间的带宽是
这一组链路的带宽之和。
- 可以通过手工配置完成链路聚合组建立过程。
- 可以通过 LACP 完成链路聚合组建立过程。
- LACP 可以动态地将链路加入链路聚合组,或者将链路从链路聚合组分离。

习题

4.1　可以聚合在一起的链路必须具有什么共性?
4.2　链路聚合组生成过程由哪些阶段组成?
4.3　LACP 的作用是什么?
4.4　手工配置链路聚合组会导致什么问题?
4.5　聚合组和链路聚合组有什么区别和联系?
4.6　网络结构如图 4.4 所示,交换机 S2 需要配置几个聚合组? 每一个聚合组需要配
置何种端口分配机制? 解释原因。

第5章

路由器和网络互连

目前多种类型的网络共存，并独立发展，每一种网络已经实现连接在该网络上的两个终端之间的通信过程，如以太网已经实现连接在以太网上的两个终端之间的 MAC 帧传输过程。问题是，任何一种网络都无法独立实现全球任何两个终端之间的通信过程，只有把多种有着不同的适用范围、不同的功能特性的网络互连在一起，才能实现全球任何两个终端之间的通信过程。这就需要一种新的独立于任何类型网络的端到端分组传输协议——网际协议（Internet Protocol，IP），一种新的用于互连不同类型网络的设备——路由器。

5.1 网络互连

异地信件投递过程与连接在不同类型网络上的终端之间的通信过程十分相似，可以通过分析异地信件投递过程得出实现连接在不同类型网络上的终端之间通信过程的思路。

5.1.1 不同类型网络互连需要解决的问题

1. 互连网络结构

互连网络结构如图 5.1 所示，由路由器实现以太网和公共交换电话网（Public Switched Telephone Network，PSTN）这两个不同类型的网络的互连。因此，路由器需要具备连接以太网的端口和连接 PSTN 的端口。以太网用 MAC 地址唯一标识结点，结点之间传输的数据需要封装成 MAC 帧，MAC 帧中需要给出源和目的结点的 MAC 地址，以太网能够实现MAC 帧源结点至目的结点的传输过程。路由器连接以太网的端口同样具有 MAC 地址，因而能够实现终端 A 与路由器连接以太网的端口之间的 MAC 帧传输过程。

图 5.1 互连网络结构

PSTN 用电话号码唯一标识结点，结点之间开始数据传输过程前，必须通过呼叫连接建立过程建立两个结点之间的点对点语音信道，经过点对点语音信道传输的数据需要封装成点对点协议（Point to Point Protocol，PPP）帧，由于 PPP 帧是沿着点对点语音信道传输，因此，PPP 帧中无须给出两个结点的地址信息。路由器连接 PSTN 的端口同样具有电话号码，因而终端 B 与路由器连接 PSTN 的端口之间能够建立点对点语音信道，因此，能够实现终端 B 与路由器连接 PSTN 的端口之间的 PPP 帧传输过程。

如图 5.1 所示，终端 A 与终端 B 之间的传输路径由终端 A 和终端 B、两个不同类型的传输网络与互连这两个不同类型传输网络的路由器组成。终端和路由器称为跳，对于终端 A 至终端 B 的传输路径，路由器称为终端 A 的下一跳，终端 B 称为路由器的下一跳。终端 A 只能通过以太网实现与下一跳路由器之间的 MAC 帧传输过程。同样，对于终端 B 至终端 A 的传输路径，路由器称为终端 B 的下一跳，终端 A 称为路由器的下一跳。终端 B 只能通过点对点语音信道实现与下一跳路由器之间的 PPP 帧传输过程。

实现两个不同类型网络互连，需要实现连接在不同类型网络上的两个终端之间的通信过程，如图 5.1 中终端 A 与终端 B 之间的通信过程。实现连接在不同类型网络上的两个终端之间的通信过程需要解决什么问题呢？

2. 需要解决的问题

（1）地址标识不同。

由于以太网用 MAC 地址唯一标识连接在以太网上的终端，而 PSTN 用电话号码唯一标识连接在 PSTN 上的终端，因此，终端 A 无法识别终端 B 的电话号码，终端 B 无法识别终端 A 的 MAC 地址。双方无法用自己能够识别的标识符标识对方。

（2）帧格式不同。

终端 A 只能发送、接收 MAC 帧，终端 A 发送的数据或者发送给终端 A 的数据必须封装成 MAC 帧。终端 B 只能通过点对点语音信道接收、发送 PPP 帧，终端 B 发送的数据或者发送给终端 B 的数据必须封装成 PPP 帧。MAC 帧和 PPP 帧是两种完全不同的帧格式。因此，双方无法用对方能够识别的帧格式封装传输给对方的数据。

（3）无法建立传输路径。

以太网只能建立连接在同一以太网上的两个结点之间的交换路径，PSTN 只能建立连接在 PSTN 上的两个结点之间的点对点语音信道，因此，终端 A 无法建立与终端 B 之间的交换路径，终端 B 也无法建立与终端 A 之间的点对点语音信道。因此，双方无法建立可以直接将数据传输给对方的传输路径。

5.1.2　信件投递过程的启示

将信件从南京投递到长沙的过程如图 5.2 所示。首先，将寄信人用来传递信息的信纸封装为信件，信封上写上寄信人和收信人地址，然后将信件交给南京邮局。南京邮局根据收信人地址——长沙，确定信件的下一站——上海，由于南京至上海采用公路运输系统，因此，信件被封装为适合公路运输系统的形式——信袋，而且信袋上用车次 3536 表明运输该信袋的车辆及信袋的始站与终站。由于上海至长沙采用航空运输系统，因此，上海首先需要从信袋中提取出信件，然后将其封装成适合航空运输系统的形式——信盒，信盒上用航班号 AU765 表明运输该信盒的飞机及信盒的始站与终站。信件经过南京至上海的公路运输系统和上海至长沙的航空运输系统这两阶段运输服务到达目的地长沙。从图 5.2 所示的信件传输过程可以得出以下启示：

（1）不同运输系统有着不同的封装信件的形式和标识始站与终站的方式。

（2）信件上收信人和寄信人地址是统一的，和实际提供运输服务的运输系统标识始站与终站的方式无关。

（3）信件是一种标准的封装形式，和实际提供运输服务的运输系统封装信件的形式无关。

（4）南京根据信件上的收信人地址确定下一站——上海，同样，上海也是根据信件上的收信人地址确定下一站——长沙，信件在南京至长沙的运输过程中是不变的。

（5）由实际的运输系统提供当前站至下一站的运输服务。

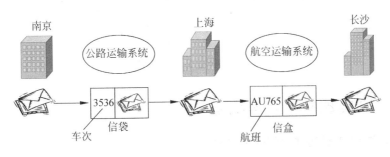

图 5.2　信件运输过程

5.1.3　端到端传输的思路

如果将图 5.1 中的终端 A 对应到图 5.2 中的南京，将以太网对应到公路运输系统，将路由器对应到上海，将航空运输系统对应到 PSTN，将终端 B 对应到长沙，可以通过仿真南京至长沙的信件运输过程，给出实现终端 A 至终端 B 数据传输过程的思路，如图 5.3 所示。

（1）对应信件的收信人和寄信人地址，定义一种和具体传输网络无关的、统一的终端地址格式——IP 地址。

（2）对应信件，定义一种和具体传输网络无关的、统一的数据封装格式——IP 分组，和信件相同，IP 分组用 IP 地址标识源和目的终端。

（3）假定终端 A 的 IP 地址为 IP A，终端 B 的 IP 地址为 IP B，与南京发送给长沙的信件相同，终端 A 发送给终端 B 的数据封装成以 IP A 为源地址、以 IP B 为目的地址的 IP 分组。

（4）与南京根据信件的收信人地址确定信件的下一站是上海，并将信件封装成适合连接南京和上海的公路运输系统运输的形式——信袋一样，终端 A 能够根据终端 B 的 IP 地址 IP B 确定 IP 分组的下一跳是路由器，并将 IP 分组封装成适合以太网传输的 MAC 帧格式。MAC 帧的源地址是终端 A 的 MAC 地址 MAC A，MAC 帧的目的地址是路由器连接以太网端口的 MAC 地址 MAC R。

（5）与上海能够从信袋中取出信件，根据信件的收信人地址确定下一站是长沙，并将信件重新封装成适合连接上海与长沙的航空运输系统运输的形式——信盒一样，路由器能够从接收到的 MAC 帧中分离出 IP 分组，根据 IP 分组的目的 IP 地址 IP B 确定下一跳是终端 B，路由器通过呼叫连接建立过程建立路由器连接 PSTN 的端口与终端 B 之间的点对点语音信道,重新将 IP 分组封装成适合点对点语音信道传输的 PPP 帧,将 PPP 帧通过路由器与终端 B 之间的点对点语音信道传输给终端 B。

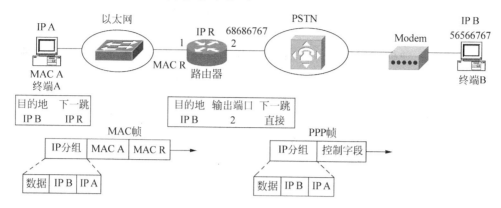

图 5.3　端到端数据传输过程

5.1.4　IP 实现网络互连机制

1. 路由器和 IP 实现端到端传输的过程

从图 5.3 所示的端到端数据传输过程,可以得出以下 IP 实现网络互连的机制。

（1）规定了统一的且与传输网络地址标识方式无关的 IP 地址格式,所有接入互联网的终端必须分配一个唯一的 IP 地址。同时,由于每一个终端都和实际传输网络相连,具有实际传输网络相关的地址,如以太网的 MAC 地址,为了区分,将 IP 地址称为逻辑地址,将实际传输网络相关的地址称为物理地址。

（2）规定了统一的且与传输网络数据封装格式无关的 IP 分组格式,端到端传输的数据必须封装成 IP 分组,IP 分组中给出源和目的终端的 IP 地址,每一跳通过 IP 分组携带的目的终端 IP 地址确定下一跳。

（3）路由器的每一个端口分配一个 IP 地址,同时具有该端口连接的传输网络所对应的物理地址,如以太网对应的 MAC 地址、PSTN 对应的电话号码。路由器实现不同类型网络互连的关键是具有以下功能:一是能够从输入端口连接的传输网络所对应的帧格式中分离出 IP 分组;二是能够根据 IP 分组的目的 IP 地址确定 IP 分组的输出端口,并将 IP 分组重新封装成输出端口连接的传输网络所对应的帧格式。

（4）对应每一个目的终端,每一跳必须建立用于确定通往该目的终端的传输路径上下一跳的信息,该信息称为路由项,它主要由 3 部分组成:目的终端 IP 地址、输出端口和通往该目的终端的传输路径上下一跳的 IP 地址。对应多个不同目的终端的路由项集合称为路由表。

（5）必须由单个传输网络连接当前跳和下一跳,能够根据下一跳 IP 地址和输出端口确定连接当前跳和下一跳的传输网络,解析出下一跳与传输网络相关的地址,即物理地址。能够将 IP 分组封装成互连当前跳和下一跳的传输网络要求的帧格式。这个过程称为 IP over X,X 是指互连当前跳和下一跳的传输网络。通过互连当前跳和下一跳的传输网络实现封装 IP 分组的帧当前跳至下一跳的传输过程。对应如图 5.3 所示的端到端数据传输过程,分别有 IP over 以太网、封装 IP 分组的 MAC 帧终端 A 至路由器的传输过程和 IP over PSTN、封装 IP 分组的 PPP 帧路由器至终端 B 的传输过程。

（6）IP 分组经过逐跳转发，实现源终端至目的终端的传输过程。

2. 路由表和路由项

实现互连网络端到端传输过程的关键有两点，一是源终端能够根据目的终端 IP 地址确定通往目的终端传输路径上的第一跳路由器。源终端至目的终端传输路径经过的其他路由器能够根据目的终端 IP 地址确定通往目的终端传输路径上的下一跳路由器。二是互连当前跳和下一跳的传输网络能够实现 IP 分组当前跳至下一跳的传输过程。如果互连当前跳和下一跳的传输网络是以太网，实现第二个关键点需要完成以下 3 个步骤：①根据下一跳的 IP 地址解析出下一跳连接以太网接口的 MAC 地址；②将 IP 分组封装成以当前跳连接以太网接口的 MAC 地址为源 MAC 地址、下一跳连接以太网接口的 MAC 地址为目的 MAC 地址的 MAC 帧；③经过以太网实现该 MAC 帧当前跳连接以太网接口至下一跳连接以太网接口的传输过程。前面有关以太网的章节已经详细讨论了完成步骤②、③的方法和过程。

实现第一个关键点的核心是路由表，对应每一个目的终端地址，需要路由表给出通往该目的终端传输路径上的下一跳结点的 IP 地址。因此，路由表中的路由项格式是<目的终端 IP 地址，下一跳结点 IP 地址>。如果当前跳和目的终端连接在同一个传输网络，则当前跳至目的终端传输路径上不存在其他路由器，下一跳结点 IP 地址用"直接"表示。如果当前跳通往一组目的终端的传输路径有着相同的下一跳结点，只需为这一组目的终端设置一项路由项<表示这一组目的终端的 IP 地址，下一跳结点 IP 地址>。

IP 分组端到端传输过程中，源终端将 IP 分组传输给第一跳路由器的过程，或者当前路由器根据目的 IP 地址和路由表确定下一跳路由器，并将 IP 分组传输给下一跳路由器的过程称为间接交付。源和目的终端位于同一个传输网络，或者路由器根据目的 IP 地址和路由表确定的下一跳是目的终端本身（目的 IP 地址匹配的路由项中的下一跳为"直接"），源终端或路由器通过直接连接的传输网络将 IP 分组传输给目的终端的过程称为直接交付。

5.1.5　数据报 IP 分组交换网络

1. 传输网络虚化为逻辑链路

为了简化互连网络端到端数据传输过程，在建立互连网络端到端传输路径时，可以将实现终端和路由器之间互连、路由器和路由器之间互连的传输网络虚化成逻辑链路，将如图 5.4(a)所示的互连网络结构简化为如图 5.4(b)所示的由路由器互连多条逻辑链路而成的数据报 IP 分组交换网络。在如图 5.4(b)所示的数据报 IP 分组交换网络中，路由器就是 IP 分组交换机，路由表就是转发表，每一个 IP 分组都是独立的数据报，路由器根据路由表和 IP 分组携带的目的终端 IP 地址实现 IP 分组的转发操作。由于可以将互连网络作为数据报 IP 分组交换网络进行分析、处理，因而常常用数据报 IP 分组交换网络（简称 IP 网络）来称呼互连网络。在 IP 网络中，传输网络的功能等同于逻辑链路，用于实现终端和 IP 分组交换机（路由器）之间及两个相邻 IP 分组交换机之间的 IP 分组传输过程，因而将传输网络的分组格式称为帧，将传输网络中的分组交换设备，如以太网交换机，称为链路层设备（第二层设备）。

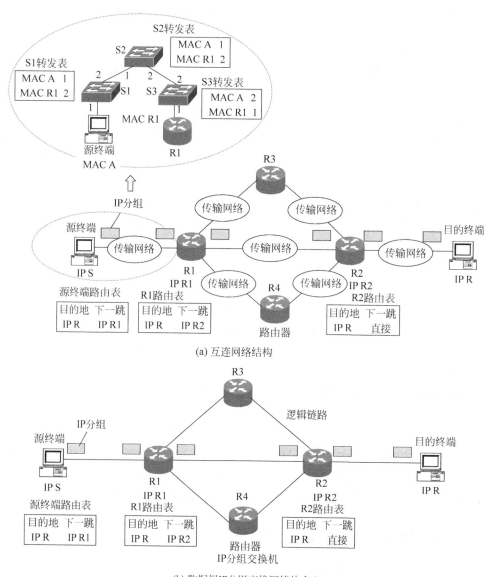

(a) 互连网络结构

(b) 数据报IP分组交换网络的含义

图 5.4　数据报 IP 分组交换网络

2. 两层传输路径

OSI 体系结构中定义的用于互连分组交换机的链路是点对点物理链路或广播物理链路（多点接入物理链路），因此，OSI 体系结构定义的网络应该是由终端、物理链路、分组交换机组成的，和如图 5.4(a)所示的由终端、传输网络和互连传输网络的路由器组成的互连网络是不同的。对于如图 5.4(a)所示的互连网络，端到端传输路径实际上由两层传输路径组成。一是 IP 层传输路径，由源终端、中间路由器和目的终端组成，如图 5.4(a)中源终端至目的终端 IP 层传输路径：源终端→路由器 R1→路由器 R2→目的终端。二是传输网络中当前跳至下一跳的传输路径,如果连接源终端和路由器 R1 的传输网络是图 5.4(a)中展开的交换式以太网,则源终端至路由器 R1 传输路径就是由源终端、中间以太网交换机和路由器 R1 组成的交换路径:源终端→以太网交换机 S1→以太网交换机 S2→以太网交换机 S3→路由器 R1。因此,和互连网络有关的内容由 3 部分组成,它们分别是:IP、路由协议和 IP over X 技术。IP 详细规定了 IP 地址格式和 IP 分组格式。路由协议通过为每一个路由器建立路由表实现建立 IP 层传输路径的功能。IP over X(X 指特定的传输网络)技术实现解析出下一跳与传输网络相关的地址,即物理地址,并将 IP 分组封装成互连当前跳和下一跳的传输网络要求的帧格式的功能。X 传输网络实现封装 IP 分组的帧当前跳至下一跳的传输过程。

5.1.6　路由器结构

路由器从本质上讲是 IP 分组转发设备,根据 IP 分组首部携带的地址信息完成从输入端口至输出端口的转发过程。由于 IP 分组是终端之间传输的分组,因此,路由器以数据报交换方式转发 IP 分组。图 5.5 所示的是路由器功能结构,从功能上可以把路由器分成 3 部分,路由模块、线卡和交换模块。

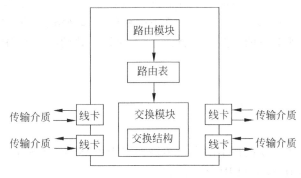

图 5.5　路由器结构

1. 路由模块

路由模块负责运行路由协议,生成路由表,在路由表中给出到达互连网络中任何一个终端的传输路径。当然,由于 IP 分组是逐跳转发,路由器的路由表中只需给出通往互连网络中某个终端的传输路径上下一跳路由器的地址。由于生成路由表的过程比较复杂,因此,路由模块的核心部件通常是 CPU,大部分功能由软件实现。除了生成路由表,路由模块也承担一些其他的管理功能。

2. 线卡

线卡负责连接外部传输介质,并通过传输介质连接传输网络,如连接以太网的线卡通过双绞线缆或光纤连接以太网交换机。线卡通过端口连接传输介质,不同类型的传输介质对应不同类型的端口,如连接 5 类双绞线缆的端口(俗称电端口)和连接光纤的端口(俗称光端口)。线卡除了实现和传输网络的物理连接,还需要按照所连接的传输网络的要求完成 IP 分组的封装和分离操作。封装操作将 IP 分组封装成适合通过传输网络传输的链路层帧格式,如以太网的 MAC 帧。分离操作和封装操作相反,从链路层帧中分离出 IP 分组。线卡进行接收操作时,从所连接的传输介质接收到的物理层信号(如曼彻斯特编码流)中分离出链路层帧，如 MAC 帧，并从链路层帧中分离出 IP 分组。发送操作时，将 IP 分组封装成链路层帧（如 MAC 帧），将链路层帧通过物理层信号（如曼彻斯特编码流）发送到传输介质。

3. 交换模块

当线卡从某个端口接收到的物理层信号中分离出 IP 分组，就将该 IP 分组发送给交换模块。交换模块用 IP 分组的目的 IP 地址检索路由表，找到输出端口，并把 IP 分组转发给输出端口所在的线卡。随着端口的传输速率越来越高，如 10Gb/s 的以太网端口，端口每秒接收、发送的 IP 分组数量越来越大。对于 10Gb/s 的以太网端口，在极端情况下（假定 IP 分组的长度为 46B，MAC 帧的长度为 64B），端口每秒接收、发送的 IP 分组数量 $=10\times10^9/(64\times8)=19.53$Mpps（pps 代表 packages per second），当路由器多个端口都线速接收、发送 IP 分组时，交换模块的处理压力将变得很大，因此，通常用称为交换结构的专用硬件来完成 IP 分组从输入端口到输出端口的转发处理。由于存在从多个输入端口输入的 IP 分组需要从同一个输出端口输出的情况，因此，即使交换结构能够支持所有端口线速接收、发送 IP 分组，输出端口也需要设置输出队列，用输出队列来临时存储那些无法及时输出的 IP 分组。

路由器是实现不同类型的传输网络互连的关键设备，它一方面通过路由模块建立到达任何终端的传输路径，另一方面，在确定互连下一跳的传输网络后，将 IP 分组封装成适合互连下一跳的传输网络所对应的链路层帧格式，并通过该传输网络实现 IP 分组当前跳至下一跳的传输过程。

5.2   IP

网际协议（IP）是实现连接在不同类型传输网络上的终端之间通信过程的基础，用于定义独立于传输网络的 IP 地址和 IP 分组格式。

5.2.1   IP 地址分类

1. IP 地址与接口

在深入讨论 IP 地址前，需要说明一下，IP 地址不是终端或路由器的标识符，而是终端或路由器接口的标识符，就像地址不是房子的标识符，而只是门牌号一样。一栋房子如果有多个门，则有多个不同的门牌号，也就有多个不同的地址，但以这些地址为收信人地址的信件都能投递给该房子的主人。同样，终端或路由器允许有多个接口，每一个接口都有独立的标识符——IP 地址，但以这些 IP 地址为目的地址的 IP 分组都到达该终端或路由器。接口是指终端或路由器连接网络的地方，多数情况下，终端或路由器的每一个端口都连接独立的网络，这种情况下，接口就是端口。但存在一个端口可能同时连接多个不同的网络或者多个端口连接同一网络的情况，这种情况下，一个物理端口可能对应多个不同的接口，多个物理端口可能对应同一个接口。由于每一个 IP 地址指向唯一的终端或路由器，因此，从这一点上讲，IP 地址确实有终端或路由器标识符的作用。

2. IP 地址分类方法

图 5.6 给出了 IP 地址的分类方法。一般情况所指的 IP 地址是指 IPv4 所定义的 IP 地

址,它由 32 位二进制数组成,为了表示方便,采用点分十进制表示法。点分十进制表示 IP 地址的过程如下:将 32 位二进制数分成 4 个 8 位二进制数,每个 8 位二进制数单独用十进制表示(0~255),4 个用十进制表示的 8 位二进制数用点分隔。如 32 位二进制数 01011101 10100101 11011011 11001001 表示的 IP 地址对应的点分十进制表示是 93.165.219.201。

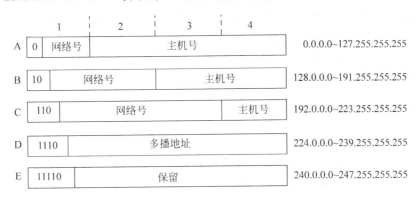

图 5.6　IP 地址分类方法

　　IP 是用来实现网络互连的协议,因此,用来标识互联网中终端设备的每一个 IP 地址由两部分组成:网络号和主机号。最高位为 0,表示是 A 类地址,用 7 位二进制数标识网络号,24 位二进制数标识主机号,A 类地址中网络号全 0 和网络号全 1 的 IP 地址有特别用途,不能作为普通地址使用。0.0.0.0 表示 IP 地址无法确定。终端没有分配 IP 地址前,可以用 0.0.0.0 作为 IP 分组的源地址。127.×.×.× 是回送测试地址。所有类型的 IP 地址中,主机号全 0 和主机号全 1 的 IP 地址也有特别用途,也不能作为普通地址使用。如网络号为 5 的 A 类 IP 地址的范围为 5.0.0.0~5.255.255.255,但 IP 地址 5.0.0.0 用于表示网络号为 5 的网络地址,而 IP 地址 5.255.255.255 作为在网络号为 5 的网络内广播的广播地址,这种类型的广播地址称为直接广播地址。A 类地址的范围是 0.0.0.0~127.255.255.255,但实际能用的网络号范围是 1~126,每一个网络号下允许使用的主机号=$2^{24}-2$,由此可以看出,A 类地址适用于大型网络。

　　最高位为 10,表示是 B 类地址,用 14 位二进制数标识网络号,用 16 位二进制数标识主机号,能够标识的网络号个数为 2^{14},每一个网络号下允许使用的主机号个数为 $2^{16}-2$。B 类地址的范围是 128.0.0.0~191.255.255.255,适用于大、中型网络。

　　最高位为 110,表示是 C 类地址,用 21 位二进制数表示网络号,8 位二进制数表示主机号,能够标识的网络号个数为 2^{21},每一个网络号下能够标识的主机号个数为 2^8-2。很显然,C 类地址只适用于小型网络。

　　A、B 和 C 3 类地址中网络号全 0 的 IP 地址称为主机地址,用于标识本网络中的特定终端,如 0.0.0.37 表示本网络中主机号为 37 的终端。

　　A、B、C 3 类地址都称为单播地址,用于唯一标识 IP 网络中的某个终端,但任何网络都有一个主机号全 1 的地址作为该网络的广播地址,这种广播地址不能用于标识网络内的终端,只能在传输 IP 分组时作为目的地址,表明接收方是该网络内的所有终端。任何网络都有一个主机号全 0 的地址作为该网络的网络地址。根据单播 IP 地址求出对应的网络地址的过程如下:根据该 IP 地址的最高字节值确定该 IP 地址的类型,根据类型确定主机号位数,将主机号字段清零得到的结果就是该 IP 地址对应的网络地址,如 IP 地址 193.1.2.7 对应的网络地址为 193.1.2.0。

最高位为 1110,表示是多播地址,用 28 位二进制数标识多播组,同一个多播组内的终端可以任意分布在 Internet 中,因此,多播组是不受网络范围影响的。有些多播地址有特殊用途,称为著名(well-known)多播地址,常用的著名多播地址见 7.1.2 节。

最高位为 11110,表示是 E 类地址,目前没有定义。

32 位全 1 的 IP 地址 255.255.255.255 称为受限广播地址,只能在传输 IP 分组时作为目的地址,表明接收方是本网络内的所有终端。

3. 互联网 IP 地址配置原则

互联网配置 IP 地址的原则如下:

(1) 连接在同一传输网络上的终端必须配置具有相同网络号、不同主机号的 IP 地址,如图 5.7 中连接在以太网上的终端 A 和 C。

(2) 每一个传输网络都有一个网络地址,如图 5.7 中以太网配置的网络地址 192.1.1.0 和 PSTN 配置的网络地址 192.1.2.0。

(3) 路由器的每一个接口都需配置 IP 地址,该 IP 地址对应的网络地址必须和分配给该接口连接的传输网络的网络地址相同。如图 5.7 中连接以太网接口配置的 IP 地址是 192.1.1.254,其网络地址为 192.1.1.0,和以太网配置的网络地址相同。

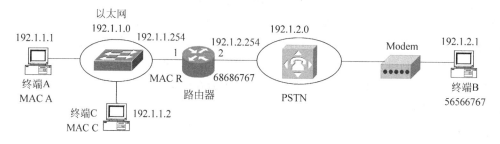

图 5.7   IP 地址配置

如果一个物理以太网被划分为多个 VLAN,则每一个 VLAN 就是一个独立的传输网络,不同 VLAN 须配置不同的网络地址,需要用路由器或其他具有路由功能的设备实现多个 VLAN 的互连。

5.2.2   IP 地址分层分类的原因

IP 地址分层指的是 32 位 IP 地址被分为网络号和主机号两部分,IP 地址分类指的是单播地址被分为 A、B 和 C 3 类。

1. IP 地址分层原因

1) 实现网络互连的需要

由于 IP 用于实现不同类型网络的互连,需要能够根据终端的 IP 地址确定终端连接的网络,并因此能够根据两个终端的 IP 地址区分出这两个终端是连接在同一个网络上的两个不同的终端还是连接在不同网络上的两个不同的终端。所以,IP 地址需要包含网络标识符 (网络号)和主机标识符(主机号)两部分,不同的网络有着不同的网络标识符,同一网络中的 不同终端有着相同的网络标识符和不同的主机标识符。因此,如果两个终端的 IP 地址有着 相同的网络标识符和不同的主机标识符,表明这两个终端是连接在同一个网络上的两个不 同的终端,如果两个终端的 IP 地址有着不同的网络标识符,表明这两个终端是连接在不同 网络上的两个不同的终端。

2) 减少路由项

(1) 网络地址与路由项。

网络地址 192.1.1.0 有着两重含义:一是标识网络,表示该网络的网络号是点分十进制 数 192.1.1 表示的 24 位二进制数值;二是表示一组有着相同网络号的 IP 地址 192.1.1.0~ 192.1.1.255。由于该组 IP 地址只能分配给连接在网络地址为 192.1.1.0 的网络上的终端,因 此,也可以用网络地址 192.1.1.0 表示连接在网络地址为 192.1.1.0 的网络上的终端集合。

路由器实现不同类型网络互连的一个关键因素是能够根据 IP 分组的目的 IP 地址确定 通往该 IP 分组目的终端的传输路径。路由器中用路由项给出通往某个终端的传输路径。 如图 5.8 所示,一是网络地址为 192.1.1.0 的网络上连接多个终端,二是对于路由器 R2 而 言,通往所有连接在网络地址为 192.1.1.0 的网络上的终端的传输路径是相同的,即通往这 些终端的传输路径上的下一跳是相同的,都是路由器 R1。这种情况下,不需要为每一个连 接在网络地址为 192.1.1.0 的网络上的终端单独建立路由项,而是只需为连接在网络地址 为 192.1.1.0 的网络上的所有终端建立一个路由项,该路由项用网络地址 192.1.1.0 表示 IP 地址为 192.1.1.0~192.1.1.255 的一组终端。IP 地址分层使得可以用网络地址表示一 组终端,因而可以用一个路由项给出通往用网络地址表示的一组终端的传输路径。这种情 况下,每一个路由项用于指明通往某个网络的传输路径,目的网络字段给出每一个网络的网 络地址,下一跳给出当前路由器通往该网络的传输路径上的下一跳的 IP 地址。路由项信息 结构如图 5.8 中 R1 和 R2 路由表中的路由项所示。

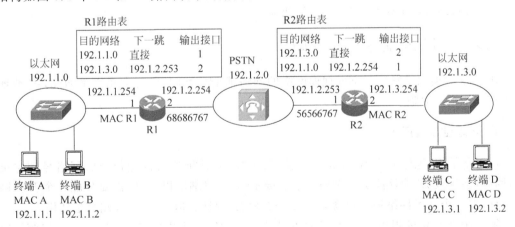

图 5.8 网络地址与路由项一

(2) 路由器确定通往指定终端的传输路径的过程。

路由器根据终端的 IP 地址确定通往该终端的传输路径。由于路由器用路由项给出通 往每一个终端的传输路径,因此,路由器确定通往指定终端的传输路径的过程就是用该终端的 IP 地址在路由表中查找对应的路由项的过程。

下面以路由器 R1 确定通往 IP 地址为 192.1.3.2 的终端的传输路径为例，讨论路由器确定通往指定终端的传输路径的过程。

① 根据终端的 IP 地址计算出该 IP 地址对应的网络地址。首先确定 IP 地址类型，然后根据 IP 地址类型得出 IP 地址中主机号对应的二进制数，将主机号对应的二进制数全部置 0。由于 IP 地址 192.1.3.2 是 C 类地址，得出该 IP 地址用最低 8 位二进制数表示主机号，将这 8 位二进制数全部置 0，得到 IP 地址 192.1.3.2 对应的网络地址是 192.1.3.0。

② 用 IP 地址对应的网络地址检索路由表。用 IP 地址对应的网络地址逐项比较路由项中的目的网络，找到目的网络与 IP 地址对应的网络地址相同的路由项。路由器 R1 用 192.1.3.0 逐项比较路由项中的目的网络，发现路由项<192.1.3.0,192.1.2.253,2>中的目的网络等于 192.1.3.0，确定该路由项指明的传输路径就是通往 IP 地址为 192.1.3.2 的终端的传输路径。该路由项表明，路由器 R1 通往 IP 地址为 192.1.3.2 的终端的传输路径上的下一跳是 IP 地址为 192.1.2.253 的路由器，路由器 R1 接口 2 连接的传输网络直接连接 IP 地址为 192.1.2.253 的路由器接口。

2. IP 地址分类原因

不同类型的单播地址的主要区别在于每一个网络地址表示的有效 IP 地址数，由于每一个终端需要分配唯一的 IP 地址，因此，网络地址表示的有效 IP 地址数也决定了连接在该网络地址指定的网络上的终端数。

不同类型的网络适合连接不同数量的终端。同一类型的网络在不同的应用环境下连接的终端数也不同。因此，可以根据网络需要连接的终端数量分配相应类型的 IP 地址。终端数量与 IP 地址类型之间的关系如下。

终端数量$\leqslant 2^8-2$，为 C 类地址。

$2^8-2<$终端数量$\leqslant 2^{16}-2$，为 B 类地址。

$2^{16}-2<$终端数量$\leqslant 2^{24}-2$，为 A 类地址。

5.2.3 IP 地址分类的缺陷

IP 地址分类似乎解决了不同规模网络的网络地址分配问题，但事实不是如此，IP 地址分类有着严重的缺陷。

1. IP 地址浪费严重

由于单播 IP 地址分为 A、B 和 C 3 类，每一类 IP 地址有着固定位数的网络号和主机号，因此，会导致 IP 地址浪费。例如一个连接 4000 个终端的以太网，需要分配一个 B 类网络地址，但一个 B 类网络地址包含 $2^{16}-2$ 个有效 IP 地址。但 4000 个终端只是使用了 $2^{16}-2$ 个有效 IP 地址中的很小一部分，超过 90% 的有效 IP 地址被浪费了。造成这一问题的原因是固定分类只是将网络规模分为 3 种，而大多数网络规模介于两种网络规模之间，因此，不是网络地址包含的有效 IP 地址数不够，就是只使用了网络地址包含的有效 IP 地址中很小的一部分。如果能够随意确定 32 位 IP 地址中网络号和主机号的位数，适合分配给连接 4000 个终端的以太网的网络地址是网络号为 20 位二进制数，主机号为 12 位二进制数的网络地址,该网络地址包含 $2^{12}-2=4094$ 个有效 IP 地址。但 A、B 和 C 3 类单播地址中不存在网络号为 20 位二进制数,主机号为 12 位二进制数的网络地址。

2. 不能更有效地减少路由项

网络地址减少路由项的原因是可以用一个网络地址表示一组 IP 地址,因而可以用一个网络地址表示一组终端。对于如图 5.9 所示的情况,网络地址 192.1.0.0 表示一组 IP 地址 192.1.0.0～192.1.0.255,网络地址 192.1.1.0 表示一组 IP 地址 192.1.1.0～192.1.1.255。如果将这两组 IP 地址对应的 32 位二进制数展开,如图 5.10 所示,可以发现,这两组 IP 地址对应的 32 位二进制数中的高 23 位维持不变,低 9 位二进制数从全 0 变化到全 1。如果能够随意确定 32 位 IP 地址中网络号和主机号的位数,可以将网络号的位数定为 23 位,主机号的位数定为 9 位,则 IP 地址集合 192.1.0.0～192.1.1.255 可以用一个网络号位数为 23 位的网络地址 192.1.0.0 表示。同样,网络地址 192.1.4.0 和网络地址 192.1.5.0 表示的两组 IP 地址(192.1.4.0～192.1.4.255 和 192.1.5.0～192.1.5.255)可以用一个网络号位数为 23 位的网络地址 192.1.4.0 表示。由此可以得出,如果 32 位 IP 地址中网络号的位数和主机号的位数可以随意改变,用多个分类的网络地址表示的几组 IP 地址可以用一个网络地址表示。当然,由于一个网络地址表示的一组 IP 地址是几个分类的网络地址表示的几组 IP 地址的组合,该网络地址中的网络号位数小于分类的网络地址中网络号的位数。

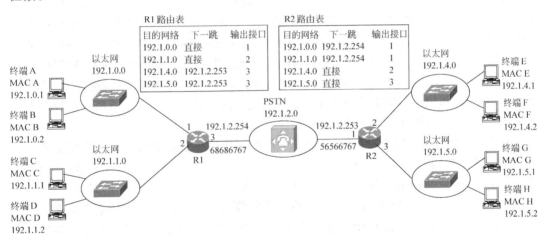

图 5.9　网络地址与路由项二

23位网络号		9位主机号	
11000000 00000001 0000000	0	00000000	192.1.0.0
11000000 00000001 0000000	0	11111111	192.1.0.255
11000000 00000001 0000000	1	00000000	192.1.1.0
11000000 00000001 0000000	1	11111111	192.1.1.255

图 5.10　两组 IP 地址合并成一组 IP 地址

3．C类地址使用率低

由于C类网络地址只能包含2^8-2个有效IP地址，因此，分配C类网络地址的网络所连接的终端数不能超过2^8-2个。由于大部分网络所连接的终端数大于2^8-2个，而且C类IP地址中网络号的位数是24位，使得C类网络地址是数量最多的网络地址，这两点导致C类网络地址成为使用率较低的网络地址，在A类和B类网络地址早已分配殆尽的情况下，仍然存在大量闲置的C类网络地址。实际上，两个高23位网络号相同的C类网络地址可以组合为网络号为23位，包含2^9-2个有效IP地址的网络地址，如图5.10所示。4个高22位网络号相同的C类网络地址可以组合为网络号为22位，包含$2^{10}-2$个有效IP地址的网络地址，如4个C类网络地址192.1.0.0、192.1.1.0、192.1.2.0和192.1.3.0可以组合成包含IP地址集合192.1.0.0～192.1.3.255的网络地址192.1.0.0(22位网络号)。依此类推，高$24-n$位网络号相同的2^n个C类网络地址，可以组合为网络号为$24-n$位，包含$2^{8+n}-2$个有效IP地址的网络地址。当然，这样做的前提是允许任意改变IP地址中网络号和主机号的位数。

5.2.4　无分类编址

1．无分类编址机制

单播IP地址分为A、B和C 3类，每一类IP地址中网络号和主机号的位数是固定的。固定每一类IP地址中网络号和主机号的位数导致IP地址浪费严重、路由项增多和C类网络地址使用率较低等问题。解决上述问题的关键是允许随意改变IP地址中网络号和主机号的位数。无分类编址就是一种允许随意改变IP地址中网络号和主机号位数的编址方式。

无分类编址方式下，32位IP地址中网络号和主机号的位数是可变的，这样做，消除了IP地址的分类，也解决了因为分类带来的种种问题。但这种编址方式必须提出一种用于指明IP地址中作为网络号的二进制数的方法。

无分类编址通过子网掩码指明IP地址中作为网络号的二进制数。子网掩码也是一个32位的二进制数，和IP地址的表示方法一样，用4个用点分隔的十进制数表示，每个十进制数表示8位二进制数。如255.0.0.0，展开成二进制数表示为11111111 00000000 00000000 00000000。子网掩码中值为1的二进制数对应IP地址中作为网络号的二进制数。5.1.1.2/255.0.0.0表示IP地址是5.1.1.2，对应的子网掩码是255.0.0.0，如果将子网掩码展开成二进制数表示，只有高8位二进制数的值为1，其余为0，这就意味着IP地址的高8位为网络号，低24位为主机号。同样，5.1.1.2/255.255.255.0表示IP地址的高24位为网络号，低8位为主机号。

目前还有一种更直接的表示方式是直接给出IP地址中作为网络号的二进制数位数，如5.0.0.0/8、5.1.0.0/16、192.2.0.0/21等，其中，8、16和21分别是IP地址中网络号的位数。更简单的表示方式是省略IP地址中低位连续的0，如5.0.0.0/8可以表示成5/8，5.1.0.0/16可以表示成5.1/16。

2．CIDR地址块

网络地址是一组有着相同网络号的IP地址，该组IP地址只能分配给连接在同一网络上的一组终端。许多情况下,只是需要指定有着相同高 N 位的一组 IP 地址,相同的高 N 位称为该组 IP 地址的 N 位网络前缀。该组 IP 地址可以是一组分配给连接在同一网络上的终端的 IP 地址,也可以是合并几组分配给连接在几个不同网络上的终端的 IP 地址后产生的 IP 地址集合,用 CIDR 地址块表示这样的 IP 地址集合。CIDR(Classless Inter-Domain Routing)是无分类域间路由的英文缩写,其意是可以通过为同一区域分配网络前缀相同的 IP 地址集合,有效减少域间路由项。

用 N 位网络前缀表示一组最高 N 位相同的连续的 IP 地址,网络前缀的表示方式和前面表示网络号的方式相同,可以用子网掩码或数字指定 32 位 IP 地址中网络前缀的位数,但网络前缀和网络号的含义不同,它只是用来表示具有相同网络前缀的一组 IP 地址。如 192.1.0.0/21 表示高 21 位相同的 CIDR 地址块,192.1.0.0 是该 CIDR 地址块的起始地址,称为网络前缀地址,该 CIDR 地址块对应的 IP 地址集合是 192.1.0.0~192.1.7.255。即维持高 21 位不变,低 11 位从全 0 到全 1 的 IP 地址范围。计算过程如图 5.11 所示。

图 5.11　计算 CIDR 地址块表示的 IP 地址集合过程

<网络前缀,主机号>的 IP 地址结构完全取消了原先定义的 A、B、C 3 类 IP 地址的概念。N 位网络前缀的 CIDR 地址块可以分配给单个网络。这种情况下,N 位网络前缀就是该网络的网络号。也可以分配给多个网络,这种情况下,N 位网络前缀只是用来确定 CIDR 地址块的 IP 地址范围。

值得指出的是,如果某个 CIDR 地址块分配给单个网络,和分类地址一样,该 CIDR 地址块中主机号全 0 的 IP 地址作为该网络的网络地址,主机号全 1 的 IP 地址作为该网络的直接广播地址。对于任何有效 IP 地址,网络前缀全 0 的 IP 地址作为该 IP 地址的主机地址。

3. CIDR 地址块的用途

1) 聚合路由项

(1) 路由项聚合过程。

在如图 5.9 所示的网络结构中,C 类网络地址 192.1.0.0 对应的 CIDR 地址块是 192.1.0.0/24(或者 192.1.0.0/255.255.255.0),对应的 IP 地址集合是 192.1.0.0~192.1.0.255。C 类网络地址 192.1.1.0 对应的 CIDR 地址块是 192.1.1.0/24,对应的 IP 地址集合是 192.1.1.0~192.1.1.255。这两组 IP 地址可以组合成高 23 位相同的 IP 地址集合 192.1.0.0~192.1.1.255,如图 5.10 所示。IP 地址集合 192.1.0.0~192.1.1.255 可以用 CIDR 地址块 192.1.0.0/23 表示。同样,C 类网络地址 192.1.4.0 和 192.1.5.0 对应的 CIDR 地址块分别是 192.1.4.0/24 和 192.1.5.0/24,这两组 IP 地址可以组合成高 23 位相同的 IP 地址集合 192.1.4.0~192.1.5.255,如图 5.12 所示,该 IP 地址集合可以用 CIDR 地址块 192.1.4.0/23 表示。因此,路由器 R1 路由表中的两项路由项<192.1.4.0,

192.1.2.253,3>和<192.1.5.0,192.1.2.253,3>由于下一跳和输出接口相同,可以聚合为一个路由项<192.1.4.0/23,192.1.2.253,3>,其中用 CIDR 地址块 192.1.4.0/23 表示组合 C 类网络地址 192.1.4.0 和 192.1.5.0 表示的两组 IP 地址后生成的 IP 地址集合。同样,路由器 R2 路由表中的两个路由项<192.1.0.0,192.1.2.254,1>和<192.1.1.0,192.1.2.254,1>可以聚合为一个路由项<192.1.0.0/23,192.1.2.254,1>。聚合后的路由器 R1 和 R2 路由表如图 5.13 所示。

图 5.12　两组 IP 地址合并成一组 IP 地址

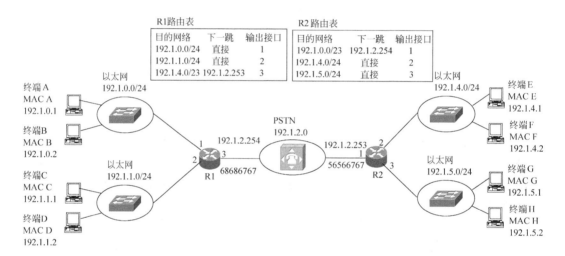

图 5.13　无分类编址与路由项聚合

（2）路由器确定通往指定终端的传输路径的过程。

路由项中的目的网络地址是网络前缀地址,网络前缀地址和表示网络前缀位数的子网掩码(或数字表示的网络前缀位数)一起确定 CIDR 地址块,因此,如果某个路由项中目的网络地址指定的 CIDR 地址块包含该 IP 地址,表明该 IP 地址与该路由项匹配,该路由项中给出的传输路径就是通往地址为该 IP 地址的终端的传输路径。

下面以路由器 R1 确定通往 IP 地址为 192.1.5.2 的终端的传输路径为例,讨论路由器确定通往指定终端的传输路径的过程。

① 计算网络前缀地址。首先用目的网络地址指定的网络前缀位数求出该 IP 地址对应的网络前缀地址,根据网络前缀位数求出该 IP 地址对应的网络前缀地址的过程如下。32 位 IP 地址中网络前缀位数指定的二进制数维持不变,其他二进制数置 0。该过程也可以通过该 IP 地址和表示网络前缀位数的子网掩码之间的"与"运算完成。由于路由器 R1 路由表中第一个路由项中的目的网络地址指定的网络前缀位数为 24,对应的子网掩码为 255.255.255.0,将 IP 地址 192.1.5.2 与子网掩码 255.255.255.0 进行"与"运算,运算过程

如下:

```
  11000000 00000001 00000101 00000010        192.1.5.2
& 11111111 11111111 11111111 00000000        255.255.255.0
  11000000 00000001 00000101 00000000        192.1.5.0
```

② 逐项比较。用求出的该 IP 地址对应的网络前缀地址与路由项中的目的网络地址比较。如果相同,表明该路由项与该 IP 地址匹配;如果不同,比较下一个路由项。由于路由器 R1 路由表中第一个路由项中目的网络地址指定的网络前缀地址是 192.1.0.0,IP 地址 192.1.5.2 根据该路由项指定的 24 位网络前缀求出的网络前缀地址是 192.1.5.0,显然,第一个路由项和 IP 地址 192.1.5.2 不匹配。同样可以得出,第二个路由项和 IP 地址 192.1.5.2 不匹配。第三个路由项中目的网络地址指定的网络前缀位数是 23,对应的子网掩码为 255.255.254.0,将 IP 地址 192.1.5.2 与子网掩码 255.255.254.0 进行"与"运算,运算过程如下:

```
  11000000 00000001 00000101 00000010        192.1.5.2
& 11111111 11111111 11111110 00000000        255.255.254.0
  11000000 00000001 00000100 00000000        192.1.4.0
```

IP 地址 192.1.5.2 根据该路由项指定的 23 位网络前缀求出的网络前缀地址是 192.1.4.0,与该路由项中目的网络地址指定的网络前缀地址相同,因此,与 IP 地址 192.1.5.2 匹配的路由项是<192.1.4.0/23,192.1.2.253,3>。

2) 将 CIDR 地址块划分为多个网络地址

一个网络前缀位数为 n 的 CIDR 地址块由 2^{32-n} 个 IP 地址组成,该 CIDR 地址块可以划分为两个网络前缀位数为 $n+1$ 的 CIDR 地址块,每一个 CIDR 地址块由 2^{32-n-1} 个 IP 地址组成。如 CIDR 地址块 192.1.4.0/23 可以划分为两个 CIDR 地址块 192.1.4.0/24 和 192.1.5.0/24。CIDR 地址块 192.1.4.0/23 由 2^9 个 IP 地址组成,而 CIDR 地址块 192.1.4.0/24 和 192.1.5.0/24 分别由 2^8 个 IP 地址组成。依此类推,网络前缀位数为 n 的 CIDR 地址块可以划分为 2^i 个网络前缀位数为 $n+i$ 的 CIDR 地址块,每一个 CIDR 地址块由 2^{32-n-i} 个 IP 地址组成。

下面通过一个实例给出将 CIDR 地址块划分为多个网络地址的过程。

假定 CIDR 地址块是 192.1.2.0/24,需要将其分配给 6 个子网,每一个子网连接的终端数如下:子网 1 连接 20 台计算机,子网 2 连接 12 台计算机,子网 3 连接 45 台计算机,子网 4 连接 27 台计算机,子网 5 连接 5 台计算机,子网 6 连接 11 台计算机。CIDR 地址块 192.1.2.0/24 需要划分为 6 个 CIDR 地址块,每一个 CIDR 地址块包含的 IP 地址数量是不同的,与对应子网连接的终端数有关,如分配给子网 1 的 CIDR 地址块包含的 IP 地址数必须 ≥20+2,以此保证至少有 20 个有效 IP 地址。划分 CIDR 地址块的过程是增加网络前缀位数,相应减少主机号位数的过程。CIDR 地址块 192.1.2.0/24 划分为 6 个 CIDR 地址块的过程如下:

00000000~**00**111111(0~63)分配给子网 3 中的 45 台计算机,网络地址为 192.1.2.0/26。

01000000~**010**11111(64~95)分配给子网 4 中的 27 台计算机,网络地址为 192.1.2..64/27。

01100000～01111111（96～127）分配给子网1中的20台计算机，网络地址为192.1.2.96/27。

10000000～10001111（128～143）分配子网2中的12台计算机，网络地址为192.1.2.128/28。

10010000～10011111（144～159）分配给子网6中的11台计算机，网络地址为192.1.2.144/28。

10100000～10100111（160～167）分配给子网5中的5台计算机，网络地址为192.1.2.160/29。

下面给出实现上述CIDR地址块划分过程的思路，终端数最多的子网3连接45台计算机（图5.14(a)中用"子网3(45)"表示），需要6位二进制数表示主机号，将CIDR地址块192.1.2.0/24等分为4个网络前缀位数为26，主机号位数为6的CIDR地址块，每一个CIDR地址块包含64(2^6)个IP地址。这4个CIDR地址块中的高24位是相同的，是CIDR地址块192.1.2.0/24中的24位网络前缀，3段十进制数表示是192.1.2。原来作为主机号的8位二进制数中的最高2位作为划分后的4个CIDR地址块的第25位和第26位网络前缀，4个CIDR地址块的第25位和第26位网络前缀分别为00、01、10和11，对应的CIDR地址块分别是192.1.2.0/26、192.1.2.64/26、192.1.2.128/26和192.1.2.192/26。第25位和第26位网络前缀为00的CIDR地址块192.1.2.0/26分配给子网3，如图5.14(a)所示。

子网4和子网1连接的计算机数量分别是27和20（图5.14(a)中分别用"子网4(27)"和"子网1(20)"表示），需要5位二进制数表示主机号，第25位和第26位网络前缀为01的CIDR地址块可以分成两个网络前缀位数为27，主机号位数为5的CIDR地址块，这两个CIDR地址块的高26位相同，第27位分别是0和1，对应的CIDR地址块分别是192.1.2.64/27和192.1.2.96/27，每一个CIDR地址块包含32(2^5)个IP地址，这两个CIDR地址块分别分配给子网4和子网1，如图5.14(a)所示。

子网2和子网6连接的计算机数量分别是12和11（图5.14(a)中分别用"子网2(12)"和"子网6(11)"表示），需要4位二进制数表示主机号，第25位和第26位网络前缀为10的CIDR地址块可以分成4个网络前缀位数为28，主机号位数为4的CIDR地址块，这4个CIDR地址块的高26位相同，第27位和第28位分别是00、01、10和11，对应的CIDR地址块分别是192.1.2.128/28、192.1.2.144/28、192.1.2.160/28和192.1.2.176/28，每一个CIDR地址块包含16(2^6)个IP地址，前两个CIDR地址块分别分配给子网2和子网6，如图5.14(a)所示。

子网5连接的计算机数量是5（图5.14(a)中分别用"子网5(5)"表示），需要3位二进制数表示主机号。第27位和第28位网络前缀为10的CIDR地址块又可以划分为两个网络前缀位数为29，主机号位数为3的CIDR地址块192.1.2.160/29和192.1.2.168/29，将其中一个CIDR地址块分配给子网5，如图5.14(a)所示。

由于CIDR地址块192.1.2.0/24涵盖了分配给6个子网的IP地址集合，因此，图5.14(b)中的路由器R1只需给出一个路由项<192.1.2.0/24，192.1.1.1，1>，表明只要终端IP地址的高24位等于192.1.2，通往该终端的传输路径上的下一跳是IP地址为192.1.1.1的路由器R2。路由器R2对每一个子网均需给出一个路由项，且目的网络字段值给出的CIDR地址块必须包含分配给该子网的全部IP地址。

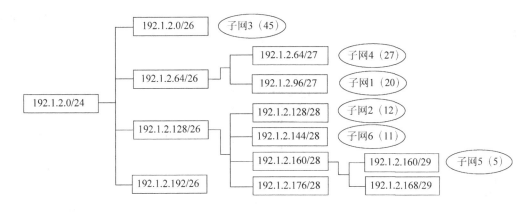

(a) CIDR地址块划分过程

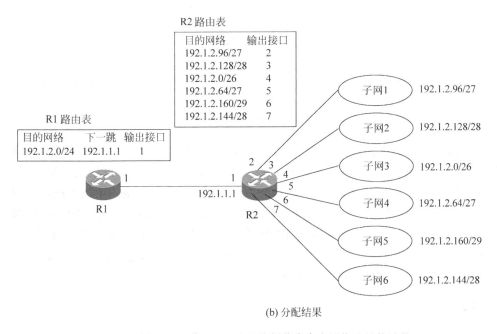

(b) 分配结果

图 5.14　将 CIDR 地址块划分为多个网络地址的过程

4. 最长前缀匹配

由于 IP 地址 192.1.2.150 属于 CIDR 地址块 192.1.2.0/24,路由器 R1 确定路由项 <192.1.2.0/24,192.1.1.1,1>与 IP 地址 192.1.2.150 匹配。同样,由于 IP 地址 192.1.2.150 属于 CIDR 地址块 192.1.2.144/28,路由器 R2 确定路由项<192.1.2.144/28,7>与 IP 地址 192.1.2.150 匹配。

如果图 5.14 中的子网 6 既要提高访问外部网络的速度,但又不想改变自己的配置和访问其他子网的速度,则采用同时连接路由器 R1 和 R2 的方式,如图 5.15 所示。这种情况下,路由器 R1 中的路由项变为两项,分别指向路由器 R1 和子网 6。当路由器 R1 需要确定通往 IP 地址为 192.1.2.150 的终端的传输路径时,发现该 IP 地址与目的网络字段值为

192.1.2.0/24 和 192.1.2.144/28 的两项路由项匹配,路由器 R1 如何确定最终匹配的路由项?

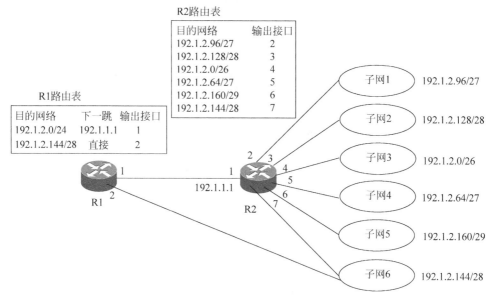

图 5.15   最长前缀匹配过程

显然,路由器 R1 应该选择直接连接子网 6 的传输路径,这也是子网 6 直接连接路由器 R1 的原因。路由器 R1 用最长前缀匹配来确定传输路径的优先级。最长前缀匹配是指,如果有多个路由项与某个 IP 地址匹配,比较这些路由项中目的网络指定的 CIDR 地址块的网络前缀位数,选择网络前缀位数最大的路由项作为最终与该 IP 地址匹配的路由项。路由器 R1 匹配的两个路由项中,一个路由项中的目的网络是 192.1.2.0/24,网络前缀位数是 24,另一个路由项中的目的网络是 192.1.2.144/28,网络前缀位数是 28,选择目的网络是 192.1.2.144/28 的路由项作为最终匹配的路由项。

5. 默认路由项

如果某个 IP 地址和路由表中所有路由项均不匹配,选择默认路由项指定的传输路径。默认路由项的目的网络为 0.0.0.0,对应的子网掩码为 0.0.0.0,由于所有 IP 地址与子网掩码 0.0.0.0“与”运算后的结果都是 0.0.0.0,因此,所有 IP 地址均与该路由项匹配。

当通往多个网络的传输路径具有相同的下一跳时,可用一项默认路由项指明通往这些网络的传输路径。如图 5.16 所示的互连网络中,内部网络通过路由器 R1 连接 Internet,由于 Internet 由无数个网络组成,如果在路由表中详细列出 Internet 中所有网络对应的路由项,路由项数目将十分庞大。根据图 5.16 所示的互连网络结构,路由器 R2 通往 Internet 的传输路径有唯一的下一跳——路由器 R1,因此,除了指明通往内部网络的传输路径的路由项外,可用一项默认路由项指明通往 Internet 的传输路径。如果某个 IP 地址和 3 个内部网络的网络地址都不匹配,意味着该 IP 地址标识的目的终端位于 Internet,路由器 R2 选择通往 Internet 的传输路径作为通往该目的终端的传输路径。

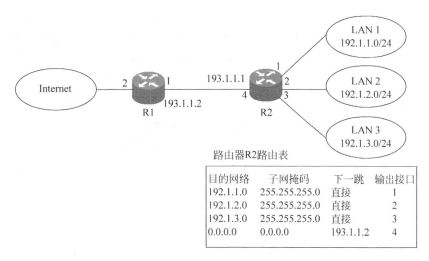

路由器R2路由表

目的网络	子网掩码	下一跳	输出接口
192.1.1.0	255.255.255.0	直接	1
192.1.2.0	255.255.255.0	直接	2
192.1.3.0	255.255.255.0	直接	3
0.0.0.0	0.0.0.0	193.1.1.2	4

图 5.16　默认路由项功能

6.IP 地址分配机制

采用无分类编址后,可以最大程度地聚合路由项,减少路由表中路由项的数量。但路由表中只有满足以下两个条件的这些路由项才允许聚合:一是这些路由项的目的网络可以用单个 CIDR 地址块涵盖,二是这些路由项有相同的下一跳。因此,为了最大程度地减少路由项,分配 IP 地址时,尽可能使得相同区域的 IP 地址有相同的网络前缀。例如,对于如图 5.17 所示的 Internet 结构,位于欧洲的边界路由器 R1 将所有目的地是亚洲的 IP 分组转发给亚洲的边界路由器 R2。如果分配给亚洲的 IP 地址有相同的网络前缀,路由器 R1 可以用一个路由项指明通往亚洲的传输路径。

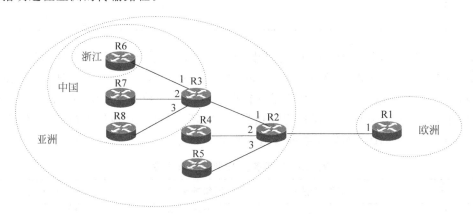

图 5.17　路由项聚合过程

路由器 R2 将所有目的地是中国的 IP 分组转发给中国的边界路由器 R3。如果分配给中国的 IP 地址有相同的网络前缀,路由器 R2 可以用一个路由项指明通往中国的传输路径。值得说明的是,由于中国属于亚洲,因此,标识中国的网络前缀中包含标识亚洲的网络前缀。

路由器 R3 将所有目的地是浙江的 IP 分组转发给浙江的边界路由器 R6。如果分配给浙江的 IP 地址有相同的网络前缀,路由器 R3 可以用一个路由项指明通往浙江的传输路径。值得说明的是,由于浙江属于中国,因此,标识浙江的网络前缀中包含标识中国的网络前缀。

如表 5.1 所示,所有分配给亚洲的 IP 地址有相同的 4 位网络前缀 0001,因此,32 位 IP 地址中,最高 4 位(0～3 位)网络前缀 0001 成为亚洲标识符,欧洲边界路由器 R1 将所有目的 IP 地址中最高 4 位值等于 0001 的 IP 分组转发给亚洲边界路由器 R2。

表 5.1　各洲 IP 地址分配方案

区　　域	网络前缀位数	网络前缀字段值	CIDR 地址块
亚洲	4	0001	16.0.0.0/4
欧洲	4	0010	32.0.0.0/4
美洲	4	0011	48.0.0.0/4
非洲	4	0100	64.0.0.0/4
大洋洲	4	0101	80.0.0.0/4

如表 5.2 所示,分配给亚洲的 IP 地址中,增加 4～7 位作为亚洲国家标识符,例如用 0001 标识中国,因此,可以用最高 8 位(0～7 位)网络前缀 00010001 唯一标识中国。其中最高 4 位(0～3 位)0001 用于唯一标识亚洲,4～7 位 0001 用于在分配给亚洲的 IP 地址中唯一标识中国。亚洲边界路由器 R2 将所有目的 IP 地址中最高 8 位值等于 00010001 的 IP 分组转发给中国边界路由器 R3。

表 5.2　亚洲各国 IP 地址分配方案

国　　家	网络前缀位数	网络前缀字段值	CIDR 地址块
中国	8	00010001	17.0.0.0/8
越南	8	00010010	18.0.0.0/8
日本	8	00010011	19.0.0.0/8
⋮	⋮	⋮	⋮

如表 5.3 所示,分配给中国的 IP 地址中,增加 8～14 位作为省标识符,例如用 0000001 标识浙江,因此,可以用最高 15 位(0～14 位)网络前缀 000100010000001 唯一标识浙江。其中最高 8 位(0～7 位)00010001 用于唯一标识中国,8～14 位 0000001 用于在分配给中国的 IP 地址中唯一标识浙江。中国边界路由器 R3 将所有目的 IP 地址中最高 15 位值等于 000100010000001 的 IP 分组转发给浙江边界路由器 R6。

表 5.3　中国各省 IP 地址分配方案

省	网络前缀位数	网络前缀字段值	CIDR 地址块
浙江	15	00010001 0000001	17.2.0.0/15
江苏	15	00010001 0000010	17.4.0.0/15
湖南	15	00010001 0000011	17.6.0.0/15
⋮	⋮	⋮	⋮

因此,欧洲边界路由器可以用一个路由项指明通往亚洲的传输路径,如表 5.4 所示。亚洲边界路由器可以用一个路由项指明通往中国的传输路径,如表 5.5 所示。中国边界路由器可以用一个路由项指明通往浙江的传输路径,如表 5.6 所示。

表 5.4 R1 路由表

目 的 网 络	子 网 掩 码	下 一 跳	输 出 接 口
16.0.0.0	240.0.0.0	R2	1

表 5.5 R2 路由表

目 的 网 络	子 网 掩 码	下 一 跳	输 出 接 口
7.0.0.0	255.0.0.0	R3	1
18.0.0.0	255.0.0.0	R4	2
19.0.0.0	255.0.0.0	R5	3

表 5.6 R3 路由表

目 的 网 络	子 网 掩 码	下 一 跳	输 出 接 口
17.2.0.0	255.254.0.0	R6	1
17.4.0.0	255.254.0.0	R7	2
17.6.0.0	255.254.0.0	R8	3

7. 例题解析

【例 5.1】 CIDR 地址块 59.67.159.0/27、59.67.159.32/27 和 59.67.159.64/26 聚合后可用的有效 IP 地址数为_____。

    A. 126   B. 186   C. 188   D. 254

【解析】 可以将 CIDR 地址块 59.67.159.0/27 和 59.67.159.32/27 聚合为 CIDR 地址块 59.67.159.0/26，聚合过程如下：

    59.67.159.0/27

```
00111011 01000011 10011111 000 | 00000 59.67.159.0
00111011 01000011 10011111 000 | 11111 59.67.159.31
        27位网络前缀
```

    59.67.159.32/27

```
00111011 01000011 10011111 001 | 00000 59.67.159.32
00111011 01000011 10011111 001 | 11111 59.67.159.63
        27位网络前缀
```

    59.67.159.0/26

```
00111011 01000011 10011111 00 | 00000 59.67.159.0
00111011 01000011 10011111 00 | 11111 59.67.159.63
        26位网络前缀
```

可以将 CIDR 地址块 59.67.159.0/26 和 59.67.159.64/26 聚合为 CIDR 地址块 59.67.159.0/25，聚合过程如下：

    59.67.159.0/26

```
00111011 01000011 10011111 00 | 000000 59.67.159.0
00111011 01000011 10011111 00 | 111111 59.67.159.63
        26位网络前缀
```

    59.67.159.64/26

```
00111011 01000011 10011111 01 | 00000 59.67.159.64
00111011 01000011 10011111 01 | 11111 59.67.159.127
        26位网络前缀
```

    59.67.159.0/25

```
00111011 01000011 10011111 0 | 0000000 59.67.159.0
00111011 01000011 10011111 0 | 1111111 59.67.159.127
        25位网络前缀
```

CIDR 地址块 59.67.159.0/25 的有效 IP 地址数为 $2^7-2=126$。因此，答案为 A。

【例 5.2】 计算并填写表 5.7。

表 5.7 例 5.2 用表

IP 地 址	191.173.21.9
子网掩码	255.240.0.0
网络地址	
直接广播地址	
主机地址	
CIDR 地址块中最后一个可用 IP 地址	

【解析】 将子网掩码 255.240.0.0 展开为 32 位二进制数：11111111 11110000 00000000 00000000，32 位二进制数由高 12 位连续 1 和低 20 位连续 0 组成，表示 32 位 IP 地址 191.173.21.9 中，高 12 位是网络号，低 20 位是主机号。

将 32 位 IP 地址 191.173.21.9 展开为 32 位二进制数 **10111111 1010**1101 00010101 00001001，其中高 12 位为网络号，低 20 位为主机号。

网络地址是将 32 位 IP 地址中的主机号全部置 0 后的结果。因此，网络地址如下：**10111111 1010**0000 00000000 00000000，点分十进制表示是 191.160.0.0。

直接广播地址是将 32 位 IP 地址中的主机号全部置 1 后的结果。因此，直接广播地址如下：**10111111 1010**1111 11111111 11111111，点分十进制表示是 191.175.255.255。

主机地址是将 32 位 IP 地址中的网络号全部置 0 后的结果。因此，主机地址如下：**00000000 0000**1101 00010101 00001001，点分十进制表示是 0.13.21.9。

CIDR 地址块中最后一个可用 IP 地址是直接广播地址减 1 后的结果，为 191.175.255.254。

【例 5.3】 计算并填写表 5.8。

表 5.8 例 5.3 用表

IP 地 址	
子网掩码	
网络地址	
直接广播地址	
主机地址	0.24.37.9
CIDR 地址块中最后一个可用 IP 地址	191.159.255.254

【解析】 将 IP 地址中属于网络号的二进制数置 0 后的结果是主机地址，因此，主机地址中从最高位开始，自值不为 0 的二进制数以后的二进制数都是属于主机号的二进制数。但主机地址中高位为 0 的二进制数未必都是属于网络号的二进制数，有可能是主机号中值为 0 的高位。因此，可以根据主机地址得出以下结果：

00000000 00011000 00100101 00001001 （0.24.37.9）

xxxxxxxx xxxhhhhh hhhhhhhh hhhhhhhh

其中，x 表示待定，h 表示是属于主机号的二进制数。

最后一个可用 IP 地址是直接广播地址减 1 后的结果，由于直接广播地址是将属于主号的二进制数置 1 后的结果,因此,直接广播地址中,从最低位开始,自值为 0 的二进制数以后的二进制数都是属于网络号的二进制数。但从最低位开始,值为 1 的二进制数未必都是属于主机号的二进制数,有可能是网络号中值为 1 的低位。因此,可以根据最后一个可用的IP 地址得出以下结果:

    10111111 10011111 11111111 11111110 （最后一个可用的 IP 地址 191.159.255.254）

    10111111 10011111 11111111 11111111 （直接广播地址 191.159.255.255）

    nnnnnnnn nnnxxxxx xxxxxxxx xxxxxxxx

其中,x 表示待定,n 表示是属于网络号的二进制数。

比较根据主机地址得出的结果和根据最后一个可用的 IP 地址得出的结果,确定 32 位IP 地址中最高 11 位二进制数 10111111 100 是属于网络号的二进制数,最低 21 位二进制数11000 00100101 00001001 是属于主机号的二进制数。得出 IP 地址和子网掩码是 191.152.37.9/255.224.0.0。由此可以得出表 5.8 中其他空格处的值。

5.2.5　IP 分组格式

1. 首部字段

IP 分组由首部和数据两部分组成。首部由 20B 的固定项和可变长度的可选项组成。IP 分组首部格式如图 5.18 所示。

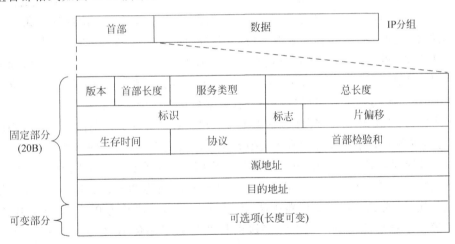

图 5.18　IP 分组首部格式

下面介绍 IP 分组首部中各字段的含义。

（1）版本:4b 版本字段给出 IP 分组所属 IP 协议的版本。由于每一个 IP 分组都含有版本字段,因此允许不同版本的 IP 协议可同时在一个互连网络内运行。目前存在两种版本的 IP 协议:IPv4 和 IPv6,其版本号分别为 4 和 6。这里只讨论 IPv4,第 10 章讨论 IPv6。

（2）首部长度:4b 首部长度字段以 32 位字(4B)为单位给出 IP 首部的实际长度。由于首部的长度不是固定的,需要用首部长度字段给出 IP 首部长度。字段最小值为 5,用于没有可选项的情况。由于 IP 首部长度的基本单位是 4B,意味着首部固定部分长度为 20B。最大值为 15,这就将首部长度限制在 60B 内,意味着可选项长度不能超过 40B。

（3）服务类型：8b 服务类型字段允许终端告诉网络它希望得到的服务,可以通过服务类型字段指定 IP 分组的速度要求、可靠性要求及各种要求的组合。服务类型字段从左到右包括 3 位优先级位、3 位标志位（D、T、R）和目前没有使用的 2 位。3 位优先级位表示从 0（普通报文）到 7（网络控制报文）8 个分组优先级,优先级高的 IP 分组优先得到服务。3 位标志位允许终端指定最希望得到的服务。允许指定的服务是：D—时延,T—吞吐率（实际测量到的瞬时传输速率,或是一段时间内的平均传输速率）,R—可靠性。D＝1 表示该 IP 分组特别要求短的时延,T＝1 表示该 IP 分组特别要求高的吞吐率,R＝1 表示该 IP 分组要求尽可能不被损坏或丢弃。这些标志位可以帮助路由器选择对应的传输路径。实际上,早先的路由器一般都不考虑这些标志位,目前为支持多媒体应用,路由器开始支持服务分类（COS）。1998 年,该字段改为区分服务字段,但只有支持区分服务（DiffServ）的网络使用该字段。

（4）总长度：16b 总长度字段以字节为单位给出包括首部和数据的 IP 分组的长度,最大长度值为 65 535B。

（5）标识：16b 标识字段用于标识属于同一 IP 分组的数据片,属于同一 IP 分组的数据片具有相同的标识字段值。发送端维持一个计数器,每发送一个 IP 分组,计数器加 1,计数器的值就作为 IP 分组的标识字段值。

（6）标志：3b 标志字段包含 1 位保留位、1 位标志位 DF 和 1 位标志位 MF。DF 位置 1 要求不能对 IP 分组分片,禁止路由器把 IP 分组分片成多个数据片。一旦 IP 分组中的 DF 位置 1,表明该 IP 分组只能作为单个数据片传送,这就要求路由器即使选择一条并不是最佳的传输路径,也要避开只能传输长度很短的 IP 分组的传输网络。要求所有传输网络至少能传输小于 576B 的 IP 分组。MF 位置 0 表示是若干数据片中最后一个数据片,除最后一个数据片外,IP 分组分片后所生成的所有其他数据片都必须将 MF 位置 1。MF 位用于让接收端判别某个 IP 分组分片后所生成的所有数据片是否已全部接收到。

（7）片偏移：13b 片偏移字段以 8B 为单位给出该数据片在分片前的原始数据中的起始位置。因此,除最后数据片以外的所有其他数据片的长度必须是 8B 的倍数。

（8）生存时间：字段长度为 8b。此字段是用于限制 IP 分组存在时间的一个计数器,假定该计数器以秒为单位计数,IP 分组允许存在的最长时间为 255s。目前,该字段只是作为最大跳数使用,IP 分组每经过一跳路由器,该字段值减 1,当值减为 0 时,丢弃该 IP 分组并发送一个警告消息给源终端。设置该字段的目的是为了避免 IP 分组在网络上无休止地漂荡。

（9）协议：字段长度为 16b。IP 分组中的数据是上层协议数据单元（Protocol Data Unit,PDU）,协议字段值给出了作为 IP 分组数据的 PDU 的协议类型,例如,协议字段值 6 表示 IP 分组中的数据是 TCP 报文,协议字段值 17 表示 IP 分组中的数据是 UDP 报文。协议字段的作用是确定处理该 IP 分组中数据的进程,即上层协议进程。TCP 进程和 UDP 进程是最有可能处理该 IP 分组中数据的进程。

（10）首部检验和：字段长度为 16b,对首部用检验和算法计算出的检错码,用于检测首部传输过程中发生的错误。每一跳路由器需要重新计算首部检验和,因为每经过一跳路由器,至少改变了一个首部字段值（生存时间字段）。

（11）源地址和目的地址：字段长度分别为 32b。源地址字段给出了源终端的 IP 地址,目的地址字段给出了目的终端的 IP 地址。

（12）可选项：设计该字段的目的如下。

① 允许以后协议版本提供原始设计中遗漏的信息；

② 允许经验丰富的人试验一些新的想法；

③ 避免在报文首部中固定分配一些并不常用的信息字段。

可选项长度可变。目前，定义了以下 5 种可选项。

① 保密：该选项给出如何保密 IP 分组。和军事应用有关的路由器可以用该选项来避开某些认为不安全的国家或地区。实际上，所有路由器都忽略该选项。

② 严格源站选路：该选项给出从源终端到目的终端完整传输路径的 IP 地址列表，IP 分组必须严格遵循给出的传输路径。系统管理员可以用这种功能在路由器路由表损坏的情况下发送紧急 IP 分组，或者用于发送测量时间参数的 IP 分组。

③ 不严格源站选路：该选项要求 IP 分组一定要经过列表中指定的路由器，并按指定的顺序经过。但允许通过传输路径上别的路由器。通常通过该选项指定少数几个路由器来强迫 IP 分组经过某一特殊传输路径。例如，强迫从伦敦到悉尼的 IP 分组经过美国西部而不是东部时，选项可指定 IP 分组必须经过纽约、洛杉矶、檀香山的路由器。当出于某种政治或经济考虑，需要 IP 分组经过或避开某些地区或国家时，可用该选项。

④ 记录路由：该选项要求所有经过的路由器把它们的 IP 地址添加到该选项字段中，通过记录路由，可以帮助系统管理员查出路由算法中的一些问题。由于 ARPA 网刚建立时，IP 分组经过的路由器最多不超过 9 个，因此用 40B 记录经过的路由器已经很充足了，但对现在的 Internet 来说，用 40B 记录经过的路由器则远远不够了。

⑤ 时间戳：该选项基本上与记录路由选项一样，不同的是，除记录 32 位 IP 地址外，还记录 32 位时间戳。该选项也主要用于诊断路由算法发生的错误。

IP 分组首部的可选项有很强的了解、管理网络的功能，常常被用来作为侦察网络的工具。为了网络的安全性，路由器需要关闭对一些可选项的支持功能。

2. 分片

传输网络链路层帧净荷字段允许的最大长度称为最大传送单元（Maximum Transfer Unit，MTU），如以太网的 MTU 为 1500B，如果 IP 分组长度超过传输该 IP 分组的传输网络的 MTU，必须将 IP 分组分片。分片是将 IP 分组净荷字段中的数据分割为多个数据片的过程，除了最后一个数据片，其他数据片的长度必须是 8B 的整数倍。每一个数据片加上 IP 首部构成 IP 分组，必须保证分片后的数据片长度和 IP 首部长度之和小于传输网络的 MTU。通常情况下，除最后一个数据片，其他数据片长度的分配原则是：应是 8 的倍数，且加上 IP 首部后尽量接近 MTU。为了标识这些由分片同一个 IP 分组净荷字段中的数据产生的 IP 分组序列，这些 IP 分组必须具有相同的标识字段值。为了在目的端将这些 IP 分组中净荷字段包含的数据片重新还原为原始数据，这些 IP 分组中的每一个 IP 分组必须在片偏移字段中给出该 IP 分组包含的数据片在原始数据中的起始位置。为了让目的端确定所有数据片对应的 IP 分组是否均已到达，必须标志最后一个数据片对应的 IP 分组。分片过程如图 5.19 所示，4000B 数据被分成 3 个数据片，长度分别是 1480B、1480B 和 1040B。这 3 个数据片在原始数据中的起始位置分别是 0、1480 和 2960，求出对应的片偏移分别是 0/8＝

0、1480/8＝185 和 2960/8＝370。

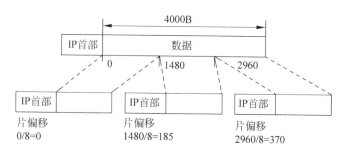

图 5.19　分片过程

【例 5.4】　终端 A 和终端 B 之间的传输路径由网络 1、网络 2 和网络 3 组成，其中网络 1 的 MTU＝1500B，网络 2 的 MTU＝800B，网络 3 的 MTU＝420B，假定终端 A 传输给终端 B 的数据的长度为 1440B，给出终端 A 及传输路径经过的各个路由器分片数据的过程。

【解析】　终端 A 及传输路径经过的路由器分片数据的过程如图 5.20 所示。终端 A 生成的 IPv4 分组的总长度为 1460B（包括 20B 首部和 1440B 净荷），由于终端 A 连接路由器 R1 的链路的 MTU＝1500B，终端 A 可以直接将总长度为 1460B 的 IP 分组传输给路由器 R1。当路由器 R1 向路由器 R2 传输该 IP 分组时，发现输出链路的 MTU＝800B，需要对 IP 分组进行分片操作。路由器 R1 将 IP 分组的净荷分片成两个数据片，两个数据片的长度分别为 776B 和 664B，加上 20B 的 IPv4 首部后，分别构成两个总长度分别为 796B（20B 首部＋776B 净荷）和 684B 的 IPv4 分组。这两个 IPv4 分组的标识符字段值相同，第二个 IPv4 分组的片偏移＝776/8＝97。同样，当路由器 R2 向终端 B 传输这两个 IP 分组时，发现输出链路的 MTU＝420B，路由器 R2 需要再一次对这两个 IPv4 分组进行分片操作，776B 的数据片被分片成长度分别为 400B 和 376B 的两个数据片，同样，664B 数据片被分片成长度分别为 400B 和 264B 的两个数据片，这 4 个数据片加上 IP 首部后构成 4 个 IP 分组，原来 M 标志位为 1 的 IPv4 分组分片后生成的 IPv4 分组序列的 M 标志位都为 1。原来 M 标志位为 0 的 IPv4 分组分片后生成的 IPv4 分组序列，除由最后一个数据片构成的 IPv4 分组外，其他 IPv4 分组的 M 标志位也都为 1。这些 IPv4 分组的标识字段值都相同，图 5.20 中每一个 IP 分组首部中的片偏移给出净荷中的数据片在原始净荷中的位置。

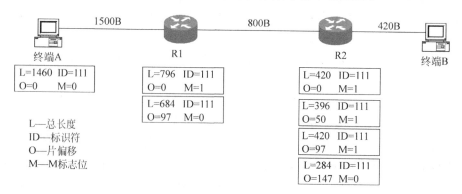

图 5.20　分片数据过程

5.3 路由表和 IP 分组传输过程

终端配置的默认网关地址和路由器中的路由表确定了连接在任意类型网络上的两个终端之间的 IP 传输路径,源终端发送给目的终端的 IP 分组沿着源终端至目的终端的 IP 传输路径,经过路由器逐跳转发,到达目的终端。

5.3.1 互联网结构与路由表

互联网是指由不同网络互连而成的网际网,网际层将任何两个分配不同网络地址的网络作为两个不同的网络,因此,两个类型不同且分配不同网络地址的传输网络,两个物理上独立且分配不同网络地址的以太网,两个共享同一物理以太网但逻辑上相互独立且分配不同网络地址的 VLAN 等,都是两个不同的网络。对于连接在相同物理网络上的两组终端,只要这两组终端分配了网络地址不同的 IP 地址,这两组终端就属于两个不同的网络。必须通过路由器或三层路由设备实现不同网络之间的互连,即如果两个终端分配了网络地址不同的 IP 地址,这两个终端之间的传输路径必须包含路由器或三层路由设备。

1. 互联网结构

互联网结构如图 5.21 所示,3 个路由器互连 4 个网络,为了着重讨论终端 A 与终端 B 之间的数据传输过程,图中只是详细给出 LAN1 和 LAN2 的网络地址。连接在 LAN1 上的终端和路由器接口分配的 IP 地址必须属于 CIDR 地址块 192.1.1.0/24。同样,连接在 LAN2 上的终端和路由器接口分配的 IP 地址必须属于 CIDR 地址块 192.1.2.0/24。路由器每一个接口分配的 IP 地址和子网掩码确定该路由器接口连接的网络的网络地址。由于路由器 R1 连接 LAN1 的接口分配的 IP 地址和子网掩码分别是 192.1.1.254 和 255.255.255.0,因此得出 LAN1 的网络地址为 192.1.1.0/24。同样,路由器 R3 连接 LAN2 的接口分配的 IP 地址和子网掩码分别是 192.1.2.254 和 255.255.255.0,因此得出 LAN2 的网络地址为 192.1.2.0/24。路由器连接不同网络的接口必须分配网络地址不同的 IP 地址。

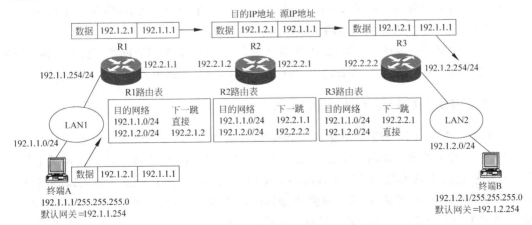

图 5.21 IP 分组传输过程

2．路由表

路由器中的路由表给出连接在不同网络上的终端之间的 IP 传输路径，IP 传输路径由终端与路由器组成。例如终端 A 至终端 B 的 IP 传输路径为：终端 A→路由器 R1→路由器 R2→路由器 R3→终端 B。因为 192.1.1.254 是路由器 R1 连接 LAN1 的接口的 IP 地址，终端 A 根据配置的默认网关地址 192.1.1.254 确定终端 A 至终端 B 的 IP 传输路径上的下一跳是路由器 R1。路由器 R1 根据路由表确定通往终端 B 的 IP 传输路径上的下一跳是路由器 R2。路由器 R1 用终端 B 的 IP 地址检索路由表，确定路由表中与 IP 地址 192.1.2.1 匹配的路由项是< 192.1.2.0/24，192.2.1.2 >，下一跳 IP 地址 192.2.1.2 是路由器 R2 连接路由器 R1 的接口的 IP 地址。由于路由器 R3 路由表中与 IP 地址 192.1.2.1 匹配的路由项是< 192.1.2.0/24，直接>，下一跳是直接表示终端 B 连接在路由器 R3 直接连接的网络上，因此，路由器 R3 确定通往终端 B 的 IP 传输路径上的下一跳是终端 B 自身。

5.3.2　IP 分组传输过程

为了更深刻地理解路由表的作用，详细讨论图 5.21 中终端 A 至终端 B 的 IP 分组传输过程。

1．确定源和目的终端是否在同一个网络

终端 A 向终端 B 传输数据前，必须先获取终端 B 的 IP 地址，然后将数据封装成以终端 A 的 IP 地址 192.1.1.1 为源 IP 地址、以终端 B 的 IP 地址 192.1.2.1 为目的 IP 地址的 IP 分组，在进行 IP 分组传输前，先确定终端 B 是否和终端 A 位于同一个网络，步骤如下：

（1）终端 A 根据自己的 IP 地址 192.1.1.1 和子网掩码 255.255.255.0，求出网络地址 192.1.1.0/24。

（2）终端 A 根据终端 B 的 IP 地址 192.1.2.1 和自己的子网掩码 255.255.255.0，求出终端 B 的网络地址 192.1.2.0/24。

（3）比较两个网络地址。

- 如果两个网络地址相同，说明终端 A 和终端 B 位于同一个网络，终端 A 至终端 B 的 IP 分组传输过程无须经过路由器。
- 如果两个网络地址不相同，说明终端 A 和终端 B 位于不同的网络，终端 A 将 IP 分组传输给终端 A 至终端 B 的 IP 传输路径上的第一跳路由器。

2．根据默认网关地址找到第一跳路由器

一旦确定终端 B 和终端 A 不在同一个网络，终端 A 将 IP 分组转发给终端 A 至终端 B 的 IP 传输路径上的第一跳路由器，该路由器的 IP 地址通过终端 A 配置的默认网关地址获得。如果连接终端 A 和第一跳路由器的网络是以太网，必须将 IP 分组封装成以终端 A 的 MAC 地址为源 MAC 地址、以第一跳路由器连接以太网的端口的 MAC 地址为目的 MAC 地址的 MAC 帧，然后将 MAC 帧通过以太网传输给第一跳路由器，IP 分组经过以太网实现当前跳至下一跳的传输过程在 5.4 节中详细讨论。

3. 路由器逐跳转发

IP分组到达路由器R1后，路由器R1根据IP分组的目的IP地址和路由表中的路由项确定该IP分组的下一跳路由器，步骤如下：

（1）对应每一项路由项，根据路由项的子网掩码，求出目的IP地址对应的网络地址。由于路由器R1中每一个路由项中的目的网络字段给出的网络前缀位数都是24，目的IP地址根据不同路由项的子网掩码求出的网络地址是相同的，都是192.1.2.0。

（2）用根据IP分组的目的IP地址和路由项子网掩码求出的网络地址比较每一个路由项的目的网络字段值，如果有若干路由项的目的网络字段值和目的IP地址对应该路由项求出的网络地址相同，则选择其中网络前缀最长的路由项作为最终匹配的路由项。

（3）路由器R1的路由表中，只有路由项<192.1.2.0/24,192.2.1.2>和目的IP地址匹配，IP分组被转发给IP地址为192.2.1.2的下一跳路由器。

（4）传输路径上的路由器依次逐跳转发，IP分组到达传输路径上最后一跳路由器R3。

4. 直接交付

路由器R3中和IP分组目的IP地址匹配的路由项是<192.1.2.0/24,直接>，表明该路由器和终端B之间不再有其他路由器，即终端B和该路由器的一个接口连接在同一个网络上，路由器通过该网络将IP分组直接传输给终端B。

5.3.3 实现IP分组传输过程的思路

从上述讨论的IP分组端到端传输过程可以得出以下实现IP分组端到端传输过程的基本思路：

（1）建立一条以源终端为始点，以目的终端为终点，中间由若干路由器组成的IP分组端到端传输路径，IP分组沿着端到端传输路径逐跳转发。源终端通过配置的默认网关地址获得第一跳路由器的IP地址。中间路由器根据路由表和IP分组的目的IP地址确定下一跳路由器地址。

（2）在获取下一跳路由器的IP地址后，经过IP over X技术与X的物理层和链路层功能，实现IP分组当前跳至下一跳的传输过程，X是连接当前跳和下一跳的传输网络，如以太网。

建立端到端传输路径的关键是每一个路由器建立路由表，路由表中每一个路由项指出通往特定网络的传输路径上的下一跳路由器，因此，解决IP分组端到端传输的第一步是为互联网中的每一个路由器建立路由表。

5.3.4 直连路由项和静态路由项

路由项分为直连路由项、静态路由项和动态路由项，直连路由项在完成路由器接口IP地址和子网掩码配置后由路由器自动生成。静态路由项通过人工配置。动态路由项由路由器通过运行路由协议生成。本节讨论直连路由项和静态路由项的建立过程。第6章讨论路由协议和动态路由项建立过程。

1. 互联网结构

互联网结构与路由器接口配置的 IP 地址和子网掩码如图 5.22 所示。完成网络设备之间、终端和网络设备之间的连接后,首先需要配置路由器接口,每一个连接网络的路由器接口需要配置 IP 地址和子网掩码,路由器接口配置的 IP 地址和子网掩码确定了该接口连接的网络的网络地址。两个路由器接口如果连接在同一个网络上,需要配置网络号相同、主机号不同的 IP 地址;两个路由器接口如果连接在不同的网络上,需要配置网络号不同的 IP 地址。一般情况下,同一路由器的不同接口不能配置网络号相同、主机号不同的 IP 地址,即不能将同一路由器的不同接口连接到同一个网络上。

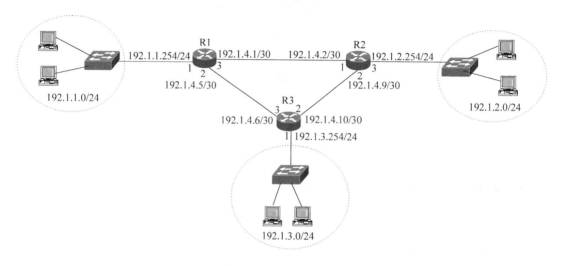

图 5.22　互联网结构

2. 直连路由项

完成每一个路由器接口 IP 地址和子网掩码配置,且将每一个路由器接口连接到某个网络后,路由器为该接口连接的网络自动创建一个路由项,将这种用于指明通往直接相连的网络的路由项称为直连路由项。例如路由器 R1 接口 2 配置 IP 地址 192.1.4.5 和子网掩码 255.255.255.252(30 位网络前缀)后,得出该接口连接的网络的网络地址是 192.1.4.4/30,因此,对应的直连路由项中的目的网络是 192.1.4.4,子网掩码是 255.255.255.252。当为图 5.22 所示的所有路由器接口配置 IP 地址和子网掩码,且将接口连接到网络后,每一个路由器自动生成只包含直连路由项的路由表,如表 5.9 至表 5.11 所示。

表 5.9　路由器 R1 路由表

目 的 网 络	子 网 掩 码	下 一 跳	输 出 接 口
192.1.1.0	255.255.255.0	直接	1
192.1.4.0	255.255.255.252	直接	3
192.1.4.4	255.255.255.252	直接	2

表 5.10 路由器 R2 路由表

目 的 网 络	子 网 掩 码	下 一 跳	输 出 接 口
192.1.2.0	255.255.255.0	直接	3
192.1.4.0	255.255.255.252	直接	1
192.1.4.8	255.255.255.252	直接	2

表 5.11 路由器 R3 路由表

目 的 网 络	子 网 掩 码	下 一 跳	输 出 接 口
192.1.3.0	255.255.255.0	直接	1
192.1.4.4	255.255.255.252	直接	3
192.1.4.8	255.255.255.252	直接	2

3. 静态路由项

直连路由项只给出通往该路由器直接相连的网络的传输路径,由于路由表中没有用于指明通往未与该路由器直接相连的网络的传输路径的路由项,因此,路由器只能实现连接在直接相连的不同网络上的两个终端之间的 IP 分组传输过程。

对于没有直接相连的网络,必须通过分析,得出该路由器通往该网络的传输路径,并确定该传输路径上下一跳路由器的 IP 地址。对于路由器 R1,网络地址为 192.1.2.0/24 的网络没有与其直接相连,得出路由器 R1 通往该网络的传输路径是:R1→R2→网络 192.1.2.0/24,确定路由器 R1 通往网络 192.1.2.0/24 的传输路径上的下一跳是路由器 R2,下一跳 IP 地址是路由器 R2 接口 1 的 IP 地址 192.1.4.2。选择路由器 R2 接口 1 的 IP 地址作为下一跳的 IP 地址的原因是,路由器 R2 接口 1 与路由器 R1 接口 3 连接在互连路由器 R1 和 R2 的网络上,图 5.22 中互连路由器 R1 和 R2 的网络是点对点链路。

得出通往某个目的网络的传输路径,并确定该传输路径上下一跳的 IP 地址后,可以人工配置路由项,这些人工配置的路由项称为静态路由项。路由器 R1、R2 和 R3 包含静态路由项的完整路由表如表 5.12 至表 5.14 所示。

表 5.12 路由器 R1 完整路由表

目 的 网 络	子 网 掩 码	下 一 跳	输 出 接 口
192.1.1.0	255.255.255.0	直接	1
192.1.2.0	255.255.255.0	192.1.4.2	3
192.1.3.0	255.255.255.0	192.1.4.6	2
192.1.4.0	255.255.255.252	直接	3
192.1.4.4	255.255.255.252	直接	2

表 5.13 路由器 R2 完整路由表

目 的 网 络	子 网 掩 码	下 一 跳	输 出 接 口
192.1.1.0	255.255.255.0	192.1.4.1	1
192.1.2.0	255.255.255.0	直接	3
192.1.3.0	255.255.255.0	192.1.4.10	2

续表

目 的 网 络	子 网 掩 码	下 一 跳	输 出 接 口
192.1.4.0	255.255.255.252	直接	1
192.1.4.8	255.255.255.252	直接	2

表 5.14　路由器 R3 完整路由表

目 的 网 络	子 网 掩 码	下 一 跳	输 出 接 口
192.1.1.0	255.255.255.0	192.1.4.5	3
192.1.2.0	255.255.255.0	192.1.4.9	2
192.1.3.0	255.255.255.0	直接	1
192.1.4.4	255.255.255.252	直接	3
192.1.4.8	255.255.255.252	直接	2

5.3.5　例题解析

【例 5.5】　互联网结构如图 5.23 所示，路由表每一个路由项包含字段<目的网络，子网掩码，下一跳，输出接口>，回答下列问题：

（1）将 CIDR 地址块 202.115.1.0/24 划分为两个子网地址，分别分配给 LAN 1 和 LAN 2，每个子网分配的 IP 地址数不少于 120，给出子网地址划分结果，说明理由或给出必要的计算过程。

（2）给出 R1 的路由表，包含用于指明通往图 5.23 中所有网络和服务器的传输路径的路由项。

（3）给出 R2 路由表中用于指明通往 LAN 1 和 LAN 2 的传输路径的路由项。

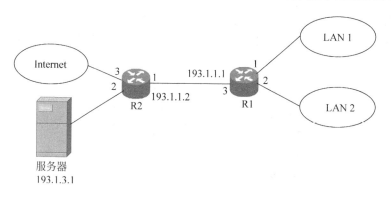

图 5.23　互联网结构

【解析】　（1）由于要求每一个子网的 IP 地址数不小于 120，因此，每一个子网至少用 7 位二进制数作为主机号，这样，可以把给定的 CIDR 地址块分成两个等长的网络地址空间，把原来的主机号位数减少 1 位，由 8 位变为 7 位，并用这减下的 1 位标识两个不同的子网地址，这样，每一个网络地址空间中的网络号位数由 24 位变为 25 位。将 202.115.1.0/24 展开，用 25 位网络号重新划分子网后，可以得出如下两个子网的 IP 地址范围：

子网 0,地址范围 202.115.1.0～

11001010 01110011 00000001 **0** 0000000 ⎫ 202.115.1.127

11001010 01110011 00000001 **0** 1111111 ⎭ 网络地址：202.115.1.0

子网掩码：255.255.255.128

子网 1,地址范围 202.115.1.128～

11001010 01110011 00000001 **1** 0000000 ⎫ 202.115.1.255

11001010 01110011 00000001 **1** 1111111 ⎭ 网络地址：202.115.1.128

子网掩码：255.255.255.128

（2）路由器 R1 的路由表如表 5.15 所示。由于两个子网和路由器 R1 直接相连,表中用于指明通往两个子网的传输路径的路由项的下一跳字段值为"直接"。用于指明通往服务器的传输路径的路由项中的目的网络和子网掩码字段值必须唯一匹配该服务器的 IP 地址。因此,用 32 位全 1 的子网掩码表示目的网络只包含单个 IP 地址 193.1.3.1。由于 Internet 是由无数个网络组成的,因此,只能以默认路由项指明通往 Internet 的传输路径。由于路由器 R1至服务器和 Internet 传输路径上的下一跳是路由器 R2,且路由器 R2 接口 1 和路由器 R1 接口3 连接在同一个网络上,用路由器 R2 接口 1 的 IP 地址作为这些路由项的下一跳 IP 地址。

表 5.15　路由器 R1 路由表

目 的 网 络	子 网 掩 码	下 一 跳	输出接口
202.115.1.0	255.255.255.128	直接	1
202.115.1.128	255.255.255.128	直接	2
193.1.3.1	255.255.255.255	193.1.1.2	3
0.0.0.0	0.0.0.0	193.1.1.2	3

（3）路由器 R2 应该有两项路由项分别用于指明通往 LAN 1 和 LAN 2 的传输路径,但这两个路由项有着相同的输出接口和下一跳,这样的路由项可以尝试聚合为一个路由项,前提是聚合后的目的网络和子网掩码字段确定的 IP 地址空间等于聚合前两个路由项所包含的 IP 地址空间,这里,202.115.1.0～202.115.1.127 和 202.115.1.128～202.115.1.255合并为 202.115.1.0～202.115.1.255,因此,可以完成如图 5.24 所示的合并过程。

目的网络	子网掩码	下一跳	接口
202.115.1.0	255.255.255.128	193.1.1.1	1
202.115.1.128	255.255.255.128	193.1.1.1	1

目的网络	子网掩码	下一跳	接口
202.115.1.0	255.255.255.0	193.1.1.1	1

图 5.24　路由项合并过程

【例 5.6】 互联网结构如图 5.25 所示,两个路由器互连 3 个网络,网络旁边的数字表示该网络连接的终端数。假定 3 个网络共享 CIDR 地址块 192.1.1.64/26。将 CIDR 地址块 192.1.1.64/26 根据网络连接的终端数划分为 3 个 CIDR 地址块,并将其分配给 3 个网络,每一个网络从最大可用 IP 地址开始分配路由器连接该网络的接口的 IP 地址,由此确定路由器 R1、R2 的路由表与终端 A、终端 B 和终端 C 的网络配置信息。

【解析】 （1）将 CIDR 地址块 192.1.1.64/26 分解为 3 个 CIDR 地址块,每一个 CIDR地址块的网络地址相同,且使得一个 CIDR 地址块中的有效 IP 地址数≥27+1,一个 CIDR

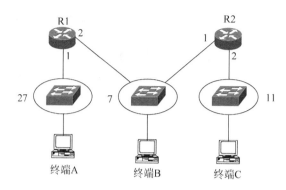

图 5.25　互联网络结构

地址块中的有效 IP 地址数≥7+2，一个 CIDR 地址块中的有效 IP 地址数≥11+1。由此确定其中一个 CIDR 地址块的网络号位数为 27，主机号位数为 5，另外两个 CIDR 地址块的网络号位数为 28，主机号位数为 4。将 CIDR 地址块 192.1.1.64/26 分解为 3 个 CIDR 地址块的过程如下：

$\left.\begin{matrix} 01\ 0\ 00000 \\ 01\ 0\ 11111 \end{matrix}\right\}$网络地址为 192.1.1.64/27，有效 IP 地址范围是 192.1.1.65～192.1.1.94

$\left.\begin{matrix} 01\ 1\ 0\ 0000 \\ 01\ 1\ 0\ 1111 \end{matrix}\right\}$网络地址为 192.1.1.96/28，有效 IP 地址范围是 192.1.1.97～192.1.1.110

$\left.\begin{matrix} 01\ 1\ 1\ 0000 \\ 01\ 1\ 1\ 1111 \end{matrix}\right\}$网络地址为 192.1.1.112/28，有效 IP 地址范围是 192.1.1.113～192.1.1.126

（2）将网络地址 192.1.1.64/27 分配给路由器 R1 接口 1 连接的网络，路由器 R1 接口 1 的 IP 地址和子网掩码为 192.1.1.94/27（最大可用 IP 地址）。

将网络地址 192.1.1.96/28 分配给路由器 R1 接口 2 连接的网络，路由器 R1 接口 2 的 IP 地址和子网掩码为 192.1.1.110/28（最大可用 IP 地址），路由器 R2 接口 1 的 IP 地址和子网掩码为 192.1.1.109/28（次大可用 IP 地址）。

将网络地址 192.1.1.112/28 分配给路由器 R2 接口 2 连接的网络，路由器 R2 接口 2 的 IP 地址和子网掩码为 192.1.1.126/28（最大可用 IP 地址）。

（3）确定路由器 R1 和 R2 的路由表如表 5.16 和表 5.17 所示。

表 5.16　路由器 R1 的路由表

目 的 网 络	子 网 掩 码	下 一 跳	输 出 接 口
192.1.1.64	255.255.255.224	直接	1
192.1.1.96	255.255.255.240	直接	2
192.1.1.112	255.255.255.240	192.1.1.109	2

表 5.17　路由器 R2 的路由表

目 的 网 络	子 网 掩 码	下 一 跳	输 出 接 口
192.1.1.64	255.255.255.224	192.1.1.110	1
192.1.1.96	255.255.255.240	直接	1
192.1.1.112	255.255.255.240	直接	2

（4）得出终端 A 的一种正确的网络配置信息是：IP 地址和子网掩码为 192.1.1.65/27，默认网关地址为 192.1.1.94。

得出终端 B 的一种正确的网络配置信息是：IP 地址和子网掩码为 192.1.1.97/28，默认网关地址为 192.1.1.110。

得出终端 C 的一种正确的网络配置信息是：IP 地址和子网掩码为 192.1.1.113/28，默认网关地址为 192.1.1.126。

【例 5.7】 根据图 5.26 所示的互联网结构完成如表 5.18 所示的路由器 RG 路由表中的路由项，给出①～⑥的值。

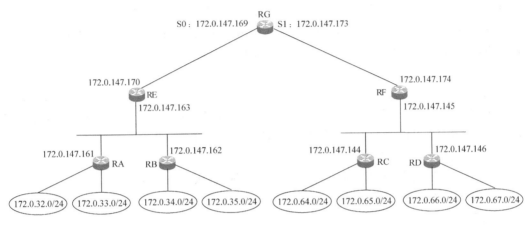

图 5.26 互联网结构

表 5.18 路由器 RG 路由表

目 的 网 络	输 出 接 口
①	S0（直接连接）
②	S1（直接连接）
③	S0
④	S1
⑤	S0
⑥	S1

【解析】（1）求出每一个网络的网络地址。

互连路由器 RG 和 RE 的网络的网络地址必须包括 IP 地址 172.0.147.169 和 172.0.147.170，因此网络地址可以是 172.0.147.168/30 或者 172.0.147.168/29 等，但网络地址 172.0.147.168/29 的 IP 地址范围是 172.0.147.168～172.0.147.175，已经包括互连路由器 RG 和 RF 的网络中的 IP 地址，因此，互连路由器 RG 和 RE 的网络的网络地址只能是 172.0.147.168/30。

互连路由器 RG 和 RF 的网络的网络地址必须包括 IP 地址 172.0.147.173 和 172.0.147.174，因此网络地址可以是 172.0.147.172/30 或者 172.0.147.168/29 等，显然，172.0.147.168/29 等网络地址包含其他网络中的 IP 地址，因此，互连路由器 RG 和 RE 的网络的网络地址只能是 172.0.147.172/30。

互连路由器 RA、RB 和 RE 的网络的网络地址必须包括 IP 地址 172.0.147.161、172.

0.147.162 和 172.0.147.163,163 的 8 位二进制数是 10100011,由于主机号全 1 不能作为有效 IP 地址,因此,IP 地址至少需要包含 3 位主机号,由此得出网络地址可以是 172.0.147.160/29 或者 172.0.147.160/28 等,但 172.0.147.160/28 的 IP 地址范围是 172.0.147.160～172.0.147.175,已经包含其他网络中的 IP 地址,因此,互连路由器 RA、RB 和 RE 的网络的网络地址只能是 172.0.147.160/29。

互连路由器 RC、RD 和 RF 的网络的网络地址必须包括 IP 地址 172.0.147.144、172.0.147.145 和 172.0.147.146,144 的 8 位二进制数是 10010000,由于主机号全 0 不能作为有效 IP 地址,因此,IP 地址至少需要包含 5 位主机号,由此得出网络地址可以是 172.0.147.128/27 或者 172.0.147.128/26 等,但网络地址 172.0.147.128/26 的 IP 地址范围是 172.0.147.128～172.0.147.191,已经包含其他网络中的 IP 地址,因此,互连路由器 RC、RD 和 RF 的网络的网络地址只能是 172.0.147.128/27。

(2) 聚合网络地址。

网络地址 172.0.32.0/24、172.0.33.0/24、172.0.34.0/24 和 172.0.35.0/24 可以聚合为 CIDR 地址块 172.0.32.0/22,网络地址 172.0.64.0/24、172.0.65.0/24、172.0.66.0/24 和 172.0.67.0/24 可以聚合为 CIDR 地址块 172.0.64.0/22。

(3) 完成路由器 RG 路由表。

根据上述分析结果,可以得到以下目的网络地址,依次填入表 5.18 中:

172.0.147.168/30

172.0.147.172/30

172.0.147.160/29

172.0.147.128/27

172.0.32.0/22

172.0.64.0/22

【例 5.8】 确定下述主机对是否连接在同一个网络上。

(1) 主机 1:172.15.5.72/255.255.255.0;主机 2:172.15.5.79/255.255.255.0。

(2) 主机 1:192.168.19.35/255.255.255.224;主机 2:192.168.19.48/255.255.255.224。

(3) 主机 1:10.128.14.14/255.255.255.240;主机 2:10.128.14.19/255.255.255.240。

(4) 主机 1:192.168.3.68/255.255.255.248;主机 2:192.168.3.74/255.255.255.248。

【解析】 判定两个主机是否连接在同一个网络上的依据是这两个主机的网络地址是否相同,主机的网络地址是主机的 IP 地址与主机的子网掩码"与"操作的结果。

(1) 由于子网掩码由 24 位 1 和 8 位 0 构成,因此,主机的网络地址是将主机 IP 地址最后 8 位清零后的结果,因此,主机 1 的网络地址为 172.15.5.0/24,主机 2 的网络地址为 172.15.5.0/24,主机 1 和主机 2 连接在同一个网络上。

(2) 由于子网掩码由 27 位 1 和 5 位 0 构成,且两个 IP 地址的前 24 位相同,因此,只需计算出 IP 地址最后 1 个字节的前 3 位值:

00100011（35）& 11100000（224）＝00100000（32）

00110000（48）& 11100000（224）＝00100000（32）

由此得出主机 1 和主机 2 的网络地址均是 192.168.19.32/27。主机 1 和主机 2 连接在同一个网络上。

（3）由于子网掩码由 28 位 1 和 4 位 0 构成，且两个 IP 地址的前 24 位相同，因此，只需计算出 IP 地址最后 1 个字节的前 4 位值：

00001110（14）& 11110000（240）＝00000000（0）

00010011（19）& 11110000（240）＝00010000（16）

由此得出主机 1 的网络地址为 10.128.14.0/28，主机 2 的网络地址为 10.128.14.16/28。主机 1 和主机 2 连接在不同的网络上。

（4）由于子网掩码由 29 位 1 和 3 位 0 构成，且两个 IP 地址的前 24 位相同，因此，只需计算出 IP 地址最后 1 个字节的前 5 位值：

01000100（68）& 11111000（248）＝01000000（64）

01001010（74）& 11111000（248）＝01001000（72）

由此得出主机 1 的网络地址为 192.168.3.64/29，主机 2 的网络地址为 192.168.3.72/29。主机 1 和主机 2 连接在不同的网络上。

5.4　IP over 以太网

IP over 以太网和以太网共同完成以下功能：①在确定互连当前跳与下一跳的传输网络为以太网和下一跳 IP 地址后，解析出下一跳连接以太网接口的 MAC 地址；②将 IP 分组封装成以当前跳连接以太网接口的 MAC 地址为源 MAC 地址、下一跳连接以太网接口的 MAC 地址为目的 MAC 地址的 MAC 帧；③经过互连当前跳与下一跳的以太网，完成该 MAC 帧当前跳至下一跳的传输过程。其中，功能①和②由 IP over 以太网实现，即由以太网对应的网络接口层实现，功能③由以太网的物理层和 MAC 层实现。

5.4.1　ARP 和地址解析过程

如图 5.27 所示，终端 A 和服务器 B 连接在以太网上，即使如此，终端 A 访问服务器 B 时所给出的也不会是服务器 B 的 MAC 地址，而往往是服务器 B 的域名，经过域名系统解析后得到的也是服务器 B 的 IP 地址。根据以太网交换机的工作原理，以太网交换机只能根据 MAC 帧的目的 MAC 地址和转发表来转发 MAC 帧，这就意味着：①不能在以太网上直接传输 IP 分组，必须将 IP 分组封装成 MAC 帧；②在将 IP 分组封装成 MAC 帧前，必须先获取连接在同一个网络上的源终端和目的终端的 MAC 地址。源终端的 MAC 地址可以直接从安装的网卡中读取，问题是如何根据目的终端的 IP 地址来获取目的终端的 MAC 地址。地址解析协议（Address Resolution Protocol，ARP）和地址解析过程就用于实现这一功能，ARP 请求帧格式如图 5.28 所示。

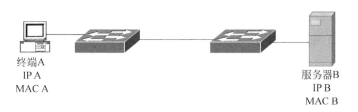

图 5.27　以太网内传送 IP 分组的过程

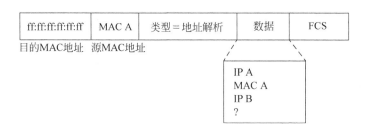

图 5.28　ARP 请求帧格式

图 5.29 中,终端 A 获知了服务器 B 的 IP 地址 IP B 后,广播一个 MAC 帧,该 MAC 帧的格式如图 5.28 所示,它的源 MAC 地址为终端 A 的 MAC 地址 MAC A,目的 MAC 地址为广播地址 ff：ff：ff：ff：ff：ff,MAC 帧中的数据字段包含终端 A 的 IP 地址 IP A 和 MAC 地址 MAC A,同时,包含服务器 B 的 IP 地址 IP B,IP B 是需要解析的 IP 地址,称为目标地址。该帧是 ARP 请求帧,要求 IP 地址为 IP B 的终端回复它的 MAC 地址。

由于该 MAC 帧的目的地址为广播地址,同一网络内的所有终端都能够接收到该 MAC 帧,每一个接收到该 MAC 帧的终端首先检测自己的 ARP 缓冲区,如果 ARP 缓冲区中没有发送终端的 IP 地址和 MAC 地址对,将发送终端的 IP 地址和 MAC 地址对(IP A 和 MAC A)记录在 ARP 缓冲区中,然后比较 MAC 帧中给出的目标 IP 地址是否和自己的 IP 地址相同,如果相同,回复自己的 MAC 地址。整个过程如图 5.29 所示。

ARP 地址解析过程只能发生在连接在同一个以太网上的源终端和目的终端之间,如果源终端和目的终端不在同一个网络内,则 IP 分组需要逐跳转发,源终端必须先将 IP 分组发送给由默认网关地址指定的第一跳路由器,当然,如果连接源终端和第一跳路由器的网络是以太网,源终端通过 ARP 地址解析过程获取第一跳路由器连接以太网的接口的 MAC 地址。同样,如果连接第一跳和下一跳路由器的网络也是以太网,如图 5.30 所示,第一跳路由器也需通过 ARP 地址解析过程获取下一跳路由器连接以太网的接口的 MAC 地址。总之,如果互连当前跳和下一跳的网络是以太网,IP 分组封装成 MAC 帧后才能经过以太网实现当前跳至下一跳的传输过程。在将 IP 分组封装成 MAC 帧前,必须获取下一跳连接以太网的接口的 MAC 地址,ARP 地址解析过程用于完成根据下一跳连接以太网的接口的 IP 地址求出该接口的 MAC 地址的过程。

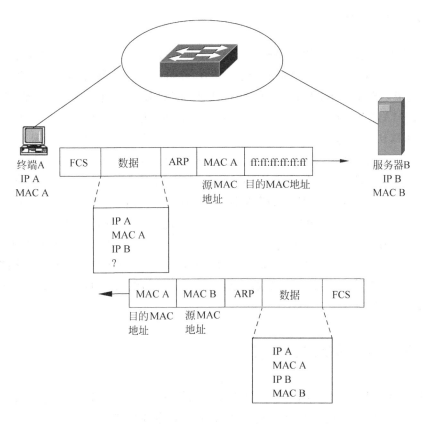

图 5.29　ARP 解析地址过程

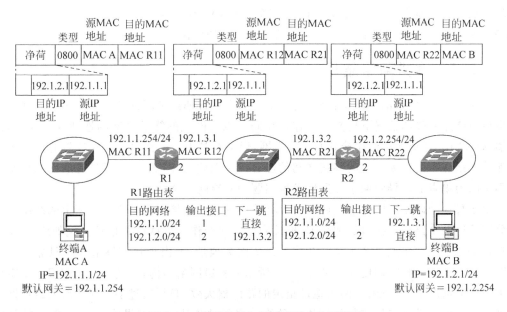

图 5.30　由多个以太网互连而成的互联网

5.4.2　逐跳封装

图 5.30 给出了终端 A 传输给终端 B 的 IP 分组经过各个以太网时的封装过程,IP 分组在终端 A 至终端 B 的传输过程中是不变的,但 IP 分组经过互连终端 A 和路由器 R1 的以太网时要封装成以路由器 R1 接口 1 的 MAC 地址 MAC R11 为目的 MAC 地址、以终端 A 的 MAC 地址 MAC A 为源 MAC 地址的 MAC 帧,类型字段 0800 表示净荷是 IP 分组。终端 A 通过解析默认网关地址 192.1.1.254 获得路由器 R1 接口 1 的 MAC 地址。IP 分组经过互连路由器 R1 和路由器 R2 的以太网时,封装成以路由器 R2 接口 1 的 MAC 地址 MAC R21 为目的 MAC 地址、以路由器 R1 接口 2 的 MAC 地址 MAC R12 为源 MAC 地址的 MAC 帧。路由器 R1 通过检索路由表获取路由器 R2 接口 1 的 IP 地址 192.1.3.2,通过解析 IP 地址 192.1.3.2 获得路由器 R2 接口 1 的 MAC 地址。IP 分组经过互连路由器 R2 和终端 B 的以太网时,封装成以终端 B 的 MAC 地址 MAC B 为目的 MAC 地址、以路由器 R2 接口 2 的 MAC 地址 MAC R22 为源 MAC 地址的 MAC 帧。路由器 R2 通过检索路由表得知终端 B 直接连接在接口 2 连接的以太网上,因此通过解析终端 B 的 IP 地址 192.1.2.1 获得终端 B 的 MAC 地址。

5.5　虚拟路由器冗余协议

默认网关是终端通往其他网络的传输路径上的第一跳路由器,每一个终端通常只能配置单个默认网关地址。容错网络结构使得可以在只为终端配置单个默认网关地址的前提下,为终端配置多个默认网关,且其中一个默认网关失效不会影响该终端与连接在其他网络上的终端之间的通信过程。虚拟路由器冗余协议（Virtual Router Redundancy Protocol, VRRP）就是这样一种实现具有上述功能的容错网络的协议。

5.5.1　容错网络结构

在如图 5.31 所示的网络结构中,每一个以太网内部通过链路冗余和生成树协议保证在发生单条链路故障的情况下仍然保持连接在同一以太网上的终端之间的连通性。同时,路由器 R1 和 R2 分别有接口连接到两个以太网,保证在其中一个路由器发生故障的情况下仍然保持连接在不同以太网上的终端之间的连通性。因此,如图 5.31 所示的互联网结构是一种不会因为单点故障导致网络连通性发生问题的容错网络结构。

由于每一个以太网同时连接两个路由器接口,因此,连接在每一个以太网上的终端可以在分配给这两个路由器接口的两个 IP 地址中选择一个作为默认网关地址。例如终端 A 可以选择 192.1.1.254 或 192.1.1.253 作为默认网关地址,但由于目前终端一般只能配置一个默认网关地址,因此,即使对于如图 5.31 所示的容错网络结构,终端在只能配置单个默认网关地址的情况下,一旦默认网关地址指定的路由器失效,必须通过手工配置新的默认网关地址来保持该终端和连接在其他网络上的终端之间的连通性。如果终端 A 配置了默认网关地址 192.1.1.254,一旦路由器 R1 失效,必须通过手工配置方式为终端 A 配置新的默认网关地址 192.1.1.253,否则,终端 A 无法和连接在其他网络上的终端通信。

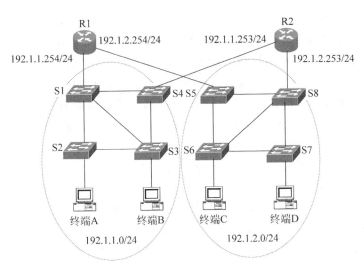

图 5.31　容错网络结构

对于如图 5.31 所示的容错网络结构,希望有一种和生成树协议相似的协议,该协议能够根据优先级在多个可以作为默认网关的路由器中选择一个路由器作为其默认网关,一旦该路由器发生故障,就能够自动选择另一个路由器作为默认网关,并自动完成两个路由器之间的功能切换。虚拟路由器冗余协议(VRRP)就是这样一种协议。

5.5.2　VRRP 工作原理

1. VRRP 工作环境

VRRP 工作环境如图 5.32 所示,支持 VRRP 的路由器称为 VRRP 路由器,多个由接口连接在同一个网络上的 VRRP 路由器(如图 5.32 中路由器 R1 和 R2)构成一个虚拟路由器,这些 VRRP 路由器中只有一个 VRRP 路由器是主路由器,其他路由器作为备份路由器。VRRP 作用的网络可以是任意支持广播的网络,如以太网、令牌环网和 FDDI,连接在这些网络上的终端和路由器接口有唯一的 MAC 地址。这里以以太网为例来讨论 VRRP 的工作原理。

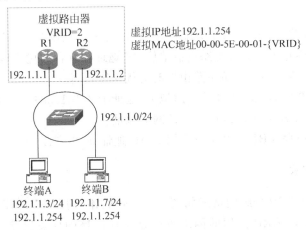

图 5.32　VRRP 工作环境

　　每一个 VRRP 路由器连接以太网的接口可以分配多个 IP 地址,从这些 IP 地址中选择一个 IP 地址作为接口的基本 IP 地址,接口发送的 VRRP 报文以接口的基本 IP 地址作为 IP 分组的源 IP 地址。可以对虚拟路由器配置多个 IP 地址,这些 IP 地址称为虚拟 IP 地址,虚拟 IP 地址可以与为 VRRP 路由器接口配置的 IP 地址相同,如果某个 VRRP 路由器为某个接口配置的 IP 地址与为该接口所属的虚拟路由器配置的虚拟 IP 地址相同,该路由器称为 IP 地址拥有者。每一个虚拟路由器分配唯一的 8 位二进制数的虚拟路由器标识符(Virtual Router Identifier,VRID),属于同一个虚拟路由器的多个 VRRP 路由器有着相同的虚拟路由器标识符。虚拟路由器对外有唯一的 MAC 地址 00-00-5E-00-01-{VRID},对于 VRID 为 2 的虚拟路由器,虚拟 MAC 地址为 00-00-5E-00-01-02。终端配置的默认网关地址必须是虚拟 IP 地址,对虚拟 IP 地址进行地址解析得到的结果必须是虚拟 MAC 地址,以虚拟 MAC 地址为目的 MAC 地址的 MAC 帧一定能够到达主路由器,只有主路由器转发封装在以虚拟 MAC 地址为目的 MAC 地址的 MAC 帧中的 IP 分组。

　　VRRP 需要解决的问题主要有以下 3 个:

* 在属于同一个虚拟路由器的多个 VRRP 路由器中产生主路由器。
* 一旦接收到终端发送的请求解析虚拟 IP 地址的 ARP 请求报文,虚拟路由器将虚拟 MAC 地址作为与虚拟 IP 地址绑定的 MAC 地址回送给终端。
* 以太网(严格地讲是所有支持广播的局域网)一定能够将以虚拟 MAC 地址为目的 MAC 地址的 MAC 帧送达主路由器。

2. 路由器初始配置

对于如图 5.32 所示的 VRRP 工作环境,路由器 R1 和 R2 需要完成以下基本配置:

* 分别在路由器 R1 和 R2 创建 VRID 为 2 的虚拟路由器,分别将路由器 R1 和 R2 的接口 1 配置给 VRID 为 2 的虚拟路由器,使得路由器 R1 和 R2 成为 VRID 为 2 的虚拟路由器的 VRRP 路由器。
* 分别为路由器 R1 和 R2 的接口 1 分配 IP 地址 192.1.1.1/24 和 192.1.1.2/24,这两个接口的 IP 地址必须与它们所连接的以太网的网络地址 192.1.1.0/24 一致。由于路由器 R1 和 R2 的接口 1 只分配了一个 IP 地址,该 IP 地址作为接口的基本 IP 地址。
* 为路由器 R1 和 R2 的接口 1 分配优先级,优先级的范围为 1～254。主路由器用优先级 0 表示愿意主动放弃主路由器地位,IP 地址拥有者的优先级为 255。优先级值越大,VRRP 路由器在竞争主路由器时的优先级越高。
* 为 VRID 为 2 的虚拟路由器分配虚拟 IP 地址 192.1.1.254。该 IP 地址成为连接在网络 192.1.1.0/24 上的终端的默认网关地址。
* 虚拟路由器根据 VRID=2 生成虚拟 MAC 地址 00-00-5E-00-01-02。

3. VRRP 报文格式

　　VRRP 报文封装成 IP 分组的格式如图 5.33 所示,不直接将 VRRP 报文封装成 MAC 帧格式的主要原因是,VRRP 作用的网络可以是支持广播的任意网络,不一定是以太网。IP 分组的源 IP 地址是发送 VRRP 报文的接口的基本 IP 地址,对于路由器 R1 接口 1 发送

的 VRRP 报文,源 IP 地址为 192.1.1.1。目的 IP 地址是多播地址 224.0.0.18。所有
VRRP 路由器将以该多播地址为目的地址的 IP 分组提交给 VRRP 实体。VRRP 报文对应
的协议字段值是 112。VRRP 报文中给出发送该 VRRP 报文的接口所属的虚拟路由器的
VRID、该接口的优先级、分配给虚拟路由器的虚拟 IP 地址等。VRRP 只有一种类型报
文——通告报文。

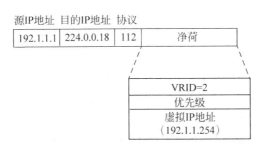

图 5.33　VRRP 报文格式

　　如果 VRRP 作用的网络是以太网,如图 5.33 所示的 IP 分组将封装成 MAC 帧,该
MAC 帧的源 MAC 地址是发送接口所属虚拟路由器对应的虚拟 MAC 地址,对于路由器
R1 接口 1,源 MAC 地址是 00-00-5E-00-01-02,目的 MAC 地址是多播地址 224.0.0.18 对
应的 MAC 组地址。根据多播地址 224.0.0.18 求出对应的 MAC 组地址的过程如图 5.34
所示。

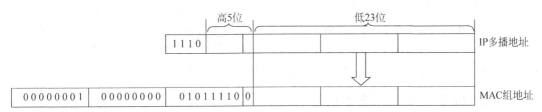

图 5.34　IP 多播地址映射到 MAC 组地址过程

　　从图 5.34 中可以看出,映射后的 MAC 组地址的高 25 位固定为 00000001、00000000、
01011110 和 0,低 23 位等于 IP 多播地址的低 23 位。因此,多播地址 224.0.0.18 对应的
MAC 组地址为 01-00-5E-00-00-12。由于 IP 多播地址中用于标识多播组的地址有 28 位,因
此,标识多播组的 IP 多播地址中的高 5 位在映射过程中没有使用,这就使得 IP 多播地址和
MAC 组地址之间的映射不是唯一的,32 个不同的 IP 多播地址有可能映射为同一个 MAC
组地址。

4. 主路由器产生过程

　　路由器状态转换过程如图 5.35 所示,每一个
VRRP 路由器启动后,处于初始化状态,如果该 VRRP
路由器是 IP 地址拥有者,该 VRRP 路由器立即成为主
路由器,并立即发送如图 5.33 所示的 VRRP 报文,然后
周期性地发送 VRRP 报文。如果某个 VRRP 路由器不
是 IP 地址拥有者,该 VRRP 路由器立即成为备份路由

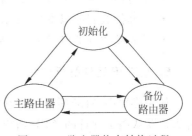

图 5.35　路由器状态转换过程

器，启动 Master_Down_Timer，等待接收主路由器发送的 VRRP 报文。

任何路由器接收到 VRRP 报文后，都依序进行下列检查：

- 判别接收该 VRRP 报文的接口是否属于 VRRP 报文中 VRID 指定的虚拟路由器。
- 根据 VRRP 报文中的 VRID 确定虚拟路由器，判别路由器为该虚拟路由器配置的虚拟 IP 地址是否与 VRRP 报文中给出的虚拟 IP 地址相同。

上述检查中只要有一项不匹配，路由器就丢弃该 VRRP 报文。

如果主路由器接收到 VRRP 报文，而且 VRRP 报文中的优先级大于主路由器为接收该 VRRP 报文的接口配置的优先级，或者虽然 VRRP 报文中的优先级等于主路由器为接收该 VRRP 报文的接口配置的优先级，但 VRRP 报文的源 IP 地址大于主路由器接收该 VRRP 报文的接口的基本 IP 地址，该主路由器立即转换为备份路由器，停止发送 VRRP 报文，启动 Master_Down_Timer，等待新的主路由器发送的 VRRP 报文。

备份路由器接收到主路由器发送的 VRRP 报文后，根据备份路由器的工作方式对 VRRP 报文进行处理，如果备份路由器配置为允许抢占方式，且发现 VRRP 报文中的优先级小于备份路由器为接收该 VRRP 报文的接口配置的优先级，备份路由器立即转换为主路由器，并立即发送 VRRP 报文，然后周期性地发送 VRRP 报文。如果备份路由器配置为不允许抢占方式，或者发现 VRRP 报文中的优先级大于或等于备份路由器为接收该 VRRP 报文的接口配置的优先级，则刷新 Master_Down_Timer。

如果某个备份路由器的 Master_Down_Timer 溢出，表示主路由器已经失效，该备份路由器立即转换为主路由器，并立即发送 VRRP 报文，然后周期性地发送 VRRP 报文。有可能因为网络拥塞导致主路由器发送的 VRRP 报文不能及时到达备份路由器，因而使备份路由器误认为主路由器失效而重新开始主路由器选择过程。为了避免发生这种情况，Master_Down_Timer 溢出时间大于 3 倍的主路由器 VRRP 报文发送间隔。

5. 主路由器和备份路由器功能

主路由器功能如下：

- 必须对请求解析虚拟 IP 地址的 ARP 请求报文做出响应。
- 必须对封装在以虚拟 MAC 地址为目的 MAC 地址的 MAC 帧中的 IP 分组进行转发操作。
- 在成为主路由器时，立即发送将所有虚拟 IP 地址绑定到虚拟 MAC 地址的 ARP 报文，使得网络内的所有终端将默认网关地址与虚拟 MAC 地址绑定在一起。

备份路由器功能如下：

- 不对请求解析虚拟 IP 地址的 ARP 请求报文做出响应。
- 丢弃接收到的以虚拟 MAC 地址为目的地址的 MAC 帧。
- 丢弃接收到的以虚拟 IP 地址为目的地址的 IP 分组。

6. 虚拟 IP 地址解析过程

如果终端在 ARP 缓冲区中找不到与默认网关地址绑定的 MAC 地址，会发送一个请求解析该默认网关地址的 ARP 请求报文，该 ARP 请求报文在终端所连接的网络中广播，连接在该网络上的所有 VRRP 路由器都接收到该 ARP 请求报文，但只有主路由器对该 ARP

请求报文做出响应,并在 ARP 响应报文中将虚拟 MAC 地址与默认网关地址绑定在一起。终端发送给默认网关的 IP 分组封装成以终端 MAC 地址为源 MAC 地址、以虚拟 MAC 地址为目的 MAC 地址的 MAC 帧,只有主路由器对封装在这样 MAC 帧中的 IP 分组进行转发操作,其他 VRRP 路由器即使接收到该 MAC 帧,也将丢弃该 MAC 帧。

7. 交换机转发表更新过程

如果将图 5.32 中的以太网扩展为如图 5.36 所示的以太网结构,在路由器 R2 成为主路由器后,以太网中各个交换机的转发表需要生成如表 5.19 所示的转发项,否则,可能导致发生终端发送给默认网关的 MAC 帧在以太网中广播的情况。为了在各个交换机中生成如表 5.19 所示的转发项,当路由器 R2 成为主路由器时,立即发送一个 VRRP 报文,该 VRRP 报文最终被封装成以虚拟 MAC 地址 00-00-5E-00-01-02 为源 MAC 地址、以组地址 01-00-5E-00-00-12 为目的 MAC 地址的 MAC 帧,该 MAC 帧在以太网中广播,如图 5.36 所示,以太网中所有交换机都接收到该 MAC 帧,通过地址学习,在转发表中建立如表 5.19 所示的转发项。路由器 R2 定期发送的 VRRP 报文定期刷新各个交换机中虚拟 MAC 地址对应的转发项,使得各个交换机将一直在转发表中维持该转发项。

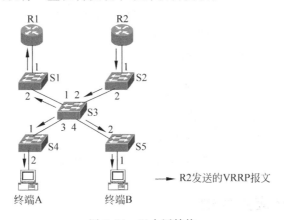

图 5.36 以太网结构

表 5.19 交换机转发表

交 换 机	MAC 地址	转 发 端 口
交换机 S1	00-00-5E-00-01-02	端口 2
交换机 S2	00-00-5E-00-01-02	端口 1
交换机 S3	00-00-5E-00-01-02	端口 2
交换机 S4	00-00-5E-00-01-02	端口 1
交换机 S5	00-00-5E-00-01-02	端口 2

8. 负载均衡

如图 5.32 所示的 VRRP 工作环境能够解决容错问题,但无法实现负载均衡。为了实现负载均衡,采用如图 5.37 所示的 VRRP 工作环境。创建两个 VRID 分别为 2 和 3 的虚拟路由器,同时将路由器 R1 和 R2 连接以太网的接口分配给两个虚拟路由器,为 VRID 为

2 的虚拟路由器分配虚拟 IP 地址 192.1.1.1,使得路由器 R1 因为是 IP 地址拥有者而自然成为 VRID 为 2 的虚拟路由器中的主路由器。为 VRID 为 3 的虚拟路由器分配虚拟 IP 地址 192.1.1.2,使得路由器 R2 因为是 IP 地址拥有者而自然成为 VRID 为 3 的虚拟路由器中的主路由器。将一半连接在网络 192.1.1.0/24 上的终端(图 5.37 中的终端 A)的默认网关地址配置成 VRID 为 2 的虚拟路由器对应的虚拟 IP 地址 192.1.1.1,将另一半连接在网络 192.1.1.0/24 上的终端(图 5.37 中的终端 B)的默认网关地址配置成 VRID 为 3 的虚拟路由器对应的虚拟 IP 地址 192.1.1.2,这样,连接在网络 192.1.1.0/24 上的终端,一半将路由器 R1 作为默认网关,另一半将路由器 R2 作为默认网关,一旦某个路由器发生故障,另一个路由器将自动作为所有终端的默认网关,既实现了容错,又实现了负载均衡。

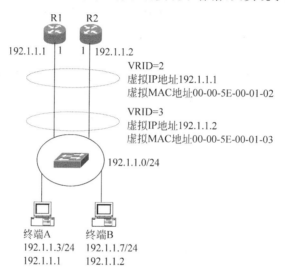

图 5.37　均衡负载的 VRRP 工作环境

5.5.3　VRRP 应用实例

1. 互联网结构与基本配置

如图 5.38 所示的网络结构是如图 5.31 所示的网络结构简化版,为了实现容错和负载均衡,对互联网进行如下配置:

- 根据如图 5.38 所示的配置信息分别为路由器 R1 和 R2 的两个接口配置 IP 地址和子网掩码,完成路由器接口 IP 地址和子网掩码配置后,路由器 R1 和 R2 自动生成如图 5.38 所示的路由表,路由表中给出用于指明通往路由器直接连接的网络的传输路径的路由项。
- 创建 VRID 分别为 2 和 3 的两个虚拟路由器,将路由器 R1 接口 1 和路由器 R2 接口 1 分配给 VRID 为 2 的虚拟路由器,并将路由器 R1 接口 2 和路由器 R2 接口 2 分配给 VRID 为 3 的虚拟路由器,VRID 为 2 的虚拟路由器对应的虚拟 MAC 地址为 00-00-5E-00-01-02,VRID 为 3 的虚拟路由器对应的虚拟 MAC 地址为 00-00-5E-00-01-03。
- 为 VRID 为 2 的虚拟路由器分配虚拟 IP 地址 192.1.1.254,使得路由器 R1 成为

VRID 为 2 的虚拟路由器的主路由器。为 VRID 为 3 的虚拟路由器分配虚拟 IP 地址 192.1.2.253,使得路由器 R2 成为 VRID 为 3 的虚拟路由器的主路由器。

- 连接在网络 192.1.1.0/24 上的终端配置默认网关地址 192.1.1.254,连接在网络 192.1.2.0/24 上的终端配置默认网关地址 192.1.2.253。

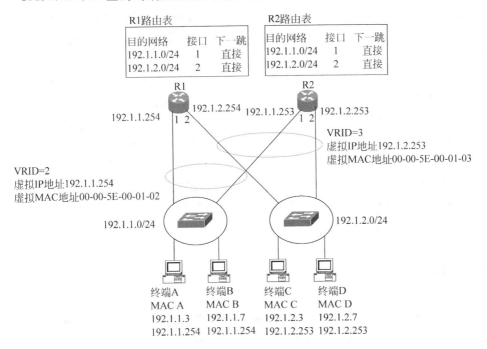

图 5.38 互联网结构与基本配置

2. 生成主路由器和转发项

路由器 R1 因为是虚拟 IP 地址 192.1.1.254 的 IP 地址拥有者,自然成为 VRID 为 2 的虚拟路由器的主路由器。R1 在成为主路由器后,通过发送 VRRP 报文,在网络 192.1.1.0/24 的各个交换机中建立将目的 MAC 地址为 00-00-5E-00-01-02 的 MAC 帧转发给路由器 R1 接口 1 的转发项;同时,通过在网络 192.1.1.0/24 中广播将虚拟 IP 地址 192.1.1.254 与虚拟 MAC 地址 00-00-5E-00-01-02 绑定的 ARP 报文,在连接在网络 192.1.1.0/24 上的所有终端的 ARP 缓冲区中建立 IP 地址 192.1.1.254 与 MAC 地址 00-00-5E-00-01-02 之间的绑定。基于同样的原因,在路由器 R2 成为 VRID 为 3 的虚拟路由器的主路由器后,在网络 192.1.2.0/24 的各个交换机中建立将目的 MAC 地址为 00-00-5E-00-01-03 的 MAC 帧转发给路由器 R2 接口 2 的转发项,并在连接在网络 192.1.2.0/24 上的所有终端的 ARP 缓冲区中建立 IP 地址 192.1.2.253 与 MAC 地址 00-00-5E-00-01-03 之间的绑定。

3. IP 分组传输过程

如果终端 A 需要向终端 D 发送 IP 分组,首先获取终端 D 的 IP 地址 192.1.2.7,构建源 IP 地址为 192.1.1.3、目的 IP 地址为 192.1.2.7 的 IP 分组。通过判别终端 A 和终端 D 所在网络的网络地址(192.1.1.0/24 和 192.1.2.0/24)发现终端 A 和终端 D 不在同一个网络，终端 A 需要将 IP 分组发送给默认网关。终端 A 从 ARP 缓冲区中获取与默认网关地址 192.1.1.254 绑定的 MAC 地址 00-00-5E-00-01-02，构建以终端 A 的 MAC 地址 MAC A 为源 MAC 地址、以 MAC 地址 00-00-5E-00-01-02 为目的 MAC 地址的 MAC 帧，网络 192.1.1.0/24 保证将该 MAC 帧转发给路由器 R1。路由器 R1 由于是 VRID 为 2 的虚拟路由器的主路由器，必须对封装在以虚拟 MAC 地址 00-00-5E-00-01-02 为目的 MAC 地址的 MAC 帧中的 IP 分组进行转发操作。路由器 R1 从 MAC 帧中分离出 IP 分组，用 IP 分组的目的 IP 地址 192.1.2.7 匹配 R1 路由表中的路由项，发现和路由项< 192.1.2.0/24，2，直接>匹配，下一跳为"直接"，表明目的终端连接在接口 2 连接的网络上。通过 ARP 地址解析过程获取与目的 IP 地址 192.1.2.7 绑定的 MAC 地址 MAC D，构建以接口 2 所属的虚拟路由器对应的虚拟 MAC 地址 00-00-5E-00-01-03 为源 MAC 地址、以终端 D 的 MAC 地址 MAC D 为目的 MAC 地址的 MAC 帧，通过网络 192.1.2.0/24 将该 MAC 帧转发给终端 D，终端 D 从 MAC 帧中分离出 IP 分组，完成 IP 分组终端 A 至终端 D 的传输过程。

当终端 D 向终端 A 发送 IP 分组时，先将 IP 分组转发给默认网关——路由器 R2，以实现路由器 R1 和 R2 的负载均衡。当其中一个路由器发生故障时，另一个路由器将作为连接在两个网络上的终端的默认网关。

本章小结

- 网络互连需要实现连接在不同类型的传输网络上的两个终端之间的通信过程。
- IP 地址是独立于任何传输网络的统一的地址格式。
- IP 分组是独立于任何传输网络的统一的分组格式。
- IP 将互联网简化为 IP 分组交换网络，IP over X 和 X 传输网络实现由 X 传输网络互连的两个结点之间的 IP 分组传输过程。
- 路由器是实现网络互连的专业设备，它的核心功能如下：一是建立路由表，实现 IP 分组转发；二是针对连接的多个不同类型的传输网络，实现 IP over X 和 X 传输网络对应的物理层和链路层功能，X 分别指该路由器连接的多个不同类型的传输网络。
- 路由项分为直连路由项、静态路由项和动态路由项。
- IP over 以太网和以太网在确定下一跳 IP 地址和互连当前跳与下一跳的网络是以太网的前提下，完成 IP 分组当前跳至下一跳的传输过程。
- ARP 用于完成根据下一跳的 IP 地址获取下一跳的 MAC 地址的过程。
- VRRP 使得可以在只为终端配置单个默认网关地址的前提下，为终端配置多个默认网关，且其中一个默认网关失效不会影响该终端与连接在其他网络上的终端之间的通信过程。

习题

5.1 为什么说 IP 是一种网际协议？IP 实现连接在不同传输网络上的终端之间通信的技术基础是什么？

5.2 为什么要为每一个路由器接口分配 IP 地址?

5.3 作为中继系统,集线器、网桥和路由器有何区别?

5.4 解释不能用网桥实现两个分别连接在以太网和 ATM 网络的终端之间通信的原因。

5.5 解释路由器和网桥的主要区别。

5.6 何为默认网关? 终端配置默认网关地址的作用是什么?

5.7 路由器实现不同类型的传输网络互连的技术基础是什么?

5.8 路由器主要由几部分组成? 如何实现 IP 分组的转发过程?

5.9 IP 地址分为几类? 各如何表示? 它们的主要特点是什么?

5.10 简述 IP 地址和 MAC 地址的不同及各自的作用。

5.11 为什么需要无分类编址? 它对路由项聚合和子网划分带来什么好处?

5.12 什么是最长前缀匹配算法? 在什么条件下需要使用最长前缀匹配算法?

5.13 子网掩码 255.255.255.0 代表什么意思? 如果某一网络的子网掩码为 255.255.255.248,该网络能够连接多少主机?

5.14 以下地址中的哪一个地址和网络前缀 85.32/12 匹配,说明理由。

    A. 85.33.224.123   B. 85.79.65.216

    C. 85.58.119.74   D. 85.68.205.154

5.15 以下网络前缀中的哪一个和地址 2.52.90.140 匹配,说明理由。

    A. 0/4   B. 32/4   C. 4/6   D. 80/4

5.16 请辨认以下 IP 地址的网络类型。

(1) 128.35.199.3

(2) 21.12.240.17

(3) 183.194.75.253

(4) 192.12.69.248

(5) 89.3.0.1

(6) 200.3.5.2

5.17 一个 3200b 的 TCP 报文传到 IP 层,加上 160b 的首部后成为 IP 分组,下面的互联网由两个局域网通过路由器连接起来,但第二个局域网的 MTU=1200b,因此,IP 分组必须在路由器进行分片。第二个局域网实际需要为上层传输多少比特的数据?

5.18 假定传输层将包含 20B 首部和 2048B 数据的 TCP 报文递交给 IP 层,源终端至目的终端传输路径需要经过两个网络,其中第一个网络的 MTU=1024B,第二个网络的 MTU=512B,IP 首部是 20B。给出到达目的终端时分片后的 IP 分组序列,并计算出每一片的净荷字节数和片偏移。

5.19 路径 MTU 是端到端传输路径所经过的网络中最小的 MTU,假定源终端能够发现路径 MTU,并以路径 MTU 作为源终端封装 IP 分组的依据。根据题 5.18 的参数,给出到达目的终端时分片后的 IP 分组序列,并计算出每一片的净荷字节数和片偏移。

5.20 有人说"ARP 向网络层提供了转换地址的服务,应该属于数据链路层"。为什么这种说法是错误的?

5.21 ARP 缓冲器中每一项的寿命是 10~15min,简述寿命太长或者太短可能出现的问题。

5.22　如果重新设计 IP 地址时,将 IP 地址设计为 48 位,能否通过 IP 地址和 MAC 地址之间的一一对应关系消除 ARP 地址解析过程?

5.23　设某路由器建立了如下路由表(这 3 列分别是目的网络、子网掩码和下一跳路由器,若直接交付,则最后一列给出输出接口)。

128.96.39.0	255.255.255.128	接口 0
128.96.39.128	255.255.255.128	接口 1
128.96.40.0	255.255.255.128	R2
192.4.153.0	255.255.255.192	R3
默认		R4

现收到 5 个 IP 分组,其目的 IP 地址如下:

(1) 128.96.39.10

(2) 128.96.40.12

(3) 128.96.40.151

(4) 192.4.153.17

(5) 192.4.153.90

试分别计算出下一跳路由器或输出接口。

5.24　某单位分配到一个 B 类 IP 地址,其网络地址为 124.250.0.0,该单位有 4000 多台机器,分布在 16 个不同的地点,如果选用的子网掩码为 255.255.255.0,试分别给每个地点分配一个网络地址,并根据网络地址计算出每个地点可分配的 IP 地址范围。

5.25　一个 IP 分组的数据长度为 4000B(固定长度首部),需要经过一个 MTU 为 1500B 的网络。应当划分为几个数据片? 每一个数据片的数据字段长度、片偏移字段和 MF 标志为何值?

5.26　IP 分组中的首部检验和只检验 IP 分组首部,这样做的好处是什么? 坏处是什么? IP 分组首部检错码为什么不采用 CRC?

5.27　一个自治系统有 5 个局域网,其连接如图 5.39 所示,LAN 2 至 LAN 5 上的主机数分别为 91、150、3 和 15,该自治系统分配到的 IP 地址块为 30.138.118.0/23。试给出每一个局域网的地址块(包括前缀)。

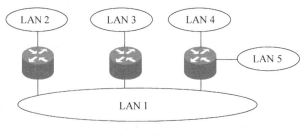

图 5.39　题 5.27 图

5.28　对如下 4 个地址块进行最大可能的聚合:

212.55.132.0/24

212.55.133.0/24

212.55.134.0/24

212.55.135.0/24

5.29 根据图 5.40 所示的网络地址配置,给出路由器 R1、R2 和 R3 的路由表。如果要求路由器 R2 中的路由项最少,如何调整网络地址配置? 根据调整后的网络地址配置,给出路由器 R1、R2 和 R3 的路由表。

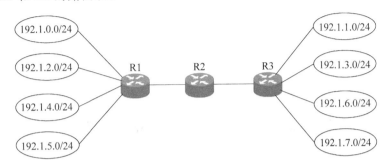

图 5.40 题 5.29 图

5.30 假定分配的 CIDR 地址块为 192.77.33.0/24,根据图 5.41 所示的互连网络结构,为每一个局域网分配合适的网络前缀地址(图中每一个局域网旁边标明的数字是该局域网的主机数)。

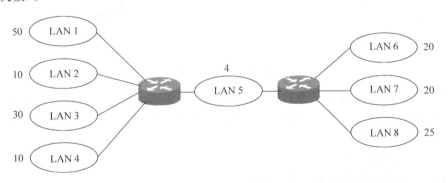

图 5.41 题 5.30 图

5.31 某单位分配到一个地址块 136.23.12.64/26,现在需要进一步划分为 4 个一样大的子网。

(1) 每个子网的网络前缀有多长?

(2) 每个子网有多少地址?

(3) 每个子网的地址块是什么?

(4) 每个子网可分配给主机的最小和最大地址是什么?

5.32 网络结构如图 5.42 所示,给出的 CIDR 地址块是 192.1.1.64/26。确定每一个子网的网络地址,将最大可用地址分配给路由器连接对应子网的接口,给出路由器 R1、R2 的路由表。

5.33 互连网络结构如图 5.43 所示。

(1) 补齐图中终端和路由器的配置信息,包括路由表,使其能够实现终端 A 和终端 B 之间的 IP 分组传输。

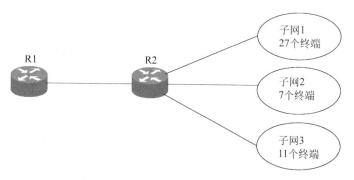

图 5.42　题 5.32 图

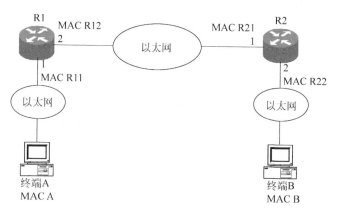

图 5.43　题 5.33 图

（2）以（1）补齐的配置信息为基础，给出终端 A 至终端 B 的 IP 分组传输过程中涉及的所有 MAC 帧，并给出这些 MAC 帧的源和目的 MAC 地址（假定终端和路由器的 ARP 缓冲器为空）。

5.34　VRRP 的作用是什么？

5.35　简述主路由器转换为备份路由器的条件。

5.36　简述备份路由器转换为主路由器的条件。

5.37　对于如图 5.38 所示的网络结构，如果要求连接在网络 192.1.1.0/24 和 192.1.2.0/24 上的终端各有一半以路由器 R1、R2 为默认网关，给出实现这一功能所需的 VRRP 配置。

第 6 章

路由协议

IP分组通过逐跳转发实现端到端传输过程,逐跳转发的关键是路由表,每一跳路由器通过检索路由表得知通往目的终端传输路径上的下一跳路由器。可以通过手工配置静态路由项的方式在每一个路由器中创建路由表,但这种方式存在很大的缺陷,因此,需要一种能够自动根据网络拓扑结构在每一个路由器上创建路由表的协议,这种协议就是路由协议。

6.1 直连路由项和静态路由项

路由项分为直连路由项、静态路由项和动态路由项。直连路由项在完成路由器接口的IP地址和子网掩码配置过程后自动生成。静态路由项是人工配置的路由项,用于指明通往没有直接和路由器连接的网络的传输路径。直连路由项和静态路由项可以实现小型、静态互联网中各个路由器的路由表建立过程,但不适用于大型、动态的互联网。

6.1.1 直连路由项

图6.1中每一个路由器连接3个网络,为路由器接口配置的IP地址和子网掩码确定了该接口所连接的网络的网络地址。如果为路由器R1接口1配置IP地址和子网掩码192.1.1.254/24,通过对192.1.1.254和255.255.255.0进行“与”操作,得到结果192.1.1.0,因此得出路由器R1接口1所连接的网络的网络地址是192.1.1.0/24。用同样的方法得出路由器R1接口2所连接的网络的网络地址是192.1.4.0/30(192.1.4.1和255.255.255.252“与”操作结果),接口3所连接的网络的网络地址是192.1.5.0/30(192.1.5.1和255.255.255.252“与”操作结果)。

完成路由器接口IP地址和子网掩码配置过程后,路由器自动生成用于指明通往这些直接连接的网络的传输路径的路由项,这些路由项称为直连路由项。对于路由器R1,在完成接口的IP地址和子网掩码配置后,生成如表6.1所示的直连路由项。网络地址192.1.4.0/30只包含4个IP地址(192.1.4.0~192.1.4.3),其中192.1.4.0是网络地址(主机字段为全0),192.1.4.3是直接广播地址(主机字段为全1)。因此,只包含两个有效IP地址192.1.4.1和192.1.4.2,这种类型的网络地址是无分类编址中有效IP地址数最少的网络地址,一般用于用点对点链路互连两个路由器的连接方式中。

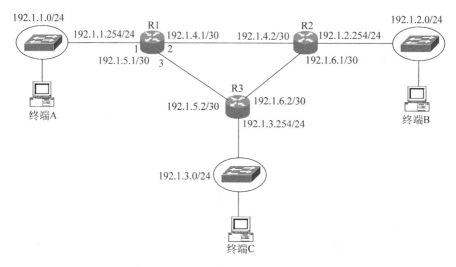

图 6.1　互连网络结构

表 6.1　路由器 R1 直连路由项

目 的 网 络	输 出 接 口	下 一 跳
192.1.1.0/24	1	直接
192.1.4.0/30	2	直接
192.1.5.0/30	3	直接

　　如果两个网络直接连接在同一个路由器上，只要完成路由器接口 IP 地址和子网掩码的配置过程，路由器将自动生成用于指明通往这两个网络的传输路径的路由项。对于连接在这两个网络上的终端，只要完成 IP 地址、子网掩码和默认网关地址的配置过程，就可实现相互通信。对于如图 6.2 所示的互连网络结构，在完成路由器接口 IP 地址和子网掩码的配置过程以及终端 A 和终端 B 的 IP 地址、子网掩码和默认网关地址的配置过程后，终端 A 和终端 B 之间就可进行 IP 分组双向传输过程。

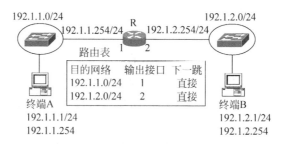

图 6.2　单个路由器的互连网络结构

6.1.2　静态路由项

　　对于如图 6.2 所示的单个路由器直接连接多个网络的互连网络结构，在完成路由器接口 IP 地址和子网掩码的配置过程后，路由器路由表中能够自动生成用于指明通往这些直接连接的网络的传输路径的直连路由项，路由器能够根据直连路由项完成连接在不同网络上的终端之间的 IP 分组转发操作。但对于如图 6.1 所示的网络结构,如果需要实现 IP 分组终端 A 至终端 B 的传输过程,由于终端 B 连接的网络没有和路由器 R1 直接连接,因此,路由器 R1 路由表中自动生成的直连路由项中没有用于指明通往网络 192.1.2.0/24 的传输路径的路由项。路由器 R1 由于无法确定通往网络 192.1.2.0/24 传输路径上的下一跳,将丢弃所有目的 IP 地址属于网络地址 192.1.2.0/24 的 IP 分组。因此,对于所有没有和某个路由器直接连接的网络,该路由器必须生成用于指明通往这些网络的传输路径的路由项,否则,该路由器将丢弃以连接在这些网络上的终端为目的终端的 IP 分组。对于图 6.1 中的路由器 R1,没有和其直接连接的网络有 3 个,分别是网络 192.1.2.0/24、192.1.3.0/24 和 192.1.6.0/30。如果路由器 R1 需要转发以属于这些网络地址的 IP 地址为目的 IP 地址的 IP 分组,路由器 R1 必须在路由表中生成用于指明通往这 3 个网络的传输路径的路由项。

如果采用手工配置静态路由项的方式,首先需要确定路由器 R1 至这 3 个网络的最短路径,然后求出路由器 R1 至这 3 个网络的最短路径上的下一跳路由器以及下一跳路由器连接路由器 R1 的接口的 IP 地址,根据这些信息得出路由器 R1 用于指明通往这 3 个网络的传输路径的路由项。对于网络 192.1.2.0/24,路由器 R1 通往该网络的最短路径是 R1→R2→192.1.2.0/24(传输路径经过的路由器跳数最少),且路由器 R2 连接路由器 R1 的接口的 IP 地址是 192.1.4.2,得出用于指明通往网络 192.1.2.0/24 的传输路径的路由项为 <192.1.2.0/24,2,192.1.4.2>,其中,192.1.2.0/24 是目的网络的网络地址,2 是输出接口编号,192.1.4.2 是下一跳地址。同样得出用于指明通往网络 192.1.3.0/24 的传输路径的路由项为 <192.1.3.0/24,3,192.1.5.2>。由于路由器 R1 存在两条经过的路由器跳数相同的通往网络 192.1.6.0/30 的传输路径,可以在两条传输路径中任选一条,这里,选择传输路径 R1→R2→192.1.6.0/30 作为通往网络 192.1.6.0/30 的传输路径,并因此生成路由项 <192.1.6.0/30,2,192.1.4.2>。由此可以得出表 6.2 所示的路由器 R1 用于指明通往所有 6 个网络的传输路径的路由项,类型 C 表示是路由器自动生成的直连路由项,类型 S 表示是手工配置的静态路由项。需要强调的是,如果下一跳 IP 地址是 192.1.4.2,则输出接口肯定是路由器 R1 连接网络 192.1.4.0/30 的接口。同样,如果下一跳 IP 地址是 192.1.5.2,输出接口肯定是路由器 R1 连接网络 192.1.5.0/30 的接口。

表 6.2　路由器 R1 完整路由表

路由项类型	目 的 网 络	输 出 接 口	下　一　跳
C	192.1.1.0/24	1	直接
C	192.1.4.0/30	2	直接
C	192.1.5.0/30	3	直接
S	192.1.2.0/24	2	192.1.4.2
S	192.1.3.0/24	3	192.1.5.2
S	192.1.6.0/30	2	192.1.4.2

6.1.3　静态路由项的缺陷

手工配置静态路由项的缺陷是显然的。一是对于大型互连网络,很难保证用户为每一个路由器选择的通往特定网络的传输路径是一致的,因此,很难为大型互连网络中的各个路由器配置一致的静态路由项;二是互连网络的拓扑结构是动态变化的,通过手工改变各个路由器中的静态路由项来适应不断变化的互连网络拓扑结构是不现实的；三是为了容错，各个网络之间存在多条传输路径，理想的工作状态是由多条传输路径同时承担网络之间的流量，以实现负载均衡，并在其中一条传输路径发生故障的情况下，迅速将由该传输路径承担的流量分摊到其他传输路径上，但通过手工配置静态路由项来实现这一功能几乎是不可能的；四是大型互连网络中的路由器不仅很多，而且分布的物理区域很广，在每一个路由器上配置静态路由项的工作量是无法想象的。

6.2 路由协议和动态路由项

在确定互连网络拓扑结构和完成路由器接口 IP 地址和子网掩码配置过程的前提下，通过在路由器运行路由协议生成的与互连网络拓扑结构一致的、用于指明通往互连网络中所有网络的传输路径的路由项称为动态路由项。

6.2.1 路由协议定义

每一个路由器通过和其他路由器相互交换路由消息，发现与互连网络拓扑结构一致的、通往互连网络中所有网络的最短路径，并据此生成用于指明通往互连网络中所有网络的最短路径的路由项。每一个路由器发送的路由消息中给出该路由器能够到达的网络和有关互联网的状态。路由协议就是一组用于规范路由消息的格式、路由器之间路由消息交换过程、路由器对路由消息的处理流程的规则。目前，存在多种路由协议。虽然所有路由协议的作用都是为互连网络中的每一个路由器找出通往互连网络中所有网络的最短路径，但不同路由协议对最短路径的定义、对路由消息格式和内容的约定等都是不同的。

6.2.2 路由协议生成动态路由项实例

1. 建立直连路由项

为图 6.1 中路由器 R1、R2 和 R3 的每一个接口配置 IP 地址和子网掩码后，路由器 R1、R2 和 R3 的路由表中自动生成如表 6.3 至表 6.5 所示的直连路由项，直连路由项的距离为 0，表示路由器通往直接连接的网络的传输路径所经过的路由器跳数为 0。

表 6.3 路由器 R1 直连路由项

类　　型	目 的 网 络	输 出 接 口	距　　离	下　一　跳
C	192.1.1.0/24	1	0	直接
C	192.1.4.0/30	2	0	直接
C	192.1.5.0/30	3	0	直接

表 6.4 路由器 R2 直连路由项

类　　型	目 的 网 络	输 出 接 口	距　　离	下　一　跳
C	192.1.2.0/24	1	0	直接
C	192.1.6.0/30	2	0	直接
C	192.1.4.0/30	3	0	直接

表 6.5 路由器 R3 直连路由项

类型	目 的 网 络	输 出 接 口	距 离	下 一 跳
C	192.1.3.0/24	1	0	直接
C	192.1.5.0/30	2	0	直接
C	192.1.6.0/30	3	0	直接

2. 相邻路由器之间定期交换路由消息

两个路由器相邻,表示这两个路由器存在连接在同一个网络上的接口,这个网络也是互连这两个路由器的传输网络。因此,路由器 R1 分别与 R2 和 R3 相邻。相邻路由器之间定期相互交换路由消息,路由器 R2 发送给路由器 R1 的路由消息如下:{(192.1.2.0/24,0)(192.1.6.0/30,0)(192.1.4.0/30,0)192.1.4.2},路由消息中包含路由器 R2 的全部直连路由项和路由器 R2 连接路由器 R1 的接口的 IP 地址,直连路由项(192.1.2.0/24,0)中的192.1.2.0/24 表示目的网络,0 表示路由器 R2 通往目的网络 192.1.2.0/24 的传输路径的距离为 0。路由器 R1 通过路由器 R2 发送的路由消息和自身路由表中的直连路由项确定:①路由器 R1 没有与网络 192.1.2.0/24 和网络 192.1.6.0/30 直接连接;②路由器 R2 能够到达这些网络。由于路由器 R2 与路由器 R1 相邻,路由器 R1 因此得出以路由器 R2 为下一跳的通往这些网络的传输路径,并在路由表中创建用于指明通往网络 192.1.2.0/24 和192.1.6.0/30 的传输路径的路由项。路由器 R1 增加用于指明通往网络 192.1.2.0/24 和192.1.6.0/30 的传输路径的路由项后的路由表如表 6.6 所示,表中用 D 表示路由项类型是路由协议创建的动态路由项。对于路由器 R1,通往网络 192.1.2.0/24 和 192.1.6.0/30 的传输路径上的下一跳 IP 地址是路由消息给出的路由器 R2 连接路由器 R1 的接口的 IP 地址 192.1.4.2。距离 1 是路由器 R1 通往网络 192.1.2.0/24 和 192.1.6.0/30 的传输路径经过的路由器跳数。由于路由器 R2 通往网络 192.1.2.0/24 和 192.1.6.0/30 的传输路径的距离为 0,而路由器 R1 通往网络 192.1.2.0/24 和 192.1.6.0/30 的传输路径由路由器 R1 至路由器 R2 的传输路径和路由器 R2 通往网络 192.1.2.0/24 和 192.1.6.0/30 的传输路径组成,因此,需要在路由器 R2 通往网络 192.1.2.0/24 和 192.1.6.0/30 的传输路径的距离上加 1。

同样,路由器 R3 向路由器 R1 发送路由消息{(192.1.3.0/24,0)(192.1.5.0/30,0)(192.1.6.0/30,0)192.1.5.2},路由器 R1 根据路由器 R3 发送的路由消息生成用于指明通往网络 192.1.3.0/24 和 192.1.6.0/30 的传输路径的路由项,由于路由器 R1 的路由表中已经存在用于指明通往网络 192.1.6.0/30 的传输路径的路由项,根据最短路径原则,路由器 R1 选择距离最小的路由项作为最终路由项,在两个路由项距离相等的情况下,路由器 R1 任选一个路由项作为最终路由项,路由器 R1 生成的完整路由表如表 6.7 所示。

同样,路由器 R1 也向路由器 R2 和 R3 发送路由消息,在建立表 6.7 所示的完整路由表后,路由器 R1 发送给路由器 R2 和 R3 的路由消息分别如下:{(192.1.1.0/24,0)(192.1.4.0/30,0)(192.1.5.0/30,0)(192.1.2.0/24,1)(192.1.3.0/24,1)(192.1.6.0/30,1)192.1.4.1}、{(192.1.1.0/24,0)(192.1.4.0/30,0)(192.1.5.0/30,0)(192.1.2.0/24,1)(192.1.3.0/24,1)(192.1.6.0/30,1)192.1.5.1},两个路由消息中不同的是用于作为下一跳路由

器地址的 IP 地址。路由器 R2 和 R3 也根据路由器 R1 发送的路由消息创建路由项。经过路由器之间多次相互交换路由消息，路由器 R1、R2 和 R3 最终生成用于指明通往所有网络的传输路径的路由项。这个时候，各个路由器的路由表已经收敛。

表 6.6　路由器 R1 路由表

类　　型	目 的 网 络	输 出 接 口	距　　离	下 　一 　跳
C	192.1.1.0/24	1	0	直接
C	192.1.4.0/30	2	0	直接
C	192.1.5.0/30	3	0	直接
D	192.1.2.0/24	2	1	192.1.4.2
D	192.1.6.0/30	2	1	192.1.4.2

表 6.7　路由器 R1 完整路由表

类　　型	目 的 网 络	输 出 接 口	距　　离	下 　一 　跳
C	192.1.1.0/24	1	0	直接
C	192.1.4.0/30	2	0	直接
C	192.1.5.0/30	3	0	直接
D	192.1.2.0/24	2	1	192.1.4.2
D	192.1.6.0/30	2	1	192.1.4.2
D	192.1.3.0/24	3	1	192.1.5.2

6.2.3　路由协议生成动态路由项过程

1. 路由协议工作过程

路由器启动路由协议后，由路由协议完成以下工作过程：

（1）向其他路由器传递网络可达性信息。任何一个路由器都可以将自己可达的网络以及到达这些网络的路径的距离通报给其他路由器。

（2）从其他路由器接收网络可达性信息。任何一个路由器都能够接收其他路由器发送给它的网络可达性信息，网络可达性信息主要包括发送路由器能够到达的网络以及到达这些网络的路径的距离。

（3）确定最佳路由。任何路由器都能够根据自己的网络可达性信息和从其他路由器接收到的网络可达性信息，针对可以到达的每一个网络，推导出最佳路由。某个网络的最佳路由通常是指到达该网络的最短路径，即路径距离最小的路径。

（4）应对网络拓扑结构变化。当网络拓扑结构发生变化时，检测到网络拓扑结构变化的路由器能够及时向其他路由器通报检测到的变化。每一个路由器能够根据变化后的拓扑结构更新网络可达性信息，并向其他路由器传递更新后的网络可达性信息。任何路由器都能够重新根据自己更新后的网络可达性信息和其他路由器传递的更新后的网络可达性信息，针对可以到达的每一个网络，推导出新的最佳路由。

2. 路径距离

如果某个路由器存在多条通往某个网络的传输路径，例如，在图 6.1 中，路由器 R1 存在两条通往网络 192.1.2.0/24 的传输路径,一条是 R1→R2→192.1.2.0/24,另一条是 R1→R3→R2→192.1.2.0/24,在这些传输路径中选择路径距离最小的传输路径,即最佳路由。路径距离可以是传输路径经过的路由器跳数,也可以是其他衡量传输路径的参数,如传输路径的物理距离、传输路径经过的物理链路的带宽等。如果以传输路径经过的路由器跳数作为传输路径距离,传输路径 R1→R2→192.1.2.0/24 的距离为 1(Cisco 计算跳数时不包含传输路径起始路由器,以后路由协议计算传输路径跳数时与此习惯一致),传输路径 R1→R3→R2→192.1.2.0/24 的距离为 2。距离最小的传输路径为最短路径。如果以传输路径经过的物理链路带宽作为传输路径距离,则首先需要定义将带宽换算成代价的计算公式,如以下计算公式:代价 $= 10^8 /$ 带宽。当带宽是 100Mb/s 时,得出代价是 1;当带宽是 10Mb/s 时,得出代价是 10。计算传输路径距离时,需要累计传输路径经过的物理链路的代价和,如果互连 R1 和 R3、R3 和 R2 的物理链路的带宽为 100Mb/s,互连 R1 和 R2 的物理链路的带宽为 10Mb/s,路由器 R2 连接网络 192.1.2.0/24 的物理链路的带宽为 100Mb/s,则传输路径 R1→R2→192.1.2.0/24 的距离为 11,传输路径 R1→R3→R2→192.1.2.0/24 的距离为 3。

由于路由协议要求代价必须是整数,因此,当物理链路带宽大于 100Mb/s 时,不能使用上面的计算公式,而是需要为物理链路定义一个能够反映物理链路带宽的距离值。

6.3 路由协议基础

路由协议的功能是生成动态路由项,并能根据网络拓扑结构的变化更新动态路由项。不同的路由协议有不同的适用环境和最短路径含义。

6.3.1 路由协议分类

可以根据路由协议发现、计算最短路径的方式和路由协议的作用范围为路由协议分类。

1. 距离向量路由协议和链路状态路由协议

根据路由协议交换路由消息和计算最短路径的方式可以将路由协议分为距离向量路由协议和链路状态路由协议。

1) 距离向量路由协议

路由协议的功能是在每一个路由器自动生成的直连路由项的基础上,通过路由器之间交换路由消息,使得每一个路由器能够生成用于指明通往互连网络中没有和该路由器直接连接的网络的传输路径的路由项。距离向量路由协议要求每一个路由器定期向其相邻路由器公告全部路由项,由于每一个路由项用于指明通往某个网络或网络前缀相同的一组网络的传输路径,路由器拥有某个路由项,意味着该路由器已经建立通往目的网络字段指定的一个或一组网络的传输路径。当某个路由器接收到相邻路由器公告的路由消息,且该路由器没有路由消息中包含的某个路由项时,意味着该路由器可以通过相邻路由器到达该路由项目的网络字段指定的一个或一组网络,该路由器就可创建一个路由项,目的网络字段值与路由消息中该路由项的目的网络字段值相同,下一跳为相邻路由器连接该路由器的接口的 IP

地址。通过相邻路由器之间不断交换路由消息，最终使互连网络中的所有路由器建立用于指明通往互连网络中所有没有和该路由器直接连接的网络的传输路径的路由项。之所以将该路由协议称为距离向量路由协议，是因为发送给相邻路由器的路由消息由一组路由项组成，且路由项格式为<目的网络，距离>。如果某个路由器可以通过多个相邻路由器到达某个网络，通过距离值在多条通往某个网络的传输路径中选择距离最短的传输路径。两个路由器相邻，意味着两个路由器存在连接在同一个网络上的接口，这样的接口也称为两个路由器的互连接口。目前常见的距离向量路由协议有路由信息协议（Routing Information Protocol，RIP）和边界网关协议（Border Gateway Protocol，BGP）等。

2) 链路状态路由协议

互连网络中的每一个网络必须和某个路由器直接连接，路由器的每一个接口连接一个网络。该网络或是末端网络，除了该路由器接口，不再连接其他路由器接口；或是互连路由器网络，两个或以上路由器存在连接该网络的接口，一组存在连接在同一个网络上的接口的路由器称为相邻路由器。每一个路由器可以通过一组链路状态来表示接口所连接的网络，链路状态用< Router ID，Neighbor，Cost >表示，其中 Router ID 是某个路由器标识符，通常用该路由器中一个接口的 IP 地址作为该路由器标识符。如果某个接口连接的是末端网络，Neighbor 是该网络的网络地址。如果某个接口连接的是互连路由器网络，Neighbor 是相邻路由器连接互连路由器网络的接口的 IP 地址。Cost 是根据路由器连接该网络的接口的带宽计算出的代价。每一个路由器通过一组链路状态表示和该路由器直接连接的网络的信息。当互连网络中的某个路由器获得所有其他路由器的链路状态信息时，就可构建互连网络的拓扑结构，并在此基础上计算出该路由器到达所有网络的最短路径。目前常见的链路状态路由协议有开放最短路径优先（Open Shortest Path First，OSPF）等。

2. 内部网关协议和外部网关协议

一个大型互连网络中，无数个网络和互连网络的路由器被划分成多个自治系统（Autonomous System，AS），每一个自治系统通常由单一管理部门负责管理，运行相同的路由协议。但自治系统不是孤岛，必须由设备将自治系统互连在一起，这种用于互连自治系统的设备称为自治系统边界路由器（Autonomous System Boundary Router，ASBR），这样一来，两个不属于同一自治系统的终端之间的传输过程涉及两个层次的传输路径，一是连接源终端所在网络的路由器如何找到一条通往连接源终端所在自治系统的自治系统边界路由器的传输路径，二是连接源终端所在自治系统的自治系统边界路由器如何找到一条通往连接目的终端所在自治系统的自治系统边界路由器的传输路径。前一条传输路径由属于同一自治系统的路由器构成，后一条传输路径由互连不同自治系统的自治系统边界路由器构成，如图 6.3 所示。把用于建立第一条传输路径的路由协议称作内部网关协议（Interior Gateway Protocol，IGP），而把用于建立第二条传输路径的路由协议称作外部网关协议（External Gateway Protocol，EGP）。常用的内部网关协议有 RIP、OSPF 等，外部网关协议有 BGP 等。

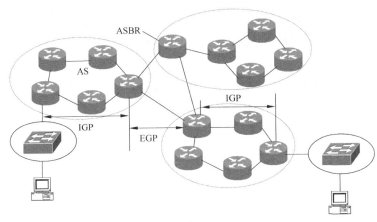

图 6.3 两层传输路径

6.3.2 路由协议要求

对路由协议主要有以下要求:

(1) 建立完整路由。路由协议必须在每一个路由器中创建用于指明通往所有没有与其直接连接的网络的传输路径的路由项。

(2) 选择最佳路由。必须在所有路由器中统一代价的含义,所有路由器选择的通往特定网络的传输路径是一致的。

(3) 简单、开销小。路由协议创建路由项过程必须简单,路由器计算开销和网络传输路由消息开销必须小,运行路由协议不会对路由器正常转发 IP 分组和网络传输 IP 分组产生较大影响。

(4) 实时反映互连网络拓扑结构的变化。一旦互连网络拓扑结构发生变化,如增加新的网络、某个路由器发生故障、某条物理链路发生故障等,每一个路由器中的路由项必须能够及时更新,以适应变化后的互连网络拓扑结构。

(5) 具有稳定性。稳定性体现在两个方面:一是在互连网络拓扑结构没有发生变化的情况下,各个路由器中的路由项能够保持稳定;二是对于任何互连网络拓扑结构,每一个路由器创建的路由项是固定的、可预测的。

(6) 快速收敛。收敛是指在互连网络拓扑结构不变的前提下,每一个路由器都创建了用于指明通往所有没有和其直接连接的网络的传输路径的路由项,而且互连网络中所有路由器创建的路由项是一致的。快速收敛有两个含义:一是指在互连网络拓扑结构发生变化时,所有路由器能够快速创建适应变化后的互连网络拓扑结构,且相互一致的路由项;二是当某个路由器新启动时,能够快速创建和其他路由器一致的、用于指明通往所有未与其直接连接的网络的传输路径的路由项。

6.3.3 距离向量路由协议

1. 距离向量路由协议创建路由表的过程

每一个路由器对于所有网络有两个参数,一是距离,二是方向,距离给出该路由器到达该网络经过的跳数,方向给出该路由器通往该网络的传输路径上的下一跳。如果用 D_i

(NET_j) 表示路由器 R_i 到达网络 NET_j 的距离，$P_i(\text{NET}_j)$ 表示路由器 R_i 通往网络 NET_j 的传输路径的方向，可以得出图 6.4 中各个路由器的初始参数。

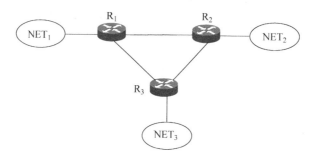

图 6.4 网络结构

路由器 R_1 初始参数如下：

$$D_1(\text{NET}_1)=0, \quad P_1(\text{NET}_1)=\text{直接}$$

距离为 0 表示该网络与路由器直接相连，对应的方向为直接。

依次得出如下路由器 R_2 和路由器 R_3 的初始参数：

$$D_2(\text{NET}_2)=0, \quad P_2(\text{NET}_2)=\text{直接}$$
$$D_3(\text{NET}_3)=0, \quad P_3(\text{NET}_3)=\text{直接}$$

每一个路由器向相邻路由器发送网络可达性信息，即该路由器可以到达的网络。路由器 R_1 向相邻路由器发送 $D_1(\text{NET}_1)$。当路由器 R_2 接收到路由器 R_1 发送的 $D_1(\text{NET}_1)$ 时，求出路由器 R_2 到达网络 NET_1 的距离 $=D_1(\text{NET}_1)+E(R_2,R_1)=0+1=1$。其中 $E(R_2,R_1)$ 是路由器 R_2 到达路由器 R_1 的距离，由于每经过一跳路由器时距离增 1，因此，相邻路由器之间的距离为 1。由于路由器 R_2 中没有 $D_2(\text{NET}_1)$，因此，$D_2(\text{NET}_1)=D_1(\text{NET}_1)+E(R_2,R_1)$，$P_2(\text{NET}_1)=R_1$。

同样，当路由器 R_2 接收到路由器 R_3 发送的 $D_3(\text{NET}_3)$ 时，求出路由器 R_2 到达网络 NET_3 的距离 $=D_3(\text{NET}_3)+E(R_2,R_3)=0+1=1$。由于路由器 R_2 中没有 $D_2(\text{NET}_3)$，因此，$D_2(\text{NET}_3)=D_3(\text{NET}_3)+E(R_2,R_3)$，$P_2(\text{NET}_3)=R_3$。

假定路由器 R_1 先接收到路由器 R_3 发送的初始网络可达性信息，然后接收到在路由器 R_2 建立完整的路由表后发送的网络可达性信息。当路由器 R_1 接收到路由器 R_3 发送的初始网络可达性信息 $D_3(\text{NET}_3)$ 后，得出 $D_1(\text{NET}_3)=D_3(\text{NET}_3)+E(R_1,R_3)$，$P_1(\text{NET}_3)=R_3$。

当路由器 R_1 接收到路由器 R_2 发送的网络可达性信息 $D_2(\text{NET}_1)$、$D_2(\text{NET}_2)$ 和 $D_2(\text{NET}_3)$ 后，由于路由器 R_1 中已经存在 $D_1(\text{NET}_1)$，且 $D_1(\text{NET}_1)<D_2(\text{NET}_1)+E(R_1,R_2)$，路由器 R_1 维持 $D_1(\text{NET}_1)$ 和 $P_1(\text{NET}_1)$ 不变。由于路由器 R_1 中没有 $D_1(\text{NET}_2)$，因此，$D_1(\text{NET}_2)=D_2(\text{NET}_2)+E(R_1,R_2)$，$P_1(\text{NET}_2)=R_2$。由于路由器 R_1 中已经存在 $D_1(\text{NET}_3)$ 且 $D_1(\text{NET}_3)<D_2(\text{NET}_3)+E(R_1,R_2)$，路由器 R_1 维持 $D_1(\text{NET}_3)$ 和 $P_1(\text{NET}_3)$ 不变。

此过程不断重复，直到路由器 R_1、R_2 和 R_3 的网络可达性信息收敛在以下值：

$$D_1(\text{NET}_1)=0, \quad D_1(\text{NET}_2)=1, \quad D_1(\text{NET}_3)=1$$
$$P_1(\text{NET}_1)=\text{直接}, \quad P_1(\text{NET}_2)=R_2, \quad P_1(\text{NET}_3)=R_3$$
$$D_2(\text{NET}_1)=1, \quad D_2(\text{NET}_2)=0, \quad D_2(\text{NET}_3)=1$$
$$P_2(\text{NET}_1)=R_1, \quad P_2(\text{NET}_2)=\text{直接}, \quad P_2(\text{NET}_3)=R_3$$

$$D_3(\mathrm{NET}_1)=1, \quad D_3(\mathrm{NET}_2)=1, \quad D_3(\mathrm{NET}_3)=0$$
$$P_3(\mathrm{NET}_1)=R_1, \quad P_3(\mathrm{NET}_2)=R_2, \quad P_3(\mathrm{NET}_3)=直接$$

路由器 R_1、R_2 和 R_3 以此生成如表 6.8 至表 6.10 所示的完整路由表。

表 6.8　路由器 R_1 完整路由表

目 的 网 络	距　　离	下 一 跳
NET$_1$	0	直接
NET$_2$	1	R$_2$
NET$_3$	1	R$_3$

表 6.9　路由器 R_2 完整路由表

目 的 网 络	距　　离	下 一 跳
NET$_1$	1	R$_1$
NET$_2$	0	直接
NET$_3$	1	R$_3$

表 6.10　路由器 R_3 完整路由表

目 的 网 络	距　　离	下 一 跳
NET$_1$	1	R$_1$
NET$_2$	1	R$_2$
NET$_3$	0	直接

2．距离向量路由协议特性

1）周期性广播全部路由项

每一个路由器必须向其相邻路由器定期发送路由消息,由于无法确定某个路由器接口连接的网络中存在哪些相邻路由器,因此,路由器在某个接口连接的网络上广播路由消息,路由消息中给出该路由器的全部路由项。发送路由消息的间隔时间决定收敛时间和路由消息传输开销:减小发送路由消息的间隔时间,会减小收敛时间,但会增加路由消息的传输开销,容易导致网络发生拥塞;加大发送路由消息的间隔时间,会增加收敛时间,但会减少路由消息的传输开销。

2）容易发生路由环路

由于每一个路由器根据相邻路由器发送的路由消息来生成路由项,有可能导致路由环路。路由环路是指一条成环的传输路径。例如,在图 6.1 中,路由器 R1 通往某个特定网络的传输路径的下一跳是路由器 R2,路由器 R2 通往该网络的传输路径的下一跳是路由器 R3,路由器 R3 通往该网络的传输路径的下一跳是路由器 R1,这样各个路由器通往该网络的传输路径构成环路。

3）实时性差

当网络拓扑结构发生变化时,重新收敛各个路由器的路由表的时间较长。

　　4）设置触发机制

　　除了周期性发送路由消息外，必须在发现有路由项发生改变的情况下，立即向其相邻路由器发送路由消息，以此加快相邻路由器路由表的收敛速度。

　　5）设置无效定时器

　　如果某项路由项是根据相邻路由器发送的路由消息创建的，当该相邻路由器发生故障时，该路由项应该无效。无效定时器用于确定没有接收到该相邻路由器发送的路由消息的最长时间间隔，如果在无效定时器规定的时间间隔内一直没有接收到该相邻路由器发送的路由消息，可以断定该相邻路由器已经发生故障。无效定时器规定的时间间隔一般是 $3\times$ 相邻路由器路由消息发送周期。

6.3.4　链路状态路由协议

1. 链路状态路由协议创建路由表的过程

　　1）建立各个路由器的链路状态

　　为图 6.1 中路由器 R1、R2 和 R3 的每一个接口配置 IP 地址和子网掩码后，路由器 R1、R2 和 R3 之间通过交换 Hello 报文获得每一个接口所连接的链路的状态。表 6.11 所示是每一个路由器建立的链路状态。Cost 字段是根据路由器接口带宽换算出的代价，换算公式为 $Cost=10^8/$接口传输速率，这里假定路由器 R1 连接路由器 R2 的链路的传输速率为 10Mb/s，其他链路的传输速率为 100Mb/s。

表 6.11　路由器链路状态

Router ID	Neighbor	Cost
R1	192.1.1.0/24	1
	192.1.4.2(R2)	10
	192.1.5.2(R3)	1
R2	192.1.2.0/24	1
	192.1.4.1(R1)	10
	192.1.6.2(R3)	1
R3	192.1.3.0/24	1
	192.1.5.1(R1)	1
	192.1.6.1(R2)	1

　　2）泛洪链路状态

　　每一个路由器将自身链路状态封装成链路状态通告后，以泛洪方式传输给互连网络中的所有其他路由器。泛洪方式传输过程如下，通告路由器（即链路状态通告的始发路由器）通过所有接口广播链路状态通告，某个路由器接收到链路状态通告后，首先向广播该链路状态通告的路由器发送确认应答，然后判别是否已经接收过该链路状态通告。如果是第一次接收该链路状态通告，从除接收该链路状态通告接口以外的所有其他接口广播该链路状态通告；如果已经接收过该链路状态通告，则丢弃该链路状态通告。链路状态通告中包含通告路由器标识符和序号，路由器每发送一个新的链路状态通告，递增序号，序号最大的链路状态通告是通告路由器发送的最新的链路状态通告。当某个路由器接收到某个通告路由器

发送的链路状态通告时,首先判别该链路状态通告中携带的序号是否大于该路由器为通告
路由器保留的序号。如果条件成立,将链路状态通告携带的序
号作为为通告路由器保留的序号,表明该路由器第一次接收到
该链路状态通告;如果条件不成立,表明路由器已经接收过该
链路状态通告。图 6.5 给出路由器 R1 泛洪链路状态通告过
程,当路由器 R3 接收到路由器 R2 转发的链路状态通告时,由
于路由器 R2 已经接收过路由器 R1 发送的链路状态通告,且
这两个链路状态通告的通告路由器和序号都相同,路由器 R3
丢弃路由器 R2 转发的链路状态通告。

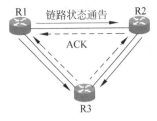

图 6.5 路由器 R1 泛洪链路
状态通告过程

3) 构建链路状态数据库

当所有路由器泛洪自身链路状态后,互连网络中的每一个路由器建立表 6.11 所示的链
路状态数据库,该链路状态数据库描述了互连网络的拓扑结构。

4) 计算最短路径树

下面以构建路由器 R1 为树根的最短路径树为例,讨论根据链路状态数据库构建最短
路径树的算法。令 $D(v)$ 为源结点(这里是路由器 R1)到达结点 v 的距离,它是从源结点沿
着某一路径到达结点 v 所经过的链路的代价之和,$L(i,j)$ 为结点 i 至结点 j 的距离。

(1) R1 为树根,求出各个结点和根结点之间距离。

$$D(v) = \begin{cases} L(\text{R1},v) & \text{若结点 } v \text{ 与 R1 直接相连} \\ \infty & \text{若结点 } v \text{ 与 R1 不直接相连} \end{cases}$$

(2) 找出与根结点距离最短的结点(假定为结点 w),将该结点连接到以 R1 为根的树
上,并重新对剩下的结点计算到达根结点的距离,$D(v) = \text{MIN}\{D(v), D(w) + L(w,v)\}$。

(3) 重复步骤(2),直到所有结点都连接到以源结点为根的树上。

表 6.12 给出了构建路由器 R1 为根的最短路径树的每一步。将根 R1 连接到最短路
径树上,R1 到达自身的距离为 0。找出与 R1 直接连接的结点和网络,将其放入备份结点
和网络中,根据表 6.11 所示的链路状态数据库,与 R1 直接连接的结点和网络有 R2、R3
和 192.1.1.0/24,距离分别是 10、1 和 1。选择距离最小的结点或网络直接连接到根结
点上。

选择了将结点 R3 直接连接到根结点后,重新计算各个结点和网络到达根结点的距离,
计算出 R2 经过 R3 到达根结点的距离 $D(\text{R2}) = \text{MIN}\{D(\text{R2}), D(\text{R3}) + L(\text{R3}, \text{R2})\} = \{10, 1+1=2\} = 2$。由于 $D(\text{R2}) = 2$ 是 R2 经过 R3 到达 R1 的距离,因此,结点 R2 必须连接到
最短路径树 R3 分枝上。经过表 6.12 所示的步骤,最终生成图 6.6 所示的路由器 R1 为根
的最短路径树。根据图 6.6 所示的最短路径树,得出表 6.13 所示的路由器 R1 路由表。

表 6.12 以路由器 R1 为根的最短路径树生成过程

最短路径树	备份结点和网络	说　明
(R1,R1,0)	(R1,192.1.1.0/24,1) (R1,R2,10) (R1,R3,1)	从备份结点和网络中选择到达 R1 距离最短的结点或网络连接到根结点上,第一步选择网络 192.1.1.0/24

续表

最短路径树	备份结点和网络	说　明
(R1,R1,0) (R1,192.1.1.0/24,1)	(R1,R2,10) (R1,R3,1)	选择 R3 连接到根结点上
(R1,R1,0) (R1,192.1.1.0/24,1) (R1,R3,1)	(R1,R2,2)（根据(R3,R2,1)计算出 R2 到达 R1 的距离为2） (R1,192.1.3.0/24,2)（根据(R3,192.1.3.0/24,1)计算出网络 192.1.3.0/24 到达 R1 的距离为2）	根据 R3 重新计算各个结点和网络到达 R1 的距离。选择网络 192.1.3.0/24 连接到最短路径树的 R3 分枝上
(R1,R1,0) (R1,192.1.1.0/24,1) (R1,R3,1) (R3,192.1.3.0/24,1)	(R1,R2,2)	选择 R2 连接到最短路径树的 R3 分枝上
(R1,R1,0) (R1,192.1.1.0/24,1) (R1,R3,1) (R3,192.1.3.0/24,1) (R3,R2,1)	(R1,192.1.2.0/24,3)（根据(R3,R2,1)和(R2,192.1.2.0/24,1)计算出网络 192.1.2.0/24 到达 R1 的距离为3）	根据 R2 重新计算各个结点和网络到达 R1 的距离。将网络 192.1.2.0/24 连接到最短路径树 R2 分枝上

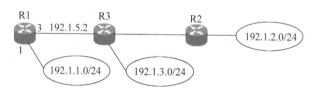

图 6.6　路由器 R1 为根的最短路径树

表 6.13　路由器 R1 完整路由表

类　　型	目 的 网 络	输 出 接 口	距　　离	下 　一　 跳
C	192.1.1.0/24	1	0	直接
C	192.1.4.0/30	2	0	直接
C	192.1.5.0/30	3	0	直接
D	192.1.2.0/24	3	3	192.1.5.2
D	192.1.3.0/24	3	2	192.1.5.2

2．链路状态路由协议特性

1）快速收敛

通过互连网络中各个路由器泛洪链路状态通告，互连网络中的每一个路由器很快建立链路状态数据库，并根据链路状态数据库构建以自己为根的最短路径树。

2）消除路由环路

由于每一个路由器有着相同的链路状态数据库，并根据链路状态数据库构建以自己为根的最短路径树，各个路由器根据以自己为根的最短路径树生成的路由表是不会产生路由环路的。

3）实时性好

一旦某个路由器的链路状态发生变化,该路由器通过泛洪链路状态通告及时向互连网络中的所有其他路由器通报这种变化,使得其他路由器能够及时更新链路状态数据库,并重新构建以自己为根的最短路径树。

4）实现负载均衡

由于每一个路由器具有描述互连网络拓扑结构的链路状态数据库,可以计算出到达某个特定网络的所有传输路径,并根据流量分配策略将传输给该特定网络的流量分配到多条不同的传输路径上。

5）传输开销较大

由于每一个路由器需要将自己的链路状态封装成链路状态通告,并以泛洪方式将链路状态通告传输给互连网络中的所有其他路由器,这种传输链路状态通告的方式会给网络增加较多流量。

6）计算复杂度高

根据链路状态数据库构建以自己为根的最短路径树的算法是一种计算复杂度很高的算法,因此,每一个路由器根据链路状态数据库构建以自己为根的最短路径树的过程会占用路由器大量的计算能力,这将对路由器转发 IP 分组的能力造成影响。

3. 例题解析

【**例 6.1**】 互连网络结构及互连路由器的链路类型如图 6.7 所示,链路类型与代价的关系如表 6.14 所示,假定 NET1 和 NET2 都是快速以太网,求出终端 A 至终端 B 的最短路径以及路由器 R1 和 R5 对应 NET1 和 NET2 的动态路由项。

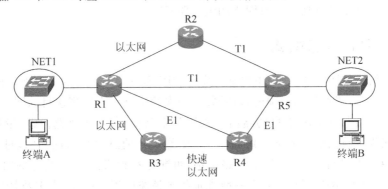

图 6.7 互连网络结构和链路类型

表 6.14 链路类型和代价

链 路 类 型	传 输 速 率/(Mb/s)	代 价
快速以太网	100	$10^8/(100 \times 10^6) = 1$
以太网	10	$10^8/(10 \times 10^6) = 10$
E1	2.048	$10^8/(2.048 \times 10^6) = 48$
T1	1.544	$10^8/(1.544 \times 10^6) = 64$

【解析】　求终端 A 和终端 B 之间的最短路径实际上是求路由器 R1 和 R5 之间的最短路径,路由器 R1 和 R5 之间的路径和距离如下:

路径 R1→R3→R4→R5,距离为 $10+1+48=59$。

路径 R1→R4→R5,距离为 $48+48=96$。

路径 R1→R5,距离为 64。

路径 R1→R2→R5,距离为 $10+64=74$。

显然终端 A 至终端 B 的最短路径为:终端 A→R1→R3→R4→R5→终端 B。

路由器到达某个网络的距离是路由器通往该网络的传输路径经过的所有路由器输出链路的代价之和,因此,路由器 R1 到达网络 NET2 的距离是路由器 R1 到达路由器 R5 的距离＋路由器 R5 连接 NET2 的链路的代价,即 $59+1=60$。直连路由项的距离通常假定为 0。由此得出如表 6.15 和表 6.16 所示的路由器 R1 和 R5 的路由表。

表 6.15　路由器 R1 路由表

目 的 网 络	下 一 跳	距 离
NET1	直接	0
NET2	R3	60

表 6.16　路由器 R5 路由表

目 的 网 络	下 一 跳	距 离
NET1	R4	60
NET2	直接	0

6.4　RIP

路由信息协议(RIP)是一种基于距离向量的路由协议,在路由器通过配置接口的 IP 地址和子网掩码而自动生成的直连路由项的基础上,通过相邻路由器之间不断交换路由消息,最终在所有路由器中建立通往所有网络的最短路径。

6.4.1　RIP 消息格式

RIP 消息格式如图 6.8 所示,主要给出发送 RIP 消息的路由器的路由项,每一路由项中的 IP 地址和子网掩码给出路由项的目的网络,距离给出该路由器到达目的网络所经过的路由器跳数。如果接收该 RIP 消息的路由器采用某个路由项,对于该路由器,发送 RIP 消息的路由器将成为该路由项中的下一跳路由器,发送 RIP 消息的接口的 IP 地址成为下一跳 IP 地址。但在一些特殊情况下,对于该路由项,可能存在比发送 RIP 消息的路由器更好的下一跳,这种情况下,RIP 消息通过下一跳地址指定该路由器。因此,大多数情况下,RIP 消息中每一路由项中有用的信息是 IP 地址、子网掩码和距离。

RIP 消息被封装成 UDP 报文,该 UDP 报文通过源和目的端口号 520 指明净荷是 RIP 消息。封装 RIP 消息的 IP 分组的源 IP 地址是发送该 RIP 消息的接口的 IP 地址,一旦接收该 RIP 消息的路由器采用了 RIP 消息包含的某路由项,该路由器将用封装 RIP 消息的 IP 分组的源 IP 地址作为该路由项的下一跳 IP 地址。封装 RIPv1 消息的 IP 分组的目的 IP 地址是受限广播地址 255.255.255.255。封装 RIPv2 消息的 IP 分组的目的 IP 地址是多播地址 224.0.0.9。如果没有说明,RIP 消息就是 RIPv2 消息。

图 6.8 所示的 RIP 消息格式是 RIP 响应消息格式,用于周期性公告全部路由项。当某

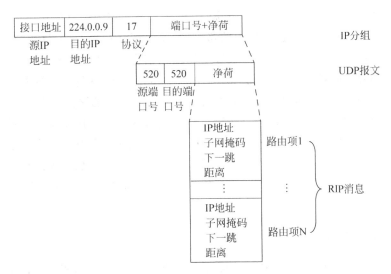

图 6.8　RIP 消息格式及封装过程

个路由器刚启动时,也可向相邻路由器发送 RIP 请求消息,要求相邻路由器立即发送其路由表包含的全部路由项,接收到 RIP 请求消息的路由器将立即发送 RIP 响应消息。RIP 消息通过命令字段标识两种不同的消息类型。以后讨论时,如果不指定 RIP 消息类型,表示是 RIP 响应消息。

6.4.2　RIP 工作过程

1. 基本思路

RIP 的工作思路如下:用 $D(i,j)$ 表示路由器 i 到达网络 j 的距离,如果某个路由器 i 直接连接某个网络 j,则该路由器到达该网络的距离最短,距离为 0,$D(i,j)=0$。如果某个路由器 i 没有直接和某个网络 j 连接,则必须找到一个 $D(k,j)$ 为最短路径距离的相邻路由器 k,使得 $D(i,j)=D(k,j)+1$,且 $D(i,j)$ 为路由器 i 到达网络 j 的最短路径的距离,即如果路由器 i 的相邻路由器集合 $=\{k_1,k_2,\cdots,k_N\}$,则 $D(i,j)=\mathrm{MIN}[D(i,k_m)+D(k_m,j)]$,$k_m\in\{k_1,k_2,\cdots,k_N\}$。RIP 用 16 表示无穷大距离,用于表示某个网络不可达,因此,如果 $D(i,j)=16$,表明路由器 i 和网络 j 之间不存在传输路径。由此可以得出适用于 RIP 的是端到端传输路径的最大跳数小于等于 15 的互连网络,因此,RIP 只适用于较小规模的自治系统。

2. 定期交换路由消息

RIP 工作基础是路由器通过配置接口 IP 地址和子网掩码自动生成的直连路由项。初始时,路由器路由表中只包含直连路由项,通过相邻路由器之间不断交换路由消息,每一个路由器逐渐建立用于指明通往和其没有直接连接的网络的传输路径的路由项。

每一个路由器只和相邻路由器交换路由消息,两个路由器相邻表明这两个路由器存在连接在同一个网络的接口,因此,两个路由器之间可以直接经过该网络实现通信过程。由于存在多个路由器连接在同一个网络的情况,因此,从某个接口发送出去的路由消息必须被所有有接口连接在该网络的路由器接收,因此,封装路由消息的 IP 分组的目的 IP 地址是表明这样一组路由器的多播地址：224.0.0.9，源 IP 地址是发送路由消息的接口的 IP 地址。

路由消息中给出该路由器已经建立的路由项，路由项格式为<目的网络,距离>（虽然路由项中包含下一跳地址，但大部分情况下以封装路由消息的 IP 分组的源 IP 地址作为下一跳地址）。路由器启动 RIP 进程时，每一个路由器的路由表中只包含直连路由项，因此，一开始，每一个路由器只能向其相邻路由器发送包含直连路由项的路由消息。

随着路由器之间不断交换路由消息，每一个路由器逐渐建立用于指明通往所有网络的最短路径的路由项。由于互连网络是不断变化的，因此，路由表中的路由项也是不断变化的。为了使所有路由器及时感知变化的互连网络，某个路由器一旦发现路由表中有路由项发生变化，立即向其相邻路由器公告这一变化。为了确定最短路径的工作状态，每一个路由器必须定期向其相邻路由器发送路由消息。

3. 路由器处理路由消息流程

当某个路由器 Y 接收到其相邻路由器 X 发送给它的路由消息，根据路由消息中的路由项$< N,D(X,N)>$确定路由器 Y 到达网络 N 的最短路径的过程如下：

首先，$D(Y,N)=D(X,N)+1$。

其次，分以下 4 种情况处理。

(1) 如果路由器 Y 的路由表中没有用于指明通往网络 N 的最短路径的路由项，说明传输路径 Y→X 和 X→N 是路由器 Y 发现的第一条通往网络 N 的传输路径，以该传输路径为最短路径，生成对应的路由项，目的网络＝N，距离＝$D(Y,N)$，下一跳＝路由器 X（用封装路由消息的 IP 分组的源 IP 地址标识），设置定时器。

(2) 如果路由器 Y 的路由表中已经存在用于指明通往网络 N 的最短路径的路由项，且该路由项指明的通往网络 N 的最短路径与传输路径 Y→X 和 X→N 不同，根据最短路径原则，路由器 Y 将选择距离较短的传输路径作为最短路径，因此，如果路由器 Y 中存在路由项$< N,D'(Y,N),X'>$，$X'\neq X$ 且 $D(Y,N)<D'(Y,N)$，路由器 Y 将传输路径 Y→X 和 X→N 作为最短路径，用新的路由项$< N,D(Y,N),X>$（目的网络＝N，距离＝$D(Y,N)$，下一跳＝路由器 X）取代原来的路由项，并重新设置定时器，否则保持原来的路由项不变。

(3) 如果路由器 Y 的路由表中已经存在路由项$< N,D'(Y,N),X>$，说明路由器 Y 通往网络 N 的最短路径就是传输路径 Y→X 和 X→N，重新设置定时器，如果 $D(Y,N)\neq D'(Y,N)$，说明 X→N 的最短路径距离已经发生变化，必须在路由项中用 $D(Y,N)$ 取代 $D'(Y,N)$，以反映当前 Y→N 最短路径的实际距离，如果 $D(Y,N)\geqslant 16$，则将路由项的距离设置为 16，表示该路由项指明的传输路径已经不可达。

(4) 如果 $D(X,N)=16$，意味着 X→N 传输路径已不存在，如果路由器 Y 中路由项指明的通往网络 N 的最短路径包含传输路径 X→N，即目的网络＝N 的路由项中，下一跳路由器＝X，路由器 Y 将删除或停止使用该路由项（将该路由项距离设置成 16）。

路由表中每一项路由项都有定时器，重新设置定时器（也称刷新定时器）表示重新开始定时器计时，如果总是在定时器溢出前重新设置定时器，定时器将不会溢出。一旦定时器溢出，将该路由项的距离设置为 16，表明该路由项指定的最短路径已经不可达。

【例 6.2】 假定路由器 Y 的路由表如表 6.17 所示，接收到的来自相邻路由器 X 的路由消息如表 6.18 所示，求出路由器 Y 处理表 6.18 所示的路由消息中路由项后的路由表。

表 6.17 路由器 Y 路由表

目 的 网 络	距 离	下一跳路由器
N2	3	X
N3	6	A
N4	5	X
N5	7	X

表 6.18 路由器 X 发送的路由消息

目 的 网 络	距 离
N1	3
N2	6
N3	3
N4	4
N5	16

【解析】 对于路由消息中的第一个路由项,由于路由器 Y 路由表中没有目的网络＝N1 的路由项,在路由表中增添路由项＜N1,3＋1,X＞。

对于路由消息中的第二个路由项,由于路由器 Y 路由表中存在目的网络＝N2 且下一跳路由器＝X 的路由项,用新的距离 7 取代老的距离 3。

对于路由消息中的第三个路由项,虽然路由器 Y 路由表中存在目的网络＝N3,下一跳路由器＝A 的路由项,由于以路由器 X 为下一跳路由器的传输路径距离(4)小于以路由器 A 为下一跳路由器的传输路径距离(6),用较短距离的传输路径取代原来的传输路径。

对于路由消息中的第四个路由项,由于无论距离还是下一跳路由器都和路由器 Y 中已经存在的路由项相同,对路由器 Y 中的路由项不作任何修改,只是重新设置定时器。

对于路由消息中的第五个路由项,由于其距离为 16,而且路由器 Y 中已经存在目的网络为 N5 且下一跳路由器为 X 的路由项,将该路由项的距离设置成 16,表明该路由项指定的传输路径不可达。

处理完表 6.18 所示的路由消息中的路由项后的路由器 Y 路由表如表 6.19 所示。

表 6.19 路由器 Y 处理路由消息后的路由表

目 的 网 络	距 离	下一跳路由器
N1	4	X
N2	7	X
N3	4	X
N4	5	X
N5	16	X

6.4.3 RIP 建立路由表实例

下面以图 6.9 所示的互连网络结构为例,讨论路由器 R5 通过 RIP 建立用于指明通往所有网络的最短路径的路由项的过程。

1. 路由器建立初始路由表

首先通过为图 6.9 所示的互连网络中路由器的各个接口配置 IP 地址和子网掩码,使各个路由器自动生成只包含直连路由项的初始路由表,这里为了简单起见,初始路由表中的路由项及以后建立的路由项只和图 6.9 中特地指定的 4 个网络有关,因此,只有路由器 R1、R3、R5、R7 建立如表 6.20 至表 6.23 所示的初始路由表。

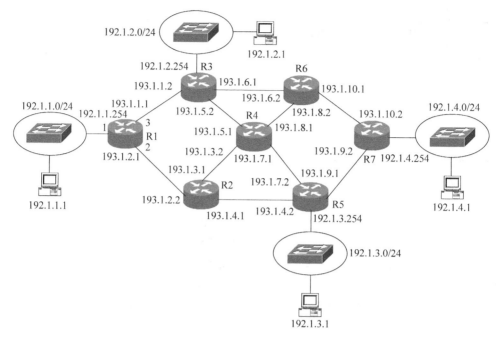

图 6.9　互连网络结构

表 6.20　路由器 R1 直连路由项

目 的 网 络	距 离	下 一 跳 路 由 器
192.1.1.0/24	0	直接

表 6.21　路由器 R3 直连路由项

目 的 网 络	距 离	下 一 跳 路 由 器
192.1.2.0/24	0	直接

表 6.22　路由器 R5 直连路由项

目 的 网 络	距 离	下 一 跳 路 由 器
192.1.3.0/24	0	直接

表 6.23　路由器 R7 直连路由项

目 的 网 络	距 离	下 一 跳 路 由 器
192.1.4.0/24	0	直接

2. 路由器 R1 公告路由消息

路由器 R1 为了让其他路由器获悉通过它可以到达的网络，周期性地公告它所具有的路由项，如< 192.1.1.0/24,0 >，表明经过它可以到达网络 192.1.1.0/24，距离为 0。这些路由项组合成路由消息，路由器 R1 周期性地公告由路由表中全部路由项构成的路由消息。

在本例中,路由器 R1 向它的相邻路由器 R2 和 R3 公告经过它可以到达的网络及距离,如图 6.10 所示。包含这些路由项的路由消息最终封装成 IP 分组,通过路由器 R1 的不同接口发送给相邻路由器,这些 IP 分组的源 IP 地址是路由器 R1 发送该 IP 分组的接口的 IP 地址。由于发送给路由器 R2 和 R3 的 IP 分组从不同的接口发送出去,因此,它们的源 IP 地址并不相同。如果路由器 R1 成了路由器 R2 或 R3 通往某个网络的传输路径上的下一跳路由器,封装该路由消息的 IP 分组的源 IP 地址就是该路由项的下一跳路由器地址。这些 IP 分组的目的 IP 地址是多播地址 224.0.0.9。路由器 R2 接收到路由器 R1 发送给它的路由消息后,在路由表中添加一项用于指明经路由器 R1 转发后到达网络 192.1.1.0/24 的传输路径的路由项,如表 6.24 所示。同样,路由器 R3 接收到路由器 R1 发送给它的路由消息后,也在路由表中添加一项用于指明经路由器 R1 转发后到达网络 192.1.1.0/24 的传输路径的路由项,如表 6.25 所示。

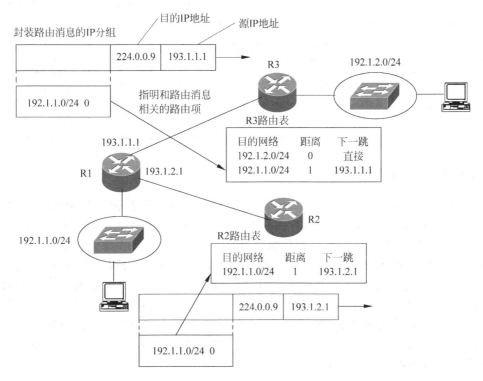

图 6.10 路由器 R1 向路由器 R2 和 R3 公告路由消息的过程

表 6.24 路由器 R2 生成的路由表

目 的 网 络	距 离	下一跳路由器
192.1.1.0/24	1	193.1.2.1

表 6.25 路由器 R3 生成的路由表

目 的 网 络	距 离	下一跳路由器
192.1.1.0/24	1	193.1.1.1
192.1.2.0/24	0	直接

事实上路由器 R3 也向路由器 R1 公告路由消息,由于本例着重讨论路由器 R5 通过 RIP 建立路由表的过程,和路由器 R5 建立路由表无关的操作过程不再赘述。

3. 路由器 R2、R7 公告路由消息

和路由器 R5 相邻的路由器 R2 和 R7 也周期性地向路由器 R5 公告路由消息,如图 6.11 所示。路由器 R2 公告的路由消息中包含路由项<192.1.1.0/24,1>,表明经路由器 R2 转发后能够到达网络 192.1.1.0/24,距离为 1。由于路由器 R5 的路由表中没有用于指明通往网络 192.1.1.0/24 的传输路径的路由项,就在路由表中添加一项用于指明经路由器 R2 转发后到达网络 192.1.1.0/24 的传输路径的路由项,如表 6.26 所示。同样,路由器 R7 也向路由器 R5 公告路由消息,路由消息包含路由项< 192.1.4.0/24,0>,表明经过路由器 R7 转发后能够到达网络 192.1.4.0/24,距离为 0。由于路由器 R5 的路由表中没有用于指明通往网络 192.1.4.0/24 的传输路径的路由项,在路由表中添加一项用于指明经路由器 R7 转发后到达网络 192.1.4.0/24 的传输路径的路由项,如表 6.26 所示。

表 6.26　路由器 R5 生成的路由项

目 的 网 络	距 离	下一跳路由器
192.1.1.0/24	2	193.1.4.1
192.1.4.0/24	1	193.1.9.2
192.1.3.0/24	0	直接

4. 路由器 R4 接收路由消息

路由器 R4 同样接收到路由器 R2 和 R3 公告给它的路由消息,图 6.11 所示的情况是路由器 R4 先接收到路由器 R3 公告给它的路由消息,在路由表中添加了分别用于指明通往网络 192.1.1.0/24 和 192.1.2.0/24 的传输路径的路由项,路由器 R4 路由表如表 6.27 所示。当路由器 R4 接收到路由器 R2 公告给它的路由消息时,发现路由表中已经存在用于指明通往网络 192.1.1.0/24 的传输路径的路由项,根据最短路径原则,路由器 R4 应该选择最短路径作为它的路由项,但在本例中,经路由器 R3 转发后到达网络 192.1.1.0/24 的距离和经路由器 R2 转发后到达网络 192.1.1.0/24 的距离相等。这种情况下,路由器 R4 采用路由表中已有的路由项。反之,如果路由器 R4 先接收到路由器 R2 公告的路由消息,路由器 R4 建立的路由表如表 6.28 所示。

表 6.27　路由器 R4 根据路由器 R3、R2 的路由消息生成的路由表

目 的 网 络	距 离	下一跳路由器
192.1.1.0/24	3	193.1.5.2
192.1.2.0/24	2	193.1.5.2

表 6.28　路由器 R4 根据路由器 R2、R3 的路由消息生成的路由表

目 的 网 络	距 离	下一跳路由器
192.1.1.0/24	3	193.1.3.1
192.1.2.0/24	2	193.1.5.2

5. 路由器 R4 公告路由消息

路由器 R4 也向路由器 R5 公告路由消息,路由消息中包含路由项<192.1.1.0/24,2>和<192.1.2.0/24,1>,由于路由器 R5 的路由表中没有用于指明通往网络 192.1.2.0/24的传输路径的路由项,因此,路由器 R5 的路由表中添加一项用于指明经路由器 R4 转发后到达网络 192.1.2.0/24 的传输路径的路由项,如表 6.29 所示。但路由器 R5 的路由表中已经存在用于指明通往网络 192.1.1.0/24 的传输路径的路由项,而且,该路由项所给出的距离(2)比经过路由器 R4 转发的传输路径所给出的距离(3)小,因此,选择原路由项。路由器 R5 最终生成的路由表如表 6.29 所示,整个过程如图 6.11 所示。

表 6.29　路由器 R5 最终生成的路由项

目 的 网 络	距　　离	下一跳路由器
192.1.1.0/24	2	193.1.4.1
192.1.4.0/24	1	193.1.9.2
192.1.3.0/24	0	直接
192.1.2.0/24	2	193.1.7.1

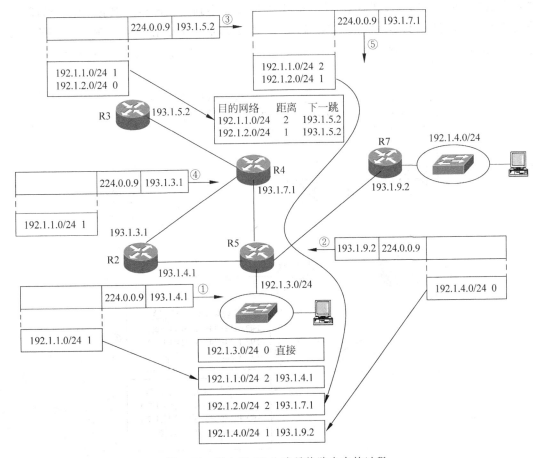

图 6.11　路由器 R5 生成最终路由表的过程

　　通过分析路由器 R5 通过 RIP 建立路由表的操作过程，可以总结出路由器通过 RIP 生成路由表的步骤：一是通过配置生成到达和其直接相连的网络的直连路由项，二是通过周期性地和相邻路由器交换各自的路由项，逐渐在所有路由器中建立到达所有网络的路由项。

6.4.4　RIP 动态适应网络变化的过程

　　RIP 作为路由协议最大的好处在于能够根据网络拓扑结构的变化自动调整各个路由器中的路由表。假定图 6.9 所示的网络中，路由器 R5 和 R2 之间的通信出现问题。出现通信问题的一种可能原因是连接路由器 R5 和 R2 的物理链路发生故障，这种情况下，路由器 R5 能够立即检测到连接路由器 R2 的物理链路失效，在路由表中删除所有以路由器 R2 为下一跳路由器的路由项（或者将其距离改为代表无穷大值的 16）。另一种可能原因是路由器 R2 发生故障，不再向它的相邻路由器公告路由消息，当然，也不可能正确地转发 IP 分组。这种情况下，路由器 R5 无法立即检测到路由器 R2 的故障，但路由表中的每一个路由项都和定时器相关联，只要从接收到的路由消息中能够重新推导出该路由项，就重新设置一下定时器。因此，只要能够周期性地接收到包含该路由项的路由消息，和该路由项相关联的定时器就不会溢出，该路由项就长期有效；但一旦长时间接收不到包含该路由项的路由消息，就一直无法重新设置和该路由项关联的定时器，最终导致定时器溢出，使该路由项无效。图 6.12 中，由于路由器 R5 一直接收不到路由器 R2 公告的路由消息，就一直无法重新设置与以路

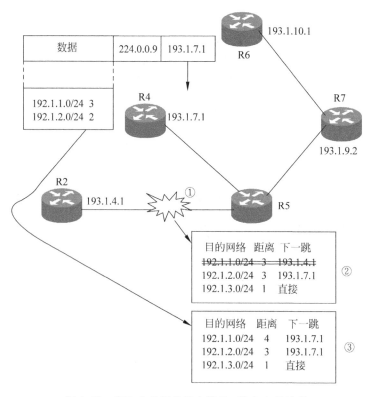

图 6.12　RIP 动态调整路由器 R5 路由表的过程

由器 R2 为下一跳路由器的路由项关联的定时器,最终导致定时器溢出,使这些路由项无效。无效的结果可以是从路由表中删除该路由项,或将其距离变为无穷大值(16)。一旦以路由器 R2 为下一跳路由器的路由项变为无效,路由器 R5 中就没有用于指明通往网络 192.1.1.0/24 的传输路径的路由项,当路由器 R5 接收到路由器 R4 公告的路由消息时,就根据其中包含的和网络 192.1.1.0/24 相关的路由项,推导出以路由器 R4 为下一跳路由器的通往网络 192.1.1.0/24 的传输路径,并将其添加到路由表中,这样,路由器 R5 重新有了用于指明通往网络 192.1.1.0/24 的传输路径的路由项,并以此为根据转发以网络 192.1.1.0/24 为目的网络的 IP 分组。

6.4.5 计数到无穷大和水平分割

1. 计数到无穷大的过程

如图 6.13(a)所示的互连网络在正常的情况下,路由器 R1 和 R2 生成如图 6.13(a)所示的用于指明通往网络 NET1 的传输路径的路由项。但一旦路由器 R1 连接网络 NET1 的链路发生故障,路由器 R1 中和网络 NET1 关联的路由项的距离将变为 16,表示网络 NET1 不可达。如果路由器 R1 先向路由器 R2 发送了和网络 NET1 相关的、距离为 16 的路由项,根据路由器处理路由消息流程中情况(4)的处理方式(见 6.4.2 节),路由器 R2 将从路由表中删除目的网络为 NET1、下一跳路由器为 R1 的路由项,路由器 R1、R2 的路由表趋于稳定,如图 6.13(b)所示。

但如果路由器 R1 在向路由器 R2 发送和网络 NET1 相关的路由项前,先接收了路由器 R2 向它公告的路由消息,通过路由项< NET1,1>获悉可以经路由器 R2 转发后,到达网络 NET1,距离为 1。路由器 R1 重新在路由表中生成和网络 NET1 相关的路由项< NET1,2,R2>,如图 6.13(c)所示。当然,路由器 R1 也向路由器 R2 公告路由消息,路由消息中包含和网络 NET1 相关的路由项< NET1,2>,由于路由器 R2 中和网络 NET1 相关的路由项的下一跳路由器为 R1,因此用新距离 3 代替老距离 1。同样,当路由器 R2 再次向路由器 R1 公告路由消息时,也使路由器 R1 中和网络 NET1 相关的路由项的距离变为 4。经过若干往复,最终使路由器 R1 和 R2 中与网络 NET1 相关的路由项的距离都变成 16,表明网络 NET1 不可达,路由器中的路由表趋于稳定,这就是计数到无穷大的问题。

在前面讨论用距离 16 作为网络不可达的标志时已经提出,这样做将极大地限制 RIP 所作用的互连网络的规模。但实际上这是一个无奈的选择,如果上调表示无穷大的值,势必延长如图 6.13(c)所示的计数到无穷大的过程,使互连网络中路由器的路由表一直不能收敛,影响路由器转发 IP 分组的操作。

2. 水平分割

如图 6.13(c)所示的计数到无穷大的问题是可以解决的,导致该问题发生的根本原因在于路由器 R2 中和网络 NET1 相关的路由项是通过路由器 R1 公告的路由消息得出的,因此,该路由项的下一跳路由器指明为路由器 R1,而路由器 R2 又向路由器 R1 公告包含该路由项的路由消息,导致该路由项的公告环路,即路由器 R1 对路由器 R2 说"经过我转发可以到达网络 NET1",而路由器 R2 又对路由器 R1 说"经过我转发可以到达网络 NET1"。消除

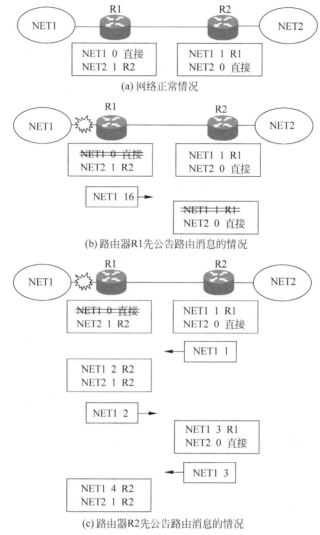

(a) 网络正常情况

(b) 路由器R1先公告路由消息的情况

(c) 路由器R2先公告路由消息的情况

图 6.13　计数到无穷大的过程

如图 6.13(a)所示互连网络结构下的路由项公告环路问题并不困难,只要规定:如果某个路由项是根据通过某个接口接收到的路由消息得出的,那么,以后从该接口公告的路由消息中不允许包含该路由项。这就是 RIP 的水平分割规则,如果路由器 R2 遵守该规则,那么,通过连接路由器 R1 的接口公告的路由消息中不可能包含以路由器 R1 为下一跳路由器的路由项,如图 6.13(c)所示的计数到无穷大的问题就不复存在了。

3. 水平分割存在局限

但实际上,即使遵守水平分割规则,计数到无穷大的问题依然可能发生,对于如图 6.14(a)所示的互连网络结构,正常情况下,路由器 R1、R2 和 R3 都能使自己的路由表收敛在一个稳定的状态,如图 6.13(a)所示。一旦路由器 R3 连接网络 NET1 的链路发生故障,路由器 R3 中和网络 NET1 相关的路由项的距离变为 16,表示网络 NET1 不可达。如果路由器 R3 能够及时向路由器 R1 和 R2 公告包含路由项<NET1,16>的路由消息,路由器 R1 和 R2 将删除和网络 NET1 相关的路由项,所有路由器均认为网络 NET1 不可达。但如果公告路由消息的顺序如下:首先是路由器 R3 向路由器 R1 公告包含路由项< NET1,16 >的路由消息,导致路由器 R1 中和网络 NET1 相关的路由项被删除。随后,路由器 R2 向路由器 R1 公告路由消息,由于路由器 R2 中和网络 NET1 相关的路由项的下一跳路由器为路由器 R3,因此,向路由器 R1 公告的路由消息中包含和 NET1 相关的路由项< NET1,1 >。路由器 R1根据路由器 R2 向它公告的路由消息推导出和网络 NET1 相关的路由项< NET1,2,R2 >。这时,路由器 R1 中和网络 NET1 相关的路由项的下一跳路由器为路由器 R2,因此,当路由器 R1 向路由器 R3 公告路由消息时在消息中包含该路由项< NET1,2 >,使路由器 R3 推导出和网络 NET1 相关的路由项< NET1,3,R1 >。路由器 R3 同样在向路由器 R2 公告的路由消息中包含该路由项< NET1,3 >,由于路由器 R2 中和网络 NET1 有关的路由项的下一跳路由器为 R3,用新距离 4 代替老距离 1。如此循环,不断增加和网络 NET1 相关的路由项的距离值,直到无穷大值(16),所有路由器都收敛在网络 NET1 不可达的状态,如图 6.14(b)所示。

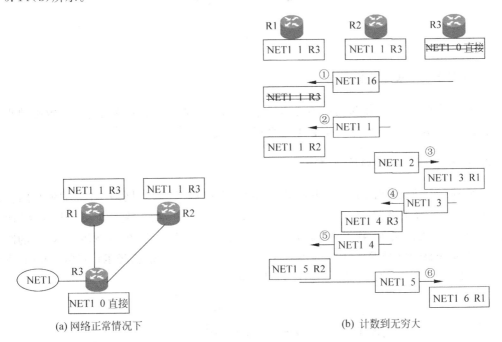

(a) 网络正常情况下　　　　　　　　　　　　(b) 计数到无穷大

图 6.14　计数到无穷大问题

　　RIP 最大的问题就是路由表的收敛过程,在互连网络拓扑结构发生一些变化的情况下,可能需要很长的收敛过程。这一方面由于被迫规定距离值 16 为不可达标志而限制了互连网络规模,另一方面由于路由表长时间没有收敛在稳定状态而影响了路由器转发 IP 分组的操作。

6.4.6　RIP 缺陷

1. 以跳数为距离的最短路由并非最佳路由

RIP 得出的端到端传输路径是经过跳数最少的传输路径,经过跳数最少的传输路径可能不是最佳路由。

在如图 6.15 所示的网络结构中，RIP 生成的 NET1 至 NET2 传输路径是 NET1→R1→R2→NET2，另一条 NET1 至 NET2 传输路径可以是 NET1→R1→R3→R4→R2→NET2。如果 NET1 需要传输一个 2MB 报文给 NET2，完成报文 R1→R2 传输过程需要的时间 $=((2\times10^6\times8)/(64\times10^3))\mathrm{s}=250\mathrm{s}$。完成报文 R1→R3→R4→R2 传输过程需要的时间 $=(3\times(2\times10^6\times8)/(2\times10^6))\mathrm{s}=24\mathrm{s}$。显然，报文经过传输路径 NET1→R1→R3→R4→R2→NET2 所需的时间远远小于报文经过传输路径 NET1→R1→R2→NET2 所需的时间。这就是将跳数作为距离的缺陷。

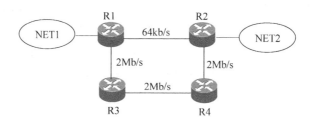

图 6.15 网络结构

2. 只适用于小规模互连网络

由于 RIP 将距离 16 作为网络不可达标志，因此，端到端传输路径经过的跳数必须小于 16，这就要求使用 RIP 的互连网络必须是小规模互连网络。

3. 好消息传得快，坏消息传得慢

在如图 6.16 所示的网络结构中，RIP 收敛后，路由器 R1 通往网络 NET 的最短路径是 R1→R2→R3→NET，距离是 2。如果增加互连路由器 R1 和 R6 的链路，当路由器 R6 向路由器 R1 公告目的网络为 NET、距离为 0 的路由项时，由于传输路径 R1→R6→NET 的距离是 1，小于原先最短路径 R1→R2→R3→NET 的距离，因此，传输路径 R1→R6→NET 成为 R1 通往网络 NET 的最短路径。这就是好消息传得快。

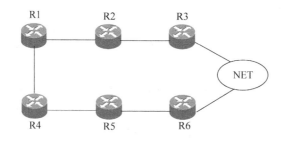

图 6.16 网络结构

如果如图 6.16 所示的网络结构中的路由器 R3 失效。只有当路由器 R2 中用于表明通往网络 NET 的传输路径的路由项所关联的定时器溢出时，路由器 R2 才能将该路由项标志为不可达。只有当路由器 R2 向路由器 R1 发送了用于表明网络 NET 不可达的路由项时，路由器 R1 才能将用于表明通往网络 NET 的传输路径的路由项标志为不可达。只有当路

由器 R1 中不存在表明通往网络 NET 的传输路径的有效的路由项时,路由器 R1 才会将传输路径 R1→R4→R5→R6→NET 作为通往网络 NET 的最短路径。路由器 R1 才能重新正确转发目的网络是 NET 的 IP 分组。这就是坏消息传得慢。坏消息传得慢导致互联网中某个路由器或某段链路失效时,其他路由器需要经过较长时间才能重新生成与新的网络拓扑结构一致的路由项。这些路由器在重新生成与新的网络拓扑结构一致的路由项前,可能无法正常转发 IP 分组。

4. 发送全部路由项浪费带宽和时间

路由器需要定期向相邻路由器发送全部路由项,当路由项数目较多时,发送全部路由项不仅浪费链路带宽,而且还浪费路由器时间。

5. 无法避免计数到无穷大的情况

RIP 无法避免计数到无穷大的情况发生。计数到无穷大的过程中,由于网络中存在路由环路,导致 IP 分组在构成路由环路的路由器之间反复转发,直到 TTL 字段值为 0,这将严重浪费网络带宽和路由器处理能力。

6.5 OSPF

开放最短路径优先(Open Shortest Path First,OSPF)协议是一种链路状态路由协议,OSPF 将路由器每一个接口连接的网络称为链路,路由器通过和相邻路由器交换 Hello 报文确定每一条链路的状态,在确定了所有链路状态后,构建链路状态通告(Link State Advertisement,LSA),通过泛洪链路状态通告将自身链路状态通告给互连网络中的所有路由器,每一个路由器在接收到互连网络中所有其他路由器泛洪的链路状态通告后,建立链路状态数据库,链路状态数据库精确描述了互连网络拓扑结构。互连网络中每一个路由器建立的链路状态数据库是相同的,每一个路由器根据链路状态数据库构建的以自身为根的最短路径树是一致的。每一个路由器可以根据以自身为根的最短路径树构建路由表。

6.5.1 OSPF 的基本概念

1. 区域

OSPF 将自治系统分为多个区域,每一个区域用区域标识符唯一标识,区域标识符是 32 位二进制数,可以采用点分十进制表示法。在所有区域中,有一个区域是主干区域,该区域的区域标识符为 0。其他区域必须与主干区域相连。如果某个路由器的所有接口属于同一个区域,该路由器称为区域内路由器(Internal Area Router,IAR)。如果某个路由器存在属于两个以上区域的接口,且其中一个区域必须是主干区域,该路由器称为区域边界路由器(Area Border Router,ABR)。图 6.17 中,路由器 R3 和 R8 属于区域边界路由器,路由器 R3 存在属于区域 1 和区域 0 的接口。路由器 R8 存在属于区域 2 和区域 0 的接口。

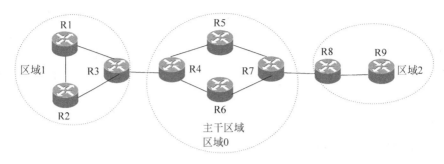

图 6.17　分区结构

2. Router ID

Router ID 是用于在互连网络中唯一标识某个路由器的路由器标识符，OSPF 可以手工配置 Router ID，也可根据其他配置信息自动生成 Router ID。路由器生成 Router ID 的规则如下：

- 如果为路由器的环路接口（loopback interfaces）配置了 IP 地址，用其中值最大的 IP 地址作为该路由器的 Router ID。
- 如果没有为路由器的环路接口配置 IP 地址，在为所有物理接口配置的 IP 地址中选择值最大的 IP 地址作为该路由器的 Router ID。

3. 代价

代价是链路距离，传输路径经过的所有链路的代价之和作为传输路径距离。默认情况下，链路代价＝10^8/链路带宽。可以为每一条链路人工设置代价。

6.5.2　路由器确定自身链路状态

1. OSPF 报文类型

OSPF 报文分为 Hello 报文、DD 报文、LSR 报文、LSU 报文和 LSAck 报文。OSPF 报文直接封装为 IP 分组，协议字段值为 89。

1）Hello 报文

Hello 报文格式如图 6.18 所示，包含路由器自身标识符（Router ID）、发送该 Hello 报文的接口所属区域的区域标识符、发送该 Hello 报文的接口的子网掩码和优先级、确定的指定路由器（Designated Router，DR）标识符和备份指定路由器（Backup Designated Router，BDR）标识符、邻居列表等。封装 Hello 报文的 IP 分组的目的 IP 地址是 224.0.0.5，表明该 IP 分组的接收者是网络中所有启动 OSPF 的路由器接口。源 IP 地址是发送该 Hello 报文的接口的 IP 地址。Hello 报文的作用是发现邻居，如果两个路由器存在连接在同一个网络上的接口，这两个路由器互为邻居。邻居列表中列出某个路由器已经在该接口所连接的网络上发现的邻居，每一个邻居用其路由器标识符（Router ID）表示。

2）DD 报文

数据库描述（Database Description，DD）报文的格式如图 6.19 所示，用于向对方公告链路状态数据库中存在的 LSA。为了减少传输开销,DD 中只列出链路状态数据库中存在的 LSA 的首部。为了保证传输可靠性,采用主从方式,即由主路由器向路由器发送查询 DD 报文,从路由器回答应答 DD 报文,查询和应答 DD 报文通过序号字段关联在一起,即应答 DD 报文的序号必须和对应的查询 DD 报文的序号相同。无论是查询还是应答 DD 报文,均可包含用于向对方公告链路状态数据库中存在的 LSA 的 LSA 首部列表。

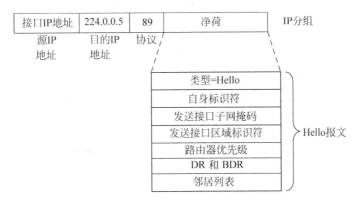

图 6.18 Hello 报文格式和封装过程

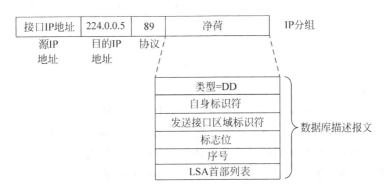

图 6.19 数据库描述报文格式

标志位 MS 用于标识路由器的主从状态。MS=1 表示路由器是主路由器,MS=0 表示是从路由器,两个路由器中 Router ID 较大的路由器为主路由器。

标志位 I 用于标识初始 DD 报文。对于路由器发送的第一个 DD 报文,I=1;对于其他 DD 报文,I=0。

标志位 M 是更多 DD 报文位。如果某个 DD 报文不是最后一个 DD 报文,M=1;否则 M=0,用 M=0 的 DD 报文来表示该次 DD 报文查询应答过程结束。

3) LSR 报文

链路状态请求(Link State Request,LSR)报文格式如图 6.20 所示,用于请求对方向其传输特定的 LSA,用 LSA 首部列表指定请求传输的 LSA。接收到该 LSR 报文的路由器必须通过链路状态更新(Link State Update,LSU)报文将用 LSA 首部列表指定的一组完整的 LSA 传输给 LSR 发送者。

4) LSU 报文格式

链路状态更新(Link State Update,LSU)报文格式如图 6.21 所示。它的作用有两个:

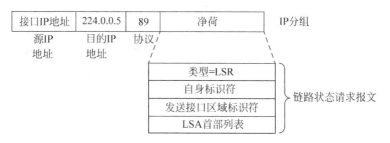

图 6.20　链路状态请求报文格式

一是用于向 LSR 发送者传输一组完整的 LSA；二是在路由器自身链路状态发生改变或者路由器用于指定泛洪链路状态通告周期的定时器溢出时，用于向互连网络中的所有其他路由器泛洪用于表示自身链路状态的 LSA。

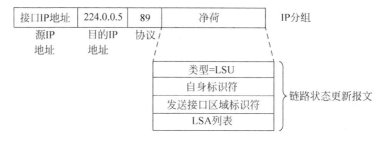

图 6.21　链路状态更新报文格式

5）LSAck 报文

链路状态确认（Link State Acknowledgement，LSAck）报文格式如图 6.22 所示，报文中包含确认的 LSA 首部列表。LSAck 报文是对接收到的 LSU 报文的确认。LSAck 报文根据连接对端路由器链路的不同，分别采用单播或多播方式。采用单播方式时，封装 LSAck 报文的 IP 分组的目的 IP 地址是对端路由器的 IP 地址。

图 6.22　链路状态通告确认报文格式

2. 发现邻居

图 6.23 是图 6.9 中路由器 R1 和 R2 之间相互发现对方的过程。路由器 R1 和 R2 通过每一个启动 OSPF 的接口周期性地发送 Hello 报文。路由器 R1 将 Hello 报文封装为以接口 IP 地址为源 IP 地址、多播地址 224.0.0.5 为目的 IP 地址的 IP 分组，通过连接路由器 R2 的接口发送出去，多播地址 224.0.0.5 表明接收端是网络内所有启动 OSPF 的其他路由器接口。这里，只有路由器 R2 连接路由器 R1 的接口接收到该 Hello 报文，路由器 R2 根据 IP 分组的源 IP 地址和 Hello 报文中给出的发送接口子网掩码求出发送该 Hello 报文的接口的网络地址，同时根据接收该 Hello 报文的接口配置的 IP 地址和子网掩码求出接收该

Hello 报文的接口的网络地址,只有当这两个网络地址相同时,路由器 R2 才继续处理该
Hello 报文,否则,路由器 R2 丢弃该 Hello 报文。路由器 R2 在邻居列表中记录 Hello 报文
中的自身标识符 R1。

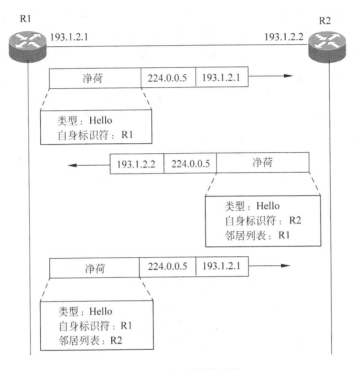

图 6.23　发现邻居过程

　　路由器 R2 发送给路由器 R1 的 Hello 报文中除了自身信息,还需通过邻居列表给出通
过该接口接收到的 Hello 报文发现的邻居。当路由器 R1 在路由器 R2 发送给它的邻居列
表中发现自身标识符时,即可确定成功地建立了和路由器 R2 的邻居关系。同样,当路由器
R2 在随后接收到的路由器 R1 发送的 Hello 报文的邻居列表中发现自身标识符,即可确定
成功地建立了和路由器 R1 的邻居关系。

　　Hello 报文用于维持和其他路由器的邻居关系,如果某个路由器持续 4×Hello 报文间
隔时间没有接收到另一个路由器发送的 Hello 报文,将终止和该路由器之间的邻居关系。

3. 建立邻接关系

　　某个路由器在刚启动时没有其他路由器的链路状态通告。互连网络中的路由器只有在
两种情况下泛洪链路状态通告:一是用于指定泛洪链路状态通告周期的定时器溢出,二是
某个路由器的链路状态发生改变。某个路由器启动,只会改变和该路由器相邻的路由器的
链路状态通告,因此,互连网络中没有和该路由器相邻的其他路由器只有在用于指定泛洪链
路状态通告周期的定时器溢出时才会泛洪链路状态通告。为了减少传输开销,路由器在没
有链路状态发生改变的情况下,泛洪链路状态通告的周期很长,导致刚启动的路由器需要很
长时间才能建立完整的链路状态数据库。为了解决这一问题,要求两个建立邻接关系的路
由器必须同步链路状态数据库。两个路由器同步链路状态数据库的过程就是通过发现并下

载对方链路状态数据库中存在的，且自身链路状态数据库中没有的链路状态通告，使得两个路由器的链路状态数据库相同的过程。

邻接关系建立过程如图 6.24 所示。两个路由器建立邻居关系后，才能开始邻接关系建立过程。两个路由器通过交换标志位 I＝1 的初始 DD 报文确定主路由器，然后通过反复进行主路由器发送一个查询 DD 报文，从路由器回答一个应答 DD 报文的过程，完成向对方公告链路状态数据库中存在的 LSA 的任务。主路由器每发送一个查询 DD 报文，序号增 1，从路由器回答的应答 DD 报文中的序号必须与对应的查询 DD 报文中的序号相同，最后一个查询 DD 报文和应答 DD 报文的标志位 M＝0。如果某个路由器发现对方路由器的链路状态数据库中存在自身链路状态数据库中没有的 LSA，则向对方路由器发送 LSR 报文，并在 LSR 报文中用 LSA 首部列表指定需要对方路由器传输的一组 LSA。对方路由器通过 LSU 报文向其传输一组完整的 LSA。一旦两个路由器之间建立邻接关系，两个路由器的链路状态数据库就完成了同步过程。

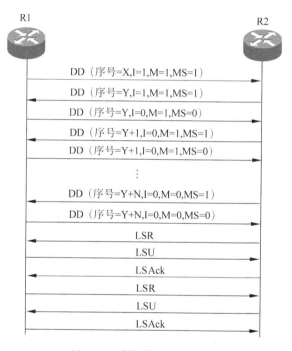

图 6.24　邻接关系建立过程

4. 指定路由器和备份指定路由器

如果某个路由器接口连接的是一个广播型网络（如以太网），该广播型网络上可能同时连接 N 个路由器，如果 N 个路由器两两之间建立邻接关系，需要建立 $N \times (N-1)/2$ 个邻接关系，例如图 6.25(b) 所示的 4 个路由器之间建立了 6 个邻接关系。这会大大增加广播型网络的传输开销。为了解决这一问题，在广播型网络中确定一个路由器作为指定路由器（Designated Router, DR），所有其他路由器只和指定路由器建立邻接关系。为了容错，在确定指定路由器的同时，确定一个备份指定路由器（Backup Designated Router, BDR），在指定路由器无法正常工作的情况下，由备份指定路由器取代指定路由器。这样，所有其他路由器只需与指定路由器和备份指定路由器建立邻接关系,当然,指定路由器和备份指定路由器之间也需建立邻接关系,因此,N 个路由器只需建立 $2\times(N-2)+1$ 个邻接关系,例如图 6.25(c)所示的 4 个路由器之间建立了 5 个邻接关系。

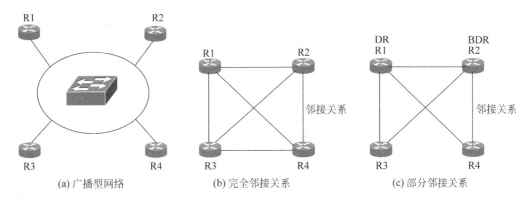

图 6.25 广播型网络与完全邻接关系和部分邻接关系

路由器通过在广播型网络中广播 Hello 报文竞争指定路由器和备份指定路由器,竞争机制保证:

- 初始时,在所有建立邻居关系的路由器中选择优先级最高的路由器为指定路由器,如果存在两个以上的具有相同最高优先级的路由器,选择其中 Router ID 最大的路由器为指定路由器,用同样的方式在剩下的路由器中选择备份指定路由器。
- 一旦广播型网络中已经选出指定路由器,即使新接入路由器的优先级大于已经选出的指定路由器的优先级,广播型网络仍然以已经选出的指定路由器为指定路由器。
- 一旦指定路由器和其他路由器终止邻居关系,即使存在优先级大于备份指定路由器的其他路由器,广播型网络仍然选择备份指定路由器为指定路由器,然后,在其他路由器中选出备份指定路由器。

一旦广播型网络选出指定路由器和备份指定路由器,Hello 报文中 DR 和 BDR 字段就会给出这两个路由器连接广播型网络的接口的 IP 地址。除指定路由器和备份指定路由器以外的其他路由器发送链路状态更新报文时,以 224.0.0.6 为目的 IP 地址,表示接收端是指定路由器和备份指定路由器。

5. 链路状态通告

1) 链路状态通告类型和格式

有着多种不同类型的链路状态通告(LSA),这些不同类型的 LSA 有着相同的 LSA 首部格式。LSA 首部格式如图 6.26(a)所示。

链路状态年龄:以秒为单位给出 LSA 的年龄。该 LSA 的初始年龄为 0,泛洪和保持过程中,年龄不断增长,一旦超过最大年龄,即 LSA 寿命,该 LSA 不再有效。

链路状态类型:用于指定各种不同类型的 LSA,这里主要讨论两种类型的 LSA,路由器 LSA 和网络 LSA,对应的链路状态类型字段值分别是 1 和 2。

链路状态标识符(Link State ID):用于指定该 LSA 描述的路由域范围。不同链路状态类型的 LSA 有不同的取值方式。对于路由器 LSA(链路状态类型=1),链路状态标识符是

图 6.26　链路状态通告类型和格式

生成该 LSA 的路由器的 Router ID；对于网络 LSA(链路状态类型＝2)，链路状态标识符是该 LSA 描述的广播型网络中选作 DR 的路由器连接该网络的接口的 IP 地址。

通告路由器：对于路由器 LSA(链路状态类型＝1)，通告路由器是指生成该 LSA 的路由器，其值是生成该 LSA 的路由器的 Router ID。显然，对于路由器 LSA，链路状态标识符的值和通告路由器的值是相同的。对于网络 LSA(链路状态类型＝2)，通告路由器是指广播型网络中选作 DR 的路由器，其值是 DR 的 Router ID。

链路状态序号：用于区分特定路由器生成的 LSA 的新旧，序号最大的 LSA 是特定路由器生成的最新的 LSA。

链路状态检验码：是根据除链路状态年龄以外的 LSA 所有其他字段值计算出的检验码，用于检测 LSA 传输过程中的完整性。

长度：以字节为单位给出 LSA 的长度。

路由器 LSA 除首部以外的其他字段格式如图 6.26(b)所示。

链路数：给出该路由器直接连接的链路数量。

链路标识符(Link ID)：用于唯一标识指定链路。存在多种不同类型的链路，不同类型的链路有着不同的链路标识符，两者的对应关系如表 6.30 所示。

表 6.30　不同类型的链路与链路标识符之间的对应关系

链路类型	链路标识符
点对点链路(类型＝1)	链路另一端路由器的 Router ID
转接网络(类型＝2)	网络中的指定路由器(DR)连接该网络的接口的 IP 地址
末端网络(类型＝3)	网络的网络地址

链路数据(Link Data)：用于说明指定链路。如果链路类型是末端网络(类型＝3)，链路数据是该网络的子网掩码。对于其他类型链路，链路数据是该路由器连接该链路接口的 IP 地址。

类型(Link Type)：用于指定链路类型。这里只讨论 3 种不同类型的链路，它们是点对点链路、转接网络和末端网络，对应的类型值分别是 1、2 和 3。

代价：用于表示链路代价。传输路径距离等于传输路径经过的所有链路的链路代价之和。

路由器 LSA 对应每一条链路，有链路标识符、链路数据、类型和代价等字段值。

网络 LSA 除首部以外的其他字段格式如图 6.26(c)所示。

子网掩码：该网络的子网掩码。

网络中连接的路由器列表：网络中连接的所有路由器(包括 DR 和 BDR)的 Router ID。

2) 链路状态通告实例

下面以图 6.9 中的路由器 R1 为例,讨论路由器建立和其他路由器的邻接关系后的链路状态。路由器 R1 的 3 个接口分别连接 3 个网络。其中接口 1 连接末端网络,网络地址和子网掩码分别是 192.1.1.0 和 255.255.255.0;接口 2 和接口 3 连接转接网络,转接网络的主要作用是实现两个路由器互连。假定图 6.9 中所有转接网络都是以太网,序号较大的路由器为该转接网络的指定路由器。接口 2 连接的转接网络中的 DR 为路由器 R2,R2 连接转接网络的接口的 IP 地址为 193.1.2.2。接口 3 连接的转接网络中的 DR 为路由器 R3,R3连接转接网络的接口的 IP 地址为 193.1.1.2。对于末端网络(Link Type=3),Link ID 和 Link Data 的值分别是网络地址和子网掩码。对于转接网络(Link Type=3),Link ID 和 Link Data 的值分别是 DR 和通告路由器连接该转接网络的接口的 IP 地址,对于路由器 R1接口 2 连接的转接网络,Link ID 和 Link Data 的值分别是路由器 R2(DR)和路由器 R1 连接该转接网络的接口的 IP 地址。因此得出表 6.31 所示的路由器 R1 的 3 个接口所连接的链路的链路状态。

表 6.31　图 6.9 中路由器 R1 链路状态

链路类型	链路标识符	链路数据	代价
末端网络(3)	192.1.1.0	255.255.255.0	1
转接网络(2)	193.1.2.2	193.1.2.1	1
转接网络(2)	193.1.1.2	193.1.1.1	1

针对图 6.9 所示的互连网络结构,本例只讨论用于指明通往末端网络的传输路径的路由项的生成过程。图 6.27 是路由器 R1 根据链路状态生成的路由器 LSA,路由器 LSA 首部中给出 LSA 类型、通告路由器和序号,可以据此唯一确定该 LSA。

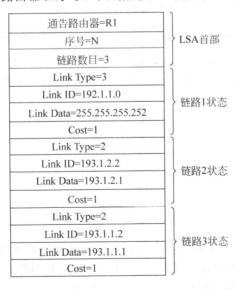

图 6.27　路由器 R1 生成的路由器 LSA 格式

6. 例题解析

【例 6.3】 互连网络结构和路由器接口 IP 地址与子网掩码配置如图 6.28 所示,假定路由器 RTA、RTD 和 RTE 分别配置了环路地址 192.168.10.5/32、192.168.10.3/32 和 192.168.10.1/32,填写表 6.32 中的 Router ID 和表 6.33 中的指定路由器。

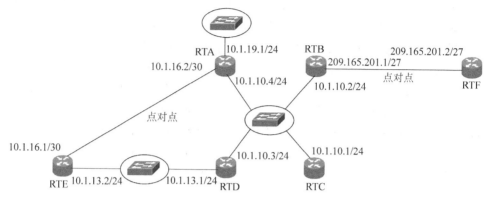

图 6.28　网络结构

路　由　器	Router ID
RTA	
RTB	
RTC	
RTD	
RTE	
RTF	

表 6.32　各个路由器的 Router ID

网　络　地　址	指定路由器
10.1.10.0/24	
10.1.13.0/24	
10.1.16.0/30	
10.1.19.0/24	
209.165.201.0/27	

表 6.33　各个网络的指定路由器

【解析】 如果为路由器配置了环路接口的 IP 地址,则以环路接口的 IP 地址作为该路由器的 Router ID,否则,以最大的物理接口 IP 地址作为该路由器的 Router ID,因此,RTA、RTE 和 RTD 以配置的环路接口 IP 地址作为 Router ID,其他路由器以最大物理接口 IP 地址作为 Router ID,具体如下:

192.168.10.5
209.165.201.1
10.1.10.1
192.168.10.3
192.168.10.1
209.165.201.2

广播型网络,如以太网,需要产生指定路由器,在连接在广播型网络中的所有路由器中选择 Router ID 最大的路由器作为该广播型网络的指定路由器。网络 10.1.10.0/24 中连接了路由器 RTA、RTB、RTC 和 RTD,其中 RTB 的 Router ID 最大,选择 RTB 为指定路由器。网络 10.1.13.0/24 中连接了路由器 RTD 和 RTE,其中 RTD 的 Router ID 大,选择

RTD 为指定路由器。网络 10.1.19.0/24 中只连接了路由器 RTA,以 RTA 为指定路由器。网络 10.1.16.0/32 和网络 209.165.201.0/27 是点对点网络,不需要产生指定路由器。因此,表 6.33"指定路由器"栏依次填入以下内容:

RTB

RTD

不需要

RTA

不需要

6.5.3 泛洪链路状态通告

每一个路由器根据自身链路状态构建 LSA 后,用泛洪方式向其他路由器公告 LSA。对于如图 6.9 所示的互连网络结构,路由器 R1 用泛洪方式向其他路由器传输 LSA 的过程如图 6.29 所示。路由器 R1 将 LSA 封装成如图 6.30 所示的链路状态更新报文,通过所有启动 OSPF 的接口发送链路状态更新报文,封装链路状态更新报文的 IP 分组的源 IP 地址为发送接口的 IP 地址,目的 IP 地址为多播地址 224.0.0.6,表示接收端是转接网络中的 DR 和 BDR。LSA 中某条链路的状态用< Link ID,Link Data,Cost >表示,例如路由器 R1

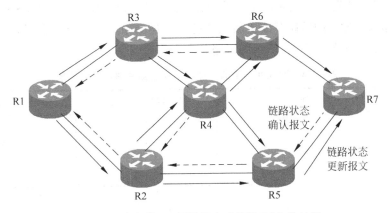

图 6.29 路由器 R1 用泛洪方式传输 LSA 的过程

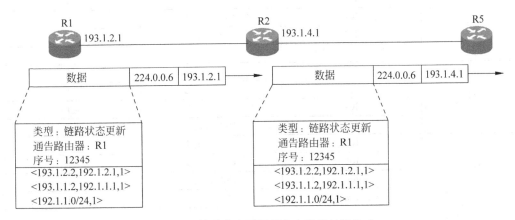

图 6.30 链路状态更新报文内容和封装格式

连接路由器 R2 链路的链路状态为< 193.1.2.2,192.1.2.1,1 >,其中 Link ID 是路由器 R2
连接该链路的接口的 IP 地址,Link Data 是路由器 R1 连接该链路的接口的 IP 地址,Cost
是该链路的代价。当某个路由器通过启动 OSPF 的接口接收到链路状态更新报文时,用报
文中给出的通告路由器标识符和序号比较前面接收到的链路状态更新报文,如果发现前面
接收到的链路状态更新报文中存在通告路由器标识符和当前接收到的链路状态更新报文相
同,且序号大于等于当前接收到的链路状态更新报文的链路状态更新报文,则丢弃当前接收
到的链路状态更新报文,不再继续转发该链路状态更新报文。否则,存储当前接收到的链路
状态更新报文,向发送该链路状态更新报文的路由器发送链路状态确认报文,从除了接收该
链路状态更新报文的接口以外的所有启动 OSPF 的接口发送该链路状态更新报文。某个启
动 OSPF 的接口发送链路状态更新报文前,重新将其封装为 IP 分组,该 IP 分组的源 IP 地
址为发送接口的 IP 地址,如果该路由器不是该接口连接的转接网络的 DR,该 IP 分组的目
的 IP 地址为多播地址 224.0.0.6,表示接收端是转接网络中的 DR 和 BDR。如果该路由器
是该接口连接的转接网络的 DR,该 IP 分组的目的 IP 地址为多播地址 224.0.0.5,表示接
收端是连接在转接网络上的所有启动 OSPF 的接口。经过中间路由器不断转发,路由器 R1
始发的链路状态更新报文遍历互连网络中的所有路由器。链路状态更新报文中的通告路由
器和序号用于标识该路由器发送的最新 LSA,因此,路由器发送的不同的 LSA 中的序号是不
同的,且随着 LSA 的发送顺序递增,同一路由器发送的 LSA 中,序号最大的 LSA 是最新的。

　　当所有路由器发送的链路状态更新报文遍历互连网络中所有路由器后,互连网络中每
一个路由器都建立了如表 6.34 所示的链路状态数据库。

表 6.34　图 6.9 所示的互连网络对应的链路状态数据库

路　由　器	邻　　居	邻居接口 IP 地址	链　路　代　价
R1	R2	193.1.2.2	1
	R3	193.1.1.2	1
	192.1.1.0/24		1
R2	R1	193.1.2.1	1
	R4	193.1.3.2	1
	R5	193.1.4.2	1
R3	R1	193.1.1.1	1
	R4	193.1.5.1	1
	R6	193.1.6.2	1
	192.1.2.0/24		1
R4	R2	193.1.3.1	1
	R3	193.1.5.2	1
	R5	193.1.7.2	1
	R6	193.1.8.2	1
R5	R2	193.1.4.1	1
	R4	193.1.7.1	1
	R7	193.1.9.2	1
	192.1.3.0/24		1

路　由　器	邻　　居	邻居接口 IP 地址	链　路　代　价
R6	R3	193.1.6.1	1
	R4	193.1.8.1	1
	R7	193.1.10.2	1
R7	R5	193.1.9.1	1
	R6	193.1.10.1	1
	192.1.4.0/24		1

6.5.4　构建路由表算法

1. 算法描述

当互连网络中所有路由器都构建了表 6.34 所示的链路状态数据库后,每个路由器可以计算出到达网络 192.1.1.0/24、192.1.2.0/24、192.1.3.0/24、192.1.4.0/24 的最短路径,并据此构建路由表,但路由表中针对每一个网络的路由项只需给出通往该网络的传输路径上的下一跳路由器,无须给出传输路径经过的所有路由器,对于以特定路由器为根的最短路径树,所有分枝都从该路由器的某个邻居开始,因此,只要求出连接某个网络 N 的分枝的开始路由器 R 和根路由器到达该网络的距离 D,根路由器就可得出该网络对应的路由项<目的网络=N,距离=D,下一跳=R>。根据最短路径算法和每一个网络对应一个路由项的特点,得出以下构建路由表中每一个网络对应的路由项的算法。

创建确认列表和临时列表,列表中的每一项是格式为<目的网络,距离,下一跳>的路由项,临时列表中的路由项是中间路由项,确认列表中的路由项是最终路由项。目的网络为根结点的路由项格式为<根结点标识符,0,->;目的网络为和根结点直接连接的网络的路由项格式为<目的网络,链路代价,直接>;目的网络为和根结点直接相连的路由器的路由项格式为<路由器标识符,链路代价,路由器标识符>,对这些和根结点直接相连的路由器,下一跳为自身。如果目的网络为连接在以根结点为树根的最短路径树中某个分枝上的路由器或网络,下一跳为该分枝的开始路由器,即如果某个分枝的开始路由器为根结点的相邻路由器 R,则对于连接在该分枝上的所有路由器和网络对应的路由项,下一跳=R,距离等于从根结点沿着该分枝到达指定路由器或网络所经过的链路的代价之和。

(1) 初始化确认列表,第 1 项为根结点路由器 S 对应的路由项<S,0,->。

(2) 假定确认列表中新增的路由项是目的网络为路由器 N 的路由项,初始化时,$N=S$,对 N 的所有邻居进行(3)或(4)要求的操作。

(3) 从链路状态数据库中找出 N 的邻居 R 或直接连接的网络 X,如果 $N=S$,则在临时列表中增加路由项<R,链路代价,R>或<X,链路代价,直接>。

(4) 如果 $N\neq S$。距离 D=目的网络为 N 的路由项中距离+连接 N 和 R(或 X)的链路的代价,下一跳 Y=目的网络为 N 的路由项中的下一跳,产生路由项<R,D,Y>或<X,D,Y>。

- 如果确认列表和临时列表中均没有路由项<R,D,Y>或<X,D,Y>,在临时列表中增加路由项<R,D,Y>或<X,D,Y>。
- 如果临时列表中存在目的网络为 R 或 X 的路由项,但路由项中的距离大于 D,则用路由项<R,D,Y>或<X,D,Y>取代临时列表中已经存在的目的网络为 R 或 X 的路由项。

（5）从临时列表中找出距离最小的路由项，将其移到确认列表。如果临时列表非空，转到（2）继续处理。

2. 构建路由表举例

表 6.35 给出图 6.9 中的路由器 R5 创建路由表的每一个步骤，当路由项<R2,1,R2>在步骤 3 被移到确认列表时，需要重新计算和 R2 相邻的路由器或网络相关的路由项，计算结果为路由项<R5,2,R2>、<R4,2,R2>和<R1,2,R2>，由于确认列表中存在目的网络为 R5 的路由项，因此，路由项<R5,2,R2>不再增加到临时列表。由于临时列表中存在目的网络为 R4 的路由项<R4,1,R4>且路由项中的距离（1）小于路由项<R4,2,R2>中的距离（2），不能用路由项<R4,2,R2>取代临时列表中已经存在的路由项<R4,1,R4>。由于确认列表和临时列表中均无路由项<R1,2,R2>，将路由项<R1,2,R2>增加到临时列表。根据最终确认列表中 4 个网络对应的路由项和链路状态数据库中给出的 R2、R4 和 R7 作为 R5 邻居时的邻居接口 IP 地址，最终生成表 6.36 所示的路由器 R5 路由表。

表 6.35　图 6.9 中的路由器 R5 创建路由表的过程

步　骤	确　认　列　表	临　时　列　表	说　　明
1	<R5,0,->		初始化时,确认列表中只有根结点对应的路由项
2	<R5,0,->	<R2,1,R2> <R4,1,R4> <R7,1,R7> <193.1.3.0/24,1,直接>	计算和 R5 直接连接的路由器或网络相关的路由项
3	<R5,0,-> <R2,1,R2>	<R4,1,R4> <R7,1,R7> <193.1.3.0/24,1,直接> <R1,2,R2>	将临时列表中距离最小的路由项<R2,1,R2>移到确认列表,重新计算和 R2 相邻的路由器或网络相关的路由项,得到路由项<R1,2,R2>
4	<R5,0,-> <R2,1,R2> <R4,1,R4>	<R7,1,R7> <193.1.3.0/24,1,直接> <R1,2,R2> <R3,2,R4> <R6,2,R4>	将临时列表中距离最小的路由项<R4,1,R4>移到确认列表,重新计算和 R4 相邻的路由器或网络相关的路由项,得到路由项<R3,2,R4>和<R6,2,R4>
5	<R5,0,-> <R2,1,R2> <R4,1,R4> <R7,1,R7>	<193.1.3.0/24,1,直接> <R1,2,R2> <R3,2,R4> <R6,2,R4> <193.1.4.0/24,2,R7>	将临时列表中距离最小的路由项<R7,1,R7>移到确认列表,重新计算和 R7 相邻的路由器或网络相关的路由项,得到路由项<193.1.4.0/24,2,R7>

续表

步　骤	确认列表	临时列表	说　明
6	＜R5,0,-＞ ＜R2,1,R2＞ ＜R4,1,R4＞ ＜R7,1,R7＞ ＜193.1.3.0/24,1,直接＞	＜R1,2,R2＞ ＜R3,2,R4＞ ＜R6,2,R4＞ ＜193.1.4.0/24,2,R7＞	由于临时列表中距离最小的路由项＜193.1.3.0/24,1,直接＞中的目的网络是末端网络,不会影响其他路由项中的距离值
7	＜R5,0,-＞ ＜R2,1,R2＞ ＜R4,1,R4＞ ＜R7,1,R7＞ ＜193.1.3.0/24,1,直接＞ ＜R1,2,R2＞	＜R3,2,R4＞ ＜R6,2,R4＞ ＜193.1.4.0/24,2,R7＞ ＜193.1.1.0/24,3,R2＞	将临时列表中距离最小的路由项＜R1,2,R2＞移到确认列表,重新计算和R1相邻的路由器或网络相关的路由项,得到路由项＜193.1.1.0/24,3,R2＞
8	＜R5,0,-＞ ＜R2,1,R2＞ ＜R4,1,R4＞ ＜R7,1,R7＞ ＜193.1.3.0/24,1,直接＞ ＜R1,2,R2＞ ＜R3,2,R4＞	＜R6,2,R4＞ ＜193.1.4.0/24,2,R7＞ ＜193.1.1.0/24,3,R2＞ ＜193.1.2.0/24,3,R4＞	将临时列表中距离最小的路由项＜R3,2,R4＞移到确认列表,重新计算和R3相邻的路由器或网络相关的路由项,得到路由项＜193.1.2.0/24,3,R4＞
9	＜R5,0,-＞ ＜R2,1,R2＞ ＜R4,1,R4＞ ＜R7,1,R7＞ ＜193.1.3.0/24,1,直接＞ ＜R1,2,R2＞ ＜R3,2,R4＞ ＜R6,2,R4＞	＜193.1.4.0/24,2,R7＞ ＜193.1.1.0/24,3,R2＞ ＜193.1.2.0/24,3,R4＞	将临时列表中距离最小的路由项＜R6,2,R4＞移到确认列表,重新计算和R6相邻的路由器或网络相关的路由项,没有产生新的或距离更小的路由项
10	＜R5,0,-＞ ＜R2,1,R2＞ ＜R4,1,R4＞ ＜R7,1,R7＞ ＜193.1.3.0/24,1,直接＞ ＜R1,2,R2＞ ＜R3,2,R4＞ ＜R6,2,R4＞ ＜193.1.4.0/24,2,R7＞ ＜193.1.1.0/24,3,R2＞ ＜193.1.2.0/24,3,R4＞		将临时列表中目的网络为末端网络的路由项根据距离大小依次移到确认列表,生成最终的确认列表内容

表 6.36 路由器 R5 路由表

目 的 网 络	距　离	下一跳路由器
192.1.1.0/24	3	193.1.4.1
192.1.2.0/24	3	193.1.7.1
192.1.3.0/24	1	直接
192.1.4.0/24	2	193.1.9.2

6.5.5 OSPF 动态适应网络变化的过程

如果路由器 R2 和 R5 之间的链路发生故障，或者路由器 R2 或 R5 直接检测到物理连接断开，或者因为长时间无法交换 Hello 报文获知对方不可达，即一旦获知对方不可达，路由器 R2 和路由器 R5 将立即通过泛洪标明路由器 R5 和 R2 相互不可达的链路状态更新报文，将它们之间相互不可达的信息传播到互连网络中的所有路由器，路由器 R5 最终生成的链路状态数据库将删除路由器 R2 和 R5 互为邻居的链路状态。路由器 R5 根据新的链路状态数据库产生的最短路径树和最终确认列表内容如图 6.31 所示，根据确认列表内容生成的路由表如表 6.37 所示。

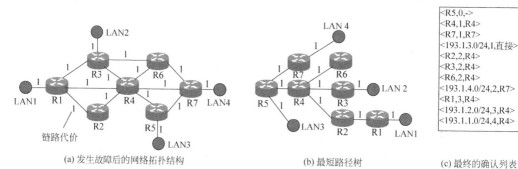

(a) 发生故障后的网络拓扑结构　　　(b) 最短路径树　　　(c) 最终的确认列表

图 6.31　网络发生故障后以路由器 R5 为根的最短路径树和最终的确认列表

表 6.37 路由器 R5 根据最短路径树生成的路由表

目 的 网 络	距　离	下一跳路由器
192.1.1.0/24	4	193.1.7.1
192.1.2.0/24	3	193.1.7.1
192.1.3.0/24	1	直接
192.1.4.0/24	2	193.1.9.2

6.5.6 OSPF 和 RIP 的区别

在 OSPF 中，路由器一旦检测到自身链路状态发生变化，就立即将包含变化后的 LSA 的链路状态更新报文泛洪给互连网络中的所有路由器，而 RIP 是周期性地和相邻路由器交换包含所有路由项的路由消息。因此，OSPF 是将部分信息泛洪给互连网络中所有其他路由器,而 RIP 是将所有信息传输给相邻路由器。在 OSPF 中,每一个路由器可以根据不同的应用要求设定链路代价,也可根据链路状态数据库计算出多条到达指定网络的传输路径,以此实现负载均衡。而 RIP 只能得出最小跳数传输路径。OSPF 由于可以及时更新每一个路由器的链路状态数据库,路由表能够及时反映最新的互连网络拓扑结构,而 RIP 存在"好消息传得快,坏消息传得慢"的问题。

6.5.7 OSPF 分区域建立路由表的过程

RIP 由于存在计数到无穷大的问题,必须用较小的距离值表示无穷大值(RIP 用 16 表示距离无穷大),这就使得 RIP 只适用于规模较小的互连网络。OSPF 虽然没有计数到无穷大的问题,但一旦互连网络规模较大,各个路由器泛洪链路状态更新报文造成的传输压力就很大,而且,每一个路由器必须保持和整个互连网络拓扑结构相对应的链路状态数据库,并以此构建路由表。通过表 6.34 已经看到,与图 6.9 所示的这样一个小规模互连网络对应的链路状态数据库已经如此复杂,一个大规模互连网络对应的链路状态数据库的复杂程度可想而知,而且根据一个复杂的链路状态数据库来构建路由表的计算过程也十分烦锁、耗时。OSPF 划分区域的功能较好地解决了互连网络规模与链路状态传输开销及构建路由表的计算复杂性之间的矛盾。

1. 划分区域

OSPF 划分区域的方式如图 6.32 所示,在图 6.32 中,整个互连网络被划分成 3 个区域:区域 1、2 和 3,这 3 个区域都和一个主干区域(区域 0)相连。区域 1 包含路由器 R11、R12、R13、R14 和同时互连区域 1 和主干区域的区域边界路由器 R01、R02。对于区域边界路由器 R01、R02,区域 1 称为它们的所在区域。区域 2 包含路由器 R21、R22、R23、R24、R25 和同时互连区域 2 和主干区域的区域边界路由器 R03、R04。区域 3 包含路由器 R31、R32、R33、R34 和同时互连区域 3 和主干区域的区域边界路由器 R05、R06。对于如图 6.32 所示的多个区域结构,每一个路由器接口都需要配置该接口所属区域的区域标识符,相邻路由器定义为存在连接在同一个网络且区域标识符相同的接口的路由器,链路状态更新报文中携带通告路由器发送该链路状态更新报文的接口的区域标识符,互连网络中的其他路由器只从配置的区域标识符和该链路状态更新报文携带的区域标识符相同的接口转发该链路状态更新报文。因此,OSPF 只在本区域内作用,即每一个路由器只在本区域内泛洪它的链路状态更新报文,区域内的每一个路由器只记录和本区域的网络拓扑结构相对应的链路状态数据库,并以此为基础构建路由表。那么,某个区域内的路由器如何获知到达另一个区域内网络的传输路径? 如区域 1 内的路由器 R11 如何建立用于指明通往网络 NET3、NET4、NET5、NET6 的传输路径的路由项?

2. 建立跨区域传输路径的过程

区域边界路由器同时运行两个分别作用于主干区域和所在区域的 OSPF 进程。例如区域边界路由器 R01、R02,一方面运行作用于区域 1 的 OSPF,最终建立和区域 1 网络拓扑结构相对应的链路状态数据库,并计算出到达区域 1 内网络 NET1、NET2 的传输路径和距

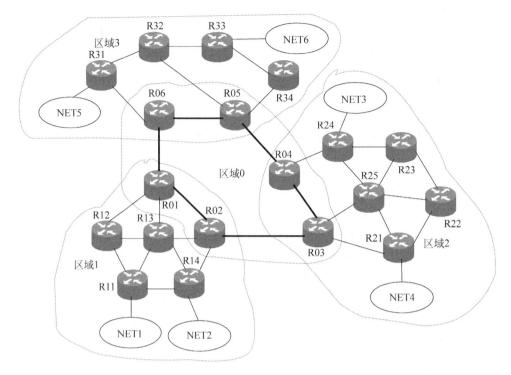

图 6.32　OSPF 划分区域示意图

离；另一方面又运行作用于主干区域（区域 0）的 OSPF，该 OSPF 在主干区域内泛洪的链路状态更新报文中给出标明主干区域内路由器之间相邻关系的链路状态和到达它所在区域内网络的距离。例如 R01 在主干区域内泛洪的链路状态更新报文中不仅给出标明主干区域内路由器之间相邻关系的链路状态，还需给出到达它所在区域内网络 NET1、NET2 的距离。这样一来，主干区域内路由器最终建立的链路状态数据库不仅包含了和主干区域网络拓扑结构相对应的链路状态，还包含了各个区域边界路由器到达其所在区域内网络的距离，根据这样的链路状态数据库所构建的路由表，不仅给出了到达主干区域内其他路由器的最短路径，也给出了到达其他区域内网络的最短路径。同理，区域边界路由器作用于所在区域的 OSPF 在所在区域内泛洪的链路状态更新报文，除了给出标明该区域内路由器之间相邻关系的链路状态，也需要给出到达其他区域内网络的距离，到达其他区域内网络的距离通过作用于主干区域的 OSPF 获得。因此，该区域内的路由器最终建立的链路状态数据库，不仅包含了和本区域网络拓扑结构相对应的链路状态，也包含了区域边界路由器到达其他区域内网络的距离，因此，以此为根据构建的路由表能够给出到达其他区域内网络的传输路径和距离。

1）区域边界路由器构建的到达本区域内网络的路由项

每一个区域内的路由器通过和相邻路由器交换 Hello 报文建立邻居，然后向区域内的其他路由器泛洪链路状态更新报文，当区域内所有路由器发送的链路状态更新报文遍历区域内每一个路由器后，区域内每一个路由器建立和本区域网络拓扑结构对应的链路状态数据库，以此为基础构建到达区域内网络的路由项，各个区域边界路由器构建的路由表如表 6.38 至表 6.43 所示。

表 6.38 路由器 R01 到达所在区域内网络的路径及代价

目 的 网 络	距 离	下一跳路由器
NET1	3	R12
NET2	3	R13

表 6.39 路由器 R02 到达所在区域内网络的路径及代价

目 的 网 络	距 离	下一跳路由器
NET1	3	R13
NET2	2	R14

表 6.40 路由器 R03 到达所在区域内网络的路径及代价

目 的 网 络	距 离	下一跳路由器
NET3	3	R25
NET4	2	R21

表 6.41 路由器 R04 到达所在区域内网络的路径及代价

目 的 网 络	距 离	下一跳路由器
NET3	2	R24
NET4	3	R03

表 6.42 路由器 R05 到达所在区域内网络的路径及代价

目 的 网 络	距 离	下一跳路由器
NET5	3	R06
NET6	3	R32

表 6.43 路由器 R06 到达所在区域内网络的路径及代价

目 的 网 络	距 离	下一跳路由器
NET5	2	R31
NET6	4	R05

2) 主干区域链路状态数据库

区域边界路由器在主干区域内泛洪的链路状态更新报文,不仅给出标明主干区域内路由器之间相邻关系的链路状态,还给出到达它所在区域内网络的距离。例如路由器 R01 在主干区域内泛洪的链路状态更新报文中不仅给出标明它和路由器 R02、R06 相邻的链路状态,还给出到达它所在区域内网络 NET1、NET2 的距离。当主干区域内所有路由器发送的链路状态更新报文遍历主干区域内所有路由器后,主干区域内每一个路由器建立表 6.44 所示的链路状态数据库。

表 6.44　主干区域链路状态数据库

路　由　器	邻居或可达网络	链路代价或传输路径距离
R01	R02	1
	R06	1
	NET1	3
	NET2	3
R02	R01	1
	R03	1
	NET1	3
	NET2	2
R03	R02	1
	R04	1
	NET3	3
	NET4	2
R04	R03	1
	R05	1
	NET3	2
	NET4	3
R05	R04	1
	R06	1
	NET5	3
	NET6	3
R06	R05	1
	R01	1
	NET5	2
	NET6	4

3）区域边界路由器构建的到达其他区域内网络的路由项

一旦建立表 6.44 所示的主干区域链路状态数据库，主干区域内的每一个区域边界路由器可以仿照表 6.35 所示的路由器 R5 创建路由表的过程构建路由表，路由表中包含用于指明通往互连网络中所有网络的传输路径的路由项。表 6.45 和表 6.46 分别给出了区域边界路由器 R01、R02 构建的路由表。当区域边界路由器在所在区域内泛洪链路状态更新报文时，链路状态更新报文中包含其到达其他区域内网络的距离。

表 6.45　区域边界路由器 R01 主干区域路由表

目 的 网 络	距　　离	下 一 跳 路 由 器
NET1	3	直接
NET2	3	直接
NET3	5	R02
NET4	4	R02
NET5	3	R06
NET6	5	R06

表 6.46　区域边界路由器 R02 主干区域路由表

目 的 网 络	距　离	下一跳路由器
NET1	3	直接
NET2	2	直接
NET3	4	R03
NET4	3	R03
NET5	4	R01
NET6	6	R01

4）区域内路由器构建到达其他区域内网络的路由项

当区域1内所有路由器，包括区域边界路由器 R01 和 R02 发送的链路状态更新报文遍历区域1内所有路由器后，区域1内每一个路由器建立表 6.47 所示的区域1内链路状态数据库。当然，区域边界路由器发送的链路状态更新报文不仅给出标明区域1内路由器之间相邻关系的链路状态，还给出其到达其他区域内网络的距离，区域1内每一个路由器可以据此计算路由表，例如路由器 R11 计算出的路由表如表 6.48 所示。

表 6.47　区域1链路状态数据库

路由器	邻居或可达网络	链路代价或传输路径距离
R11	R12	1
	R13	1
	R14	1
	NET1	1
R12	R11	1
	R13	1
	R01	1
R13	R11	1
	R12	1
	R14	1
	R01	1
	R02	1
R14	R11	1
	R13	1
	R02	1
	NET2	1
R01	R12	1
	R13	1
	R02	1
	NET1	3
	NET2	3
	NET3	5
	NET4	4
	NET5	3
	NET6	5

续表

路由器	邻居或可达网络	链路代价或传输路径距离
R02	R01	1
	R13	1
	R14	1
	NET1	3
	NET2	2
	NET3	4
	NET4	3
	NET5	4
	NET6	6

表 6.48　路由器 R11 路由表

目 的 网 络	距　　离	下 一 跳 路 由 器
NET1	1	直接
NET2	2	R14
NET3	6	R13
NET4	5	R13
NET5	5	R12
NET6	7	R12

5) 跨区域传输路径组成

当各个区域内的链路状态数据库稳定后,跨区域传输路径由 3 段路径组成。一是源区域内路由器至源区域最佳区域边界路由器的传输路径,该传输路径根据源区域的链路状态数据库建立,最佳区域边界路由器是指最短距离的跨区域传输路径经过的区域边界路由器。例如路由器 R11 通往 NET6 的传输路径中,源区域最佳区域边界路由器是 R01,路由器 R11 至区域边界路由器 R01 的传输路径 R11→R12→R01 通过区域 1 的链路状态数据库建立。二是源区域最佳区域边界路由器至目的区域最佳区域边界路由器的传输路径,该传输路径根据主干区域的链路状态数据库建立。例如路由器 R11 通往 NET6 的传输路径中,源区域最佳区域边界路由器至目的区域最佳区域边界的传输路径是 R01→R06,表 6.45 中的路由项< NET6,5,R06 >反映了这一点。三是目的区域最佳区域边界路由器至目的网络的传输路径,该传输路径根据目的区域的链路状态数据库建立。例如路由器 R11 通往 NET6 的传输路径中,目的区域最佳区域边界路由器至目的网络传输路径 R06→R05→R32→R33→NET6 通过区域 3 的链路状态数据库建立。

6.6　BGP

自治系统是一组由同一个管理机构管理的路由器集合。每一个自治系统用自治系统号唯一标识。Internet 是由多个自治系统组成的,每一个自治系统对其他自治系统是不透明的,因此,需要一种可以在不了解各个自治系统内部结构、不需要统一各个自治系统的代价取值标准的情况下,建立用于指明自治系统之间传输路径的路由项的路由协议,边界网关协

（Border Gateway Protocol,BGP）就是这样一种路由协议。

6.6.1 分层路由的原因

图 6.33 所示的网络结构由 3 个自治系统组成,每一个自治系统分配全球唯一的 16 位自治系统号,如 AS1 中的 1。自治系统内部采用内部网关协议,如 RIP 和 OSPF,自治系统之间采用外部网关协议,这里是 BGP。划分自治系统的目的不仅仅是为了解决互连网络规模与路由消息传输开销及计算路由项的计算复杂度之间的矛盾,如果将图 6.33 所示的互连网络结构作为单个自治系统,OSPF 可以通过划分区域,将链路状态的泛洪范围控制在各个区域内的方法解决网络规模过大的问题。之所以不能将不同的自治系统作为 OSPF 的不同区域处理,有以下 4 个原因。一是不同自治系统是由不同管理机构负责管理,因此,很难在代价的取值标准上取得一致,也就很难通过 OSPF 这样的最短路径路由协议求出不同自治系统之间的最佳路由。二是出于安全考虑,自治系统内部结构是不对外公布的,因此,没有人可以在了解各个自治系统的内部结构后,对由多个自治系统组成的互连网络进行区域划分和配置。三是 IP 分组传输过程中选择自治系统时更多地考虑政策因素和安全因素,这一点和内部网关协议非常不同。四是对于 Internet 这样大规模的网络,用划分区域的方法很难解决互连网络规模与路由消息传输开销及计算路由项的计算复杂度之间的矛盾。因此,自治系统之间需要的是这样一种路由协议:它可以在不了解各个自治系统内部结构,不需要统一各个自治系统的代价取值标准的情况下,在满足政策和安全的前提下建立自治系统之间的传输路径,而 BGP 就是这样一种路由协议。

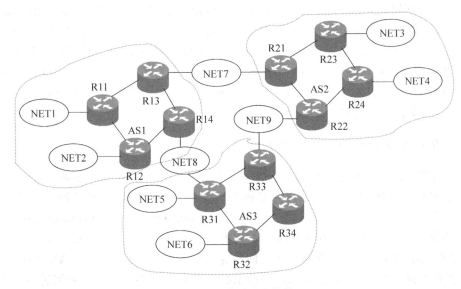

图 6.33 分层路由结构

6.6.2 BGP 报文类型

BGP 定义了 4 种类型的报文,打开(OPEN)报文用于和相邻自治系统中的 BGP 发言人建立邻居。保活(KEEPALIVE)报文用于维持和相邻自治系统中的 BGP 发言人之间的邻居关系。更新（UPDATE）报文用于向相邻自治系统中的 BGP 发言人传输路由消息，其中包括新增加的路由和需要撤销的路由。通知（NOTIFICATION）报文用于通知检测到的错误。

为了使某个自治系统中的路由器获取到达另一个自治系统中的网络的传输路径，自治系统之间需要交换路由消息。为了减少交换路由消息产生的流量，每一个自治系统选择若干路由器作为 BGP 发言人，自治系统之间通过各自的 BGP 发言人交换路由消息。

6.6.3 BGP 工作机制

某个自治系统中，和其他自治系统直接相连的路由器称为自治系统边界路由器，简称为 AS 边界路由器。所谓直接相连是指该路由器和属于另一个自治系统的 AS 边界路由器存在连接在同一个网络上的接口，例如图 6.33 中的路由器 R14 和 R31 分别是自治系统 AS1 和 AS3 的 AS 边界路由器。一般情况下，选择 AS 边界路由器作为 BGP 发言人。两个相邻自治系统的 BGP 发言人往往是两个存在连接在同一个网络上的接口的 AS 边界路由器，例如选择路由器 R14 和 R31 分别作为自治系统 AS1 和 AS3 的 BGP 发言人。每一个 BGP 发言人向其他自治系统中的 BGP 发言人发送的路由消息是该自治系统可以到达的网络以及通往该网络的传输路径经过的自治系统序列，这样的路由消息称为路径向量，例如路由器 R31 发送给路由器 R14 的路径向量可以是<NET5：AS3>、<NET4：AS3，AS2>，表明经过 AS3 可以到达网络 NET5，经过 AS3 和 AS2 可以到达网络 NET4。对于任何一个特定网络，每一个自治系统选择经过自治系统最少的传输路径作为通往该网络的传输路径。由于 BGP 对任何外部网络，即位于其他自治系统中的网络，选择经过自治系统最少的传输路径作为通往该外部网络的传输路径，因此，称 BGP 为路径向量路由协议。需要注意的是，选择经过自治系统最少的传输路径和选择距离最短的传输路径是不同的。计算距离需要统一度量，而且还需要知道自治系统内部拓扑结构。计算经过的自治系统不需要知道自治系统内部拓扑结构和每一个自治系统对度量的定义。下面以 AS1 中路由器 R11 建立通往外部网络的传输路径为例，详细讨论 BGP 的工作机制。

1. 建立 BGP 发言人之间的邻居关系

BGP 发言人之间实现单播传输，因此，每一个 BGP 发言人都必须知道和其相邻的 BGP 发言人的 IP 地址。BGP 发言人之间的邻居关系如图 6.34 所示，存在两种类型的邻居关系。一种邻居关系称为外部边界网关协议（External Border Gateway Protocol，EBGP）邻居关系，建立邻居关系的两个路由器分属于不同的自治系统，图 6.34 中，属于 EBGP 邻居关系的有 AS1 中的 R13 与 AS2 中的 R21 之间的邻居关系、AS1 中的 R14 与 AS3 中的 R31 之间的邻居关系和 AS3 中的 R33 与 AS2 中的 R22 之间的邻居关系。另一种邻居关系称为内部边界网关协议（Internal Border Gateway Protocol，IBGP）邻居关系，建立邻居关系的两个路由器属于同一个自治系统，图 6.34 中，属于 IBGP 邻居关系的有 AS1 中的 R13 与 R14 之间的邻居关系、AS2 中的 R21 和 R22 之间的邻居关系和 AS3 中的 R31 与 R33 之间的邻居关系。由于已经通过内部网关协议（IGP）建立用于指明同一 AS 内网络之间传输路径的路由项，因此，建立 IBGP 邻居关系的两个路由器可以是同一 AS 内任意两个路由器。由于需要通过 BGP 建立用于指明不同 AS 之间传输路径的路由项，因此，建立 EBGP 邻居关系的两个路由器通常存在连接在同一个网络上的接口且分属于不同AS。

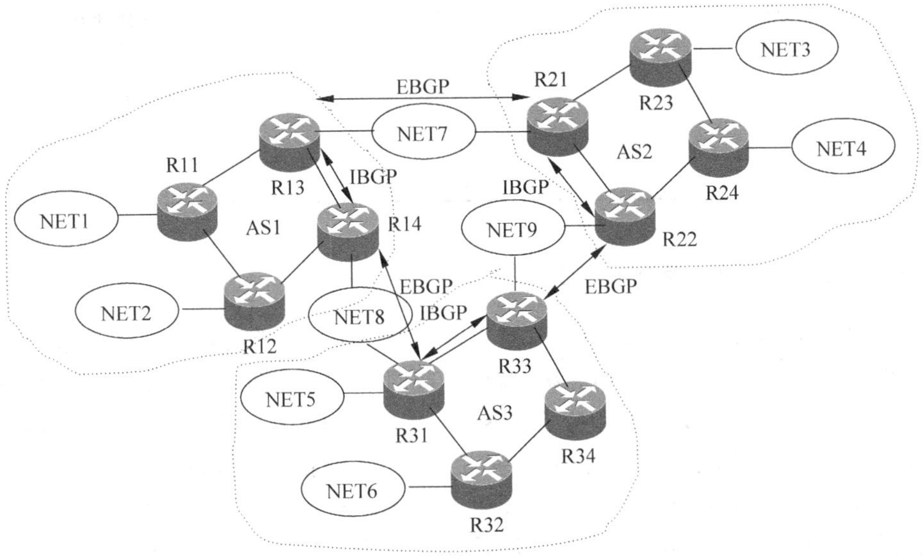

图 6.34 邻居关系

为了实现有邻居关系的两个路由器之间的可靠传输，在通过打开报文建立这两个路由器之间的邻居关系前，必须先建立这两个路由器之间的TCP连接，以此保证BGP报文的可靠传输。

2. 自治系统各自建立内部路由

每一个自治系统通过各自的内部网关协议建立到达自治系统内各个网络的传输路径，表6.49至表6.51给出了AS1中的路由器R11以及AS2和AS3中的BGP发言人(AS边界路由器R21、R31)通过内部网关协议建立的用于指明到达自治系统内各个网络的传输路径的路由项。

表 6.49 路由器 R11 路由表

目的网络	距离	下一跳路由器
NET1	1	直接
NET2	2	R12
NET7	2	R13
NET8	3	R12

表 6.50 路由器 R21 路由表

目的网络	距离	下一跳路由器
NET3	2	R23
NET4	3	R23
NET7	1	直接
NET9	2	R22

表 6.51 路由器 R31 路由表

目 的 网 络	距　　离	下一跳路由器
NET5	1	直接
NET6	2	R32
NET8	1	直接
NET9	2	R33

3．BGP 发言人之间交换路由信息

如图 6.35 所示，建立邻居关系的 BGP 发言人之间相互交换更新报文，更新报文中给出通过它所在的自治系统能够到达的网络、通往这些网络的传输路径经过的自治系统序列及下一跳路由器地址。如果交换更新报文的两个 BGP 发言人属于不同的自治系统，如 R13 和 R21，下一跳路由器地址给出的是 BGP 发言人发送更新报文的接口的 IP 地址，而这一接口通常和相邻自治系统的 BGP 发言人的其中一个接口连接在同一个网络上。如果交换更新报文的两个 BGP 发言人属于同一个自治系统，如 R13 和 R14，则下一跳路由器地址是原始更新报文中给出的地址。本例中，R13 转发的来自 R21 的更新报文中的下一跳路由器地址仍然是路由器 R21 连接网络 NET7 的接口的 IP 地址，图 6.35(c)中用 R21 表示。当 AS1 中 BGP 发言人接收过相邻自治系统中 BGP 发言人发送的更新报文，同时又在 AS1 中 BGP 发言人之间交换过各自接收到的更新报文后，AS1 中 BGP 发言人建立如表 6.52 所示的用于指明通往外部网络的传输路径的路由项，路由类型 E 表明目的网络位于其他自治系统。

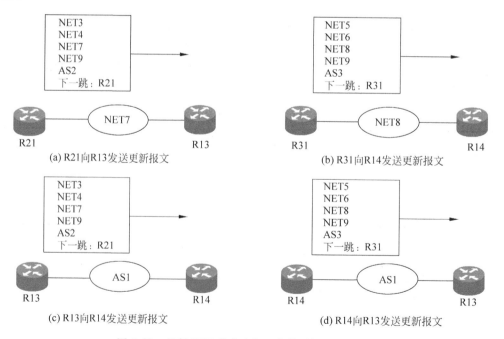

图 6.35　相邻 BGP 发言人相互交换更新报文的过程

表 6.52　AS1 中 BGP 发言人建立的对应外部网络的路由项

目 的 网 络	距 离	下一跳路由器	路 由 类 型	经历的自治系统
NET3		R21	E	AS2
NET4		R21	E	AS2
NET5		R31	E	AS3
NET6		R31	E	AS3
NET9		R21	E	AS2

表 6.52 中路由项< NET3,R21,AS2 >中下一跳路由器 R21 的作用是给出通往自治系统 AS2 的传输路径。为了建立自治系统 AS1 通往自治系统 AS2 的传输路径,当 AS2 中的路由器 R21 向 AS1 中的 BGP 发言人 R13 发送路径向量时,还需给出自己连接网络 NET7 的接口的 IP 地址,注意:NET7 是互连路由器 R13 和 R21 的网络,它既和自治系统 AS1 相连,又和自治系统 AS2 相连,由于 AS1 内部网关协议建立的路由表包含了用于指明通往属于 AS1 的所有网络的传输路径的路由项,自然包含目的网络为 NET7 的路由项,因此,在确定路由器 R21 连接网络 NET7 的接口的 IP 地址为 AS1 通往 AS2 传输路径上的下一跳 IP 地址后,能够结合 AS1 内部网关协议建立的路由表创建用于指明通往网络 NET3 的传输路径的路由项。

实际 BGP 操作过程中,所有建立邻居关系的 BGP 发言人之间不断交换更新报文,然后由 BGP 发言人选择经过的自治系统最少的传输路径作为通往某个外部网络的传输路径,并记录在路由表中。由于本例只讨论路由器 R11 建立完整路由表的过程,和该过程无关的更新报文交换过程不再赘述。

4. 路由器 R11 建立完整路由表的过程

路由器 R11 通过内部网关协议建立如表 6.49 所示的用于指明通往属于本自治系统的所有网络的传输路径的路由项,在本自治系统中的 BGP 发言人建立如表 6.52 所示的目的网络为外部网络的路由项后,通过内部网关协议向本自治系统中的其他路由器公告如表 6.52 所示的路由项,当路由器 R11 接收到本自治系统中的 BGP 发言人 R13 或 R14 公告的如表 6.52 所示的目的网络为外部网络的路由项后,结合表 6.49 所示的目的网络为内部网络(属于本自治系统的网络)的路由项,得出表 6.53 所示的完整的路由表,其中目的网络为外部网络的路由项中给出的下一跳路由器是路由器 R11 通往表 6.52 中给出的下一跳路由器的自治系统内传输路径上的下一跳路由器,例如表 6.52 中目的网络为 NET3 的路由项中的下一跳路由器是 R21,实际表示的是 R21 连接 NET7 的接口的 IP 地址,路由器 R11 通往 NET7 的传输路径上的下一跳是 R13,距离是 2,因此,通往外部网络 NET3 的本自治系统内传输路径上的下一跳路由器是 R13,距离是 2。需要指出的是,自治系统中的 BGP 发言人选择通往外部网络的传输路径时,选择的依据是经过的自治系统最少的传输路径。自治系统内的其他路由器只是被动接受本自治系统中的 BGP 发言人选择的通往外部网络的传输路径,然后根据内部网关协议生成的路由项确定自治系统内通往外部网络的这一段传输路径,无论是路由项中的距离还是下一跳路由器都是对应这一段传输路径的。这一段传输路径实际上是路由器通往本自治系统连接相邻自治系统的网络的传输路径,而该相邻自治系统是通往该外部网络的传输路径经过的第一个自治系统。

表 6.53   R11 完整路由表

目 的 网 络	距 离	下一跳路由器	路 由 类 型	经历的自治系统
NET1	1	直接	I	
NET2	2	R12	I	
NET3	2	R13	E	AS2
NET4	2	R13	E	AS2
NET5	3	R12	E	AS3
NET6	3	R12	E	AS3
NET7	2	R13	I	
NET8	3	R12	I	
NET9	2	R13	E	AS2

本章小结

- 路由协议的作用是建立用于指明通往互连网络中每一个网络的传输路径的路由项。
- 路由协议建立的路由项称为动态路由项。
- 路由协议根据交换路由消息和计算最短路径的方式可以分为距离向量路由协议和链路状态路由协议。
- 自治系统是一组由同一个管理机构管理的路由器集合。
- 路由协议根据应用环境可以分为内部网关协议和外部网关协议。
- 内部网关协议是用于建立指明自治系统内网络之间传输路径的路由项的路由协议。
- 外部网关协议是用于建立指明自治系统之间传输路径的路由项的路由协议。
- 典型的内部网关协议有 RIP 和 OSPF。
- 典型的外部网关协议有 BGP。
- RIP 是距离向量路由协议，适用于小规模 AS。
- OSPF 是链路状态路由协议，适用于任何规模的 AS。
- BGP 是一种可以在不了解各个自治系统内部结构，不需要统一各个自治系统的代价取值标准的情况下，建立用于指明自治系统之间传输路径的路由项的路由协议。

习题

6.1   为什么路由协议得出的端到端传输路径是由一系列路由器组成的？路由表中的下一跳路由器和当前路由器之间有什么限制？

6.2   为什么说 RIP 是好消息传得快，坏消息传得慢？根据图 6.9 所示的互连网络举例说明。

6.3   什么是 RIP 的计数到无穷大的问题？能否彻底解决？

6.4   根据 RIP 的操作过程，求出图 6.9 中路由器 R3 路由表的收敛过程。

6.5   RIP 的水平分割有什么作用？

6.6 RIP 为距离设置无穷大值的原因是什么？对 RIP 造成什么限制？

6.7 假定路由器 B 的路由表如表 6.54 所示，现路由器 B 接收到路由器 C 发来的如表 6.55 所示的路由消息，试求出路由器 B 更新后的路由表（详细说明每一个步骤）。

表 6.54 路由器 B 的路由表

目 的 网 络	距 离	下 一 跳
N1	7	A
N2	2	C
N6	8	F
N8	4	E
N9	4	F

表 6.55 路由器 C 发送的路由消息

目 的 网 络	距 离
N2	4
N3	8
N6	4
N8	3
N9	5

6.8 假定互连网络中结点 A 和结点 F 的路由表如表 6.56 和表 6.57 所示，距离为跳数，画出和这两个结点路由表一致的互连网络拓扑结构图（如果两个结点直接相连，距离为 0，下一跳为该结点自身）。

表 6.56 结点 A 的路由表

结 点	距 离	下一跳结点
B	0	B
C	0	C
D	1	B
E	2	C
F	1	C

表 6.57 结点 F 的路由表

结 点	距 离	下一跳结点
A	1	C
B	2	C
C	0	C
D	1	C
E	0	E

6.9 OSPF 优于 RIP 的地方是什么？

6.10 根据 OSPF 的工作原理，给出求图 6.36 中结点 B 至其他各个结点最短路径的步骤。

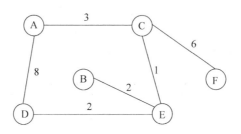

图 6.36　题 6.10 图

6.11　OSPF 如何保证只在本区域内泛洪链路状态？

6.12　为什么 OSPF 需要划分区域？

6.13　根据 OSPF 的操作过程，给出图 6.32 中路由器 R31 路由表的收敛过程。

6.14　为什么需要 BGP？不能用 OSPF 取代 BGP 的原因是什么？

6.15　OSPF 得出的到达其他区域中的网络的传输路径是最短路径吗？解释原因。

6.16　为什么说 BGP 是路径向量协议？它和 RIP 的最大不同是什么？

6.17　BGP 得出的到达其他自治系统中网络的传输路径是最短路径吗？解释原因。

6.18　根据 BGP 的操作过程，给出图 6.33 中 R12 的路由表收敛过程。

第7章

多　播

视频点播、远程教学和网络电视等新型业务要求实现点对多点数据通信,实现点对多点数据通信需要一种只需发送单个分组就能实现源终端至分布在多个不同网络但属于同一组的终端的分组传输过程的技术,这种技术就是多播技术。

7.1　多播的基本概念

对于源终端 S 和多播组 G,实现源终端 S 至所有属于多播组 G 的终端之间的点对多点通信过程的前提有两个,一是建立源终端 S 至所有连接属于多播组 G 的终端的末端网络的最短路径,二是源终端 S 发送的单个 IP 分组可以沿着源终端 S 至所有连接属于多播组 G 的终端的末端网络的最短路径到达所有属于多播组 G 的终端。

7.1.1　多播与单播和广播的区别

1. 多播的定义

多播是一种实现点对多点数据通信过程的分组传输技术,通过多播,源终端只需发送单个分组就能完成向分布在多个不同网络但属于同一多播组的一组终端传输分组的过程。

多播过程如图 7.1 所示,一组分布在多个不同的网络但属于同一多播组的终端用唯一的多播地址标识,源终端传输给属于该多播组的一组终端的 IP 分组用唯一标识该多播组的多播地址作为该 IP 分组的目的 IP 地址,这样的 IP 分组称为多播 IP 分组。源终端只发送单个多播 IP 分组,路由器在必要的分枝复制该多播 IP 分组,多播 IP 分组沿着源终端至属于该多播组的一组终端的最短路径到达属于该多播组的所有终端。

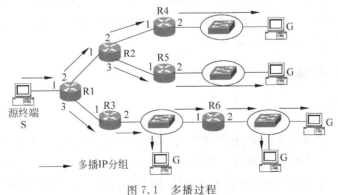

图 7.1　多播过程

2. 单播、广播和多播

以单播地址作为目的 IP 地址的 IP 分组称为单播 IP 分组，单播实现点对点数据通信过程，源终端发送的 IP 分组沿着源终端至目的终端的最短路径到达目的终端。

以广播地址作为目的 IP 地址的 IP 分组称为广播 IP 分组。存在两种类型的广播地址：一是 32 位全 1 的受限广播地址，以这种广播地址为目的 IP 地址的 IP 分组只能在本地网络中广播，路由器不转发此类 IP 分组；二是网络号字段为特定网络号，主机号字段全 1 的直接广播地址，以这种广播地址为目的 IP 地址的 IP 分组在由网络号指定的特定网络内广播，除了直接连接该特定网络的路由器，其他路由器像转发单播 IP 分组一样转发该广播 IP 分组。

单播和多播的最大不同在于 IP 分组的目的终端，单播 IP 分组的目的终端是由单播地址指定的唯一终端，多播 IP 分组的目的终端是由多播地址指定的一组终端。

广播和多播的最大不同在于目的终端的分布范围。广播 IP 分组的目的终端是连接在某个特定网络上的所有终端或本地网络上除源终端以外的所有其他终端。因此，广播的目的终端必须连接在同一个网络上，即广播只在单个网络内进行；并且广播的目的终端是连接在特定网络上的所有终端。多播 IP 分组的目的终端可以分布在多个不同的网络上；并且对于连接在任何特定网络上的终端，其中的任何一部分终端均可成为目的终端。

对于路由器，单播 IP 分组和以直接广播地址为目的 IP 地址的广播 IP 分组的间接交付过程是相同的，不同的是直接交付过程。对于单播 IP 分组的直接交付过程，路由器通过地址解析过程获取目的终端唯一的链路层地址(如以太网 MAC 地址)，将 IP 分组封装成以该链路层地址为目的地址的链路层帧，通过互连路由器和目的终端的网络实现该链路层帧路由器至目的终端的传输过程。对于广播 IP 分组的直接交付过程，该 IP 分组被封装成以链路层广播地址(如以太网全 1 的 MAC 地址)为目的地址的链路层帧，该链路层帧广播给连接在特定网络中的所有终端。

对于多播，路由器必须了解属于某个特定多播组的一组终端的分布范围，即哪些网络连接了属于该特定多播组的终端。同时，必须通过多播路由表建立源终端至所有连接了属于某个特定多播组的终端的网络的传输路径。由于可能有多个网络连接了属于该特定多播组的终端，某个路由器可能有多个接口连接多条通往这些网络的传输路径，该路由器必须通过连接这些传输路径的多个接口输出以唯一标识该特定多播组的多播地址为目的地址的多播 IP 分组。如图 7.1 所示，由于多个网络连接了属于多播组 G 的终端，路由器 R1 存在多条分别通往这些网络的传输路径，并由接口 2 和接口 3 分别连接这些传输路径，当路由器 R1 接收到以唯一标识多播组 G 的多播地址为目的 IP 地址的多播 IP 分组时，路由器 R1 必须同时通过接口 2 和接口 3 输出该多播 IP 分组。

7.1.2　多播地址

1. 多播地址格式

多播地址格式如图 7.2 所示，如果 IPv4 的 32 位 IP 地址的最高 4 位为 1110，表示是多播地址，余下 28 位用于标识多播组。多播地址范围为 224.0.0.0～239.255.255.255。其中，224.0.0.0～224.0.0.255 为预留多播地址，用于特定用途，这些多播地址也称为著名多播地址；224.0.1.0～238.255.255.255 可用于标识用户多播组；239.0.0.0～239.255.255.255 作为本地管理多播地址。以下是一些常用的著名多播地址，这些多播地址表明接收端是同一网络内的特定结点。

图 7.2 多播地址格式

224.0.0.1 表示网络中所有支持多播的终端和路由器。

224.0.0.2 表示网络中所有支持多播的路由器。

224.0.0.4 表示 DVMRP 路由器。

224.0.0.5 表示网络中所有运行 OSPF 进程的路由器。

224.0.0.6 表示 OSPF 中的指定路由器(DR)。

224.0.0.9 表示网络中所有运行 RIP 进程的路由器。

224.0.0.13 表示网络中所有运行 PIM 的路由器。

224.0.0.18 表示网络中所有运行 VRRP 进程的路由器。

2. 多播组与多播地址之间的关联

每一个多播组由多播地址唯一标识，目前存在两种建立多播组与多播地址之间的关联的机制：一是手工配置，即通过为特定应用（如某个课程的远程教学）相关的多播组手工配置多播地址建立该多播组与多播地址之间的关联；二是通过动态分配协议动态地建立多播组与多播地址之间的关联。动态分配协议有会话目录工具(Session Directory Tool，SDT)、多播地址动态客户端分配协议(Multicast Address Dynamic Client Allocation Protocol，MADCAP)等。由于目前多播技术还没有在互联网范围内得到广泛应用，大部分应用都由内部网络实现，因此，目前主要通过手工配置建立多播组与多播地址之间的关联。

每一个终端接收 IP 分组前都需要建立接收列表，终端只接收目的 IP 地址在接收列表中的 IP 分组。在为终端配置 IP 地址后，接收列表中列出为终端配置的 IP 地址、32 位全 1 的受限广播地址和根据为终端配置的 IP 地址与子网掩码求出的直接广播地址。如果终端希望加入某个多播组，必须为该多播组分配多播地址，并将该多播地址加入终端的接收列表。

需要指出的是，多播组 G 与分配给多播组 G 的 IP 多播地址是不同的，发送给属于多播组 G 的终端的 IP 分组应该以分配给多播组 G 的 IP 多播地址为目的 IP 地址。为了表述简单，不再区分多播组 G 和分配给多播组 G 的 IP 多播地址，有时用多播地址 G 表示分配给多播组 G 的 IP 多播地址。

7.1.3 多播实现技术

1. 构建多播树

互连网络结构如图 7.3 所示。假定互连网络中除网络 192.1.1.0/24 外，所有末端网络都连接属于多播组 G 的终端，源终端 S 至所有连接属于多播组 G 的终端的末端网络的最短路径如图 7.4 所示。如图 7.4 所示的以源终端为根的最短路径树称为(S,G)多播树,(S,G)多播树的作用就是将源终端 S 发送的单个目的 IP 地址为多播地址 G 的多播 IP 分组传输到所有属于多播组 G 的终端。为了构建如图 7.4 所示的(S,G)多播树,需要完成以下任务。

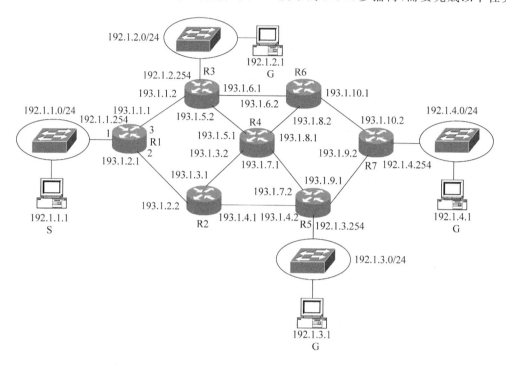

图 7.3　互连网络结构

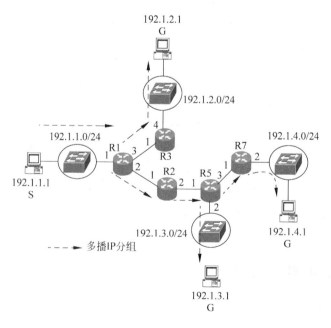

图 7.4　(S,G)多播树

1) 确定属于多播组 G 的终端的分布范围

属于多播组 G 的终端可以分布在多个不同的网络中,如图 7.4 所示的多播树只包含源终端 S 通往连接属于多播组 G 的终端的网络的最短路径。因此,每一个路由器首先需要确定在直接连接的网络中哪些网络连接属于多播组 G 的终端,然后将这些信息扩散到互连网络中的其他路由器,使得每一个路由器建立通往所有连接属于多播组 G 的终端的末端网络的最短路径。如果某个路由器存在多条通往多个连接属于多播组 G 的终端的末端网络的最短路径,该路由器必须有多个接口连接这些通往多个连接属于多播组 G 的终端的末端网络的最短路径。

2) 构建多播路由表

反映如图 7.4 所示的(S,G)多播树的多播路由表需要针对每一对源终端 S 和多播组 G 的组合(S,G)给出上游接口和下游接口列表,上游接口连接通往源终端 S 的最短路径,下游接口列表中的每一个接口连接一条通往某个或某几个连接属于多播组 G 的终端的末端网络的最短路径,对于路由器 R1 和路由器 R2,其多播路由表如表 7.1 和表 7.2 所示。

表 7.1 路由器 R1 多播路由表

源 终 端	多 播 组	上 游 接 口	下游接口列表
192.1.1.1/32	G	1	2,3

表 7.2 路由器 R2 多播路由表

源 终 端	多 播 组	上 游 接 口	下游接口列表
192.1.1.1/32	G	1	2

3) 构建交换机多播表

以太网 MAC 地址分为单播地址、广播地址和组地址 3 种。单播地址用于唯一标识某个以太网终端,交换机通过地址学习过程在转发表中建立单播地址和输出端口之间的关联,当交换机通过某个端口接收到以单播地址为目的 MAC 地址的 MAC 帧时,通过转发表中与该目的 MAC 地址关联的输出端口输出该 MAC 帧。48 位全 1 的 MAC 地址作为广播地址,当交换机通过某个端口接收到以广播地址为目的 MAC 地址的 MAC 帧时,通过除接收端口以外的所有其他端口输出该 MAC 帧。多播过程如图 7.5 所示,交换式以太网实现多播需要解决两个问题:一是需要建立 IP 多播地址至 MAC 组地址的映射规则;二是由于交换机需要通过一组端口输出以 MAC 组地址为目的地址的 MAC 帧,交换机必须建立如图 7.5 所示的多播表,多播表中的每一项建立 MAC 组地址与一组输出端口之间的关联,当交换机接收到以某个 MAC 组地址为目的地址的 MAC 帧时,通过多播表中与该 MAC 组地址关联的一组输出端口输出该 MAC 帧。

对于如图 7.5 所示的属于多播组 G1 和 G2 的终端的分布情况,首先将 IP 多播地址 G1 和 G2 映射到 MAC 组地址,然后在交换机中建立多播表,对于每一个 MAC 组地址,确定以该 MAC 组地址为目的地址的 MAC 帧的一组输出端口。如图 7.5 中交换机 S1 多播表所示,IP 多播地址 G1 对应的 MAC 组地址所关联的一组输出端口是端口 1、2 和 4,当交换机接收到以该 MAC 组地址为目的地址的 MAC 帧时,将该 MAC 帧通过端口 1、2 和 4 输出,当然,如果该 MAC 帧通过输出端口列表列出的某个端口输入,该 MAC 帧将通过输出端口列表中除接收该 MAC 帧以外的其他所有端口输出该 MAC 帧。

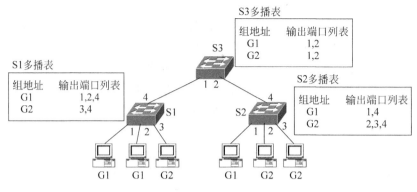

图 7.5　交换机多播表

2．多播相关构件和协议

1）IGMP

实现多播需要终端、交换机和路由器协调合作，对于图 7.3 中的末端网络，如网络 192.1.1.0/24，终端、交换机及直接连接末端网络的路由器之间通过互联网组管理协议（Internet Group Management Protocol，IGMP）完成如下功能：

- 让路由器了解属于特定多播组的终端的分布情况。
- 交换机建立多播表。
- 允许终端动态加入或离开某个多播组。

2）多播路由协议

路由器之间通过多播路由协议建立多播路由表，多播路由协议通常分为两类：一类多播路由协议独立于单播路由协议，但建立多播路由表时需要通过单播路由协议建立的单播路由表确定上游接口和下游接口列表，链路代价、最短路径的定义与建立单播路由表的单播路由协议一致；另一类多播路由协议自己确定源终端至连接属于特定多播组的终端的多个网络的最短路径，以此为基础构建多播路由表，链路代价和最短路径的含义由多播路由协议自己定义。前一类多播路由协议有协议无关多播-稀疏方式（Protocol Independent Multicast-Sparse Mode，PIM-SM）和协议无关多播-密集方式（Protocol Independent Multicast-Dense Mode，PIM-DM），后一类多播路由协议有距离向量多播路由协议（Distance Vector Multicast Routing Protocol，DVMRP）。

7.2　IGMP

IGMP 有 3 个版本，分别是 IGMPv1、IGMPv2 和 IGMPv3，目前常用的是 IGMPv2。IGMPv3 在 IGMPv2 的基础上增加了目的终端选择源终端的能力，对于特定多播组，目的终端可以只接收特定源终端发送的多播 IP 分组，拒绝接收特定源终端发送的多播 IP 分组。这里主要讨论 IGMPv2。

7.2.1 IGMP 消息类型和格式

如图 7.6 所示,IGMP 消息被直接封装为 IP 分组,用协议字段值 2 表示 IP 分组净荷是 IGMP 消息。

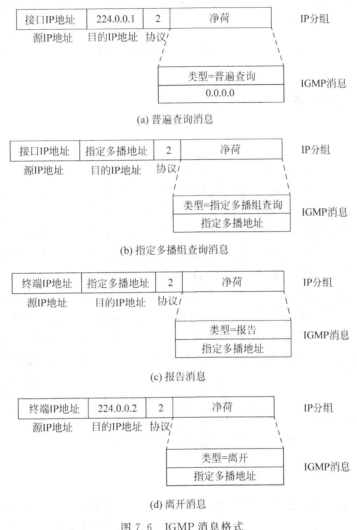

图 7.6 IGMP 消息格式

IGMP 消息分为路由器发送的查询消息和终端发送的报告消息与离开消息。查询消息又分为普遍查询消息和指定多播组查询消息。普遍查询消息用于路由器确定直接连接的网络中是否有终端加入了多播组,普遍查询消息中的多播地址字段值为 0,封装普遍查询消息的 IP 分组的源 IP 地址是发送该消息的路由器接口的 IP 地址,目的 IP 地址是多播地址 224.0.0.1,表明接收端是所有运行 IGMP 的终端和路由器。指定多播组查询消息用于路由器确定直接连接的网络中是否有终端加入了指定多播组,指定多播组查询消息中的多播地址字段值为标识指定多播组的多播地址,封装指定多播组查询消息的 IP 分组的源 IP 地址是发送该消息的路由器接口的 IP 地址,目的 IP 地址是标识指定多播组的多播地址,因此,只有加入了指定多播组的终端才会接收和处理该 IGMP 消息。

报告消息用于终端向路由器报告终端加入多播组的情况。终端在两种情况下发送报告消息：一是接收到路由器发送的查询消息（包括普遍查询消息和指定多播组查询消息）后，作为响应消息，向路由器发送报告消息；二是终端新加入某个多播组时，通过向路由器发送报告消息告知路由器直接连接的网络中有终端加入某个多播组。封装报告消息的 IP 分组的源 IP 地址是为终端配置的 IP 地址，目的 IP 地址是标识终端加入的多播组的多播地址，报告消息中的多播地址字段给出标识终端加入的多播组的多播地址。如果终端同时加入多个多播组，接收到普遍查询消息后，需要发送多个报告消息，每一个报告消息中指出终端加入的某个多播组。

7.2.2　IGMP 操作过程

1. 竞争查询者

如果某个网络连接了多个路由器，多播路由协议必须保证只把需要在该网络中多播的多播 IP 分组传输给其中一个路由器，否则有可能发生重复传输多播 IP 分组的情况。在多个路由器中，只需一个路由器作为查询者发送查询消息。因此，需要在多个路由器中通过竞争产生查询者。在如图 7.7 所示的网络结构中，路由器 R1 和 R2 都和交换式以太网互连，在没有启动 IGMP 侦听功能前，交换式以太网以广播方式传输以 MAC 组地址为目的地址的 MAC 帧，因此任何终端和路由器发送的以 MAC 组地址为目的地址的 MAC 帧被连接在交换式以太网上的所有其他终端和路由器接收。路由器 R1 和 R2 在初始时将自己作为查询者，启动定时器，周期性地发送普遍查询消息。当某个路由器接收到普遍查询消息时，将封装该普遍查询消息的 IP 分组的源 IP 地址与接收该普遍查询消息的接口的 IP 地址比较，如果接口的 IP 地址小于封装该普遍查询消息的 IP 分组的源 IP 地址，则维持自己的查询者身份不变，周期性地发送普遍查询消息；如果接口的 IP 地址大于封装该普遍查询消息的 IP 分组的源 IP 地址，则禁止发送查询消息，启动禁止定时器，每当接收到其他路由器发送的查询消息就刷新禁止定时器，只要禁止定时器不溢出，该路由器一直禁止发送查询消息。某个网络的查询者也称为该网络的指定路由器（DR）。

2. 查询和报告过程

查询者周期性地发送普遍查询消息，每一个终端接收到普遍查询消息后，分别为自己加入的每一个多播组设置报告定时器，报告定时器的初值是某个范围内的随机值，一旦某个多播组关联的报告定时器溢出，该终端就发送一个报告消息，报告消息中给出标识该多播组的多播地址，并以该多播地址作为封装该报告消息的 IP 分组的目的 IP 地址。如果在某个多播组关联的报告定时器溢出前接收到其他终端发送的用于向路由器报告加入该多播组情况的报告消息，该终端将关闭报告定时器，不再发送用于向路由器报告加入该多播组情况的报告消息。路由器接收到报告

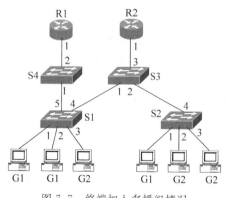

图 7.7　终端加入多播组情况

消息后,在连接该网络的接口中记录网络中的终端加入多播组的情况,对于如图7.7所示的多播组分布情况,路由器R1和R2接口1记录的终端加入多播组的情况如表7.3所示。

表 7.3　路由器 R1 和 R2 记录的多播组情况

路由器接口	接口连接的网络中的终端加入多播组的情况
R1 接口 1	G1、G2
R2 接口 1	G1、G2

当某个终端新加入某个多播组时,该终端将立即发送用于向路由器报告加入该多播组情况的报告消息。

路由器接口记录的每一个多播组都关联一个定时器,每当通过该接口接收到终端发送的用于表明加入该多播组的报告消息时,就刷新该定时器。如果该定时器溢出,路由器将在接口记录的多播组列表中删除该多播组。定时器的溢出时间大于 2×普遍查询消息发送间隔。

3．离开多播组

如果某个终端离开了原先加入的某个多播组,要向路由器发送离开消息,离开消息中给出标识该多播组的多播地址,并以该多播地址作为封装离开消息的 IP 分组的目的 IP 地址。路由器接收到该离开消息后,发送指定多播组查询消息,指定的多播组就是该终端离开的多播组。如果网络中还存在加入了该多播组的其他终端,这些终端将向路由器发送表明加入该多播组的报告消息。路由器接收到加入了该多播组中的一个终端发送的报告消息后,只是刷新该多播组关联的定时器。如果路由器发送指定多播组查询消息后,在规定时间内一直接收不到表明加入该多播组的报告消息,表明网络中不存在加入该多播组的终端,路由器将在接口记录的多播组列表中删除该多播组。

7.2.3　IGMP 侦听

在启动 IGMP 侦听功能前,交换机广播以 MAC 组地址为目的地址的 MAC 帧。广播方式下,即使网络中只有一个终端加入某个多播组,发送给属于该多播组的终端的多播 IP 分组也将在网络中广播,这将极大地浪费网络带宽,增加终端的处理负担。因此,交换机必须建立多播表,通过交换机建立的多播表将以 MAC 组地址为目的 MAC 地址的 MAC 帧的多播范围控制在属于该 MAC 组地址对应的多播组的终端。启动交换机 IGMP 侦听功能后,当交换机接收到以 MAC 组地址为目的地址的 MAC 帧时,首先判别该 MAC 帧的净荷是否是 IP 分组,在确定该 MAC 帧的净荷是 IP 分组的前提下,再判别该 IP 分组的净荷是否是 IGMP 消息,在确定该 IP 分组净荷是 IGMP 消息的前提下,对 IGMP 消息进行深入分析,并根据分析结果和接收该 IGMP 消息的端口构建多播表。

1．IGMP 消息封装过程

1) IP 多播地址映射到 MAC 组地址的过程

以太网 MAC 地址分为 3 类：单播地址、组地址和全 1 表示的广播地址。单播和多播地址类型通过 MAC 地址高字节中的第 0 位进行区分：如果该位为 1,表明是组地址；如果该位为 0,表明是单播地址。IP 多播地址映射为 MAC 组地址的过程如图 7.8 所示。

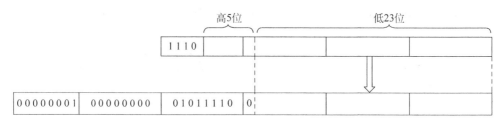

图 7.8　IP 多播地址映射到 MAC 组地址的过程

　　从图 7.8 中可以看出,映射后的 MAC 地址的高 25 位固定为 00000001、00000000、01011110 和 0,低 23 位等于 IP 多播地址的低 23 位。由于 IP 多播地址中用于标识多播组的地址有 28 位,因此,标识多播组的 IP 多播地址中的高 5 位在映射过程中没有使用,这就使得 IP 多播地址和 MAC 组地址之间的映射不是唯一的,32 个不同的 IP 多播地址有可能映射为同一个 MAC 组地址。图 7.9 给出了 32 个不同的 IP 多播地址(224.85.170.170,224.213.170.170,225.85.170.170,…,239.213.170.170)映射为同一个 MAC 组地址(01-00-5E-55-AA-AA)的过程。

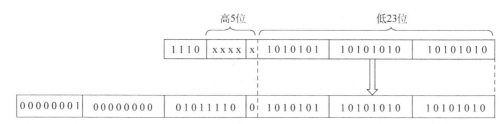

图 7.9　32 个不同的 IP 多播地址映射为同一个 MAC 组地址的过程

　　2) IGMP 消息封装成 MAC 帧过程

　　图 7.10 是将 IGMP 指定多播组查询消息封装成 MAC 帧的过程,假定路由器发送 IGMP 消息的接口的 IP 地址为 192.1.1.253,MAC 地址为 000C.85ED.8C01,标识指定多播组的 IP 多播地址为 237.37.37.37,该 IGMP 消息首先被封装成以 192.1.1.253 为源 IP 地址、以 237.37.37.37 为目的 IP 地址的多播 IP 分组。将该多播 IP 分组封装成 MAC 帧时,首先需要将 IP 多播地址 237.37.37.37 映射到 MAC 组地址,根据图 7.8 所示的映射过程,IP 多播地址 237.37.37.37 映射到 MAC 组地址 0100.5E25.2525,因此,该 IP 多播分组被封装成源 MAC 地址为 000C.85ED.8C01、目的 MAC 地址为 0100.5E25.2525 的 MAC 帧,通过类型字段值 0800 表明 MAC 帧的净荷是 IP 分组。

图 7.10　IGMP 消息封装成 MAC 帧的过程

2. 确定连接路由器端口

交换机启动 IGMP 侦听功能后,如果接收到某个 IGMP 消息,且该 IGMP 消息的类型是普遍查询消息或指定多播组查询消息,则接收该 IGMP 消息的端口确定为连接路由器端口,并从除了连接路由器端口以外的所有其他端口广播封装普遍查询消息的 MAC 帧。封装指定多播组查询消息的 MAC 帧根据交换机建立的多播表进行转发。如图 7.11 所示,当路由器 R1 成为查询者时,交换机 S4 端口 2、交换机 S1 端口 5、交换机 S3 端口 1、交换机 S2 端口 4 分别成为这些交换机的连接路由器端口。

3. 创建多播转发项

如果交换机通过某个端口接收到报告消息,根据报告消息中给出的 IP 多播地址查找多播表,如果在多播表中找不到该 IP 多播地址关联的多播转发项,则创建多播转发项,多播地址为报告消息中给出的 IP 多播地址(或该 IP 多播地址对应的 MAC 组地址),输出端口列表为连接路由器端口和接收该报告消息的端口。如图 7.11 所示的多播组 G1 对应的多播转发项中,统一用组地址 G1 唯一标识与多播组 G1 关联的多播转发项,不再区分组地址 G1 是标识多播组 G1 的 IP 多播地址还是标识多播组 G1 的 IP 多播地址对应的 MAC 组地址。完成多播转发项的创建过程后,交换机向路由器转发该报告消息,启动定时器,在定时器溢出前,不再向路由器转发表明加入相同多播组的报告消息。交换机向路由器转发该报告消息时,只从连接路由器端口输出该报告消息。

如图 7.11 所示,当交换机 S2 连接的属于多播组 G1 的终端首先发送了用于表明加入多播组 G1 的报告消息时,交换机 S2 创建一个组地址为 G1、输出端口列表为< 1,4 >的多播转发项,端口 1 是交换机 S2 接收该报告消息的端口,端口 4 是交换机 S2 的连接路由器端口。当交换机 S3 通过端口 2 接收到交换机 S2 通过连接路由器端口输出的该报告消息时,交换机 S3 创建一个组地址为 G1、输出端口列表为< 1,2 >的多播转发项,端口 2 是交换机 S3 接收该报告消息的端口,端口 1 是交换机 S3 的连接路由器端口。依此类推,交换机 S1 创建一个组地址为 G1、输出端口列表为< 5,4 >的多播转发项。交换机 S4 创建一个组地址为 G1、输出端口列表为< 1,2 >的多播转发项。

需要强调的是,交换机一旦从接收到的以 MAC 组地址为目的地址的 MAC 帧中分离出 IGMP 消息,立即将该 IGMP 消息提交给交换机 IGMP 实体,由交换机 IGMP 实体根据 IGMP 消息类型分别进行处理,不会简单地广播封装 IGMP 消息的 MAC 帧。因此,直接连接在交换机上的终端是接收不到其他终端发送的报告消息的。为了避免每一个终端单独向路由器发送报告消息,交换机通过上述机制保证只把第一个终端发送的报告消息转发给路由器,其他终端发送的表明加入相同多播组的报告消息不再转发给路由器。

4. 添加输出端口

如果交换机通过某个端口接收到报告消息,并在多播表中找到与报告消息中给出的 IP 多播地址(或该 IP 多播地址对应的 MAC 组地址)关联的多播转发项。如果多播转发项的输出端口列表中没有包含接收该报告消息的端口,则将接收该报告消息的端口添加到输出端口列表中。如果已经为表明加入相同多播组的报告消息启动了定时器,交换机不再向路由器转发该报告消息；否则，向路由器转发该报告消息，并启动定时器。

当交换机 S1 端口 1 和端口 2 连接的终端分别发送了用于表明加入多播组 G1 的报告消息后，交换机 S1 在组地址为 G1 的多播转发项的输出端口列表中添加端口 1 和端口 2，使得交换机 S1 最终生成的组地址为 G1 的多播转发项的输出端口列表为＜1，2，4，5＞。

5. 普通方式离开多播组

如果交换机通过某个端口接收到离开消息，交换机通过接收离开消息的端口发送 IGMP 指定多播组查询消息，指定的多播组为终端表明离开的多播组。如果在规定时间内一直没有通过该端口接收到表明加入该多播组的报告消息，交换机将在该多播组对应的多播转发项的输出端口列表中删除接收到离开消息的端口。如果删除接收到离开消息的端口后，该多播组对应的多播转发项的输出端口列表中只剩下连接路由器端口，交换机将向路由器转发该离开消息，并从多播表中删除该多播转发项。

6. 立即方式离开多播组

如果某个交换机存在直接连接终端的端口，如图 7.11 中的交换机 S1 和 S2，通过配置可以使交换机直接连接终端的端口工作在立即离开方式。一旦某个终端离开某个多播组，该终端向交换机发送离开消息，离开消息中给出终端离开的多播组。交换机接收到离开消息后，立即从该多播组关联的多播转发项的输出端口列表中删除直接连接该终端的交换机端口。和普通方式离开多播组的过程相同，如果删除接收到离开消息的端口后，该多播组对应的多播转发项的输出端口列表中只剩下连接路由器端口，交换机将向路由器转发该离开消息，并从多播表中删除该多播转发项。

7. 以太网多播 IP 分组传输过程

如果路由器 R1 和 R2 接口 1 的 IP 地址配置如图 7.11 所示，路由器 R1 成为查询者，通过接口 1 周期性地发送普遍查询消息，根据各个终端响应的报告消息记录如表 7.4 所示的多播组情况。交换机通往路由器 R1 接口 1 的端口成为连接路由器端口，各个交换机生成的多播表如图 7.11 所示。当路由器 R1 通过接口 1 发送属于多播组 G1 的多播 IP 分组时，该多播 IP 分组的传输过程如图 7.11 所示。当交换机 S1 通过端口 5 接收到封装属于多播组 G1 的多播 IP 分组的 MAC 帧时，在多播表中找到多播组 G1 对应的多播转发项（图中组地址为 G1 的多播转发项），通过该多播转发项的输出端口列表中除端口 5 以外的所有其他端口（端口 1、2 和 4）输出封装属于多播组 G1 的多播 IP 分组的 MAC 帧。

虽然封装属于多播组 G1 的多播 IP 分组的 MAC 帧的目的 MAC 地址和封装用于表明加入多播组 G1 的 IGMP 报告消息的 MAC 帧的目的 MAC 地址相同，但交换机可以通过深入分析多播 IP 分组，确定多播 IP 分组净荷是 IGMP 消息还是普通数据。对于封装普通数据的 MAC 帧，交换机根据建立的多播表转发该 MAC 帧；对于封装 IGMP 消息的 MAC 帧，交换机从封装 IGMP 消息的多播 IP 分组中提取出 IGMP 消息，并将 IGMP 消息提交给 IGMP 实体进行处理。由于交换机需要深入分析多播 IP 分组的净荷后才能确定是封装普通数据的多播 IP 分组还是封装 IGMP 消息的多播 IP 分组，使得 IGMP 侦听对交换机性能的影响非常大，因此，启动交换机 IGMP 侦听功能会影响交换机转发 MAC 帧的速率。

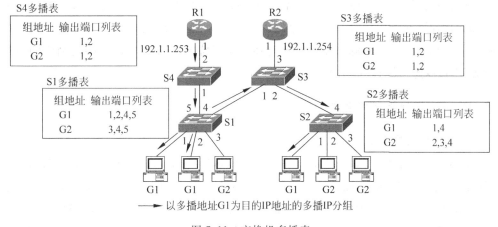

图 7.11 交换机多播表

表 7.4 路由器 R1 记录的多播组情况

路由器接口	接口连接的网络中的终端加入多播组的情况
R1 接口 1	G1、G2

7.3 多播路由协议

    路由器为了实现多播,必须建立多播路由表,多播路由表中的每一个多播路由项由 3 部分组成:一是源终端地址和多播组对(S,G),二是上游接口,三是下游接口列表。当路由器接收到某个多播 IP 分组时,首先在多播路由表中检索多播路由项,如果某项多播路由项中的 S 与该多播 IP 分组的源 IP 地址最长匹配,且该多播路由项中的 G 与多播 IP 分组的目的 IP 地址精确匹配,表示该多播路由项与该多播 IP 分组匹配,只有当路由器通过匹配的多播路由项中的上游接口接收该多播 IP 分组时,才能通过下游接口列表中给出的所有接口输出该多播 IP 分组。由于可以用 CIDR 地址块表示多播路由项中的 S,因此,当该多播 IP 分组的源 IP 地址属于某个 CIDR 地址块时,表示该多播 IP 分组的源 IP 地址与用该 CIDR 地址块表示的 S 匹配。当该多播 IP 分组的源 IP 地址属于多项多播路由项中表示 S 的 CIDR 地址块时,选择用网络前缀位数最多的 CIDR 地址块表示 S 的多播路由项,这就是源 IP 地址最长匹配的含义。当该多播 IP 分组的目的 IP 地址等于 G 时,表示该多播 IP 分组的目的 IP 地址与 G 精确匹配。因此,路由器实现多播的关键是建立多播路由表,多播路由协议就是用于路由器在通过 IGMP 了解属于各个多播组的终端的分布情况的基础上,构建用于指明通往连接属于各个多播组的终端的网络的最短路径的多播路由项。

7.3.1 DVMRP

    距离向量多播路由协议(Distance Vector Multicast Routing Protocol,DVMRP)是一种用于在路由器中构建多播路由表的多播路由协议。对于特定的源终端 S,首先建立源终端 S

通往所有网络的最短路径,然后,各个路由器通过 IGMP 了解直接连接的网络中的终端加入多播组的情况,通过剪枝过程,每一个路由器在已经建立的特定源终端 S 至所有网络的最短路径的基础上,建立特定源终端 S 至所有连接属于特定多播组 G 的终端的网络的最短路径,完成(S,G)对关联的多播路由项的创建过程。

1. DVMRP 消息类型和格式

1) DVMRP 消息类型及作用

DVMRP 包括探测消息、报告消息、剪枝消息、嫁接消息、嫁接应答消息等。探测消息用于发现邻居、监测邻居状态、路由器刚启动时和邻居同步多播路由项等。报告消息用于向邻居报告路由器多播路由表中的全部多播路由项,并传输毒性反转信息,相邻路由器之间通过周期性地交换报告消息完成多播路由表的创建过程。剪枝消息用于在以源终端(或源网络) S 为根的广播树上,针对特定的多播组 G 剪去不需要传输以标识该多播组的 IP 多播地址为目的 IP 地址的多播 IP 分组的分枝,以此完成构建(S,G)对关联的多播树的过程。嫁接消息的作用刚好相反,将通过剪枝消息剪去的分枝重新嫁接到(S,G)对关联的多播树上。嫁接应答消息用于对接收到的嫁接消息做出确认应答。

2) DVMRP 消息格式

图 7.12 给出了报告消息和剪枝消息的格式。DVMRP 消息被封装成多播 IP 分组,源 IP 地址是发送该 DVMRP 消息的路由器接口的 IP 地址,目的 IP 地址是多播地址 224.0.0.4,表明接收端是接口所连接的网络中所有运行 DVMRP 的路由器。协议字段值 2 表明 IP 分组净荷是 IGMP 消息,因此,所有 DVMRP 消息成为 IGMP 消息的一种类型,图 7.12 中用类型＝DVMRP 消息表示,通过编码来区分不同的 DVMRP 消息。报告消息给出多播路由项,每一个多播路由项给出该路由器到达特定源终端(或源网络)的距离。报告消息由于包含路由器的全部多播路由项,因而被称为路由消息。路由器发送 DVMRP 报告消息的时机与路由器发送 RIP 路由消息的时机基本相同。

剪枝消息用于在以源终端(或源网络)S 为根的广播树上,针对特定的多播组 G 剪去不需要传输以标识该多播组的 IP 多播地址为目的 IP 地址的多播 IP 分组的分枝,通常由连接末端网络的叶路由器在接收到源终端发送的以多播地址 G 为目的 IP 地址的多播 IP 分组,且发现直接连接的网络中不存在属于多播组 G 的终端后,通过发送剪枝消息开始剪枝过程。剪枝消息中的源终端地址是接收到的以多播地址 G 为目的 IP 地址的多播 IP 分组的源 IP 地址,如果该路由器可以得出源终端所在网络(称为源网络)的子网掩码,作为可选项可以给出源网络的子网掩码。IP 多播地址指定某个多播组,表示不需要向该分枝传输以该 IP 多播地址为目的 IP 地址的多播 IP 分组。叶路由器始发的剪枝消息沿着通往源终端(或源网络)的传输路径逐跳转发。路由器接收到剪枝消息后,用剪枝消息给出的源终端(或源网络)地址 S 和多播地址 G 检索多播路由表,找到(S,G)对匹配的多播路由项,只有确定该剪枝消息通过该多播路由项下游接口列表中的一个接口接收时,才对该剪枝消息进行处理,否则丢弃该剪枝消息。

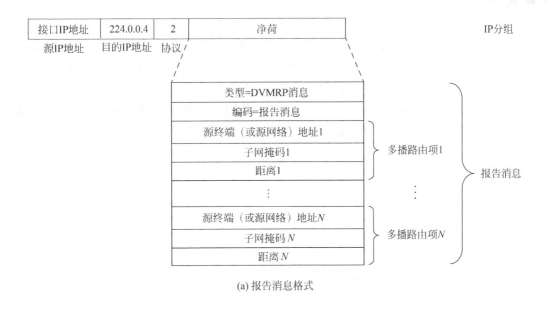

(a) 报告消息格式

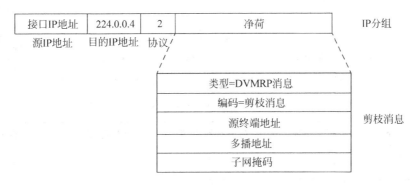

(b) 剪枝消息格式

图 7.12 部分 GVMRP 消息格式

2．广播树建立过程

1）基本思路

以源终端 S 为根，源终端 S 通往所有网络的最短路径为分枝的树，就是源终端 S 对应的广播树。对应如图 7.3 所示的互连网络结构，源终端 S 至其他 3 个末端网络的广播树如图 7.4 所示。如果某个路由器 I 与路由器 J 和 K 相邻，且路由器 J 在源终端 S 至某个网络的最短路径中先于路由器 I，路由器 K 在源终端 S 至某个网络的最短路径中后于路由器 I，称路由器 J 为路由器 I 的前一跳路由器（也称上游路由器），路由器 K 为路由器 I 的下一跳路由器（也称下游路由器）。为了保证多播 IP 分组沿着源终端 S 对应的广播树传播，路由器只转发从连接前一跳路由器的接口进入的多播 IP 分组，而且，只通过连接下一跳路由器的接口输出该多播 IP 分组。路由器 R5 针对如图 7.4 所示的广播树，只转发从接口 1 进入的多播 IP 分组，且只从接口 2 和 3 输出该多播 IP 分组。因此，针对特定源终端 S 建立广播树的过程就是在每一个路由器中确定连接源终端 S 至所有网络最短路径上的前一跳和下一跳路由器的接口的过程。某个路由器连接源终端 S 至所有网络最短路径上的前一跳路由器的接口称为上游接口,连接下一跳路由器的接口称为下游接口,不同源终端至所有网络的最短路径是不同的,图 7.13 给出图 7.3 中 IP 地址为 192.1.2.1 的源终端至所有其他末端网络的最短路径,因此,每一个路由器需要在多播路由表中为不同的源终端建立一个多播路由项,该多播路由项中给出该源终端至所有网络最短路径对应的上游接口和下游接口列表。对于图 7.4 和图 7.13 所示的广播树,路由器 R5 需要建立表 7.5 所示的多播路由表。表中的源网络给出源终端所在的网络。在讨论 DVMRP 建立的多播路由项时,假定直接连接的网络的距离为 1。

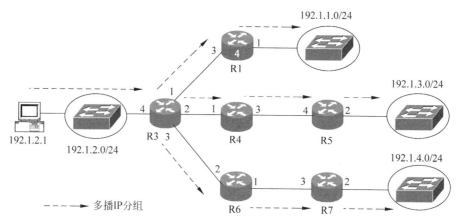

图 7.13　以网络 192.1.2.0/24 中终端为源终端的广播树

表 7.5　路由器 R5 的多播路由表

源　网　络	距　离	前一跳路由器	上游接口	下游接口列表
192.1.1.0/24	3	193.1.4.1	1	2,3
192.1.2.0/24	3	193.1.7.1	4	2

　　每一个路由器建立类似表 7.5 所示的多播路由项的思路如下：如果传输路径是对称的,即源终端 S 至该路由器的最短路径和该路由器至源终端 S 的最短路径相同,对于路由器 R 而言,单播路由表中以源终端 S 所在网络为目的网络的路由项中的下一跳路由器就是源终端 S 至路由器 R 的最短路径上的前一跳路由器,如果源终端 S 至某个网络的最短路径经过路由器 R,则源终端 S 至路由器 R 的最短路径上的前一跳路由器就是源终端 S 至该网络的最短路径上的前一跳路由器。因此,只要某个路由器位于源终端 S 至某个网络的最短路径上,根据该路由器的单播路由表就可以确定源终端 S 至该网络的最短路径上的前一跳路由器和上游接口。

　　确定路由器下游接口的工作也比较简单。如果该路由器直接连接某个末端网络,则连接该末端网络的接口就是源终端 S 对应的下游接口。对于连接其他类型网络的接口,通过下述方法确定该接口是否是源终端 S 对应的下游接口：如果路由器 R 通过单播路由表确定源终端 S 至某个网络最短路径上的前一跳路由器 X,则路由器 X 连接路由器 R 的接口就是路由器 X 的下游接口,路由器 R 可以通过连接路由器 X 的接口发送一个特定路由项,该路由项的源终端为 S,距离为特定值,当路由器 X 通过某个接口接收到源终端为 S 的特定路由项,确定该接口为源终端 S 对应的下游接口。

2）多播路由表与单播路由表之间的关系

DVMRP 的工作思路和 RIP 相似，都是找出某个路由器通往特定网络的最短路径，只是最短路径的含义不同，在多播路由表中，最短路径表示属于该网络的源终端至该路由器的最短路径，这样，表 7.6 所示的路由器 R5 的单播路由表可以直接转换成表 7.7 所示的路由器 R5 的多播路由表。

表 7.6　路由器 R5 的单播路由表

目 的 网 络	距　　离	下一跳路由器	输 出 接 口
192.1.1.0/24	3	193.1.4.1	1
192.1.2.0/24	3	193.1.7.1	4
192.1.3.0/24	1	直接	2
192.1.4.0/24	2	193.1.9.2	3

表 7.7　路由器 R5 的多播路由表

源 网 络	距　　离	前一跳路由器	上 游 接 口	下游接口列表
192.1.1.0/24	3	193.1.4.1	1	
192.1.2.0/24	3	193.1.7.1	4	
192.1.3.0/24	1	—	2	
192.1.4.0/24	2	193.1.9.2	3	

3）确定下游接口的思路

DVMRP 求出表 7.7 中通往源终端所在网络的最短路径、前一跳路由器及上游接口的过程和 RIP 求出表 7.6 所示的通往目的网络的最短路径、下一跳路由器和输出接口的过程完全相同。因此，值得强调的是 DVMRP 求出表 7.7 中下游接口列表一栏中的内容的过程。下游接口分为两类：一类是直接连接末端网络的接口，另一类是作为源终端至某个路由器的最短路径上的前一跳路由器用于连接该路由器的接口。如图 7.4 所示的广播树中，路由器 R5 作为源终端至路由器 R7 的最短路径上的前一跳路由器，而接口 3 是 R5 用于连接 R7 的接口。对于特定的源终端，如果某个路由器的下游接口都是直接连接末端网络的接口，该路由器被称为以该源终端为根的广播树的叶路由器。由于 DVMRP 是类似 RIP 的距离向量路由协议，因此，R5 本身是无法通过 DVMRP 推导出下游接口的，但 R7 可以通过 DVMRP 得出源终端至 R7 的最短路径上的前一跳路由器——R5，并可以通过毒性反转技术通知 R5：它是源终端至 R7 的最短路径上的前一跳路由器，R5 将接收到毒性反转信息的接口作为下游接口。毒性反转技术是指某个路由器如果从接口 X 接收到的路由消息（DVMRP 报告消息）中推导出多播路由项 Y，可以断定接口 X 是多播路由项 Y 的上游接口，多播路由项 Y 对应的前一跳路由器和接口 X 相连，因此，通过接口 X 发送一个包含多播路由项 Y 的路由消息，但将多播路由项 Y 的距离值设置成一个特殊值。当前一跳路由器接收到包含特殊距离值的多播路由项 Y 时，就将接收该路由消息的接口作为多播路由项 Y 对应的下游接口。

4）多播路由表建立实例

DVMRP 为了求出每一个多播路由项对应的下游接口列表，要求在发送给某个相邻路由器的路由消息中包含从该相邻路由器学习到的多播路由项，但用特殊的距离值标明这些从该相邻路由器学习到的多播路由项。DVMRP 用 32 作为无穷大值,用 32＋距离值表明该路由项是从发送该路由消息的接口接收到的路由消息中学习到的多播路由项。由于路由器 R4 的多播路由表中源网络为 192.1.3.0/24 和 192.1.4.0/24 的多播路由项是从通过接口 3 接收到的路由消息中学习到的,因此,路由器 R4 从接口 3 发送的路由消息中包含源网络为 192.1.3.0/24 和 192.1.4.0/24 的多播路由项,但距离值设置成 32＋3(3 是该多播路由项中的距离)。当路由器 R5 通过接口 4 接收到该路由消息时,发现源网络为 192.1.3.0/24 和 192.1.4.0/24 的多播路由项的距离值设置成 32＋3,确定路由器 R4 是通过自己发送的路由消息学习到这两项多播路由项,自己是多播路由项指定的源网络至路由器 R4 的最短路径上的前一跳路由器,将接收该路由消息的接口(接口 4)设置成这两项多播路由项的下游接口,如图 7.14 所示。当和路由器 R5 相邻的路由器均通过毒性反转技术将路由器 R5 为前一跳路由器的多播路由项告知路由器 R5 时,路由器 R5 建立如图 7.14 所示的所有多播路由项的下游接口列表内容。最终生成的多播路由表如表 7.8 所示。

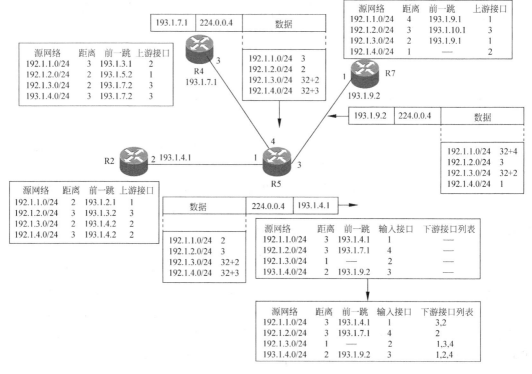

图 7.14　路由器 R5 生成最终多播路由表的过程

表 7.8　路由器 R5 的多播路由表

源　网　络	距　离	前一跳路由器	上游接口	下游接口列表
192.1.1.0/24	3	193.1.4.1	1	2,3
192.1.2.0/24	3	193.1.7.1	4	2
192.1.3.0/24	1	—	2	1,3,4
192.1.4.0/24	2	193.1.9.2	3	1,2,4

5）确定指定路由器的过程

在如图 7.15 所示的网络结构中,路由器 R1、R2 和 R3 连接在同一个以太网上,对于这样的连接方式,3 个路由器中只能有一个路由器转发来自源终端 S 的多播 IP 分组,该路由器称为该以太网中针对源终端 S 的指定路由器。确定指定路由器的原则如下:

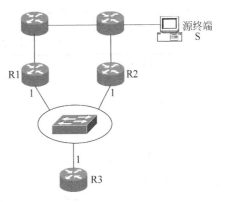

- 选择所有路由器中到达源终端 S 的距离最小的路由器。
- 如果存在多个到达源终端 S 的最小距离相同的路由器,选择其中连接该以太网接口的 IP 地址最小的路由器。

由于每一个路由器通过连接该以太网接口发送的路由消息(DVMRP 报告消息)能被连接在同一以太网的所有其他路由器接收,因此,每一个路由器通

图 7.15 指定路由器含义

过接收其他路由器发送的路由消息不难确定自己是否是该以太网中针对源终端 S 的指定路由器。在图 7.15 中,由于路由器 R2 到达源终端 S 的距离最短,路由器 R2 成为该以太网中针对源终端 S 的指定路由器。

如图 7.15 所示,路由器 R3 根据通过接口 1 接收的路由消息构建源终端 S 对应的多播路由项,因此,在通过接口 1 发送的路由消息中,源终端 S 对应的多播路由项的距离是 $32+X$,由于路由器 R3 接口 1 连接的是以太网,因此,路由器 R1 和 R2 的接口 1 均接收到路由器 R3 通过接口 1 发送的路由消息,但只有作为该以太网中针对源终端 S 的指定路由器的路由器 R2 能够把接口 1 作为源终端 S 对应的多播路由项的下游接口。

3. 剪枝

1）剪枝的含义

DVMRP 建立广播树对应的多播路由表时,并不考虑属于各个多播组的终端的分布情况,因此,对于如图 7.16 所示的属于各个多播组的终端的分布情况,DVMRP 首先建立如图 7.16 所示的指定源终端至所有末端网络的最短路径的广播树。

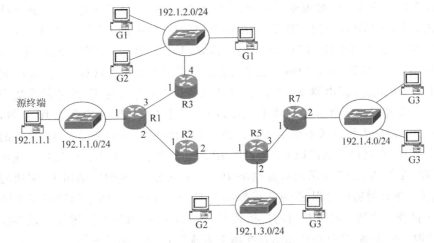

图 7.16 多个多播组并存的情况

各个路由器通过 IGMP 了解直接连接的网络中的终端加入多播组的情况，对应图 7.16 中属于各个多播组的终端的分布情况，直接连接末端网络的路由器 R3、R5 和 R7 记录如表 7.9 所示的直接连接的末端网络中终端加入多播组的情况。

表 7.9　连接末端网络的接口记录的信息

路由器接口	直接连接的网络中的终端加入多播组的情况
R3 接口 4	G1，G2
R5 接口 2	G2，G3
R7 接口 2	G3

用 DVMRP 建立的属于网络 192.1.1.0/24 的源终端对应的广播树如图 7.16 所示，源终端发送的分别以多播地址 G1、G2 和 G3 为目的 IP 地址的多播 IP 分组将到达图 7.16 中的所有路由器，这将极大地浪费链路带宽。对于以源终端(或源网络)S 为根的广播树，如果某个接口连接的分枝中没有存在属于多播组 G 的终端，称该接口与(S,G)对不匹配，一旦该接口和(S,G)不匹配，将截断源终端 S 发送的、目的 IP 地址为 G 的多播 IP 分组，这个过程称为针对(S,G)的剪枝过程，即在以源终端(或源网络)S 为根的广播树中剪除不需要传输以 G 为目的地址的多播 IP 分组的分枝。

2) 剪枝过程

针对如图 7.16 所示的广播树的剪枝过程如下：属于源网络 192.1.1.0/24 的源终端发送的、以多播地址 G1、G2 和 G3 为目的 IP 地址的第一个多播 IP 分组到达图 7.16 中的所有路由器，当路由器 R3 接收到以多播地址 G3 为目的 IP 地址的多播 IP 分组时，发现接口 4 连接的网络中没有加入多播组 G3 的终端，而且，路由器 R3 又是叶路由器，即广播树中该分枝的最后一个路由器。路由器 R3 向它的前一跳路由器发送剪枝消息，剪枝消息中给出源终端地址 192.1.1.1 和多播地址 G3，表明该分枝不需转发以 G3 为目的 IP 地址的多播 IP 分组。路由器 R1 通过接口 3 接收到该剪枝消息，用剪枝消息给出的源终端地址 192.1.1.1 检索多播路由表，匹配源网络为 192.1.1.0/24 的多播路由项，确定接口 3 在该多播路由项的下游接口列表中，路由器 R1 将在接口 3 截断以 G3 为目的 IP 地址的多播 IP 分组。完成上述操作后，对于以 G3 为目的 IP 地址的多播 IP 分组，图 7.16 所示的广播树中和路由器 R1 的接口 3 连接的分枝已被剪除。同样，路由器 R7 向前一跳路由器 R5 发送表明不需转发以 G1、G2 为目的 IP 地址的多播 IP 分组的剪枝消息，路由器 R5 将在接口 3 截断以 G1、G2 为目的 IP 地址的多播 IP 分组。由于路由器 R5 接口 2 直接连接的末端网络中也没有属于 G1 的终端，路由器 R5 向它的前一跳路由器发送表明不需转发以 G1 为目的 IP 地址的多播 IP 分组的剪枝消息，路由器 R2 将在接口 2 截断以 G1 为目的 IP 地址的多播 IP 分组。由于路由器 R2 连接的所有分枝均要求截断以 G1 为目的 IP 地址的多播 IP 分组，路由器 R2 向它的前一跳路由器发送表明不需转发以 G1 为目的 IP 地址的多播 IP 分组的剪枝消息，使路由器 R1 在接口 2 截断以 G1 为目的 IP 地址的多播 IP 分组。经过这一轮剪枝消息的传输过程，在如图 7.16 所示的以源网络 192.1.1.0/24 为根的广播树上，完成对多播组 G1、G2 和 G3 进行的剪枝过程，分别生成如图 7.17(a)、(b)和(c)所示的针对多播组 G1、G2 和 G3 的多播树。之所以将剪枝后的广播树称为多播树，是因为多播树只将以多播地址 G 为目的 IP 地址的多播 IP 分组传输给存在属于多播组 G 的终端的网络。

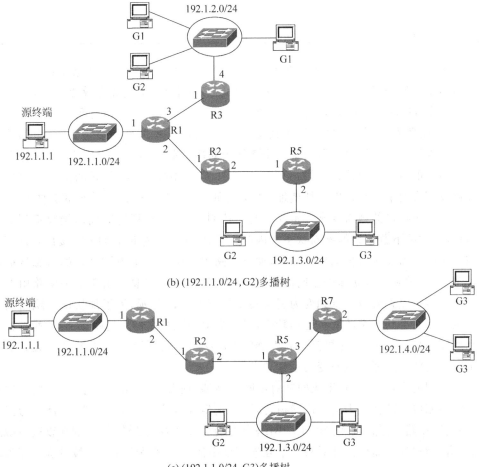

图 7.17 和特定源终端及多播组关联的多播树

3）建立针对多播树的多播路由表

剪枝过程是针对以源终端（或源网络）S 为根的广播树展开的，在各个路由器直接连接的末端网络中的终端加入多播组的情况不变的前提下，不同源终端（或源网络）为根的广播树完成剪枝过程后的结果是不同的，因此，多播树是(S,G)相关的，即(S,G)多播树是在以源终端(或源网络)S 为根的广播树的基础上,对多播组 G 完成剪枝过程后的结果。在图 7.16 所示的以源网络 192.1.1.0/24 为根的广播树上,对多播组 G1、G2 和 G3 完成剪枝过程后,路由器 R5 的多播路由表中和源网络 192.1.1.0/24 对应的多播路由项变成表 7.10 所示的内容。

表 7.10　路由器 R5 对应特定多播组的多播路由表

源　网　络	多　播　组	前一跳路由器	距　离	上　游　接　口	下游接口列表
192.1.1.0/24	G1	193.1.4.1	3	1p	2p,3p
192.1.1.0/24	G2	193.1.4.1	3	1	2,3p
192.1.1.0/24	G3	193.1.4.1	3	1	2,3
192.1.2.0/24		193.1.7.1	3	4	2
192.1.3.0/24		—	1	2	1,3,4
192.1.4.0/24		193.1.9.2	2	3	1,2,4

对于表 7.10 中多播组 G1 对应的路由项,上游接口 1 后面的字符 p 意味着通过该接口向前一跳路由器发送了表明不需转发以多播地址 G1 为目的 IP 地址的多播 IP 分组的剪枝消息;下游接口后面的字符 p 表明:或者接口所连接的末端网络中没有属于多播组 G 的终端,或者接口接收到表明不需转发以多播地址 G1 为目的 IP 地址的多播 IP 分组的剪枝消息。某个路由器向前一跳路由器发送某个多播组对应的剪枝消息的前提是该多播组关联的多播路由项中的所有下游接口都被截断。表 7.10 中和多播组 G2 关联的多播路由项表明接口 3 接收到表明不需转发以多播地址 G2 为目的 IP 地址的多播 IP 分组的剪枝消息。

每一个下游接口的截断状态都是受定时器控制的,一旦在规定时间内接收不到对应的剪枝消息,将去除下游接口的截断状态。因此,多播路由项中标识 p 的上游接口必须周期性地向前一跳路由器发送剪枝消息。当然,如果该路由项中的某个下游接口的状态从截断变为正常转发,上游接口将立即停止向前一跳路由器发送剪枝消息。由于前一跳路由器的下游接口从不再接收到剪枝消息到变为正常转发状态有一段时延,为了加快前一跳路由器下游接口从截断状态到正常转发状态的转变,可以向前一跳路由器发送嫁接消息,嫁接消息的作用和剪枝消息刚好相反,如果某个路由器的下游接口接收到嫁接消息,该下游接口和特定多播组对应的状态立即从截断变为正常转发。

需要强调的是,DVMRP 生成的针对不同源终端(或源网络)的多播路由项只是构建了以这些源终端(或源网络)为根的广播树,而要真正生成以这些源终端(或源网络)为根的多播树,必须根据路由器直接连接的末端网络中终端加入多播组的情况,分别在以这些源终端(或源网络)为根的广播树上针对每一个互连网络中活跃的多播组完成剪枝过程。互连网络中活跃的多播组是指至少包含一个连接在互连网络上的终端的多播组。

4. 多播 IP 分组的传输过程

1) 路由器转发多播 IP 分组的过程

源终端如果发送多播 IP 分组,要构建以源终端 IP 地址为源 IP 地址,以标识某个多播组的多播 IP 地址为目的 IP 地址的多播 IP 分组,该多播 IP 分组在源终端直接连接的网络中多播,到达连接源终端所在网络的路由器。该路由器接收到该多播 IP 分组后,在多播路由表中检索源网络和该多播 IP 分组的源 IP 地址最长匹配、多播地址和该多播 IP 分组的目的 IP 地址相等的多播路由项,在确定该多播 IP 分组通过匹配的多播路由项中的上游接口输入后,通过该多播路由项中所有接口状态为正常转发的下游接口输出该多播 IP 分组。

在图 7.17(b)中,如果 IP 地址为 192.1.1.1 的源终端向所有属于多播组 G2 的终端发送多播 IP 分组,则该多播 IP 分组的源 IP 地址为 192.1.1.1,目的 IP 地址为多播地址 G2。当路由器 R5 接收到该多播 IP 分组时,在表 7.10 所示的多播路由表中检索源网络和 192.1.1.1 最长匹配、多播地址等于 G2 的多播路由项,因为 IP 地址 192.1.1.1 属于网络地址 192.1.1.0/24,所以,检索结果是表 7.10 中和(192.1.1.0/24,G2)关联的多播路由项。在确定该多播 IP 分组通过该多播路由项中的上游接口(接口 1)输入后,将通过该多播路由项中接口状态为正常转发的所有下游接口输出该多播 IP 分组。由于该多播路由项中的下游接口中只有接口 2 的状态为正常转发,通过接口 2 输出该多播 IP 分组。

2) 多播 IP 分组 over 以太网

假定路由器 R3 和终端之间的连接过程如图 7.18 所示,路由器 R3 如何通过以太网传输目的 IP 地址为多播地址 G1 的多播 IP 分组? 路由器 R3 通过以太网传输多播 IP 分组前,要把多播 IP 分组封装成 MAC 帧,该 MAC 帧的源 MAC 地址是路由器 R3 接口 4 的 MAC 地址,目的 MAC 是多播地址 G1 对应的 MAC 组地址。

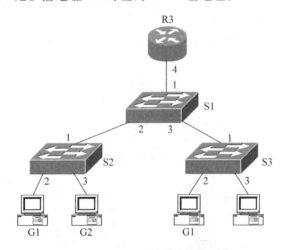

图 7.18 路由器 R3 和终端之间的连接过程

没有启动 IGMP 侦听功能前,以太网交换机对 MAC 组地址的处理过程等同于 MAC 广播地址(ff-ff-ff-ff-ff-ff),如果 MAC 帧的目的 MAC 地址为 MAC 组地址,以太网交换机从除了接收该 MAC 帧的端口以外的所有其他端口转发该 MAC 帧。因此,对于如图 7.18 所示的网络结构,一旦路由器 R3 发送封装多播 IP 分组的 MAC 帧,该 MAC 帧就以广播方式在以太网中传输。显然,这种传输方式无论对以太网带宽还是终端都造成很大的压力。在讨论 IGMP 时已经讲到:当某个终端加入某个多播组时,向直接连接终端所在网络的路由器发送报告消息;当离开某个多播组时,向该路由器发送离开消息。封装报告消息或离开消息的 IP 分组是一个多播 IP 分组,目的 IP 地址就是标识终端要求加入或离开的多播组的多播地址。该多播 IP 分组被封装成 MAC 帧时,目的 MAC 地址就是该多播地址对应的 MAC 组地址。启动 IGMP 侦听功能后的以太网交换机对所有以这样的 MAC 组地址为目的地址的 MAC 帧进行分析，如果是报告消息，将输入该 MAC 帧的端口和该 MAC 帧的目的 MAC 地址绑定在一起；如果是离开消息，则删除已经建立的绑定。整个过程如图 7.19 所示。以太网交换机通过 IGMP 侦听建立端口和多播组之间的绑定关系后，一旦接收到以 MAC 组地址为目的地址的 MAC 帧，以太网交换机先检索多播表，只从和该 MAC 组地址绑定的端口转发该 MAC 帧，如图 7.20 所示。

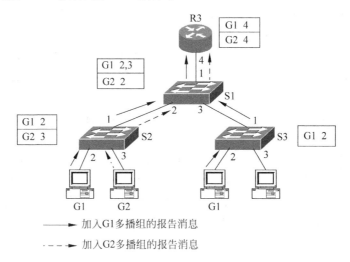

图 7.19　以太网交换机建立端口和 MAC 组地址之间绑定的过程

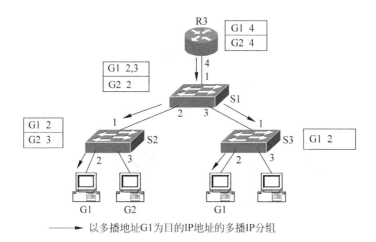

图 7.20　以太网多播以组地址为目的地址的 MAC 帧的过程

7.3.2　PIM-SM

　　DVMRP 是一种比较简单的多播路由协议，它不需要借助单播路由协议，如 RIP、OSPF 等内部网关协议，就可直接生成多播路由表。但从 7.3.1 节的讨论中可以看出：首先，DVMRP 是距离向量协议，它所得出的最短路径是最少跳数的传输路径，而用于确定链路代价的因素应该很多，不仅仅是经过的路由器跳数；其次，DVMRP 建立的是广播树，特定源终端发送的第一个多播 IP 分组将遍历互连网络中的所有路由器，在通过剪枝操作后，才将广播树剪枝成与特定多播组对应的多播树。如果在 Internet 中遍历一个多播 IP 分组,其代价是无法想象的,因此,DVMRP 只能用于小规模网络。

目前有多种适用于不同多播应用环境的多播路由协议,如 PIM-SM 和 PIM-DM。称这两种多播路由协议为协议无关的多播路由协议,是指源终端至其他终端的最短路径由其他单播路由协议建立,和多播路由协议无关,因此,最短路径的含义由对应的单播路由协议确定,和多播路由协议无关。这一点恰好弥补了 DVMRP 用最少跳数路径作为最短路径的缺陷。PIM-DM 的适用环境和 DVMRP 相似,只能用于小规模互连网络且互连网络中的大部分终端都是多播组成员的多播应用环境。PIM-SM 与 DVMRP 和 PIM-DM 相反,适用于大规模互连网络且互连网络中只有少量终端是多播组成员的多播应用环境。下面针对如图 7.21 所示的互连网络结构和多播组成员分布,讨论 PIM-SM 构建多播树的过程。

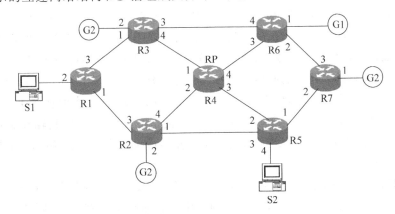

图 7.21　互连网络结构和多播组成员分布

1. 基本思路

PIM-SM 正常工作的前提是互连网络中的各个路由器已经建立单播路由表,但与建立单播路由表的路由协议无关。PIM-SM 在已经建立的单播路由表的基础上,为互连网络中活跃的多播组建立对应的多播树,所谓活跃的多播组是指至少包含了一个连接在互连网络上的终端的多播组。路由器通过 IGMP 掌握直接连接的网络中的终端加入多播组的情况,因而掌握直接连接的网络中存在的活跃的多播组。但多播树是(S,G)相关的,如果针对互连网络中的源终端(或源网络)和活跃的多播组的两两组合构建多播树,多播树的数量将非常庞大,而且由于大量源终端(或源网络)和活跃的多播组之间没有通信需求,会导致资源的极大浪费。因此,PIM-SM 为互连网络中活跃的多播组建立共享多播树,共享多播树的根是称为汇聚点(Rendezvous Point,RP)的路由器。某个源终端 S 如果需要向属于多播组 G 的终端传输多播 IP 分组,将该多播 IP 分组作为以源终端 S 的 IP 地址为源 IP 地址、以 RP 路由器的 IP 地址为目的 IP 地址的单播 IP 分组的净荷,并将该单播 IP 分组以单播传输方式传输给 RP。RP 从该单播 IP 分组中分离出该多播 IP 分组,并将该多播 IP 分组通过共享多播树以多播传输方式传输给互连网络中属于多播组 G 的所有终端。如果源终端 S 需要向属于多播组 G 的终端传输大量多播 IP 分组,为了提高传输效率,可以构建(S,G)相关多播树。并直接通过(S,G)相关多播树完成源终端 S 向互连网络中属于多播组 G 的所有终端传

输多播 IP 分组的过程。因此,PIM-SM 的工作过程如下:

- 向互连网络中的所有路由器公告 RP。
- 构建以 RP 为根,被所有活跃多播组共享的共享多播树。
- 如果需要,构建(S,G)相关多播树。

2. 消息类型和格式

1) 消息类型

PIM-SM 的消息主要分为 3 类。一是用于将 RP 和多播组之间的关联信息扩散到互连网络中的所有路由器的消息,这一类消息主要有引导消息和 RP 通告消息。引导消息用于将 RP 和多播组之间的关联信息扩散到互连网络中的所有路由器。RP 通告消息用于在引导路由器中记录某个 RP 与一组多播组关联的信息。二是用于建立共享多播树和(S,G)相关多播树的消息,这一类消息主要有加入消息、剪枝消息等。加入消息用于在以 RP 或以源终端(或源网络)为根的多播树上增加某个分枝。剪枝消息在确定某个曾经活跃的多播组不再活跃后,剪去通往存在该曾经活跃的多播组的网络的分枝。三是在建立(S,G)相关的多播树前,用于实现源终端所在网络的指定路由器向 RP 传输多播 IP 分组的消息,这一类消息主要有注册消息和注册停止消息。注册消息用于实现源终端所在网络的指定路由器向 RP 传输多播 IP 分组的功能,注册停止消息用于 RP 要求某个指定路由器停止通过注册消息传输多播 IP 分组。

2) 消息格式

引导消息由引导路由器(Bootstrap Router,BR)始发,以泛洪方式在互连网络中传播,到达互连网络中的所有路由器。如果互连网络中存在多个引导路由器,则通过竞争产生指定引导路由器,确定指定引导路由器的依据是优先级和引导路由器的 IP 地址。优先级高的引导路由器为指定引导路由器,如果存在多个具有相同最高优先级的引导路由器,其中 IP 地址最大的引导路由器为指定引导路由器。引导消息中给出互连网络中存在的所有 RP 及与每一个 RP 关联的多播组。PIM-SM 开始工作前要完成以下两个任务:一是通过手工配置将若干个路由器作为引导路由器,并为这些路由器分配优先级;二是通过手工配置将若干个路由器作为 RP,并为每一个 RP 配置与其关联的一组多播组。引导消息格式如图 7.22 所示。

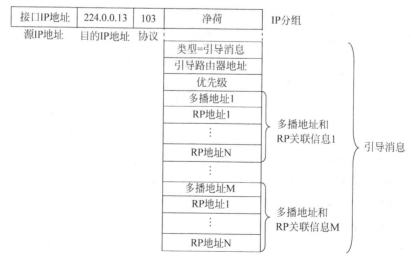

图 7.22　引导消息格式

初始时,每一个引导路由器将自身作为指定引导路由器开始发送引导消息,在竞争出指定引导路由器后,由指定引导路由器周期性地发送引导消息。当某个 RP 通过接收引导消息获得指定引导路由器的 IP 地址后,通过 RP 通告消息将自己的 IP 地址(RP 地址)及与其关联的一组多播组通告给指定引导路由器,指定引导路由器在以后发送的引导消息中将增加该 RP 及与该 RP 关联的一组多播组。RP 通告消息格式如图 7.23 所示。

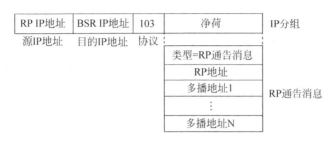

图 7.23　RP 通告消息格式

允许互连网络中同时存在多棵以 RP 或源终端(或源网络)为根的多播树,每一个活跃多播组可以同时加入到这些以不同的 RP 或源终端(或源网络)为根的多播树。对于某个路由器,如果通往这些 RP 或源终端(或源网络)的传输路径有着相同的前一跳路由器,可以用一个加入消息完成向前一跳路由器发送有关增加分枝的信息。因此,加入消息中通过给出一组多播地址表明该分枝通往存在这一组活跃多播组的网络。加入消息中通过对应每一个多播组给出一组源终端地址(也可以是 RP 地址)表明该多播组可以同时加入以这些源终端或 RP 为根的多播树。加入消息格式如图 7.24 所示。

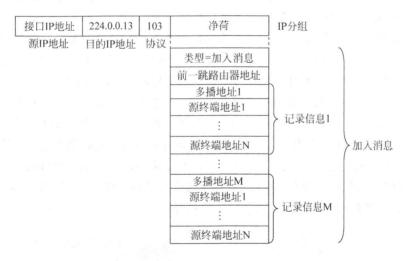

图 7.24　加入消息格式

注册消息用于将多播 IP 分组封装成以源终端所在网络的指定路由器的 IP 地址为源 IP 地址、以 RP IP 地址为目的 IP 地址的单播 IP 分组,并通过互连网络实现该单播 IP 分组源终端所在网络的指定路由器至 RP 的传输过程。注册消息格式如图 7.25 所示。

图 7.25　注册消息格式

　　大部分 PIM-SM 消息封装成 IP 分组后,源 IP 地址是发送该 PIM-SM 消息的接口的 IP 地址,目的 IP 地址是多播地址 224.0.0.13,表明接收端是该接口连接的网络中所有运行 PIM-SM 的路由器。

3. 通告 RP

　　引导路由器周期性地发送引导消息,初始引导消息中只包含引导路由器自身的信息(IP 地址和优先级)。引导路由器通过所有接口发送引导消息,引导消息的源 IP 地址是发送接口的 IP 地址,目的 IP 地址是多播地址 224.0.0.13。与 BR 相邻的所有路由器均接收到该引导消息,由于互连网络中所有其他路由器的单播路由表中已经建立用于指明通往 BR 的传输路径的路由项,例如表 7.11 给出了图 7.26 中除 BR 以外的所有路由器以 BR 为目的网络的单播路由项。每一个接收到引导消息的路由器首先用引导消息包含的 BR 地址检索单播路由表,找到匹配的单播路由项。如果该引导消息不是从该单播路由项的输出接口输入,表明该引导消息不是沿着 BR 至该路由器的最短路径到达,该路由器将丢弃该引导消息;否则,存储该引导消息,并从除了接收该引导消息以外的所有其他接口输出该引导消息。当然,从每一个接口输出的引导消息都以该接口的 IP 地址为源 IP 地址。当路由器 R2 通过接口 3 接收到引导消息时,以 BR 地址为目的地址检索单播路由表,找到匹配的单播路由项 <BR,3,R1>(表 7.11 中路由器 R2 以 BR 为目的网络的单播路由项),由于单播路由项中的输出接口是 R2 接收该引导消息的接口,R2 存储该引导消息,并通过接口 1 和 4 输出该引导消息。从 R2 接口 1 输出的引导消息被路由器 R4 通过接口 2 接收,从 R2 接口 1 输出的引导消息被路由器 R5 通过接口 3 接收,表 7.11 中路由器 R4 以 BR 为目的网络的单播路由项的输出接口是接口 1,路由器 R5 以 BR 为目的网络的单播路由项的输出接口是接口 2,由于路由器 R4 和 R5 均发现接收该引导消息的接口不是该路由器以 BR 为目的网络的单播路由项的输出接口,因此路由器 R4 和 R5 均丢弃该引导消息。图 7.26 给出了到达所有路由器并被所有路由器存储的有效引导消息的泛洪过程。

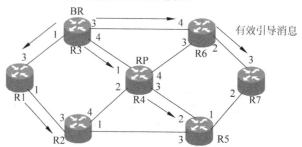

图 7.26　引导消息泛洪过程

表 7.11 各个路由器以 BR 为目的网络的路由项

路由器名称	目 的 网 络	输 出 接 口	下 一 跳
R1	R3(BR)	3	直接
R2	R3(BR)	3	R1
R4(RP)	R3(BR)	1	直接
R5	R3(BR)	2	R4
R6	R3(BR)	4	直接
R7	R3(BR)	3	R6

由于路由器 R4 已经被配置成 RP,当路由器 R4 通过接收到的引导消息获知 BR 的地址时,通过 RP 通告消息向 BR 通告自己的地址及关联的一组多播组。BR 接收到 RP 发送的 RP 通告消息后,记录下 RP 地址及与该 RP 关联的一组多播组,并立即通过泛洪引导消息将这些信息通报给所有路由器。互连网络中的所有路由器记录下 RP 地址及与该 RP 关联的一组多播组。一旦直接连接的网络存在属于与该 RP 关联的某个多播组的终端,该路由器将开始加入共享多播树的过程。

需要强调的是,某个多播组可能与若干个 RP 关联,必须保证所有路由器为特定多播组选择相同的 RP。

4. 构建共享多播树

针对如图 7.21 所示的互连网络结构和多播组成员分布,当所有路由器接收到包含 RP 地址及与该 RP 关联的一组多播组的引导消息,且路由器 R2、R3、R6 和 R7 均通过 IGMP 获知直接连接的网络中分别存在属于多播组 G2、G2、G1 和 G2 的终端时,这些路由器就开始加入共享多播树的过程。开始加入共享多播树过程的路由器首先构建加入消息,其中给出 RP 地址,并用 RP 地址检索单播路由表,找到匹配的单播路由项,将该单播路由项的下一跳路由器地址作为加入消息中的前一跳路由器地址,并通过该单播路由项的输出接口输出加入消息。对应表 7.12 所示的用于指明图 7.21 中路由器 R7 通往 RP、源终端 S1 和 S2 的传输路径的单播路由项,路由器 R7 构建的加入消息中给出 RP 地址 R4、前一跳路由器地址 R5 和多播地址 G2,并通过接口 2 输出该加入消息。当路由器 R5 通过接口 1 接收到该加入消息时,在确定自己是加入消息中前一跳路由器地址指定的路由器后,在多播路由表中创建一个多播路由项,源终端(或源网络)字段值为 *,表明该多播路由项对应共享多播树,下游接口为接收该加入消息的接口——接口 1,然后,用 RP 地址检索表 7.13 所示的路由器 R5 单播路由表,找到匹配的单播路由项< RP,2,直接>,用单播路由项的输出接口——接口 2 作为该多播路由项的上游接口。路由器 R5 创建如表 7.14 所示的多播路由项。完成多播路由项创建后,路由器 R5 根据新的多播路由表构建加入消息,沿着通往 RP 的最短路径逐跳转发该加入消息。

表 7.12 路由器 R7 单播路由表

目 的 网 络	输 出 接 口	下 一 跳
RP	2	R5
S1	1	R6
S2	2	R5

表 7.13　路由器 R5 单播路由表

目 的 网 络	输 出 接 口	下 一 跳
RP	2	直接
S1	3	R2
S2	4	直接

表 7.14　路由器 R5 多播路由表

源终端(或源网络)	多 播 组	上 游 接 口	下游接口列表
*	G2	2	1

每一个路由器接收到请求加入(*,G2)的加入消息后,在多播路由表中检索与(*,G2)匹配的多播路由项。如果找到,将接收该加入消息的接口添加到该多播路由项的下游接口列表中;如果没有找到,创建(*,G2)对应的多播路由项,将接收该加入消息的接口作为该多播路由项的下游接口,用 RP 地址检索单播路由表,找到匹配的单播路由项后,用该单播路由项的输出接口作为该多播路由项的上游接口。根据新的多播路由表创建加入消息,沿着通往 RP 的最短路径转发该加入消息。

当路由器 R2、R3、R6 和 R7 始发的加入消息沿着通往 RP 的最短路径逐跳转发后到达 RP,RP 构建如表 7.15 所示的多播路由表,(*,G2)对应的多播路由项的下游接口列表包含接口 1、2 和 3,(*,G1)对应的多播路由项的下游接口列表包含接口 4。这意味着在(*,G2)多播树中分别建立 RP 至路由器 R2、R3 和 R7 的分枝,在(*,G1)多播树中建立 RP 至路由器 R6 的分枝。

表 7.15　RP 多播路由表

源终端(或源网络)	多 播 组	上 游 接 口	下游接口列表
*	G2	-	1,2,3
*	G1	-	4

5. 经过共享多播树传输多播 IP 分组的过程

源终端 S1 发送的目的地址为多播地址 G2 的多播 IP 分组被源终端 S1 所在网络的指定路由器 R1 接收,由于指定路由器 R1 没有在多播路由表中找到与(S1,G2)匹配的多播路由项,且路由器 R1 通过引导消息记录下与多播组 G2 关联的 RP,路由器 R1 将该多播 IP 分组封装成注册消息,并将注册消息封装成以路由器 R1 的 IP 地址为源 IP 地址,以 RP 路由器的 IP 地址为目的 IP 地址的单播 IP 分组,以单播传输方式将该单播 IP 分组传输给 RP 路由器。当 RP 路由器接收到注册消息时,从中分离出源终端为 S1、目的地址为多播地址 G2 的多播 IP 分组,开始该多播 IP 分组的多播过程。每一个路由器接收到该多播 IP 分组后,找出和(*,G2)匹配的多播路由项,确定该多播 IP 分组从该多播路由项的上游接口接收后,通过该多播路由项下游接口列表中给出的所有接口输出该多播 IP 分组,因此,该多播 IP 分组分别沿着 RP 路由器至路由器 R2、R3 和 R7 的分枝到达路由器 R2、R3 和 R7。

针对如图 7.21 所示的互连网络结构和多播组成员分布,为了维持(*,G2)和(*,G1)

多播树,互连网络中(＊,G2)和(＊,G1)多播树经过的每一个路由器都需周期性地根据多播路由表生成并发送加入消息。

6. 构建源终端至 RP 路由器之间的分枝

源终端 S1 发送的目的 IP 地址为多播地址 G2 的多播 IP 分组需要被源终端 S1 所在网络的指定路由器 R1 封装成注册消息,并以单播传输方式完成该注册消息路由器 R1 至 RP 的传输过程。但这样做会增加 RP 的处理负担,降低链路带宽的效率。因此,当 RP 接收到封装成注册消息的源终端 S1 发送的目的 IP 地址为多播地址 G2 的多播 IP 分组后,通过向源终端 S1 发送请求加入(S1,G2)多播树的加入消息,建立源终端 S1 至 RP 的分枝。RP 始发的加入消息沿着 RP 至源终端 S1 的最短路径逐跳转发,中间经过的路由器 R2、R1 和 RP 分别创建如表 7.16 至表 7.18 所示的(S1,G2)对应的多播路由项。这样,当源终端 S1 发送的目的 IP 地址为多播地址 G2 的多播 IP 分组到达路由器 R1 时,直接沿着路由器 R1 至 RP 的分枝传输,中间经过的路由器找出与(S1,G2)匹配的多播路由项,确定该多播 IP 分组从该多播路由项的上游接口接收后,通过该多播路由项下游接口列表中给出的所有接口输出该多播 IP 分组。当该多播 IP 分组到达路由器 R2 时,路由器 R2 通过接口 2 和 4 输出该多播 IP 分组,使得该多播 IP 分组一方面沿着源终端至 RP 的分枝到达 RP,另一方面完成该多播 IP 分组源终端至其中一个目的终端的传输过程。值得注意的是,由于该多播 IP 分组直接通过源终端 S1 至路由器 R2 最短路径传输给路由器 R2,没有经过 RP 路由器,提高了链路效率。RP 通过已经建立的共享多播树完成该多播 IP 分组 RP 至其他目的终端的传输过程。

表 7.16　路由器 R1 多播路由表

源终端(或源网络)	多　播　组	上　游　接　口	下游接口列表
S1	G2	2	1

表 7.17　路由器 R2 多播路由表

源终端(或源网络)	多　播　组	上　游　接　口	下游接口列表
S1	G2	3	4,2
＊	G2	4	2

表 7.18　RP 多播路由表

源终端(或源网络)	多　播　组	上　游　接　口	下游接口列表
＊	G2	—	1,2,3
＊	G1	—	4
S1	G2	2	1,3

值得强调的是,如果某个路由器的多播路由表中同时存在(＊,G2)和(S1,G2)对应的多播路由项,源终端 S1 发送的目的 IP 地址为多播地址 G2 的多播 IP 分组同时匹配这两个多播路由项,但(S1,G2)对应的多播路由项优先于(＊,G2)对应的多播路由项,路由器根据(S1,G2)对应的多播路由项转发该多播 IP 分组。

7. 构建(S1,G2)多播树分枝

当路由器 R3 和 R7 接收到源终端 S1 发送的目的 IP 地址为多播地址 G2 的多播 IP 分组后,根据配置策略决定是否加入(S1,G2)多播树,在确定加入(S1,G2)多播树后,沿着路由器 R3 和 R7 至源终端 S1 的最短路径逐跳转发请求加入(S1,G2)多播树的加入消息,加入消息中给出源终端 S1 地址和多播地址 G2。某个路由器接收到该加入消息后,在确定自己是加入消息中前一跳路由器地址指定的路由器的前提下,在多播路由表中检索与(S1,G2)匹配的多播路由项。如果找到与(S1,G2)匹配的多播路由项,将接收该加入消息的接口添加到该多播路由项的下游接口列表中;如果没有找到与(S1,G2)匹配的多播路由项,创建(S1,G2)对应的多播路由项,将接收该加入消息的接口作为该多播路由项的下游接口,用源终端 S1 地址检索单播路由表,找到匹配的单播路由项后,用该单播路由项的输出接口作为该多播路由项的上游接口。根据新的多播路由表创建加入消息,沿着通往源终端 S1 的最短路径转发该加入消息。

路由器 R3 始发的请求加入(S1,G2)多播树的加入消息到达路由器 R1。路由器 R7 始发的请求加入(S1,G2)多播树的加入消息到达路由器 R5,路由器 R5 将创建(S1,G2)对应的多播路由项,根据新的多播路由表创建加入消息,并向路由器 R2 发送该加入消息。由于路由器 R1 和 R2 已经存在(S1,G2)对应的多播路由项,只是将接收该加入消息的接口添加到该多播路由项的下游接口列表中。完成(S1,G2)多播树构建后,路由器 R1、R2、R3、R5 和 R7 的多播路由表分别如表 7.19 至表 7.23 所示。

表 7.19　路由器 R1 多播路由表

源终端（或源网络）	多　播　组	上　游　接　口	下游接口列表
S1	G2	2	1,3

表 7.20　路由器 R2 多播路由表

源终端（或源网络）	多　播　组	上　游　接　口	下游接口列表
S1	G2	3	4,2,1
*	G2	4	2

表 7.21　路由器 R3 多播路由表

源终端（或源网络）	多　播　组	上　游　接　口	下游接口列表
S1	G2	1	2
*	G2	4	2

表 7.22　路由器 R5 多播路由表

源终端（或源网络）	多　播　组	上　游　接　口	下游接口列表
S1	G2	3	1
*	G2	2	1

表 7.23　路由器 R7 多播路由表

源终端(或源网络)	多　播　组	上　游　接　口	下游接口列表
S1	G2	2	1
*	G2	2	1

同样,为了维持(*,G2)和(S1,G2)多播树,(*,G2)和(S1,G2)多播树经过的所有路由器需要周期性地根据多播路由表生成并发送加入消息。例如路由器 R7 生成的加入消息中,前一跳路由器地址为 R5,多播地址为 G2,该多播地址关联的源终端地址有两个,分别是 RP 地址和源终端 S1 地址,这是因为,路由器 R7 同时请求加入(*,G2)和(S1,G2)多播树,且路由器 R7 通往 RP 和源终端 S1 的最短路径有着相同的前一跳路由器——R5。

完成(S1,G2)多播树构建后,源终端 S1 发送的目的 IP 地址为多播地址 G2 的多播 IP 分组将分别沿着源终端 S1 至 RP 的分枝和源终端 S1 至路由器 R2、R3 和 R7 的分枝传输。沿着源终端 S1 至路由器 R2、R3 和 R7 的分枝传输的该多播 IP 分组分别通过接口 1 和接口 3 到达路由器 R3 和 R5,由于这两个路由器的多播路由表中存在与(S1,G2)匹配的多播路由项,且多播路由项的上游接口分别是这两个路由器接收该多播 IP 分组的接口,这两个路由器将通过多播路由项下游接口列表中给出的所有接口输出该多播 IP 分组。沿着源终端 S1 至 RP 的分枝传输的该多播 IP 分组到达 RP 后,沿着(*,G2)多播树传输,再次分别通过接口 4 和接口 2 到达路由器 R3 和 R5,由于路由器 R3 和 R5 多播路由表中与(S1,G2)匹配的多播路由项的上游接口分别是接口 1 和接口 3,路由器 R3 和 R5 将丢弃该多播 IP 分组。显然,RP 沿着(*,G2)多播树向路由器 R3 和 R5 传输源终端 S1 发送的目的 IP 地址为多播地址 G2 的多播 IP 分组的过程是浪费的。

8. 对路由器至 RP 的分枝进行剪枝

如果路由器通过与(S1,G2)匹配的多播路由项的上游接口接收到源终端 S1 发送的目的 IP 地址为多播地址 G2 的多播 IP 分组,且该路由器中与(*,G2)匹配的多播路由项的上游接口和与(S1,G2)匹配的多播路由项的上游接口不同,该路由器将沿着该路由器至 RP 的最短路径逐跳转发请求停止转发源终端 S1 发送的目的 IP 地址为多播地址 G2 的多播 IP 分组的剪枝消息。该路由器至 RP 的最短路径经过的路由器将添加一项用于指明停止转发源终端 S1 发送的目的 IP 地址为多播地址 G2 的多播 IP 分组的多播路由项。表 7.24 给出 RP 接收到路由器 R3 和 R5 始发的请求停止转发源终端 S1 发送的目的 IP 地址为多播地址 G2 的多播 IP 分组的剪枝消息后的多播路由表内容。

表 7.24　RP 多播路由表

源终端(或源网络)	多　播　组	上　游　接　口	下游接口列表
*	G2	—	1,2,3
*	G1	—	4
S1	G2	2	1p,3p

在与(S1,G2)匹配的多播路由项的下游接口列表中,后面带有字符 p 的接口是停止转发源终端 S1 发送的目的 IP 地址为多播地址 G2 的多播 IP 分组的接口。需要指出的是,为

了维持上游路由器下游接口列表中每一个接口的状态，下游路由器必须周期性地发送加入消息或剪枝消息。

本章小结

- 多播用于实现点对多点数据通信过程。
- 属于特定多播组的一组终端可以分散在多个不同的网络中。
- 实现 (S,G) 通信过程需要建立源终端 S 至所有连接属于多播组 G 的终端的网络的最短传输路径。
- 路由器通过多播路由表指明源终端 S 至所有连接属于多播组 G 的终端的网络的最短传输路径。
- 路由器通过多播路由协议建立多播路由表。
- IGMP 的作用有两个，一是确定指定路由器，二是向指定路由器通告属于每一个多播组的终端的分布情况。

习题

7.1　什么是多播？多播的主要应用有哪些？

7.2　为什么需要构建广播树？用广播树传输多播 IP 分组和用泛洪方式传输多播 IP 分组有什么不同？以图 7.3 为例进行分析。

7.3　DVMRP 是何种类型的多播路由协议？它和 RIP 有哪些异同点？

7.4　根据图 7.27 所示的互连网络结构和多播组分布，给出用 DVMRP 构建广播树的步骤和剪枝过程。

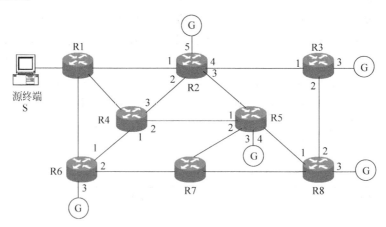

图 7.27　题 7.4 和 7.9 图

7.5　根据图 7.3 所示的互连网络结构，给出用 DVMRP 构建路由器 R4 的多播路由表的过程。

7.6　IGMP 的作用是什么？

7.7 为什么需要嫁接过程？嫁接过程如何进行？

7.8 下游路由器通过接收到嫁接应答消息确定上游路由器已经接收到嫁接消息,为什么不需要上游路由器发送剪枝应答消息？

7.9 根据图 7.27 所示的互连网络结构和多播组分布,给出用 PIM-SM 构建(* ,G)和(S,G)多播树的步骤。假定 R4 为 RP。

7.10 DVMRP 和 PIM-SM 有什么本质不同？

7.11 针对图 7.28 所示的多播组分布,求出路由器 R5 对应源终端 192.1.2.1 和 3 个多播组 G1、G2 和 G3 的多播路由表。

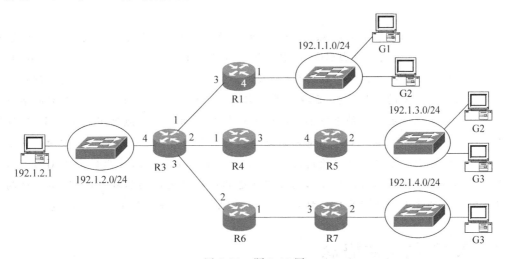

图 7.28 题 7.11 图

7.12 简述 PIM-SM 根据图 7.21 所示的互连网络结构构建(S2,G2)多播树的过程,并完善相关路由器的多播路由表。

7.13 简述单播路由表对 PIM-SM 完成多播路由表建立过程的重要性。

第8章

网络地址转换

出于安全和节省地址空间的需要,位于内部网络的终端(内部网络终端)只分配私有 IP 地址,但公共网络一般无法路由以私有 IP 地址为目的地址的 IP 分组,因此,分配私有 IP 地址的终端无法和位于公共网络中的终端(公共网络终端)进行通信。为了实现内部网络终端与公共网络终端之间的通信过程,需要为某个与公共网络终端有通信需求的内部网络终端分配一个公共网络能够识别的全球 IP 地址,且使得公共网络终端能够用该全球 IP 地址与该内部网络终端通信。这就要求内部网络终端在与公共网络终端的通信过程中使用两个不同的 IP 地址,分别是在内部网络使用的私有 IP 地址和在公共网络使用的全球 IP 地址,并由互连内部网络和公共网络的边界路由器实现这两个地址之间的转换,路由器实现这两个地址之间转换的技术称为网络地址转换(Network Address Translation,NAT)技术。

8.1 NAT 的基本概念

分配私有地址空间的内部网络对其他网络是不可见的,因此,不同内部网络可以分配相同的私有地址空间。私有地址空间和全球地址空间不能重叠。分配私有地址的某个内部网络终端访问外部网络或通过外部网络连接的其他内部网络时,必须使用全球 IP 地址。同样,外部网络和通过外部网络连接的其他内部网络终端也需要用全球 IP 地址访问某个内部网络终端。

8.1.1 NAT 的定义

如图 8.1 所示,由边界路由器 R 实现内部网络和外部网络的互连,但内部网络和外部网络本身可能是一个复杂的互连网络。由于受各种因素的限制,假定内部网络只能识别属于地址空间 192.168.3.0/24 和 172.16.3.0/24 的 IP 地址,外部网络只能识别属于地址空间 202.3.3.0/24 和 202.7.7.0/24 的 IP 地址。某个网络只能识别某个地址空间的含义是:该网络中的路由器只能路由以属于该地址空间的 IP 地址为目的 IP 地址的 IP 分组。如果需要实现终端 A 与终端 B 之间的通信过程,必须在内部网络为终端 B 分配一个属于地址空间 192.168.3.0/24 或 172.16.3.0/24 的 IP 地址,且内部网络能够将以该 IP 地址为目的 IP 地址的 IP 分组传输给边界路由器 R,边界路由器 R 能够将该 IP 分组转发给外部网络,并以终端 B 在外部网络中的地址作为该 IP 分组的目的 IP 地址。同样,必须在外部网络为终端 A 分配一个属于地址空间 202.3.3.0/24 或 202.7.7.0/24 的 IP 地址,且外部网络能够将以该 IP 地址为目的 IP 地址的 IP 分组传输给边界路由器 R,边界路由器 R 能够将该 IP 分组转发给内部网络,并以终端 A 在内部网络中的地址作为该 IP 分组的目的 IP 地址。这里假定内部网络为终端 B 分配的 IP 地址是 172.16.3.7,外部网络为终端 A 分配的 IP 地址是 202.7.7.3。终端 A 发送的、到达终端 B 的 IP 分组的源 IP 地址必须是外部网络分配给终端 A 的 IP 地址 202.7.7.3。终端 B 发送的、到达终端 A 的 IP 分组的源 IP 地址必须是内部网络分配给终端 B 的 IP 地址 172.16.3.7。这就存在 4 个 IP 地址:终端 A 在内部网络使用的地址和在外部网络使用的地址以及终端 B 在内部网络使用的地址和在外部网络使用的地址。通常将内部网络使用的地址称为本地地址(或私有地址),将外部网络使用的地址称为全球地址,因此,将位于内部网络的终端使用的本地地址称为内部本地地址,将位于内部网络的终端使用的全球地址称为内部全球地址,将位于外部网络的终端使用的本地地址称为外部本地地址,将位于外部网络的终端使用的全球地址称为外部全球地址。对于图 8.1 中的终端 A 和终端 B,这 4 个地址如表 8.1 所示。

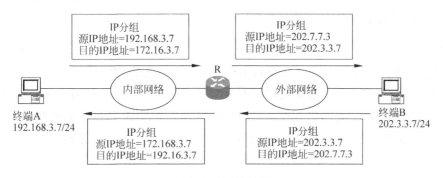

图 8.1 NAT 过程

表 8.1 终端 A 和终端 B 的本地和全球地址

内部本地地址 (终端 A 内部网络地址)	内部全球地址 (终端 A 外部网络地址)	外部本地地址 (终端 B 内部网络地址)	外部全球地址 (终端 B 外部网络地址)
192.168.3.7	202.7.7.3	172.16.3.7	202.3.3.7

边界路由器 R 的网络地址转换技术可以实现以下地址转换:对从内部网络转发到外部网络的 IP 分组实现源 IP 地址内部本地地址至内部全球地址的转换以及目的 IP 地址外部本地地址至外部全球地址的转换,对从外部网络转发到内部网络的 IP 分组实现源 IP 地址外部全球地址至外部本地地址的转换以及目的 IP 地址内部全球地址至内部本地地址的转换。图 8.1 给出了终端 A 和终端 B 之间实现双向通信时边界路由器 R 实现的地址转换过程。

8.1.2 私有地址空间

提出 NAT 的初衷是为了解决 IPv4 地址耗尽的问题。NAT 允许不同的内部网络分配相同的私有地址空间,且这些通过公共网络互连的、分配相同私有地址空间的内部网络之间可以实现相互通信。实现这一功能的前提是内部网络使用的私有地址空间和公共网络使用的全球地址空间之间不能重叠。为此,IETF 专门留出了 3 组 IP 地址作为内部网络使用的

私有地址空间,公共网络使用的全球地址空间中不允许包含属于这 3 组 IP 地址的地址空间。这 3 组 IP 地址如下:

(1) 10.0.0.0/8。

(2) 172.16.0.0/12。

(3) 192.168.0.0/16。

多个内部网络允许使用相同的私有地址空间的原因是内部网络使用的私有地址空间对所有尝试与该内部网络通信的其他网络是不可见的,因此,两个使用相同私有地址空间的内部网络相互通信时,看到的都是对方经过转换后的全球 IP 地址。

8.1.3　NAT 的应用

NAT 在互连网络设计中得到了广泛应用,以下是 NAT 常见的应用方式。

1. 局域网接入 Internet

目前家庭局域网和小型企业网接入 Internet 的过程如图 8.2 所示,接入控制设备对边界路由器进行身份鉴别,并对其分配全球 IP 地址。局域网内的终端分配私有 IP 地址,通过私有 IP 地址实现相互通信。如果局域网内的终端需要访问 Internet 中的资源,边界路由器需要完成终端私有 IP 地址与接入控制设备分配给它的全球 IP 地址之间的转换,当多个局域网内的终端同时访问 Internet 中的资源时,需要解决多个私有 IP 地址与单个全球 IP 地址之间的映射问题。

图 8.2　局域网接入 Internet 的过程

2. 内部网络和外部网络互连

图 8.3 是实现企业网和 Internet 互连的互连网络结构,企业网使用私有 IP 地址空间,企业网内部终端通过私有 IP 地址实现相互通信。同时,企业网通过某个 Internet 服务提供者(Internet Service Provider,ISP)接入 Internet,ISP 分配给企业网一组全球 IP 地址,企业网内的终端需要访问 Internet 中的资源时,必须使用 ISP 分配给企业网的一组全球 IP 地址,由路由器 R 完成企业网内的终端的私有 IP 地址与 ISP 分配给企业网的一组全球 IP 地址之间的转换。由于私有 IP 地址空间对 Internet 中的终端是透明的,因此,只能由企业网内部终端发起访问 Internet 中的资源的过程,Internet 中的终端不能主动发起访问企业网内部终端的过程。因此,图 8.3 所示的地址分配方式和互连网络结构使企业网具有一定的安全性。

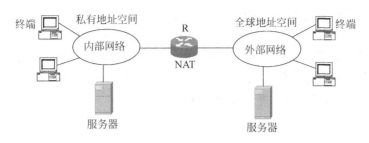

图 8.3　内部网络和外部网络互连

3. 内部网络之间相互通信

实现分别与外部网络互连的两个内部网络之间通信过程的机制有两种,一种是虚拟专用网络(Virtual Private Network,VPN)技术,另一种是 NAT 技术。VPN 技术需要在图 8.4 所示的路由器 R1 和 R2 之间建立隧道,对于被外部网络分隔的两个内部网络,隧道等同于点对点专用线路。这种情况下,外部网络对于这两个内部网络是透明的,整个互连网络完全等同于由两个内部网络互连而成的大内部网络,两个内部网络必须分配不同的私有地址空间,连接在不同内部网络上的终端可以通过私有地址实现相互通信。

NAT 技术允许两个内部网络分配相同的私有地址空间,但其中一个内部网络使用的私有地址空间对另一个内部网络是透明的。因此,位于某个内部网络的终端必须用全球 IP 地址与位于另一个内部网络中的终端通信。在实现终端 A 与终端 B 的通信过程中,终端 A 必须获知终端 B 对应的全球 IP 地址,构建以终端 A 私有 IP 地址为源 IP 地址、终端 B 全球 IP 地址为目的 IP 地址的 IP 分组。该 IP 分组经路由器 R1 转发后,源 IP 地址转换成终端 A 私有 IP 地址对应的全球 IP 地址。转换源 IP 地址后的 IP 分组经过外部网络到达路由器 R2,经路由器 R2 转发后,目的 IP 地址转换成终端 B 的私有 IP 地址。采用 NAT 技术的好处是,不但能够实现连接在不同内部网络上的终端之间的通信过程,还能够实现内部网络终端与外部网络终端之间的通信过程。

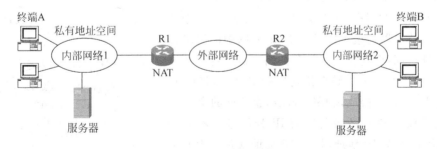

图 8.4　内部网络之间相互通信

4. 负载均衡

公共网站的访问量是很大的,单一服务器很难支撑流量如此大的访问,因此,公共网站常采用负载均衡技术。负载均衡技术用一组服务器来分担针对公共网站的访问流量,但公共网站提供给所有用户的是单个 IP 地址,因此,实现负载均衡的关键是将多个不同用户发送的、以公共网站 IP 地址为目的 IP 地址的 IP 分组均衡到多个不同的服务器上,同样,多个不同的服务器传输给不同用户的 IP 分组在到达用户时,统一以公共网站的 IP 地址为源 IP 地址。图 8.5 给出了通过 NAT 实现负载均衡的过程。路由器 R 能够将同一个全球 IP 地址轮流映射到多个不同的私有 IP 地址,使得以虚拟公共网站 IP 地址为目的 IP 地址的 IP 分组被传输给多个不同的服务器;反之,多个不同的服务器发送的 IP 分组,经路由器 R 转发后,有着相同的全球 IP 地址,即虚拟公共网站 IP 地址。

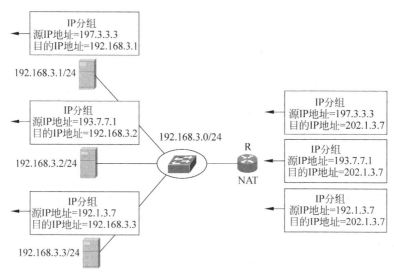

图 8.5　负载均衡实现过程

5. 多穴网络

有些企业网为了保证可靠性和传输效率,同时通过多个不同的 ISP 接入 Internet,通过对应的 ISP 访问 Internet 时,必须使用该 ISP 分配给企业网的全球 IP 地址,因此,同一个企业网中的终端传输给不同的 ISP 的 IP 分组的源 IP 地址是不同的。为了实现这一点,采用如图 8.6 所示的多穴网络结构,企业网通过不同路由器连接不同的 ISP,企业网中的终端使用私有地址空间,但连接不同 ISP 的路由器在将企业网中的终端发送的 IP 分组转发给对应的 ISP 时,将该 IP 分组的源 IP 地址转换成该 ISP 分配给企业网的全球 IP 地址。这样就使同一终端发送的 IP 分组进入不同的 ISP 后有不同的源 IP 地址,且该 IP 地址就是该 ISP 分配给企业网的全球 IP 地址。

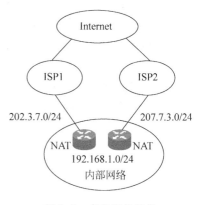

图 8.6　多穴网络结构

8.1.4　NAT 引发的问题

1. 重新计算检验和

每经过一跳路由器,因为 TTL 字段值发生变化,IP 分组首部中的首部检验和字段值需要重新计算。由于计算传输层首部中的检验和字段值时,IP 分组首部中的源和目的 IP 地址作为传输层的伪首部参与计算,因此,在 IP 分组净荷是传输层报文的情况下,如果经过某个路由器时,IP 分组首部中的源和目的 IP 地址字段值发生变化,不仅需要重新计算 IP 分组首部中的首部检验和字段值,还需重新计算传输层首部中的检验和字段值,这将大大增加该路由器转发 IP 分组时的计算负担,降低该路由器的 IP 分组转发速率。

2. 不便于分片

路由器完成网络地址转换时需要使用传输层首部中源和目的端口号字段值,如果某个封装了传输层报文的 IP 分组被分片,则只有第一片数据包含源和目的端口号字段值,如果包含第一片数据的 IP 分组首先到达需要进行网络地址转换的路由器,该路由器可以通过其包含的源和目的端口号字段值完成网络地址转换,包含其他分片后数据的后续 IP 分组可以遵循包含第一片数据的 IP 分组完成网络地址转换时所建立的状态信息进行网络地址转换。由于 IP 分组不能保证按序传输,一旦出现包含其他分片后数据的 IP 分组先于包含第一片数据的 IP 分组到达需要进行网络地址转换的路由器的情况,由于该路由器无法对该 IP 分组进行网络地址转换,因此只能采取以下两个办法:或者缓冲这样的 IP 分组,直到包含第一片数据的 IP 分组到达该路由器,但这需要增加较大的缓冲器;或者丢弃该 IP 分组,导致所有包含分片后数据的 IP 分组都需要重传。

3. 不利于数据加密

一旦对 IP 分组净荷加密,路由器无法读到传输层首部中的源和目的端口号字段值,因而无法进行网络地址转换。多数情况下,NAT 与数据加密是对立的。

4. 需要增加应用层网关功能

有些应用层协议的协议数据单元(Protocol Data Unit,PDU)中包含源或目的终端的 IP 地址,如域名系统(Domain Name System,DNS)、文件传输协议(File Transfer Protocol,FTP)等,对于封装这种应用层协议的 PDU 的 IP 分组,不仅需要转换 IP 分组首部中的源和目的 IP 地址,还需转换应用层协议对应的 PDU 中包含的源或目的 IP 地址。由于不同应用层协议的 PDU 有不同的格式和字段,因此,必须针对每一种应用层协议增加分析、处理对应的 PDU 的模块,这种用于分析、处理某个应用层协议对应的 PDU 的模块称为该应用层协议对应的应用层网关。路由器增加应用层网关,不仅增加成本,而且将大大增加路由器转发 IP 分组时的计算负担,降低路由器的 IP 分组转发速率。

5. 需要运行不同的路由协议

内部网络的私有地址空间对外部网络是不可见的,因此,内部网络中的路由器不允许向外部网络中的路由器直接发送有关内部网络的路由信息,这就要求用相互独立的路由协议分别产生用于指明通往内部网络中各个子网的传输路径的路由项以及用于指明通往外部网络中各个子网的传输路径的路由项。

8.2　NAT 的工作过程

不同的应用环境需要不同的 NAT 技术，目前常用的 NAT 技术有动态 PAT（Port Address Translation，端口地址转换）、静态 PAT、动态 NAT、静态 NAT 和应用层网关（Application Level Gateway，ALG）等。

8.2.1　NAT 的分类

根据完成 NAT 需要涉及的协议层，可以分为涉及网络层、传输层和应用层的 NAT，涉及网络层的 NAT 实现私有 IP 地址空间与全球 IP 地址空间之间的双向映射。涉及传输层的 NAT 完成私有 IP 地址空间与传输层端口号之间的双向映射。涉及应用层的 NAT 需要同步修改应用层 PDU 中的源或目的 IP 地址。涉及网络层的 NAT 目前有基本 NAT，简称 NAT。涉及传输层的 NAT 目前有 PAT。涉及应用层的 NAT 目前有 ALG。NAT 和 PAT 根据动态还是通过手工配置建立私有 IP 地址与全球 IP 地址之间、私有 IP 地址空间与传输层端口号之间的映射分为动态 NAT、动态 PAT 和静态 NAT、静态 PAT。

8.2.2　PAT

1. 动态 PAT

当图 8.7 中分配了本地 IP 地址的内部网络终端想访问 Internet 中的服务器（192.1.2.5）时，就构建一个以本地 IP 地址 192.168.1.1 为源 IP 地址、以服务器 IP 地址 192.1.2.5 为目的 IP 地址的 IP 分组。由于配置终端时默认网关地址为 192.168.1.254，终端将这样的 IP 分组发送给边界路由器。由于本地 IP 地址只在内部网络内有效，Internet 无法路由以本地 IP 地址（私有 IP 地址）为目的 IP 地址的 IP 分组，因此，当服务器向内部网络终端发送 IP 分组时，不能以内部网络终端的本地 IP 地址作为目的 IP 地址。为了解决服务器向内部网络终端回复 IP 分组的问题，边界路由器将内部网络终端发送给 Internet 中的服务器的 IP 分组转发到 Internet 时，要用 ISP 分配给边界路由器的全球 IP 地址作为 IP 分组的源 IP 地址。但由于 ISP 分配给边界路由器的全球 IP 地址只有一个，如果同时有多个内部网络终端访问 Internet 中的服务器，这些内部网络终端发送给 Internet 中的服务器的 IP 分组经过边界路由器转发后，就有了相同的源 IP 地址（192.1.1.1），导致服务器回复给这些内部网络终端的 IP 分组的目的 IP 地址都是相同的，边界路由器如何能够从这些目的 IP 地址都相同的 IP 分组中鉴别出属于不同内部网络终端的 IP 分组呢？

IP 地址是网络层地址，只能唯一标识网络终端，而通信是进程间的事情，对于多任务系统，终端上可能同时运行多个进程，因此，必须在传输层报文首部提供用于唯一标识进程的端口号。这样，标识 IP 分组发送实体的信息由两部分组成：源 IP 地址和源端口号，在无法用源 IP 地址唯一标识源终端的情况下，可用源端口号来唯一标识源终端。但源终端传输层进程构建传输层报文时，只是用源端口号唯一标识终端内的发送进程，源端口号具有本地意义，即不同的终端可能用相同的源端口号标识终端内的进程。因此，边界路由器必须用内部网络内唯一的源端口号取代 IP 分组中的原始源端口号,以此实现用源端口号唯一标识内部网络终端的目的。这种通过将内部网络内的不同终端映射到不同源端口号的方法就是端口地址转换。边界路由器在用 ISP 分配给它的全球 IP 地址取代 IP 分组中的源 IP 地址时,必须用内部网络内唯一的源端口号取代 IP 分组中的原始源端口号,然后在地址转换表中记录一项,把 IP 分组的原始源端口号、源 IP 地址和边界路由器取代的内部网络内唯一的源端口号和全球 IP 地址绑定在一起。当服务器回复的 IP 分组到达边界路由器时,用该 IP 分组的目的端口号去检索地址转换表,找到对应项,用对应项中的原始源 IP 地址和原始源端口号取代该 IP 分组的目的 IP 地址和目的端口号,然后将取代后的 IP 分组转发给内部网络。IP 分组端口地址转换过程如图 8.7 所示。

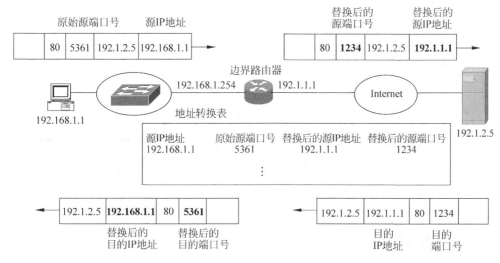

图 8.7 端口地址转换方法实现地址转换的过程

两个进程间的通信过程称为会话。在会话期间,必须采用相同的地址转换过程,即属于同一会话的 IP 分组,转换后的源 IP 地址和源端口号必须相同,因此,必须将如图 8.7 所示的地址转换表中的每一项和某个会话绑定在一起,在该会话开始时创建该转换项,在会话结束时删除该转换项。每一个会话用源和目的 IP 地址、源和目的端口号唯一标识。

2. 静态 PAT

如图 8.7 所示的地址转换表在边界路由器接收到内部网络终端发送的属于某个特定会话的第一个 IP 分组时创建,如内部网络终端发送的请求与 Internet 中某个服务器建立 TCP 连接的 TCP 连接请求报文。只有在边界路由器建立了与某个会话绑定的内部网络本地 IP 地址与内部网络内唯一的端口号之间的映射后,Internet 中的服务器才能与内部网络中分配了该本地 IP 地址的终端通信。如果内部网络中的服务器向 Internet 中的终端开放,即允许 Internet 中的终端发起访问内部网络中的服务器的过程,需要静态配置内部网络服务器本地 IP 地址与内部网络内唯一端口号之间的映射,这种通过手工配置建立某个本地 IP 地址与内部网络内唯一端口号之间映射的机制称为静态 PAT。

静态 PAT 通过手工配置建立如图 8.8 所示的地址转换表,边界路由器如果从连接外部网络(Internet)的接口接收到 IP 分组,在地址转换表中检索全球地址和全球端口号与 IP 分组的目的 IP 地址和目的端口号匹配的地址转换项,用该地址转换项中的本地地址和本地端口号取代 IP 分组中的目的 IP 地址和目的端口号。边界路由器如果从连接内部网络的接口接收到 IP 分组,在地址转换表中检索本地地址和本地端口号与 IP 分组的源 IP 地址和源端口号匹配的地址转换项,用该地址转换项中的全球地址和全球端口号取代 IP 分组中的源 IP 地址和源端口号。通过静态 PAT,图 8.8 中连接在 Internet 中的终端可以发起访问内部网络中 Web 服务器的过程。IP 分组端口地址转换过程如图 8.8 所示。

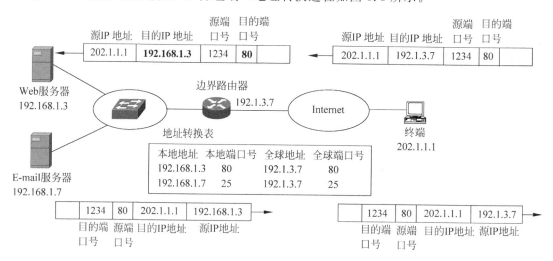

图 8.8　静态 PAT 工作过程

8.2.3　NAT

1. 动态 NAT

动态 NAT 用于动态建立内部网络本地 IP 地址与全球 IP 地址之间的映射,和端口地址转换不同,动态 NAT 需要分配给内部网络一组(而不是一个)全球 IP 地址,所有需要访问 Internet 的终端必须先建立该终端本地 IP 地址与某个全球 IP 地址之间的映射。

实现动态 NAT,首先需要定义全球 IP 地址池,例如图 8.9 中定义的全球 IP 地址池为 192.1.1.2～192.1.1.5,然后需要定义允许和全球 IP 地址池中的全球 IP 地址建立映射的本地 IP 地址范围。完成这些定义后,当某个分配本地 IP 地址的内部网络终端发起访问 Internet 过程时,该终端发送以分配给该终端的本地 IP 地址为源 IP 地址的 IP 分组,路由器通过连接内部网络的接口接收到该 IP 分组后,如果在地址转换表中检索不到内部本地地址与该 IP 分组的源 IP 地址相同的地址转换项,路由器在全球 IP 地址池中选择一个未分配的全球 IP 地址,在地址转换表中创建内部本地地址为该 IP 分组的源 IP 地址、内部全球地址为在全球 IP 地址池中选择的全球 IP 地址的地址转换项,并用内部全球 IP 地址取代该 IP 分组的源 IP 地址。如果全球 IP 地址池中的全球 IP 地址已经分配完毕,路由器将丢弃该 IP 分组。如果路由器通过连接外部网络的接口接收到 IP 分组,在地址转换表中检索内部全球地址与该 IP 分组的目的 IP 地址相同的地址转换项,并用该地址转换项给出的内部本地地址取代该 IP 分组的目的 IP 地址。如果在地址转换表中检索不到内部全球地址与该 IP 分组的目的 IP 地址相同的地址转换项,路由器丢弃该 IP 分组。

如图 8.9 所示,当本地 IP 地址为 192.168.1.1 的内部网络终端发送用于访问 Internet 中资源的第一个 IP 分组时,路由器从还没有分配的全球 IP 地址中选择一个全球 IP 地址 (这里是 192.1.1.2)分配给该终端,并创建本内部地址为 192.168.1.1、内部全球地址为 192.1.1.2 的地址转换项。以后,所有通过路由器连接内部网络接口接收到的源 IP 地址为 内部本地地址 192.168.1.1 的 IP 分组,其源 IP 地址一律用内部全球地址 192.1.1.2 替代。 同样,路由器一旦通过连接 Internet 的接口接收到目的 IP 地址为 192.1.1.2 的 IP 分组,就 用内部本地地址 192.168.1.1 取代该 IP 分组的目的 IP 地址。

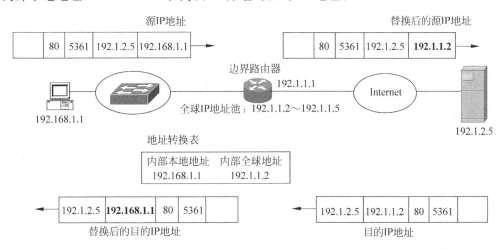

图 8.9　动态 NAT 方法实现地址转换的过程

地址转换表中的每一个地址转换项都关联一个定时器,每当通过路由器连接内部网络 的接口接收到源 IP 地址为该地址转换项中内部本地地址的 IP 分组时,就刷新与该地址转 换项关联的定时器。一旦关联的定时器溢出,将删除该地址转换项,路由器可以重新分配该 地址转换项中的内部全球 IP 地址。

2. 静态 NAT

动态 NAT 只能实现单向会话,即会话发起者必须是内部网络终端,由内部网络终端发 送用于访问 Internet 中资源的第一个 IP 分组,并由该 IP 分组在内部网络和外部网络之间 的边界路由器中建立内部本地地址与内部全球地址之间的映射。如果需要由 Internet 中的 终端发起访问内部网络中资源的过程,由于在边界路由器建立内部本地地址与内部全球地 址之间的映射前,Internet 中的终端无法通过全球地址来唯一标识某个内部网络终端,因而 无法向内部网络终端发送 IP 分组。因此,如果想要实现双向会话,需要通过手工配置建立 某个本地地址与某个全球地址之间的映射,这样,Internet 中的终端可以用该全球地址访问 内部网络中分配了该本地地址的终端。这种通过手工配置建立某个本地地址与某个全球地 址之间的映射的机制称为静态 NAT。

如图 8.10 所示,通过手工配置建立内部本地地址 192.168.1.1 与内部全球地址 192. 1.1.2 之间的映射后,地址转换表中就长期存在表明该映射的地址转换项。如果边界路由 器通过连接 Internet 的接口接收到以全球 IP 地址 192.1.1.2 为目的 IP 地址的 IP 分组,且 在地址转换表中检索到内部全球地址和该 IP 分组的目的 IP 地址相同的地址转换项,就用该地址转换项中的内部本地地址 192.168.1.1 取代该 IP 分组的目的 IP 地址。

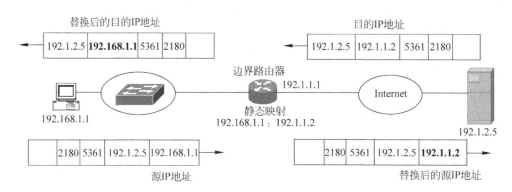

图 8.10 静态 NAT 方法实现地址转换的过程

如果路由器通过连接内部网络的接口接收到以本地 IP 地址 192.168.1.1 为源 IP 地址的 IP 分组，且在地址转换表中检索到内部本地地址和该 IP 分组的源 IP 地址相同的地址转换项，就用该地址转换项中的内部全球地址 192.1.1.2 取代该 IP 分组的源 IP 地址。

8.2.4 应用层网关

1. 功能说明

NAT 根据已经建立的内部本地地址与内部全球地址之间的映射，完成 IP 分组源 IP 地址本地地址至全球地址的转换或者目的 IP 地址全球地址至本地地址的转换。地址转换发生在网络层，只需修改 IP 分组首部。PAT 根据建立的本地地址、本地端口号与全球地址、全球端口号之间的映射，完成 IP 分组及作为 IP 分组净荷的传输层报文源 IP 地址本地地址至全球地址、源端口号本地端口号至全球端口号的转换，或者目的 IP 地址全球地址至本地地址、目的端口号全球端口号至本地端口号的转换。地址转换发生在网络层和传输层，需要同步修改 IP 分组首部和传输层报文首部。

某些应用层协议，如 FTP、DNS 等，PDU 中包含源或目的终端的 IP 地址、源或目的进程对应的端口号，对于以这种类型的应用层 PDU 为净荷的传输层报文和 IP 分组，仅仅完成 IP 分组首部和传输层报文首部同步修改是不够的，还需同步修改对应的应用层 PDU。这种通过分析某个应用层协议对应的 PDU 实现对该 PDU 与 IP 分组首部、传输层报文首部同步修改的地址转换技术称为应用层网关。其实，应用层网关是一种广义定义，所有用于分析、处理某个应用层协议对应的 PDU 的模块都可称为该应用层协议对应的应用层网关。因此，应用层网关是应层协议相关的，同样，作为一种 NAT 类型的应用层网关也是应用层协议相关的，这里主要讨论 FTP 相关的应用层网关的工作过程。

2. FTP 应用层网关的工作过程

下面以图 8.11 所示的终端 A 发起访问 FTP 服务器过程为例，讨论 FTP 应用层网关的工作过程。

图 8.11 实现 ALG 网络结构

终端 A 访问 FTP 服务器涉及的信息交换过程如图 8.12 所示,首先由终端 A 发起建立

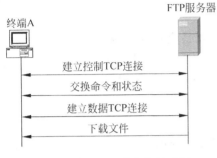

图 8.12 FTP 下载文件的过程

与 FTP 服务器之间的控制 TCP 连接,边界路由器接收到终端 A 发送的请求建立控制 TCP 连接的请求报文后,建立终端 A 本地地址 192.168.1.1 与全球地址 192.1.1.2 之间的映射,FTP 服务器通过全球地址 192.1.1.2 实现与终端 A 的通信。

当终端 A 请求从 FTP 服务器下载文件时,需要建立终端 A 与 FTP 服务器之间的数据 TCP 连接。FTP 服务器进程启动后,FTP 服务器进程被动侦听 TCP 端口号 21,等待 FTP 客户端向其发送请求建立控制 TCP 连接的请求报文,因此,FTP 控制 TCP 连接是由 FTP 客户端发起建立的,但 FTP 数据 TCP 连接是由 FTP 服务器发起建立的,因此,建立终端 A 与 FTP 服务器之间的数据 TCP 连接前,终端 A 必须被动侦听某个 TCP 端口号,并把终端 A 的 IP 地址与侦听的 TCP 端口号通过命令发送给 FTP 服务器。但终端 A 通过 FTP 命令给出的是终端 A 的本地地址 192.168.1.1,如果 FTP 服务器发起建立以终端 A 通过命令给出的 IP 地址和端口号为目的 IP 地址和目的端口号的 TCP 连接,该次 TCP 连接建立过程就会失败。为了使由 FTP 服务器发起的 FTP 服务器与终端 A 之间的数据 TCP 连接建立过程能够成功进行,边界路由器必须根据地址转换表中已经建立的终端 A 本地地址 192.168.1.1 与全球地址 192.1.1.2 之间的映射,同步修改终端 A 通过命令给出的终端 A 本地地址 192.168.1.1。这就要求边界路由器能够分析 FTP PDU,识别不同的 FTP 命令及这些命令携带的参数,检测出用于给出数据 TCP 连接一端插口(IP 地址和 TCP 端口号)的命令,并对作为命令参数的 IP 地址做出同步修改。

不同应用层协议的信息交换过程是不同的,PDU 格式和内容也是不同的,因此,必须针对每一种应用层协议配置对应的应用层网关。应用层网关根据已经建立的本地地址与全球地址之间的映射同步修改应用层 PDU 的过程是非常复杂的,因此,会严重影响路由器转发 IP 分组的速率。

8.2.5 几种 NAT 技术的特点

1. PAT 的特点

1) 全球 IP 地址数量

PAT 只需一个全球 IP 地址,该全球 IP 地址通常就是边界路由器连接 Internet 的接口的 IP 地址。

2）IP 分组净荷类型

边界路由器需要生成一个唯一的标识符，建立该唯一的标识符与内部网络终端私有 IP 地址之间的映射，并将该标识符写入 IP 分组净荷中。Internet 回送给内部网络终端的 IP 分组净荷中必须携带该标识符，因此，PAT 对 IP 分组净荷类型是有要求的。目前能够实现 PAT 的 IP 分组净荷类型包括 TCP 报文、UDP 报文和 ICMP 报文。

对于 TCP 报文和 UDP 报文，边界路由器生成的唯一标识符就是全球端口号。对于内部网络终端发送给 Internet 的 IP 分组，该全球端口号作为 TCP 报文或 UDP 报文的源端口号；对于 Internet 发送给内部网络终端的 IP 分组，该全球端口号作为 TCP 报文或 UDP 报文的目的端口号。

对于 ICMP 报文，边界路由器生成的唯一标识符就是全球序号或全球标识符。对于 ICMP ECHO 请求报文，用全球序号或全球标识符作为 ICMP ECHO 请求报文的序号或标识符；回送的 ICMP ECHO 响应报文中携带与 ICMP ECHO 请求报文相同的序号和标识符。

3）不能加密 IP 分组净荷

边界路由器将 IP 分组转发到 Internet 时，需要将建立与内部网络终端私有 IP 地址之间映射的唯一标识符写入 IP 分组净荷中；从 Internet 接收 IP 分组时，需要从 IP 分组净荷中分离出建立与内部网络终端私有 IP 地址之间映射的唯一标识符。因此，端到端传输过程中，两端既不能验证 IP 分组首部中的源和目的 IP 地址字段，也不能对 IP 分组净荷进行加密。

4）会话含义

对于 TCP 报文，会话就是 TCP 连接，建立 TCP 连接时创建会话，释放 TCP 连接时删除会话。在 TCP 连接存在期间，维持全球端口号与私有 IP 地址之间的映射不变。内部网络终端每建立一个 TCP 连接就创建一个会话，每释放一个 TCP 连接就删除一个会话。

对于 UDP 报文，内部网络终端发送第一个 UDP 报文时创建会话，该会话用 UDP 报文的两端插口唯一标识。如果在规定时间内一直接收不到与标识会话的两端插口相同的 UDP 报文，则删除该会话。在会话存在期间，维持全球端口号与私有 IP 地址之间的映射不变。删除会话后，特定内部网络终端可以通过发送删除会话后的第一个 UDP 报文再次创建会话。

对于 ICMP 报文，会话就是一次 ICMP ECHO 请求和响应过程。

2．NAT 的特点

1）全球 IP 地址数量

NAT 需要分配一组全球 IP 地址，全球 IP 地址数量决定允许同时建立的全球 IP 地址与私有 IP 地址之间映射的数量，即允许同时访问 Internet 的内部网络终端数量。

2）IP 分组净荷类型

NAT 对 IP 分组净荷类型没有要求。

3）允许加密 IP 分组净荷

端到端传输过程中，两端不能验证 IP 分组首部中的源和目的 IP 地址字段，但可以对 IP 分组净荷进行加密。

4）会话含义

特定内部网络终端发送第一个 IP 分组时创建会话。如果在规定时间内,该内部网络终端一直没有发送和接收 IP 分组,则删除该会话。在会话存在期间,维持全球 IP 地址与私有 IP 地址之间的映射不变。

删除会话后,特定内部网络终端可以通过发送删除会话后的第一个 IP 分组再次创建会话。

3. ALG 的特点

1）可以与 PAT 和 NAT 组合

ALG 可以采用 PAT 或 NAT 完成全球 IP 地址与私有地址之间的映射。

2）不能加密 IP 分组净荷

由于 ALG 需要同步修改应用层 PDU 中的相关字段,因此,在端到端传输过程中,两端既不能验证 IP 分组首部中的源和目的 IP 地址字段,也不能对 IP 分组净荷进行加密。

3）应用层协议相关

由于不同应用层协议有不同的 PDU 格式和不同的同步修改 PDU 中相关字段的过程,因此,ALG 是应用层协议相关的。

8.3 NAT 应用方式

NAT 在网络设计过程中得到了广泛应用。通过深入分析 NAT 在不同应用环境下的实现过程,可以更深入地理解和掌握各类 NAT 的工作原理及适用环境。

8.3.1 双穴网络结构

1. 基本情况

双穴网络结构如图 8.13 所示,内部网络 192.168.1.0/24 通过两个 ISP 接入 Internet,两个 ISP 分配给内部网络的全球地址分别是 202.1.1.1 和 100.1.1.1,内部网络通过动态 PAT 实现内部网络终端访问 Internet 服务器的过程,通过静态 PAT 实现 Internet 中的终端访问内部网络 Web 服务器的过程。为了均衡负载,同时也为了提高传输效率,目的 IP 地址属于 ISP1 的 IP 分组转发给 ISP1,目的 IP 地址属于 ISP2 的 IP 分组转发给 ISP2,其他 IP 分组转发给 ISP1。分配给 ISP1 和 ISP2 的全球地址块分别是 202.1.0.0/16 和 100.1.0.0/16。

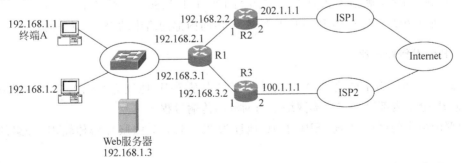

图 8.13 双穴网络结构

2．基本配置

1）路由器路由表

路由器 R1 的路由表如表 8.2 所示，它保证将目的 IP 地址属于 ISP1 的 IP 分组转发给 ISP1，将目的 IP 地址属于 ISP2 的 IP 分组转发给 ISP2，将其他目的 IP 地址的 IP 分组转发给 ISP1。路由器 R2 和 R3 的路由表如表 8.3 和表 8.4 所示，这两个路由表将目的 IP 地址为外部网络地址的 IP 分组转发给 ISP1 或 ISP2，下一跳地址应该分别是 ISP1 或 ISP2 中与 R2 或 R3 直接连接的路由器的地址，并将目的 IP 地址为本地地址的 IP 分组转发给路由器 R1。

表 8.2　路由器 R1 的路由表

目 的 网 络	下 一 跳
192.168.1.0/24	直接
202.1.0.0/16	192.168.2.2
100.1.0.0/16	192.168.3.2
0.0.0.0/0	192.168.2.2

表 8.3　路由器 R2 的路由表

目 的 网 络	下 一 跳
192.168.1.0/24	192.168.2.1
0.0.0.0/0	ISP1 中与 R2 直接相连的路由器

表 8.4　路由器 R3 的路由表

目 的 网 络	下 一 跳
192.168.1.0/24	192.168.3.1
0.0.0.0/0	ISP2 中与 R3 直接相连的路由器

2）边界路由器 R2 和 R3 的 PAT 配置

（1）指定边界路由器连接内部网络的接口和连接外部网络的接口。

（2）指定使用动态 PAT，并指定内部网络允许访问外部网络中资源的本地 IP 地址范围 192.168.1.0/24。

（3）在路由器 R2 中配置静态 PAT 映射 192.168.1.3:80 与 202.1.1.1:80，在路由器 R3 中配置静态 PAT 映射 192.168.1.3:80 与 100.1.1.1:80。这样，Internet 中的终端可以分别通过插口 202.1.1.1:80 和 100.1.1.1:80 访问内部网络中的 Web 服务器。

3．IP 分组传输过程

下面以内部网络中的终端 A 访问外部网络中某个 IP 地址为 202.1.7.7 的服务器为例，讨论 IP 分组内部网络与外部网络之间的双向传输过程。

内部网络中的终端 A 向 ISP1 中 IP 地址为 202.1.7.7 的服务器传输 IP 分组的过程如下：

（1）终端 A 构建以 192.168.1.1 为源 IP 地址、以 202.1.7.7 为目的 IP 地址的 IP 分

组,根据配置的默认网关地址将该 IP 分组传输给路由器 R1。路由器 R1 用该 IP 分组的目的 IP 地址检索路由表,找到匹配的路由项,并将该 IP 分组传输给该路由项指定的下一跳路由器——路由器 R2。

(2)路由器 R2 确定通过连接内部网络的接口接收到该 IP 分组,用该 IP 分组的目的 IP 地址检索路由表,找到匹配的路由项,发现该路由项中的输出接口是连接外部网络的接口,并且该 IP 分组的源 IP 地址属于允许进行 PAT 操作的本地地址范围(192.168.1.1∈192.168.1.0/24),对该 IP 分组实施 PAT 操作,用全球地址 202.1.1.1 作为该 IP 分组的源 IP 地址,产生一个内部网络唯一的全球端口号,用该全球端口号作为传输层报文的源端口号,在地址转换表中创建一项用于建立本地地址、原始源端口号(本地端口号)与全球地址、内部网络唯一的端口号(全球端口号)之间映射的地址转换项。

(3)路由器 R2 将完成 PAT 操作后的 IP 分组转发给 ISP1,经过 ISP1 中路由器的逐跳转发,该 IP 分组到达 IP 地址为 202.1.7.7 的服务器。

ISP1 中 IP 地址为 202.1.7.7 的服务器向内部网络中的终端 A 传输 IP 分组的过程如下:

(1)服务器构建以 IP 地址 202.1.7.7 为源 IP 地址、以全球地址 202.1.1.1 为目的 IP 地址的 IP 分组,以全球端口号作为 IP 分组封装的传输层报文的目的端口号,该 IP 分组经过 ISP1 中路由器的逐跳转发,到达路由器 R2。

(2)路由器 R2 确定通过连接外部网络的接口接收到该 IP 分组,在地址转换表中检索全球地址等于该 IP 分组的目的 IP 地址、全球端口号等于该 IP 分组封装的传输层报文的目的端口号的地址转换项,找到匹配的地址转换项后,用该地址转换项中的本地地址作为该 IP 分组的目的 IP 地址,本地端口号作为该 IP 分组封装的传输层报文的目的端口号。

(3)用完成 PAT 操作后的 IP 分组的目的 IP 地址 192.168.1.1 检索路由器 R2 路由表,确定下一跳路由器 R1,将该 IP 分组传输给路由器 R1。该 IP 分组经路由器 R1 转发后到达终端 A。

需要指出的是,如果路由器从连接内部网络的接口接收到 IP 分组,首先通过检索路由表确定该 IP 分组的输出接口,在确定输出接口是连接外部网络的接口且 IP 分组的源 IP 地址属于允许进行地址转换的内部网络地址范围时,才开始进行地址转换过程。如果路由器从连接外部网络的接口接收到 IP 分组,首先检索地址转换表,如果在地址转换表中找到全球地址与该 IP 分组的目的 IP 地址相同、全球端口号与该 IP 分组封装的传输层报文的目的端口号相同的地址转换项,先进行地址转换过程,然后检索路由表。如果在地址转换表中找不到与该 IP 分组匹配的地址转换项,则直接检索路由表。

8.3.2 实现内部网络和外部网络通信

1. 基本情况

网络结构如图 8.14 所示,内部网络分配私有地址块 192.168.1.0/24,路由器 R2 只能路由以全球 IP 地址为源和目的 IP 地址的 IP 分组,因此,需要为内部网络分配全球 IP 地址块 193.1.1.16/28,路由器 R2 中必须建立用于指明通往目的网络 193.1.1.16/28 的传输路径的路由项。当内部网络中的终端访问外部网络中的终端或服务器时,需要由路由器 R1 完成私有 IP 地址与全球 IP 地址之间的转换,并建立地址转换表。

图 8.14　实现动态 NAT 的网络结构

2．基本配置

1）路由器路由表

表 8.5 和表 8.6 只给出用于指明通往末端网络的传输路径的路由项。路由器 R1 分别给出用于指明通往末端网络 192.168.1.0/24 和 193.1.3.0/24 的传输路径的路由项。内部网络 192.168.1.0/24 对路由器 R2 是透明的，但路由器 R2 需要把目的 IP 地址属于网络地址 193.1.1.16/28 的 IP 分组转发给路由器 R1。

表 8.5　路由器 R1 的路由表	
目 的 网 络	下 一 跳
192.168.1.0/24	直接
193.1.3.0/24	193.1.2.2

表 8.6　路由器 R2 的路由表	
目 的 网 络	下 一 跳
193.1.3.0/24	直接
193.1.1.16/28	193.1.2.1

2）路由器 R1 动态 NAT 配置

（1）配置全球 IP 地址池 193.1.1.16/28。

（2）配置路由器连接内部网络和外部网络的接口。

（3）指定使用动态 NAT，并配置允许进行地址转换的内部网络本地地址（私有地址）范围。

图 8.14 所示的内部网络与外部网络之间的 IP 分组传输过程和图 8.13 所示的内部网络与外部网络之间的 IP 分组传输过程基本相同，不同的是路由器 R1 创建的地址转换项只需建立内部网络本地 IP 地址与全球 IP 地址池中某个未分配的全球 IP 地址之间的映射，路由器 R1 对于通过连接内部网络的接口接收到的 IP 分组，完成该 IP 分组源 IP 地址本地地址至全球地址的转换；对于通过连接外部网络的接口接收到的 IP 分组，完成该 IP 分组目的 IP 地址全球地址至本地地址的转换。需要指出的是，PAT 对 IP 分组净荷类型是有要求的，但 NAT 对 IP 分组净荷类型没有要求。

8.3.3　实现内部网络之间的通信

1．基本情况

网络结构如图 8.15 所示，两个内部网络通过公共网络互连，由于这两个内部网络相互独立，可以分配相同的私有地址块 192.168.1.0/24，但在建立私有地址与全球地址之间的映射前,其他网络中的终端无法用某个内部网络终端的私有地址访问该终端,因此,必须由内部网络中分配私有地址的终端发起访问公共网络中分配全球 IP 地址的终端的过程。如果需要实现内部网络 1 中配置私有 IP 地址 192.168.1.1 的终端访问内部网络 2 中配置私有 IP 地址 192.168.1.1 的服务器的过程,需要在路由器 R2 中建立私有 IP 地址 192.168.1.1 和全球 IP 地址 193.1.3.1 之间的静态映射,路由器 R1 中必须建立用于指明通往目的网络 193.1.3.0/28 的传输路径的路由项,路由器 R2 中必须建立用于指明通往目的网络 193.1.1.16/28 的传输路径的路由项。当内部网络 1 中的终端发起访问内部网络 2 中的服务器时,构建并发送以私有地址 192.168.1.1 为源 IP 地址、以全球地址 193.1.3.1 为目的 IP 地址的 IP 分组,需由路由器 R1 完成该 IP 分组源 IP 地址私有地址至全球地址的转换,并建立地址转换项,同时,需由路由器 R2 根据私有地址 192.168.1.1 和全球地址 193.1.3.1 之间的静态映射将该 IP 分组的目的 IP 地址转换成私有地址 192.168.1.1。

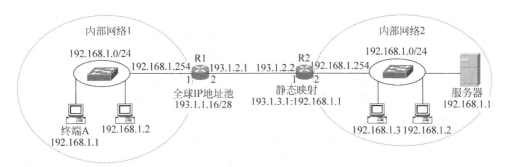

图 8.15 网络结构

2. 基本配置

1) 路由器路由表

路由器 R1 和 R2 的路由表如表 8.7 和表 8.8 所示。对于内部网络 1 中的终端,内部网络 2 中的服务器的 IP 地址属于全球地址 193.1.3.0/28。对于内部网络 2 中的服务器,内部网络 1 中终端的 IP 地址属于全球地址 193.1.1.16/28。内部网络 1 的私有地址与全球地址之间的映射由动态 NAT 实现,内部网络 2 的私有地址与全球地址之间的映射由静态 NAT 实现。

表 8.7　路由器 R1 的路由表

目 的 网 络	下 一 跳
192.168.1.0/24	直接
193.1.3.0/28	193.1.2.2

表 8.8　路由器 R2 的路由表

目 的 网 络	下 一 跳
192.168.1.0/24	直接
193.1.1.16/28	193.1.2.1

2) 路由器 R1 动态 NAT 配置

(1) 配置全球 IP 地址池 193.1.1.16/28。

(2) 配置路由器连接内部网络和外部网络的接口。

(3) 指定使用动态 NAT,并配置允许进行地址转换的内部网络本地地址(私有地址)范围。

3）路由器 R2 静态 NAT 配置

（1）配置路由器连接内部网络和外部网络的接口。

（2）指定使用静态 NAT，并建立私有地址 192.168.1.1 与全球地址 193.1.3.1 之间的静态映射。

3．IP 分组传输过程

下面以内部网络 1 中的终端 A 访问内部网络 2 中的服务器为例，讨论两个内部网络之间的 IP 分组传输过程。

内部网络 1 中的终端 A 向内部网络 2 中的服务器传输 IP 分组的过程如下：

（1）终端 A 构建以本地地址 192.168.1.1 为源 IP 地址、以全球地址 193.1.3.1 为目的 IP 地址的 IP 分组。值得强调的是，对于内部网络 1 中的终端，内部网络 2 中的服务器的 IP 地址是全球 IP 地址 193.1.3.1。因此，路由器 R2 必须事先建立本地地址 192.168.1.1（内部本地地址）与全球地址 193.1.3.1（内部全球地址）之间的映射。

（2）终端 A 通过配置的默认网关地址将该 IP 分组传输给路由器 R1。路由器 R1 确定通过连接内部网络的接口接收到该 IP 分组，用该 IP 分组的目的 IP 地址 193.1.3.1 检索路由表，找到匹配的路由项，发现该路由项中的输出接口是连接外部网络的接口，并且该 IP 分组的源 IP 地址属于允许进行 NAT 操作的本地地址范围（192.168.1.1∈192.168.1.0/24），对该 IP 分组实施 NAT 操作，在全球地址 IP 地址池中选择一个未分配的全球 IP 地址（这里假定是 193.1.1.17）作为该 IP 分组的源 IP 地址，在地址转换表中创建一项用于建立内部本地地址与内部全球地址之间映射的地址转换项。

（3）路由器 R1 根据匹配的路由项，将该 IP 分组传输给路由器 R2。由于路由器 R2 确定通过连接外部网络的接口接收到该 IP 分组，在地址转换表中检索内部全球地址与该 IP 分组的目的 IP 地址相同的地址转换项，并用该地址转换项中的内部本地地址作为该 IP 分组的目的 IP 地址。由于路由器 R2 的地址转换表中存在静态地址转换项"193.1.3.1（内部全球地址）：192.168.1.1（内部本地地址）"，该 IP 分组的目的 IP 地址转换为 192.168.1.1。路由器 R2 用该目的 IP 地址检索路由表，找到匹配的路由项，根据该路由项，将该 IP 分组传输给服务器。值得强调的是，该 IP 分组到达服务器时，源 IP 地址是全球 IP 地址 193.1.1.17，目的 IP 地址是本地地址 192.168.1.1，即目的 IP 地址是服务器的本地地址，源 IP 地址是内部网络 2 标识终端 A 的全球 IP 地址。

内部网络 2 中的服务器向内部网络 1 中的终端 A 传输 IP 分组的过程如下：

（1）服务器构建以本地地址 192.168.1.1 为源 IP 地址、以全球地址 193.1.17 为目的 IP 地址的 IP 分组。这意味着内部网络 2 用全球 IP 地址 193.1.1.17 标识终端 A，这是路由器 R1 已经建立内部本地地址 192.168.1.1 与内部全球地址 193.193.1.1.17 之间映射为前提的。

（2）服务器通过配置的默认网关地址将该 IP 分组传输给路由器 R2。路由器 R2 确定通过连接内部网络的接口接收到该 IP 分组，用该 IP 分组的目的 IP 地址 193.1.1.17 检索路由表，找到匹配的路由项，发现该路由项中的输出接口是连接外部网络的接口，并且该 IP 分组的源 IP 地址属于允许进行 NAT 操作的本地地址范围（192.168.1.1∈192.168.1.0/24），对该 IP 分组实施 NAT 操作。由于地址转换表中已经存在地址转换项"192.168.1.1

（内部本地地址）：193.1.3.1（内部全球地址）"，路由器 R2 用内部全球 IP 地址 193.1.3.1
作为该 IP 分组的源 IP 地址。

（3）路由器 R2 根据匹配的路由项，将该 IP 分组传输给路由器 R1。由于路由器 R1 确
定通过连接外部网络的接口接收到该 IP 分组，在地址转换表中检索内部全球地址与该 IP
分组的目的 IP 地址相同的地址转换项，并用该地址转换项中的内部本地地址作为该 IP 分
组的目的 IP 地址。由于路由器 R1 的地址转换表中已经存在地址转换项"192.168.1.1（内
部本地地址）：193.1.1.17（内部全球地址）"，该 IP 分组的目的 IP 地址转换为 192.168.1.1。
路由器 R1 用该目的 IP 地址检索路由表，找到匹配的路由项，根据该路由项，将该 IP 分组传
输给终端 A。

8.3.4 解决内部网络与外部网络地址重叠问题

1. 基本情况

这是一个用 NAT 解决内部网络与外部网络地址重叠问题的例子，内部网络分配私有
IP 地址空间，因此，对外部网络是透明的，与一般实现内部网络终端访问外部网络的过程不
同的是，外部网络中的一个子网也分配私有 IP 地址空间，且该私有 IP 地址空间与分配给内
部网络的私有 IP 地址空间重叠。如图 8.16 所示，内部网络包含子网 192.168.1.0/24 和
192.168.2.0/24，外部网络包含子网 192.168.2.0/24。这种情况下，如果内部网络中的终
端 A 直接以 IP 地址 192.168.2.1 访问外部网络中的 Web 服务器，终端 A 发送的以 192.
168.1.1 为源 IP 地址、以 192.168.2.1 为目的 IP 地址的 IP 分组被路由器 R1 直接转发给
终端 B，无法到达外部网络中的 Web 服务器。

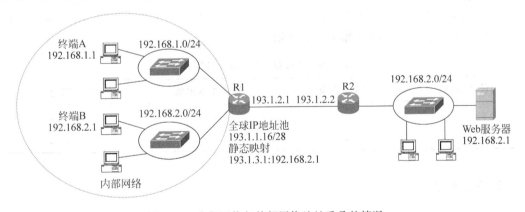

图 8.16　内部网络与外部网络地址重叠的情况

由于内部网络中的私有地址空间（192.168.1.0/24 和 192.168.2.0/24）对路由器 R2
是透明的，外部网络只能通过全球 IP 地址访问内部网络终端，这种情况下，路由器 R1 需要
定义全球 IP 地址池 193.1.1.16/28，路由器 R2 能够将目的 IP 地址属于全球 IP 地址 193.
1.1.16/28 的 IP 分组转发给路由器 R1。

为了使得内部网络终端能够访问外部网络中的 Web 服务器，路由器 R1 需要建立外部
网络 Web 服务器外部全球地址 192.168.2.1 与外部本地地址 193.1.3.1 之间的静态映射。
需要说明的是，这里的外部全球地址指的是 Web 服务器在外部网络使用的 IP 地址，外部本

地地址指的是 Web 服务器在内部网络使用的 IP 地址。当终端 A 发起访问外部网络中的 Web 服务器时,终端 A 构建并发送以 192.168.1.1 为源 IP 地址、以 193.1.3.1 为目的 IP 地址的 IP 分组,当该 IP 分组到达路由器 R1 时,如果满足以下全部条件:

- 路由器 R1 通过连接内部网络的接口接收到该 IP 分组。
- 通过检索路由表确定该 IP 分组通过路由器连接外部网络的接口输出。
- 地址转换表中存在外部本地地址等于 193.1.3.1 的地址转换项。
- IP 分组源 IP 地址属于允许进行地址转换的内部网络本地地址范围。
- 已经定义了用于转换内部网络本地地址的全球 IP 地址池。

路由器 R1 就在全球地址池中选择一个全球 IP 地址(这里假定是 193.1.1.17),用该全球 IP 地址取代 IP 分组中的源 IP 地址。用外部本地地址等于 193.1.3.1 的地址转换项中给出的外部全球地址 192.168.2.1 取代该 IP 分组的目的 IP 地址,将完成地址转换后的 IP 分组发送给路由器 R2,同时,在地址转换表中增加内部本地地址为 192.168.1.1、内部全球地址为 193.1.1.17、外部本地地址为 193.1.3.1、外部全球地址为 192.168.2.1 的地址转换项。

Web 服务器发送给终端 A 的 IP 分组的源 IP 地址是 192.168.2.1,目的 IP 地址是 193.1.1.17,当路由器 R1 通过连接外部网络的接口接收到该 IP 分组时,在地址转换表中检索内部全球地址等于该 IP 分组的目的 IP 地址、外部全球地址等于该 IP 分组的源 IP 地址的地址转换项,用该地址转换项的内部本地地址取代该 IP 分组的目的 IP 地址,用外部本地地址取代该 IP 分组的源 IP 地址,然后对完成地址转换后的 IP 分组进行转发操作。

通过手工配置建立的 Web 服务器外部全球地址 192.168.2.1 与外部本地地址 193.1.3.1 之间的静态映射以及因终端 A 向 Web 服务器发送以 193.1.3.1 为目的 IP 地址的 IP 分组而创建的动态地址转换项如表 8.9 所示。

表 8.9　路由器 R1 的地址转换表

内部本地地址	内部全球地址	外部本地地址	外部全球地址
		193.1.3.1	192.168.2.1
192.168.1.1	193.1.1.17	193.1.3.1	192.168.2.1

2. 基本配置

1) 路由器路由表

路由器 R1 和 R2 的路由表如表 8.10 和表 8.11 所示。对于路由器 R2,内部网络的地址范围是路由器 R1 全球 IP 地址池的 IP 地址范围,因此,所有传输给内部网络的 IP 分组的目的 IP 地址属于全球 IP 地址 193.1.1.16/28。同样,对于内部网络,发送给外部网络中属于子网 192.168.2.0/24 的终端或服务器的 IP 分组的目的 IP 地址属于 193.1.3.0/24,因此,路由器 R1 在地址转换前需要把以属于 193.1.3.0/24 的 IP 地址为目的 IP 地址的 IP 分组转发给路由器 R2。

表 8.10 路由器 R1 的路由表	
目 的 网 络	下 一 跳
192.168.1.0/24	直接
192.168.2.0/24	直接
193.1.3.0/24	193.1.2.2

表 8.11 路由器 R2 的路由表	
目 的 网 络	下 一 跳
192.168.2.0/24	直接
193.1.1.16/28	193.1.2.1

2）路由器 R1 动态 NAT 配置

路由器 R1 动态 NAT 配置如下：

（1）配置全球 IP 地址池 193.1.1.16/28。

（2）配置路由器连接内部网络和外部网络的接口。

（3）指定使用动态 NAT，并配置允许进行地址转换的内部网络本地地址（私有 IP 地址）范围。

3）路由器 R1 静态 NAT 配置

路由器 R1 静态 NAT 配置如下：指定使用静态 NAT，并建立外部全球地址 192.168.2.1 与外部本地地址 193.1.3.1 之间的静态映射。

3. IP 分组传输过程

下面以内部网络中的终端 A 访问外部网络中的 Web 服务器为例，讨论内部网络与外部网络之间的 IP 分组传输过程。

内部网络中的终端 A 向外部网络中的 Web 服务器传输 IP 分组的过程如下：

（1）终端 A 构建以本地地址 192.168.1.1 为源 IP 地址、以外部本地地址 193.1.3.1 为目的 IP 地址的 IP 分组，193.1.3.1 是内部网络用于标识外部网络中的 Web 服务器的 IP 地址，因而被称为外部本地地址。因此，路由器 R1 必须事先建立外部本地地址 193.1.3.1 与外部全球地址 192.168.2.1 之间的映射。

（2）当路由器 R1 通过连接内部网络的接口接收到该 IP 分组时，用目的 IP 地址 193.1.3.1 检索路由表，发现匹配的路由项的输出接口是连接外部网络的接口，且该 IP 分组的源 IP 地址属于允许进行 NAT 操作的本地地址范围，路由器 R1 在全球 IP 地址池中选择一个未分配的全球 IP 地址（这里假定是 193.1.1.17），用该全球 IP 地址作为该 IP 分组的源 IP 地址，创建用于建立内部本地地址 192.168.1.1 与内部全球地址 193.1.1.17 之间映射的地址转换项。如果该 IP 分组的目的 IP 地址等于某个地址转换项中的外部本地地址，用该地址转换项中的外部全球地址作为该 IP 分组的目的 IP 地址。由于路由器 R1 中已经存在用于建立外部本地地址 193.1.3.1 与外部全球地址 192.168.2.1 之间映射的地址转换项，完成 NAT 操作后的 IP 分组的源 IP 地址为 193.1.1.17，目的 IP 地址为 192.168.2.1。路由器 R1 通过连接外部网络的接口输出该 IP 分组。

外部网络中的 Web 服务器向内部网络中的终端 A 传输 IP 分组的过程如下：

（1）Web 服务器构建以 192.168.2.1 为源 IP 地址、以 193.1.1.17 为目的 IP 地址的 IP 分组。

（2）当路由器 R1 通过连接外部网络的接口接收到该 IP 分组时，如果在地址转换表中检索到内部全球地址等于该 IP 分组的目的 IP 地址的地址转换项，用该地址转换项的内部本地地址作为该 IP 分组的目的 IP 地址。如果在地址转换表中检索到外部全局地址等于该 IP 分组的源 IP 地址的地址转换项,用该地址转换项的外部本地地址作为该 IP 分组的源 IP 地址。完成 NAT 操作后的该 IP 分组的源 IP 地址为 193.1.3.1,目的 IP 地址为 192.168.1.1。路由器 R1 用目的 IP 地址 192.168.1.1 检索路由表,根据匹配的路由项,将 IP 分组传输给终端 A。

值得再次强调的是,如果边界路由器通过连接内部网络的接口接收到 IP 分组,其操作步骤是:先检索路由表,确定输出接口;在确定输出接口是连接外部网络的接口后,完成地址转换操作,检索路由表的操作在地址转换操作之前。如果边界路由器通过连接外部网络的接口接收到 IP 分组,其操作步骤是:先完成地址转换操作,然后检索路由表,检索路由表的操作在地址转换操作之后。

8.4 例题解析

【例 8.1】 假定一个企业需要将两个内部网络通过无线路由器接入 Internet。完成无线路由器连接过程和终端网络信息配置过程。

【解析】 无线路由器是一种比较特殊的设备。一方面,它具有互连内部网络与外部网络,实现内部网络终端访问外部网络资源的功能;另一方面,内部网络终端对外部网络是不可见的,对于外部网络中的其他路由器和终端,无线路由器等同于一个接入外部网络的终端。因此,如果需要将两个内部网络接入 Internet,采用如图 8.17 所示的连接方式,无线路由器 R2 互连 Internet 和内部网络 1,LAN 端口分配属于内部网络 1 的 IP 地址,WAN 端口分配 Internet 全局 IP 地址。无线路由器 R1 互连内部网络 1 和内部网络 2,LAN 端口分配属于内部网络 2 的 IP 地址,WAN 端口分配属于内部网络 1 的 IP 地址。对于 Internet 中的终端和路由器,内部网络 1 和内部网络 2 都是不可见的,例如图 8.17 中的 Web 服务器发送给内部网络 1 和内部网络 2 的 IP 分组都是以路由器 R2 连接 Internet 的端口(WAN 端口)的 IP 地址为目的 IP 地址。同样,对于内部网络 1 中的终端,内部网络 2 也是不可见的,例如图 8.17 中的终端 B 发送给内部网络 2 的 IP 分组是以路由器 R1 连接内部网络 1 的端口(WAN 端口)的 IP 地址为目的 IP 地址。

在如图 8.17 所示的接入网络中,内部网络 1 和内部网络 2 中的终端可以发起访问 Internet 的过程。内部网络 2 中的终端可以发起访问内部网络 1 的过程。但 Internet 中的终端不能发起访问内部网络 1 和内部网络 2 的过程,内部网络 1 中的终端不能发起访问内部网络 2 的过程。

图 8.17 两个内部网络接入 Internet 过程

【例8.2】 如图8.18所示,终端A发起访问终端B的过程交换图中编号为①~④的
IP分组,IP分组的传输顺序与编号一致。终端A发起访Web服务器的过程交换图中编号
为⑤~⑩的IP分组,IP分组的传输顺序与编号一致。给出这些IP分组的源和目的IP
地址。

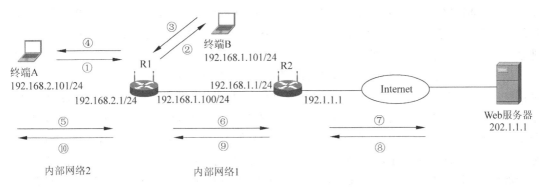

图8.18 IP分组传输过程与NAT

【解析】 如表8.12所示,编号①的IP分组是终端A传输给终端B且在内部网络2内
传输的IP分组,该IP分组的目的IP地址是终端B的IP地址,源IP地址是终端A的IP地
址。编号②的IP分组是终端A传输给终端B且在内部网络1内传输的IP分组,由于终端
A对于内部网络1是不可见的,因此,该IP分组的源IP地址转换为分配给无线路由器R1
WAN端口的属于内部网络1的IP地址192.168.1.100。IP分组的目的IP地址是终端B
的IP地址。

表8.12 IP分组源和目的IP地址

IP分组编号	源IP地址	目的IP地址
①	192.168.2.101	192.168.1.101
②	192.168.1.100	192.168.1.101
③	192.168.1.101	192.168.1.100
④	192.168.1.101	192.168.2.101
⑤	192.168.2.101	202.1.1.1
⑥	192.168.1.100	202.1.1.1
⑦	192.1.1.1	202.1.1.1
⑧	202.1.1.1	192.1.1.1
⑨	202.1.1.1	192.168.1.100
⑩	202.1.1.1	192.168.2.101

编号③的IP分组是终端B传输给终端A且在内部网络1内传输的IP分组,由于终端
A对于内部网络1是不可见的,因此,该IP分组的目的IP地址是分配给无线路由器R1
WAN端口的属于内部网络1的IP地址192.168.1.100。IP分组的源IP地址是终端B的
IP地址。编号④的IP分组是终端B传输给终端A且在内部网络2内传输的IP分组,该IP
分组的目的IP地址是终端A的IP地址,源IP地址是终端B的IP地址。

编号⑤的IP分组是终端A传输给Web服务器且在内部网络2内传输的IP分组,该
IP分组的目的IP地址是Web服务器的IP地址,源IP地址是终端A的IP地址。编号⑥的

IP 分组是终端 A 传输给 Web 服务器,且在内部网络 1 内传输的 IP 分组,由于终端 A 对于内部网络 1 是不可见的,因此,该 IP 分组的源 IP 地址转换为分配给无线路由器 R1 WAN 端口的属于内部网络 1 的 IP 地址 192.168.1.100。IP 分组的目的 IP 地址是 Web 服务器的 IP 地址。编号⑦的 IP 分组是终端 A 传输给 Web 服务器且在 Internet 内传输的 IP 分组,由于内部网络 1 和内部网络 2 对于 Internet 都是不可见的,因此,该 IP 分组的源 IP 地址转换为分配给无线路由器 R2 WAN 端口的全球 IP 地址 192.1.1.1。IP 分组的目的 IP 地址是 Web 服务器的 IP 地址。

编号⑧的 IP 分组是 Web 服务器传输给终端 A 且在 Internet 内传输的 IP 分组,由于内部网络 1 和内部网络 2 对于 Internet 都是不可见的,因此,该 IP 分组的目的 IP 地址是分配给无线路由器 R2 WAN 端口的全球 IP 地址 192.1.1.1。IP 分组的源 IP 地址是 Web 服务器的 IP 地址。编号⑨的 IP 分组是 Web 服务器传输给终端 A 且在内部网络 1 内传输的 IP 分组,由于内部网络 2 对于内部网络 1 是不可见的,因此,该 IP 分组的目的 IP 地址是分配给无线路由器 R1 WAN 端口的属于内部网络 1 的 IP 地址 192.168.1.100。IP 分组的源 IP 地址是 Web 服务器的 IP 地址。编号⑩的 IP 分组是 Web 服务器传输给终端 A 且在内部网络 2 内传输的 IP 分组,该 IP 分组的目的 IP 地址是终端 A 的 IP 地址,源 IP 地址是 Web 服务器的 IP 地址。

【例 8.3】 图 8.19 是网络地址转换(NAT)的一个示例,路由器 R1 互连内部网络和外部网络,具有 NAT 功能,分析得出图中①和②的值。

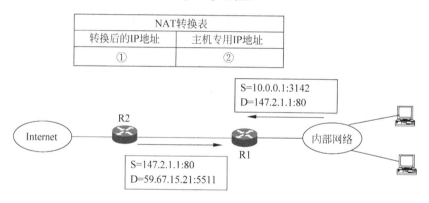

NAT转换表	
转换后的IP地址	主机专用IP地址
①	②

图 8.19　NAT 示例

【解析】　由于内部网络终端传输给外部网络,且在内部网络内传输的 IP 分组的源 IP 地址是内部网络终端的私有 IP 地址,目的 IP 地址是外部网络终端的全球 IP 地址,因此,通过内部网络终端传输给路由器 R1 的 IP 分组可以发现,内部网络终端的 IP 地址是 10.0.0.1,源端口号是 3142。由于外部网络终端传输给内部网络,且在外部网络内传输的 IP 分组的目的 IP 地址是路由器 R1 连接外部网络的接口的全球 IP 地址,因此,通过 Internet 传输给路由器 R1 的 IP 分组可以发现,路由器 R1 连接外部网络的接口的 IP 地址是 59.67.15.21,目的端口号是 5511。

NAT 转换表中某个转换项的主机专用 IP 地址是内部网络终端的私有 IP 地址和内部网络终端选择的源端口号(原始源端口号),因此主机专用 IP 地址是 10.0.0.1 和 3142。转换后的 IP 地址是路由器 R1 连接外部网络的接口的 IP 地址和路由器 R1 选择的源端口号

（全球端口号），而路由器 R1 选择的源端口号成为外部网络发送给路由器 R1 的报文的目的端口号，因此，转换后的 IP 地址是 59.67.15.21 和 5511。求出①是 59.67.15.21 和 5511，②是 10.0.0.1 和 3142。

本章小结

- 为了节省 IP 地址，保留私有 IP 地址，为内部网络分配私有 IP 地址，且允许不同内部网络分配相同的私有 IP 地址。
- NAT 用于实现分配私有 IP 地址的内部网络终端访问 Internet 的过程。
- 动态 PAT 用于实现内部网络终端用单个全球 IP 地址访问 Internet 的过程。
- 动态 PAT 对 IP 分组净荷类型有要求。
- 静态 PAT 通过手工配置建立全球端口号与私有 IP 地址之间的映射，允许外部网络终端发起访问某个内部网络终端的过程。
- 动态 NAT 用于实现内部网络终端用一组全球 IP 地址访问 Internet 的过程。
- 动态 NAT 对 IP 分组净荷类型没有要求。
- 静态 NAT 通过手工配置建立全球 IP 地址与私有 IP 地址之间的映射，允许外部网络终端发起访问某个内部网络终端的过程。
- 内部网络终端在内部网络中使用的地址称为内部本地地址，内部网络终端在外部网络中使用的地址称为内部全球地址。
- 外部网络终端在内部网络中使用的地址称为外部本地地址，外部网络终端在外部网络中使用的地址称为外部全球地址。
- IP 分组从内部网络至外部网络转发的过程中，完成 IP 分组源 IP 地址内部本地地址至内部全球地址、目的 IP 地址外部本地地址至外部全球地址的转换过程。
- IP 分组从外部网络至内部网络转发的过程中，完成 IP 分组源 IP 地址外部全球地址至外部本地地址、目的 IP 地址内部全球地址至内部本地地址的转换过程。

习题

8.1　NAT 能够缓解 IP 地址短缺问题的原因是什么？

8.2　NAT 对提高网络安全有什么帮助？

8.3　NAT 对网络通信有什么副作用？ 如何解决？

8.4　NAT 和 PAT 有什么本质区别？ 各自适用于什么网络环境？

8.5　实现应用层网关的困难是什么？

8.6　不同的内部网络能否采用相同的本地 IP 地址？ 如果两个内部网络分配了相同的本地 IP 地址，会对两个内部网络中的终端之间的通信过程带来麻烦吗？

8.7　对应如图 8.20 所示的网络结构和 IP 地址配置，如何配置路由器 R1、R2 的 NAT，才能实现终端 A 和终端 C 之间的相互通信？

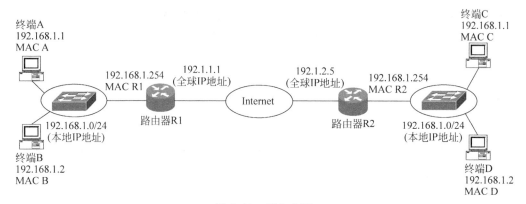

图 8.20 题 8.7 图

8.8 对应图 8.21 所示的网络结构和 IP 地址配置，给出能够实现终端 A 与 Web 服务器 2、终端 B 与 Web 服务器 1 之间通信的配置（包括路由器路由表和路由器 R1 的 NAT 配置）。

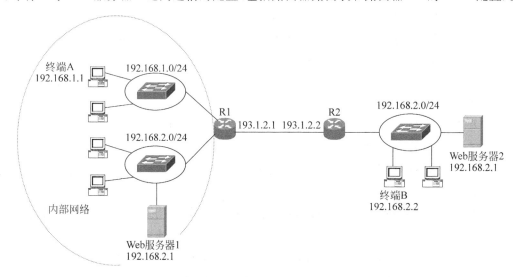

图 8.21 题 8.8 图

8.9 对应图 8.22 所示的网络结构和 IP 地址配置，给出能够实现内部网络终端访问 Web 服务器 2、外部网络终端访问 Web 服务器 1 的配置（包括路由器路由表和路由器 R1 的 NAT 配置）。

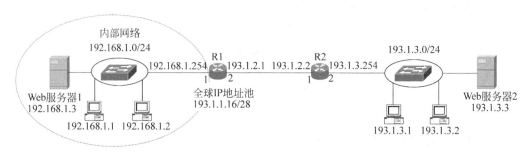

图 8.22 题 8.9 图

第 **9** 章

三层交换机和三层交换

为了解决大型交换式以太网引发的广播风暴和安全问题,将单个物理交换式以太网划分为多个虚拟局域网(VLAN),这些 VLAN 虽然共享同一个物理交换式以太网,但逻辑上是相互独立的,需要通过网络层互连设备实现 VLAN 间通信过程。VLAN 等同于一个逻辑上独立的以太网,因此,路由器可以像实现普通网络互连一样实现 VLAN 互连。但 VLAN 又是一种有着以下特殊性的网络:一是可以在不改变物理以太网的前提下,将物理以太网划分为任意多个 VLAN;二是可以将任意终端组合分配给某个 VLAN,属于每一个 VLAN 的终端与该终端在物理以太网中的位置无关。这些特殊性使得用三层交换机实现 VLAN 互连更加方便和有效。

9.1 三层交换机基础

VLAN 间通信过程指的是两个连接在不同 VLAN 上的终端之间的通信过程。路由器可以像实现两个不同网络间通信过程一样实现 VLAN 间通信过程,但由于 VLAN 的特殊性,这种实现 VLAN 间通信过程的方法不够方便有效。为了适应 VLAN 的特殊性,将路由器改进为单臂路由器,但这种改进并不能完全适应 VLAN 的特殊性。三层交换机是实现 VLAN 间通信过程的最有效手段。

9.1.1 多端口路由器实现 VLAN 间通信的过程

1. 网络结构

多端口路由器实现 VLAN 间通信过程的网络结构如图 9.1 中所示。每一个路由器端口是一个连接 VLAN 的路由接口,为该路由器端口配置的 IP 地址和子网掩码确定了该路由器端口连接的 VLAN 的网络地址。由于每一个路由器端口与属于某个 VLAN 的交换机接入端口相连,因此,路由器端口连接的交换机接入端口所属的 VLAN 就是该路由器端口连接的 VLAN。只有属于该 VLAN 的 MAC 帧才能从属于该 VLAN 的接入端口输出,同样,从属于该 VLAN 的接入端口输入的 MAC 帧只能属于该 VLAN。

完成路由器端口 IP 地址和子网掩码配置过程后,路由器自动生成如图 9.1 中所示的路由表。路由器每一个端口除了配置的 IP 地址,还具有一个和该端口连接的网络相关的物理地址,因此,图 9.1 所示的路由器的 3 个端口分别具有一个 MAC 地址。

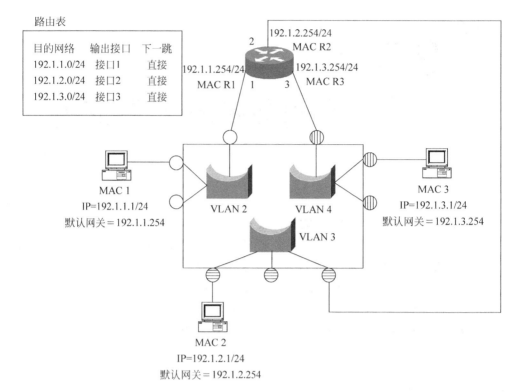

图 9.1   用路由器实现 3 个 VLAN 之间通信

2. VLAN 间通信过程

当 VLAN 2 中 IP 地址为 192.1.1.1 的终端向 VLAN 4 中 IP 地址为 192.1.3.1 的终端发送 IP 分组时，执行下述操作过程：

（1）通过和子网掩码的"与"操作，确定源和目的终端不在同一个网络，源终端首先将 IP 分组发送给 IP 地址为 192.1.1.254 的默认网关（路由器）。IP 地址 192.1.1.254 是路由器连接 VLAN 2 的端口的 IP 地址。由于源终端和该端口之间的传输网络是 VLAN 2，因此，源终端通过 ARP 地址解析过程获取路由器连接 VLAN 2 的端口的 MAC 地址 MAC R1，并将 IP 分组封装成以源终端的 MAC 地址 MAC 1 为源 MAC 地址、以路由器连接 VLAN 2 的端口的 MAC 地址 MAC R1 为目的 MAC 地址的 MAC 帧，通过 VLAN 2 将该 MAC 帧发送给路由器。发送给路由器的 MAC 帧通过路由器连接 VLAN 2 的端口进入路由器。

（2）路由器从 MAC 帧中分离出 IP 分组，根据 IP 分组的目的 IP 地址去检索路由表，找到匹配的路由项<192.1.3.0/24，端口 3，直接>。通过在端口 3 连接的 VLAN 4 中进行 ARP 地址解析过程，获取目的终端（IP 地址=192.1.3.1）的 MAC 地址 MAC 3，在获取目的终端的 MAC 地址后，将 IP 分组封装成以路由器连接 VLAN 4 的端口的 MAC 地址 MAC R3 为源 MAC 地址、以目的终端的 MAC 地址 MAC 3 为目的 MAC 地址的 MAC 帧。该 MAC 帧通过属于 VLAN 4 的接入端口进入交换机，交换机通过 VLAN 4 将该 MAC 帧传输给目的终端。

9.1.2 单臂路由器实现 VLAN 间通信的过程

1. 网络结构

如图 9.1 所示的多端口路由器实现 VLAN 间通信过程的网络结构直观、简单、容易理解,但在具体的实现过程中不易操作。由于 VLAN 的划分是动态变化的,因此,无法在设计、实施网络时确定路由器的以太网端口数。为解决这一问题,将图 9.1 所示的网络结构转换成如图 9.2 所示的网络结构。图 9.2 中用单个物理端口实现 VLAN 间通信过程的路由器称为单臂路由器。

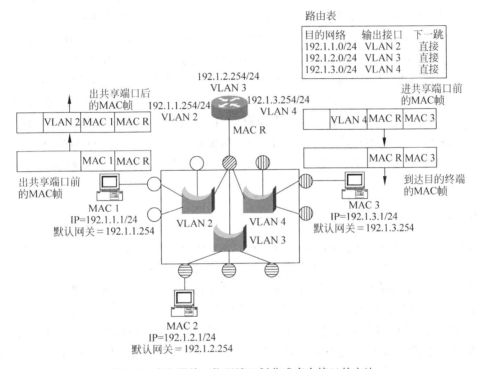

图 9.2 路由器单一物理端口划分成多个接口的方法

如图 9.2 所示的网络结构中,交换机共享端口被 3 个 VLAN 共享,属于 3 个 VLAN 的 MAC 帧可以从该共享端口输入输出,从共享端口输出的 MAC 帧携带 MAC 帧所属 VLAN 的 VLAN 标识符,从该共享端口输入的 MAC 帧必须携带该 MAC 帧所属 VLAN 的 VLAN 标识符。路由器用一个物理端口连接交换机的共享端口,路由器的这个物理端口被划分成 3 个逻辑接口,每个逻辑接口连接一个 VLAN,3 个逻辑接口分别连接 VLAN 2、VLAN 3 和 VLAN 4。每一个逻辑接口与所连接的 VLAN 的 VLAN 标识符绑定,因此,3 个逻辑接口分别绑定 VLAN 标识符 VLAN 2、VLAN 3 和 VLAN 4。当路由器物理端口接收到 MAC 帧时,路由器通过 MAC 帧携带的 VLAN 标识符确定接收该 MAC 帧的逻辑接口。每一个从逻辑接口输出的 MAC 帧携带该逻辑接口连接的 VLAN 的 VLAN 标识符。

为每一个逻辑接口分配 IP 地址和子网掩码,这样就确定了该逻辑接口连接的 VLAN 的网络地址,连接在该 VLAN 上的终端以该 IP 地址作为默认网关地址。完成所有逻辑接口 IP 地址和子网掩码配置后,路由器自动生成如图 9.2 所示的路由表,路由项中的输出接口是连接 VLAN 的逻辑接口。

2. 实现原理

用单个路由器物理端口实现 VLAN 间通信过程的前提如下:一是不同的逻辑接口分配不同网络号的 IP 地址,且通过 VLAN 标识符与不同的 VLAN 绑定,因此,每一个逻辑接口成为连接一个 VLAN 的路由接口,该逻辑接口配置的 IP 地址成为连接在该 VLAN 上的终端的默认网关地址;二是每一个连接在 VLAN 上的终端与路由器连接该 VLAN 的逻辑接口之间存在交换路径;三是路由器能够实现不同逻辑接口之间的转发过程;四是从逻辑接口输出的 MAC 帧携带该逻辑接口连接的 VLAN 对应的 VLAN 标识符。

在上述前提下,对于如图 9.2 所示的网络结构,假定源终端连接在 VLAN X,配置属于分配给 VLAN X 的网络地址的 IP 地址;目的终端连接在 VLAN Y,配置属于分配给 VLAN Y 的网络地址的 IP 地址。源终端发送的 IP 分组封装成属于 VLAN X 的 MAC 帧,该 MAC 帧沿着 VLAN X 内的源终端至路由器连接 VLAN X 的逻辑接口的交换路径到达路由器连接 VLAN X 的逻辑接口。路由器根据 IP 分组的目的 IP 地址和路由表确定输出接口是连接 VLAN Y 的逻辑接口。将 IP 分组封装成属于 VLAN Y 的 MAC 帧,该 MAC 帧沿着 VLAN Y 内路由器连接 VLAN Y 的逻辑接口至目的终端的交换路径到达目的终端。

3. VLAN 间通信的过程

对应如图 9.2 所示的网络结构,当 VLAN 2 中 IP 地址为 192.1.1.1 的终端向 VLAN 4 中 IP 地址为 192.1.3.1 的终端发送 IP 分组时,执行以下操作过程。

(1) 通过和子网掩码的"与"操作,确定源和目的终端不在同一网络,源终端首先将 IP 分组发送给默认网关(路由器)。为了获取默认网关的 MAC 地址,源终端在 VLAN 2 内广播 ARP 请求帧,该 ARP 请求帧通过所有属于 VLAN 2 的端口发送出去,包括被 3 个 VLAN 共享的共享端口,通过共享端口发送出去的该 ARP 请求帧被加上 VLAN 标识符——VLAN 2。因此,该 ARP 请求帧只到达路由器连接 VLAN 2 的逻辑接口。路由器回送 ARP 响应帧时,也在该 ARP 响应帧加上 VLAN 标识符——VLAN 2。该 ARP 响应帧进入共享端口时,交换机通过该 ARP 响应帧携带的 VLAN 标识符确定该 ARP 响应帧属于 VLAN 2,通过 VLAN 2 关联的网桥将该 ARP 响应帧转发给源终端。源终端将 IP 分组封装成以源终端的 MAC 地址 MAC 1 为源 MAC 地址、以路由器物理端口的 MAC 地址 MAC R 为目的 MAC 地址的 MAC 帧,该 MAC 帧沿着 VLAN 2 内的源终端至路由器连接 VLAN 2 的逻辑接口的交换路径到达路由器连接 VLAN 2 的逻辑接口。

(2) 路由器接收到该 MAC 帧,从中分离出 IP 分组,用 IP 分组的目的 IP 地址检索路由表,找到匹配的路由项< 192.1.3.0/24,VLAN 4,直接>。为了获取目的终端的 MAC 地址,路由器构建 ARP 请求帧,该 ARP 请求帧被加上 VLAN 标识符——VLAN 4。当路由器发送的 ARP 请求帧进入被 3 个 VLAN 共享的共享端口时,交换机通过其携带的 VLAN 标识符确定该 ARP 请求帧属于 VLAN 4,因此,该 ARP 请求帧只在 VLAN 4 中广播。当路由器通过目的终端发送的 ARP 响应帧获取目的终端的 MAC 地址后,路由器重新将 IP 分组

封装成以路由器物理端口的 MAC 地址 MAC R 为源 MAC 地址、以目的终端的 MAC 地址
MAC 3 为目的 MAC 地址的 MAC 帧,并为该 MAC 帧加上 VLAN 标识符——VLAN 4,该
MAC 帧沿着 VLAN 4 内路由器连接 VLAN 4 的逻辑接口至目的终端的交换路径到达目的
终端。

9.1.3 三层交换机实现 VLAN 间通信的过程

1. 三层交换机的由来

如图 9.2 所示的网络结构解决了动态划分 VLAN 的问题,在一段时间内也成为通过路
由器实现 VLAN 间通信的典型方法,但这种方法的问题也是显而易见的:一是路由器和以
太网互连的物理链路往往成为传输瓶颈;二是和所有通过路由器互连 VLAN 的方式一样,
需要在交换式以太网的基础上增加一台仅仅用于实现 VLAN 间通信的路由器,提高了网络
的设备成本。

目前功能较强的以太网交换机都采用机箱式结构,机箱内装有背板,各个功能模块插在
背板上,功能模块之间通过背板实现通信,背板的带宽可以设计得非常高。这种情况下,以
太网交换机厂商自然想到通过在以太网交换机中增加一个路由模块将以太网交换机变成一
个集交换、路由功能于一体的新设备——三层交换机。将其称作三层交换的原因是,转发
IP 分组是网际层的功能,习惯分层方法将网际层等同于 OSI 体系结构中的网络层,而网络
层在 OSI 体系结构中位于第三层。因此,将具有转发 IP 分组功能的设备称作三层设备,而
将只有 MAC 层功能的设备称作二层设备,也有了二层交换机和三层交换机的叫法。当然,
目前情况下,并不是只有机箱式以太网交换机才有可能是三层交换机,许多固定端口的以太
网交换机也安装了路由模块。用三层交换机实现 VLAN 间通信的网络结构如图 9.3(a)所
示,对应的配置信息和 VLAN 间通信的过程如图 9.3(b)所示。

图 9.3 中的三层交换机主要由两部分组成:支持 VLAN 划分的二层交换结构和路由
模块,两者之间通过背板完成信息交换过程。路由模块的功能就像一个传统的路由器,运行
路由协议,建立路由表,完成 IP 分组转发等。而二层交换结构就像普通以太网交换机一样,
用目的 MAC 地址检索转发表,根据转发表中的转发项完成 MAC 帧转发过程。

2. 三层交换机配置

1) VLAN 配置

三层交换机集交换和路由于一身,交换功能用于建立属于相同 VLAN 的任意两个端口
之间的交换路径。三层交换机的 VLAN 配置功能与二层交换机完全相同。如图 9.3(b)所
示,如果将交换机 S1 端口 1、端口 2 和交换机 S3 端口 1、端口 2 分配给 VLAN 2,将交换机
S1 端口 3、端口 4 和交换机 S3 端口 3、端口 4 分配给 VLAN 3,为了建立属于相同 VLAN 的
任意两个端口之间的交换路径,且保证属于不同 VLAN 的两个端口之间不能通信,交换机
S1、S2 和 S3 中需要根据如表 9.1 至表 9.3 所示的 VLAN 与端口映射表完成 VLAN 创建
和端口分配过程。

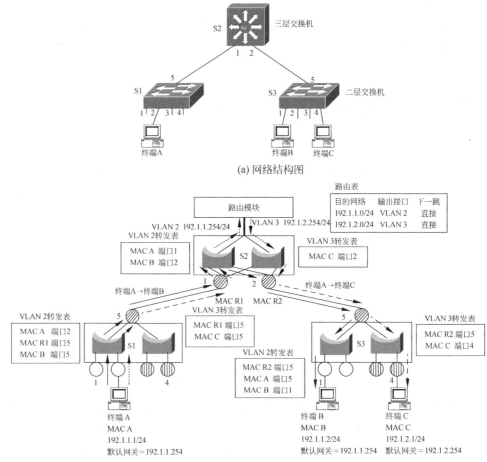

(a) 网络结构图

(b) 配置信息和VLAN间通信的过程

图 9.3　三层交换机实现 VLAN 间通信的过程

表 9.1　交换机 S1 VLAN 与端口映射表

VLAN	接 入 端 口	共 享 端 口
VLAN 2	端口 1、端口 2	端口 5
VLAN 3	端口 3、端口 4	端口 5

表 9.2　三层交换机 S2 VLAN 与端口映射表

VLAN	接 入 端 口	共 享 端 口
VLAN 2		端口 1、端口 2
VLAN 3		端口 1、端口 2

表 9.3　交换机 S3 VLAN 与端口映射表

VLAN	接 入 端 口	共 享 端 口
VLAN 2	端口 1、端口 2	端口 5
VLAN 3	端口 3、端口 4	端口 5

2）定义 VLAN 对应的 IP 接口

三层交换机与二层交换机最大的区别是可以定义 VLAN 对应的 IP 接口，每一个 IP 接口连接一个 VLAN，为 IP 接口配置的 IP 地址和子网掩码确定了该 IP 接口连接的 VLAN 的网络地址。完成 IP 接口 IP 地址和子网掩码配置后，三层交换机自动建立如图 9.3 所示的直连路由项。由此可见，三层交换机中定义的连接 VLAN 的 IP 接口，其功能等同于连接不同类型传输网络的路由器接口。

三层交换机定义 VLAN 对应的 IP 接口的前提是：该三层交换机创建了该 IP 接口连接的 VLAN，且有端口属于该 VLAN。当然，属于该 VLAN 的端口可以是只属于该 VLAN 的接入端口，也可以是该 VLAN 与其他 VLAN 共享的共享端口。因此，三层交换机 S2 定义连接 VLAN 2 和 VLAN 3 的 IP 接口的前提是：创建了 VLAN 2 和 VLAN 3，且有着同时属于 VLAN 2 和 VLAN 3 的共享端口——端口 1 和端口 2。

由于连接某个 VLAN 的 IP 接口的 IP 地址成为连接在该 VLAN 上的终端的默认网关地址，因此，必须建立连接在该 VLAN 上的终端与连接该 VLAN 的 IP 接口之间的交换路径。

三层交换机接收到 MAC 帧后，必须区分是在 VLAN 内转发的 MAC 帧还是传输给 IP 接口的 MAC 帧，因此，三层交换机必须用一个特殊的 MAC 地址标识 IP 接口，所有以该 MAC 地址为目的 MAC 地址的 MAC 帧均被转发给 IP 接口。终端根据 IP 接口的 IP 地址解析该 IP 地址对应的 MAC 地址时，三层交换机回送标识 IP 接口的特殊 MAC 地址。

3）三层交换机实现 VLAN 间通信的原理

三层交换机实现 VLAN 间通信的原理与单臂路由器实现 VLAN 间通信的原理相似。假定：源终端连接在 VLAN X，配置属于分配给 VLAN X 的网络地址的 IP 地址；目的终端连接在 VLAN Y，配置属于分配给 VLAN Y 的网络地址的 IP 地址。源终端发送的 IP 分组封装成属于 VLAN X 的 MAC 帧，该 MAC 帧沿着 VLAN X 内源终端至连接 VLAN X 的 IP 接口的交换路径到达连接 VLAN X 的 IP 接口。路由模块根据 IP 分组的目的 IP 地址和路由表确定输出接口是连接 VLAN Y 的 IP 接口。将 IP 分组封装成属于 VLAN Y 的 MAC 帧，该 MAC 帧沿着 VLAN Y 内连接 VLAN Y 的 IP 接口至目的终端的交换路径到达目的终端。所有发送给 IP 接口的 MAC 帧以标识 IP 接口的特殊 MAC 地址为目的 MAC 地址。

3. VLAN 内和 VLAN 间通信的过程

1）VLAN 内通信的过程

假定图 9.3(a)中的各个交换机已经建立了如图 9.3(b)所示的转发表，同一 VLAN 内两个终端之间的通信过程和普通交换式以太网中的通信过程一样，不需要涉及路由模块。例如，终端 A→终端 B 的通信过程如下。终端 A 将以 MAC A 为源 MAC 地址、MAC B 为目的 MAC 地址的 MAC 帧发送给交换机 S1，交换机 S1 根据接收该 MAC 帧的端口确定该 MAC 帧属于 VLAN 2，由 VLAN 2 关联的网桥转发该 MAC 帧。和 VLAN 2 关联的网桥检索对应的转发表，找到转发端口（端口 5），由于转发端口被两个 VLAN 所共享且被配置为标记端口,因此,将该 MAC 帧从端口 5 转发出去之前,先加上 VLAN 标识符——VLAN 2。从交换机 S1 端口 5 转发出去的 MAC 帧通过端口 1 进入交换机 S2。交换机 S2 通过该 MAC 帧携带的 VLAN 标识符——VLAN 2 确定该 MAC 帧属于 VLAN 2,因此,由 VLAN 2 关联的网桥转发该 MAC 帧。和 VLAN 2 关联的网桥通过检索对应的转发表,找到转发端口(端口 2),由于转发端口也是被两个 VLAN 所共享且被配置为标记端口的端口,因此,从该端口转发出去的 MAC 帧仍然携带 VLAN 标识符——VLAN 2。同样,该 MAC 帧进入交换机 S3 后,确定由 VLAN 2 关联的网桥转发该 MAC 帧,并通过检索 VLAN 2 对应的转发表找到转发端口(端口 1),由于转发端口(端口 1)是一个非标记端口,从这样端口转发出去的 MAC 帧必须去除 VLAN 标识符。没有携带 VLAN 标识符的 MAC 帧通过端口 1 到达终端 B,完成了 MAC 帧终端 A→终端 B 的传输过程。

2）VLAN 间通信的过程

下面以终端 A→终端 C 通信为例,讨论三层交换机实现 VLAN 间通信的过程。

（1）终端 A 通过将自身的 IP 地址和目的终端(终端 C)的 IP 地址与子网掩码进行"与"操作后发现,源终端和目的终端不在同一个网络,终端 A 确定需要将 IP 分组传输给默认网关。为了获取默认网关的 MAC 地址,终端 A 广播一个 ARP 请求帧,该 ARP 请求帧到达 VLAN 2 内所有终端和连接 VLAN 2 的 IP 接口。路由模块发现 ARP 请求帧中要求解析的 IP 地址是连接 VLAN 2 的 IP 接口的 IP 地址,就将特殊 MAC 地址——MAC R1 作为标识连接 VLAN 2 的 IP 接口的 MAC 地址回复给终端 A。终端 A 将 IP 分组封装成以自身 MAC 地址 MAC A 为源 MAC 地址、以标识连接 VLAN 2 的 IP 接口的 MAC 地址 MAC R1 为目的 MAC 地址的 MAC 帧。该 MAC 帧沿着 VLAN 2 内的终端 A 至连接 VLAN 2 的 IP 接口的交换路径到达连接 VLAN 2 的 IP 接口。

（2）路由模块从该 MAC 帧中分离出 IP 分组,用目的 IP 地址检索路由表,获知可以直接通过 VLAN 3 将 IP 分组转发给目的终端。路由模块也通过广播 ARP 请求帧来获取目的终端的 MAC 地址,该 ARP 请求帧在 VLAN 3 中广播,到达 VLAN 3 中的所有终端。终端 C 接收到该 ARP 请求帧后,回复一个响应帧,并将其 MAC 地址告知路由模块。路由模块将 IP 分组封装成以标识连接 VLAN 3 的 IP 接口的 MAC 地址 MAC R2 为源 MAC 地址、以终端 C 的 MAC 地址 MAC C 为目的 MAC 地址,且携带 VLAN 标识符——VLAN 3 的 MAC 帧,该 MAC 帧沿着 VLAN 3 内连接 VLAN 3 的 IP 接口至终端 C 的交换路径到达终端 C。至此完成了 VLAN 间通信过程。

9.1.4　多个三层交换机互连

1. 网络结构

两个三层交换机互连的网络结构如图 9.4 所示,三层交换机 S1 中创建 VLAN 2 和 VLAN 3,将端口 1 作为接入端口分配给 VLAN 2,将端口 2 作为接入端口分配给 VLAN 3。同样,三层交换机 S2 中创建 VLAN 4 和 VLAN 5,将端口 1 作为接入端口分配给 VLAN 4,将端口 2 作为接入端口分配给 VLAN 5。要求实现属于不同 VLAN 的终端之间的通信过程。

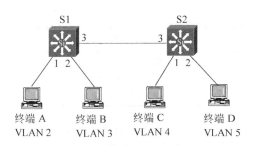

图 9.4 两个三层交换机互连

2. VLAN 配置

三层交换机 S1 中可以定义 VLAN 2 和 VLAN 3 对应的 IP 接口,因此,能够实现分别属于 VLAN 2 和 VLAN 3 的终端 A 与终端 B 之间的通信过程。同样,三层交换机 S2 中可以定义 VLAN 4 和 VLAN 5 对应的 IP 接口,因此,能够实现分别属于 VLAN 4 和 VLAN 5 的终端 C 与终端 D 之间的通信过程。为了实现三层交换机 S1 与 S2 之间互连,需要定义一个用于实现三层交换机 S1 与 S2 之间互连的 VLAN 6,且将三层交换机 S1 和 S2 的端口 3 作为接入端口分配给 VLAN 6。表 9.4 和表 9.5 分别是三层交换机 S1 和 S2 的 VLAN 与端口映射表。

表 9.4 交换机 S1 VLAN 与端口映射表

VLAN	接 入 端 口	共 享 端 口
VLAN 2	端口 1	
VLAN 3	端口 2	
VLAN 6	端口 3	

表 9.5 交换机 S2 VLAN 与端口映射表

VLAN	接 入 端 口	共 享 端 口
VLAN 4	端口 1	
VLAN 5	端口 2	
VLAN 6	端口 3	

3. IP 接口配置

三层交换机 S1 中定义 VLAN 2 和 VLAN 3 对应的 IP 接口,为这两个 IP 接口分配的 IP 地址和子网掩码确定了 VLAN 2 和 VLAN 3 的网络地址,同时,这两个 IP 接口的 IP 地址分别成为连接在 VLAN 2 和 VLAN 3 上的终端的默认网关地址。三层交换机 S2 中定义 VLAN 4 和 VLAN 5 对应的 IP 接口,为这两个 IP 接口分配的 IP 地址和子网掩码确定了 VLAN 4 和 VLAN 5 的网络地址,同时,这两个 IP 接口的 IP 地址分别成为连接在 VLAN 4 和 VLAN 5 上的终端的默认网关地址。三层交换机 S1 和 S2 中分别定义 VLAN 6 对应的 IP 接口,这两个 IP 接口需要分配网络号相同、主机号不同的 IP 地址。三层交换机 S1 和 S2 定义的 IP 接口配置分别如表 9.6 和表 9.7 所示。

表 9.6　交换机 S1 IP 接口配置

IP 接　口	IP 地址/子网掩码	网 络 地 址
VLAN 2 对应的 IP 接口	192.1.2.254/24	192.1.2.0/24
VLAN 3 对应的 IP 接口	192.1.3.254/24	192.1.3.0/24
VLAN 6 对应的 IP 接口	192.1.6.1/24	192.1.6.0/24

表 9.7　交换机 S2 IP 接口配置

IP 接　口	IP 地址/子网掩码	网 络 地 址
VLAN 4 对应的 IP 接口	192.1.4.254/24	192.1.4.0/24
VLAN 5 对应的 IP 接口	192.1.5.254/24	192.1.5.0/24
VLAN 6 对应的 IP 接口	192.1.6.2/24	192.1.6.0/24

4. 创建路由表

完成 IP 接口定义后，三层交换机 S1 自动生成目的网络分别是 VLAN 2、VLAN 3 和 VLAN 6 的直连路由项，同样，三层交换机 S2 自动生成目的网络分别是 VLAN 4、VLAN 5 和 VLAN 6 的直连路由项。对于三层交换机 S1，通往没有与其直接相连的网络 VLAN 4 和 VLAN 5 的传输路径上的下一跳是三层交换机 S2，下一跳 IP 地址是 VLAN 6 对应的 IP 接口的 IP 地址 192.1.6.2。对于三层交换机 S2，通往没有与其直接相连的网络 VLAN 2 和 VLAN 3 的传输路径上的下一跳是三层交换机 S1，下一跳 IP 地址是 VLAN 6 对应的 IP 接口的 IP 地址 192.1.6.1。因此，三层交换机 S1 和 S2 的完整路由表分别如表 9.8 和表 9.9 所示。

表 9.8　交换机 S1 的路由表

目 的 网 络	下 一 跳	输 出 接 口
192.1.2.0/24	直接	VLAN 2
192.1.3.0/24	直接	VLAN 3
192.1.6.0/24	直接	VLAN 6
192.1.4.0/24	192.1.6.2	VLAN 6
192.1.5.0/24	192.1.6.2	VLAN 6

表 9.9　交换机 S2 的路由表

目 的 网 络	下 一 跳	输 出 接 口
192.1.4.0/24	直接	VLAN 4
192.1.5.0/24	直接	VLAN 5
192.1.6.0/24	直接	VLAN 6
192.1.2.0/24	192.1.6.1	VLAN 6
192.1.3.0/24	192.1.6.1	VLAN 6

5. 数据传输过程

如图 9.4 所示的两个三层交换机互连的网络结构，在完成 VLAN 定义、IP 接口定义和路由表创建过程后，等同于如图 9.5 所示的网络结构。终端 A 至终端 C 的 IP 分组传输过程如下。终端 A 根据默认网关地址确定三层交换机 VLAN 2 对应的 IP 接口,终端 A 发送给 VLAN 2 对应的 IP 接口的 IP 分组由三层交换机 S1 的路由模块进行转发,路由模块根据 IP 分组的目的 IP 地址 192.1.4.1 和路由项< 192.1.4.0/24,192.1.6.2,VLAN 6 >确定下一跳是三层交换机 S2 中 VLAN 6 对应的 IP 接口。三层交换机 S1 发送给三层交换机 S2 中 VLAN 6 对应的 IP 接口的 IP 分组由三层交换机 S2 的路由模块进行转发,路由模块根据 IP 分组的目的 IP 地址 192.1.4.1 和路由项< 192.1.4.0/24,直接,VLAN 4 >确定下一跳是终端 C,将 IP 分组发送给终端 C。至此完成了 IP 分组终端 A 至终端 C 的传输过程。IP 分组经过 VLAN 2、VLAN 6 和 VLAN 4 传输时封装成 MAC 帧,这些 MAC 帧的源和目的 MAC 地址及 VLAN ID 如表 9.10 所示。

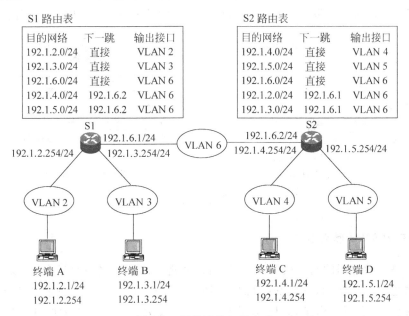

图 9.5　网络结构与路由表

表 9.10　经过不同 VLAN 传输的 MAC 帧地址和 VLAN ID

传输网络	源 MAC 地址	目的 MAC 地址	VLAN ID
VLAN 2	终端 A 的 MAC 地址	S1 中 VLAN 2 对应的 IP 接口的 MAC 地址	2
VLAN 6	S1 中 VLAN 6 对应的 IP 接口的 MAC 地址	S2 中 VLAN 6 对应的 IP 接口的 MAC 地址	6
VLAN 4	S2 中 VLAN 4 对应的 IP 接口的 MAC 地址	终端 C 的 MAC 地址	4

9.1.5　三层交换机与路由器的区别

1. 三层路由与二层交换的有机集成

由于三层交换机集二层交换和三层路由功能于一身,因此,允许存在跨三层交换机的 VLAN。针对如图 9.6(a)所示的 VLAN 划分,对于两个属于同一 VLAN 的终端之间的通信过程,三层交换机完全等同于二层交换机;对于两个属于不同 VLAN 的终端之间的通信过程,三层交换机实现路由功能。三层交换机根据 MAC 帧的目的 MAC 地址鉴别 MAC 帧的类型,如果该 MAC 帧以三层交换机标识某个 IP 接口的特殊 MAC 地址为目的 MAC 地址,该 MAC 帧被直接转发给路由模块,否则,以二层交换方式转发该 MAC 帧。对于传统路由器(不包括路由交换机和交换路由器),每一个物理接口需要连接不同的网络,因此,不可能存在跨路由器的 VLAN,图 9.6(b)中的终端 A 和终端 B 只能属于不同的网络,路由器以路由方式实现终端 A 与终端 B 之间的通信过程。从中可以看出,用路由器分割子网,连接在同一子网的终端之间存在物理地域相关性,这一点与属于同一 VLAN 的交换机端口可以是分布在大型交换式以太网中的任意交换机端口是相悖的。这也是类似校园网这样的大型交换式以太网通过三层交换机而不是路由器实现 VLAN 分割和 VLAN 间通信过程的主要原因。

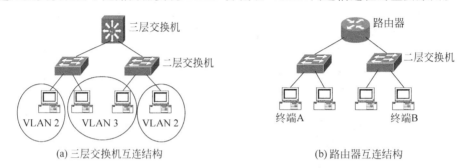

图 9.6　三层交换机与路由器的区别

2. 互连 VLAN 的特殊互连设备

路由器是一种通用的网络层互连设备,可以实现不同网络之间的互连,如以太网和公共交换电话网之间的互连,而三层交换机是一种专门用于互连 VLAN 的特殊互连设备。因此,三层交换机主要用于构建大型交换式以太网,实现大型交换式以太网的 VLAN 划分和VLAN 间通信过程。

3. IP 接口

三层交换机针对某个 VLAN 定义 IP 接口,为 IP 接口分配 IP 地址。而一个 VLAN 可以包含多个三层交换机的物理端口,发送给某个 IP 接口的 MAC 帧可以从属于对应 VLAN的任何一个物理端口进入该三层交换机,并由该三层交换机转发给该 IP 接口,通过该 IP 接口进入路由模块。因此,属于同一 VLAN 的终端与 IP 接口之间交换路径的带宽不受单条物理链路带宽的限制,但连接在某个以太网上的所有终端共享路由器接口连接该以太网的物理链路的带宽。

9.1.6　校园网和三层交换机

1. 校园网特性

校园范围大约为 $2 \sim 4 \mathrm{km}^2$,而且大多数校园是独立、封闭的地理区域,能够实现自主布线,这两个特点使得交换式以太网成为校园网的最佳组网技术。但校园网中用户种类繁多

(有学生、教师、管理者等),信息资源种类繁多(有教学、人事、工资、科研等),用户与信息资源之间存在访问权限分配问题,因此,必须将连接不同类型用户终端的交换机端口划分到不同的 VLAN,将连接不同类型信息资源的交换机端口划分到不同的 VLAN。这样做,一是需要实现 VLAN 之间的通信过程,二是需要对 VLAN 之间的信息交换过程实施控制。三层交换机作为实现 VLAN 间通信过程的首选设备,自然成为构建校园网的主流设备。

2. 校园网结构

校园网结构如图 9.7 所示,整个网络结构划分为核心层、汇聚层和接入层。

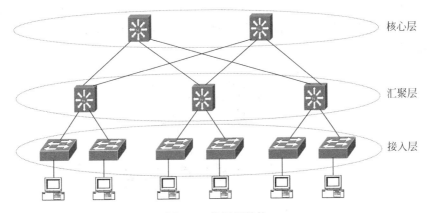

图 9.7　校园网结构

核心层由高速主干网组成,其任务是为其他两层提供优化的数据传输功能,由于核心层是分组的总交汇点,必须具有快速交换分组的能力,因此,核心层设备一般不参与可能影响分组交换速率的操作,如分组过滤等。同时,核心层设备也必须尽可能连接高速链路,以免产生带宽瓶颈。

汇聚层提供基于统一策略的互连性,定义网络边界,可以对分组进行复杂的操作,如分组过滤等。同时,它还实现广播域定义、VLAN 间路由等功能。

接入层解决终端设备的接入。它一方面需要增大端口密度的技术,如堆叠;另一方面需要对接入进行控制,如 MAC 层过滤、端口安全特性等。

3. 三层交换机在校园网中的应用

图 9.7 中汇聚层和核心层采用三层交换机。每一个汇聚层设备可以连接多个接入层设备,连接在这些接入层设备上的终端可以划分为多个不同的 VLAN,汇聚层设备需要实现这些 VLAN 间的通信过程。同时,汇聚层设备还需对每一个接入层设备连接汇聚层设备的链路(上联链路)的流量实施控制。根据连接在不同 VLAN 的用户终端类型,汇聚层设备需要根据制定的安全策略对 VLAN 之间的信息交换过程实施控制。

核心层设备实施路由功能时必须实现 IP 分组的快速转发,实施交换功能时必须实现 MAC 帧的快速转发。由于路由过程涉及 IP 分组分离、路由表查找、MAC 帧封装等操作,需要通过特定的机制实现 IP 分组的快速转发。

9.1.7 单臂路由器和三层交换机实现 VLAN 互连实例

本节在相同的 VLAN 互连环境下,分别讨论单臂路由器和三层交换机实现 VLAN 间通信过程的机制,以使读者进一步理解这两种机制的区别以及三层交换机是实现 VLAN 间互连的最佳选择的含义。

1. 单臂路由器实现 VLAN 互连实例

单臂路由器实现 VLAN 互连的网络结构如图 9.8 所示,终端 A、B 和 G 分配给 VLAN 2,终端 E、F 和 H 分配给 VLAN 3,终端 C 和 D 分配给 VLAN 4。由于每一个 VLAN 是一个独立的网络,属于不同 VLAN 的终端分配网络地址不同的 IP 地址。终端 IP 地址分配如图 9.8 所示。

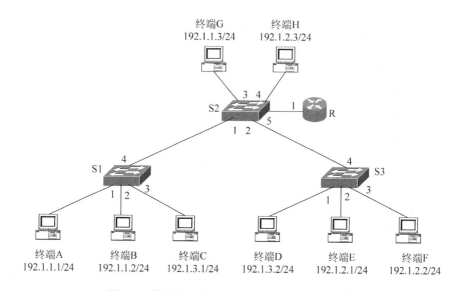

图 9.8　单臂路由器实现 VLAN 互连的网络结构

交换机 S2 的端口 5 连接单臂路由器 R 的物理接口 1。端口 5 必须满足以下条件:

- 它是被 VLAN 2、VALN 3 和 VLAN 4 共享的共享端口,且是 IEEE 802.1q 标记端口。
- 交换式以太网中所有连接终端的端口与端口 5 之间存在交换路径。

之所以选择交换机 S2 的端口 5 连接单臂路由器的物理接口,是因为 3 个 VLAN 内的交换路径都经过交换机 S2,交换机 S2 为此已经创建了 VLAN 2、VLAN 3 和 VLAN 4。因此,不仅方便将交换机 S2 的端口 5 配置成被 VLAN 2、VALN 3 和 VLAN 4 共享的共享端口和 IEEE 802.1q 标记端口,而且方便建立交换机 S2 的端口 5 与所有连接终端的交换机端口之间的交换路径。通过表 9.11 所示的各个交换机的 VLAN 与端口之间的映射,使得所有属于同一 VLAN 的终端之间存在交换路径,所有连接终端的交换机端口与交换机 S2 的端口 5 之间存在交换路径。

表 9.11　各个交换机 VLAN 与端口映射表

交　换　机	VLAN 2		VLAN 3		VLAN 4	
	非标记端口	标记端口	非标记端口	标记端口	非标记端口	标记端口
S1	S1.1、S1.2	S1.4			S1.3	S1.4
S2	S2.3	S2.1、S2.5	S2.4	S2.2、S2.5		S2.1、S2.2、S2.5
S3			S3.2、S3.3	S3.4	S3.1	S3.4

说明：S1.1 表示交换机 S1 的端口 1。

路由器物理接口 1 被划分为 3 个逻辑接口,每一个逻辑接口绑定一个 VLAN 并分配 IP 地址和子网掩码,每一个逻辑接口分配的 IP 地址和子网掩码必须和与该接口绑定的 VLAN 的网络地址一致。同时,该逻辑接口的 IP 地址也成为连接在与该逻辑接口绑定的 VLAN 上的终端的默认网关地址。完成路由器物理接口划分和逻辑接口 IP 地址与子网掩码配置后,路由器自动建立如图 9.9 所示的路由表。

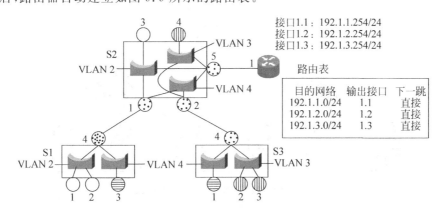

图 9.9　单臂路由器对应的逻辑结构

图 9.8 中终端 A 与终端 F 的通信过程如下。

(1) 终端 A 根据配置的默认网关地址解析出路由器逻辑接口 1.1 的 MAC 地址。

(2) 终端 A 将源 IP 地址为 192.1.1.1、目的 IP 地址为 192.1.2.2 的 IP 分组封装成以终端 A 的 MAC 地址为源 MAC 地址、以路由器逻辑接口 1.1 的 MAC 地址为目的 MAC 地址的 MAC 帧。

(3) 交换机 S1 根据该 MAC 帧的输入端口(端口 1)确定该 MAC 帧所属的 VLAN(VLAN 2),该 MAC 帧沿着交换机 S1 的端口 1 至交换机 S2 的端口 5 属于 VLAN 2 的交换路径到达交换机 S2 的端口 5,由于交换机 S2 的端口 5 是 802.1Q 标记端口,从该端口输出的 MAC 帧携带 VLAN ID(VLAN 2)。

(4) 该 MAC 帧通过逻辑接口 1.1 进入路由器,路由器从中分离出 IP 分组,用 IP 分组的目的 IP 地址 192.1.2.2 检索路由器表,找到匹配的路由项,用目的 IP 地址 192.1.2.2 解析出终端 F 的 MAC 地址,根据输出接口 1.2 确定该逻辑接口绑定的 VLAN(VLAN 3),重新将 IP 分组封装成以逻辑接口 1.2 的 MAC 地址为源 MAC 地址、以终端 F 的 MAC 地址为目的 MAC 地址、以 VLAN 3 为 VLAN ID 的 MAC 帧,将该 MAC 帧发送给交换机 S2 的端口 5。

（5）该 MAC 帧沿着交换机 S2 的端口 5 至交换机 S3 的端口 3 属于 VLAN 3 的交换路径到达交换机 S3 的端口 3，由于交换机 S3 的端口 3 是非标记端口（接入端口），从该端口输出的 MAC 帧删除 VLAN ID。

2. 三层交换机实现 VLAN 互连实例

用三层交换机实现 VLAN 互连的网络结构如图 9.10 所示，图中 S2 是三层交换机，S1 和 S3 是二层交换机。终端 A、B 和 G 分配给 VLAN 2，终端 E、F 和 H 分配给 VLAN 3，终端 C 和 D 分配给 VLAN 4。由于每一个 VLAN 是一个独立的网络，属于不同 VLAN 的终端分配网络地址不同的 IP 地址，终端 IP 地址分配如图 9.10 所示。

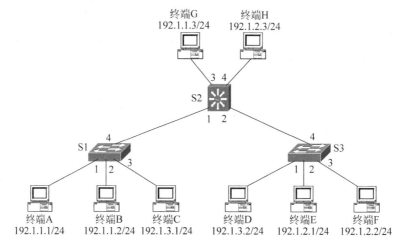

图 9.10　三层交换机实现 VLAN 互连的网络结构

为了用三层交换机实现 VLAN 互连，必须在三层交换机 S2 中创建 VLAN 2、VLAN 3 和 VLAN 4，针对每一个 VLAN，必须存在分配给该 VLAN 的交换机端口，交换机端口可以作为接入端口或共享端口分配给该 VLAN。其他交换机属于某个 VLAN 的端口与三层交换机中属于同一 VLAN 的端口之间必须建立交换路径。例如交换机 S1 中属于 VLAN 2 的端口 1 与三层交换机 S2 中同样属于 VLAN 2 的端口 1 之间必须建立属于 VLAN 2 的交换路径。通过表 9.12 所示的各个交换机的 VLAN 与端口之间的映射，所有属于同一 VLAN 的终端之间存在交换路径，其他交换机属于某个 VLAN 的端口与三层交换机中属于同一 VLAN 的端口之间存在交换路径。

表 9.12　各个交换机 VLAN 与端口映射表

交　换　机	VLAN 2		VLAN 3		VLAN 4	
	非标记端口	标记端口	非标记端口	标记端口	非标记端口	标记端口
S1	S1.1、S1.2	S1.4			S1.3	S1.4
S2	S2.3	S2.1	S2.4	S2.2		S2.1、S2.2
S3			S3.2、S3.3	S3.4	S3.1	S3.4

为每一个 VLAN 定义 IP 接口，为 IP 接口分配 IP 地址和子网掩码，每一个 IP 接口分配的 IP 地址和子网掩码必须与该 IP 接口对应的 VLAN 的网络地址一致。同时，该 IP 接

口的 IP 地址也成为连接在与该 IP 接口对应的 VLAN 上终端的默认网关地址。完成 IP 接口定义和 IP 接口 IP 地址与子网掩码配置过程后,三层交换机 S2 自动建立图 9.11 所示的路由表。值得强调的是,三层交换机的路由模块通过三层交换机内部背板实现与三层交换机其他功能模块之间的通信过程,因此,二层交换路径与 IP 接口及路由模块之间的传输通道对用户是透明的,这和单臂路由器互连 VLAN 方式需要用外部物理链路互连单臂路由器物理接口与交换机中被所有 VLAN 共享的共享端口是不同的。

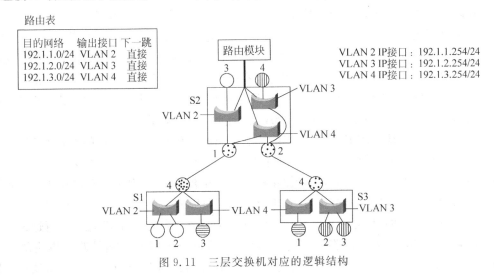

图 9.11　三层交换机对应的逻辑结构

9.2　三层交换过程

由于 VLAN 之间通信的过程主要发生在类似校园网或企业网这样的网络类型中,总的终端数能够控制在一定规模内,因此可以通过三层地址学习过程和正常路由过程创建三层转发项。创建三层转发项的目的是直接交换 IP 分组。由于需要事先通过三层地址学习过程或正常路由过程创建三层转发项,因此,两个连接在不同 VLAN 上的终端之间的通信过程可以做到一次路由、随后交换。

9.2.1　三层交换机结构

如图 9.12 所示,三层交换机由路由模块、交换结构、路由表、二层转发表和三层转发表组成。路由模块的功能有 3 个:一是运行路由协议,通过和其他三层交换机交换路由消息构建路由表;二是用 IP 分组的目的 IP 地址检索路由表,找到匹配路由项,根据该路由项确定输出端口和下一跳结点的 IP 地址,通过 ARP 地址解析过程获取下一跳结点的 MAC 地址;三是根据 IP 分组的目的 IP 地址、用于表示输出 IP 分组的 IP 接口的特殊 MAC 地址、输出 IP 分组的

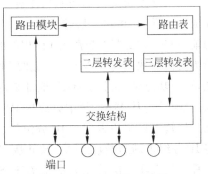

图 9.12　三层交换机结构

IP 接口对应的 VLAN、下一跳结点的 MAC 地址等信息构建三层转发表。

　　路由表中的每一个路由项用于指明通往某个网络的传输路径，它的格式是<目的网络，距离，VLAN，下一跳结点地址>。之所以用 VLAN 代替输出端口是因为三层交换机中所有属于某个 VLAN 的端口都有可能成为输出端口，因此，通过路由项只能确定输出端口所属的 VLAN。在通过 ARP 地址解析过程确定下一跳结点的 MAC 地址后，通过在二层转发表中检索与该 MAC 地址匹配的转发项，才能确定输出端口。

　　二层转发表中每一个转发项的功能有两个：一是用于指定转发项所属的 VLAN，二是用于指明通往目的终端的传输路径。转发项的格式是< VLAN，MAC 地址，端口>。VLAN字段给出转发项所属的 VLAN，由于基于每一个 VLAN 独立构建二层转发表，因此，交换结构必须在确定 MAC 帧所属的 VLAN 后，才能在该 VLAN 关联的二层转发表中检索 MAC 帧的目的 MAC 地址匹配的转发项。MAC 地址字段给出目的终端的 MAC 地址。端口字段给出以 MAC 地址字段值为目的 MAC 地址的 MAC 帧的输出端口。

　　如果需要路由模块完成 IP 分组的路由功能，封装该 IP 分组的 MAC 帧的目的 MAC 地址是表明接收端是三层交换机路由模块的特殊 MAC 地址，交换结构将以这样的 MAC 地址为目的 MAC 地址的 MAC 帧转发给路由模块。路由模块完成 IP 分组路由操作的过程如下：①从 MAC 帧中分离出 IP 分组，用该 IP 分组的目的 IP 地址检索路由表，根据匹配的路由项确定下一跳结点的 IP 地址和输出端口所属的 VLAN；②通过 ARP 地址解析过程获取下一跳结点的 MAC 地址；③将该 IP 分组重新封装成以表明发送端是路由模块的特殊 MAC 地址为源 MAC 地址、以下一跳结点的 MAC 地址为目的 MAC 地址、以输出端口所属 VLAN 为 VLAN ID 的 MAC 帧；④通过检索二层转发表确定输出端口，通过输出端口输出该 MAC 帧。

　　三层转发表是三层交换机特有的，它的作用是以二层交换的方式实现三层路由功能。三层转发表中的每一个转发项对应特定的 IP 地址，转发项中记录了转发以该 IP 地址为目的 IP 地址的 IP 分组所需的全部信息，如下一跳结点的 MAC 地址、表示三层交换机路由模块的特殊 MAC 地址、输出端口及输出端口所属的 VLAN 等。建立针对特定 IP 地址的三层转发项后，如果接收到以该 IP 地址为目的 IP 地址的 IP 分组，无须路由模块进行路由操作，交换结构通过用 IP 分组的目的 IP 地址检索三层转发表，获取重新将该 IP 分组封装成 MAC 帧所需的全部信息和用于输出该重新封装的 MAC 帧的端口。完成 IP 分组重新封装过程，并通过指定端口输出该重新封装的 MAC 帧。

　　三层交换机交换结构的功能有 3 个：一是传统二层交换机交换结构的功能，主要用于完成地址学习，构建二层转发表，根据二层转发表转发 MAC 帧等过程；二是三层地址学习功能，通过与二层地址学习过程相似的方法，根据接收到的目的 MAC 地址是用于表明接收端为路由模块的特殊 MAC 地址的 MAC 帧来构建三层转发项；三是直接转发 IP 分组的功能，这个功能针对目的 MAC 地址是用于表明接收端为路由模块的特殊 MAC 地址的 MAC帧，交换结构从 MAC 帧中分离出 IP 分组，用 IP 分组的目的 IP 地址检索三层转发表，如果在三层转发表中检索到与 IP 分组的目的 IP 地址匹配的三层转发项，根据三层转发项完成将 IP 分组重新封装成 MAC 帧并从三层转发项指定的输出端口输出重新封装的 MAC 帧的过程。如果在三层转发表中检索不到与 IP 分组目的 IP 地址匹配的三层转发项，将目的 MAC 地址是用于表明接收端为路由模块的特殊 MAC 地址的 MAC 帧转发给路由模块。

9.2.2 三层转发表的建立过程

1. 三层转发项格式

三层转发表中的三层转发项的格式是<目的 IP 地址,源 MAC 地址,目的 MAC 地址,VLAN ID,输出端口>,源 MAC 地址是用于表明路由模块的特殊 MAC 地址,目的 MAC 地址是下一跳结点的 MAC 地址,VLAN ID 用于指定输出端口所属的 VLAN。当交换结构接收到以用于表明接收端是路由模块的特殊 MAC 地址为目的 MAC 地址的 MAC 帧时,分离出 IP 分组,以该 IP 分组的目的 IP 地址检索三层转发表,如果找到目的 IP 地址与该 IP 分组的目的 IP 地址相同的三层转发项,重新将该 IP 分组封装成以该三层转发项中的源和目的 MAC 地址为源和目的 MAC 地址、以该三层转发项中的 VLAN ID 为 VLAN ID 的 MAC 帧,通过该三层转发项指定的输出端口输出重新封装的 MAC 帧。

图 9.13(a)是三层交换机实现 VLAN 互连的物理结构,图 9.13(b)是图 9.13(a)对应的逻辑结构。表 9.13 是三层交换机 S1 的三层转发表中目的 IP 地址分别是 IP A、IP B 和 IP C 的三层转发项。

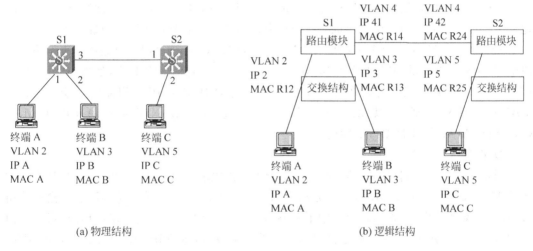

(a) 物理结构　　　　　　　　　　(b) 逻辑结构

图 9.13　三层交换机三层交换过程

表 9.13　三层交换机 S1 的三层转发表中目的 IP 地址分别是 IP A、IP B、IP C 的三层转发项

目的 IP 地址	源 MAC 地址	目的 MAC 地址	VLAN ID	输 出 端 口
IP A	MAC R12	MAC A	VLAN 2	1
IP B	MAC R13	MAC B	VLAN 3	2
IP C	MAC R14	MAC R24	VLAN 4	3

如果终端 C 向终端 A 发送 IP 分组,IP 分组的源 IP 地址为 IP C,目的 IP 地址为 IP A,该 IP 分组经三层交换机 S2 转发后,封装成源 MAC 地址是用于表明发送端是三层交换机 S2 中 VLAN 4 对应的 IP 接口的特殊 MAC 地址 MAC R24,目的 MAC 地址是用于表明接收端是三层交换机 S1 中 VLAN 4 对应的 IP 接口的特殊 MAC 地址 MAC R14,VLAN ID=VLAN 4 的 MAC 帧。当三层交换机 S1 接收到该 MAC 帧时,由于该 MAC 帧的目的 MAC 地址是表明接

收端是三层交换机 S1 中 VLAN 4 对应的 IP 接口的特殊 MAC 地址 MAC R14,从中分离出 IP 分组,用该 IP 分组的目的 IP 地址 IP A 检索三层交换机 S1 中的转发表,找到匹配的三层转发项,根据该三层转发项,重新将 IP 分组封装成源 MAC 地址是 MAC R12、目的 MAC 地址是 MAC A、VLAN ID=VLAN 2 的 MAC 帧,并将该 MAC 帧通过端口 1 输出。

值得指出的是,交换结构重新将 IP 分组封装成 MAC 帧时,还需将 IP 分组首部中的 TTL 字段值减 1,并重新计算 IP 分组首部中的检验和字段值。

2. 三层转发项建立过程

1) 三层地址学习过程

当三层交换机交换结构接收到目的 MAC 地址是用于表明接收端是某个 VLAN 对应的 IP 接口的特殊 MAC 地址的 MAC 帧时,从中分离出 IP 分组,根据该 MAC 帧的源 MAC 地址、目的 MAC 地址、VLAN ID 和 IP 分组的源 IP 地址构建一项三层转发项,三层转发项的目的 IP 地址为该 IP 分组的源 IP 地址,源 MAC 地址为该 MAC 帧的目的 MAC 地址,目的 MAC 地址为该 MAC 帧的源 MAC 地址,VLAN ID 为该 MAC 帧的 VLAN ID,输出端口为三层交换机接收该 MAC 帧的端口。

上述构建三层转发项的方法称为三层地址学习过程,与二层交换机构建二层转发表的地址学习过程相似。当三层交换机交换结构通过端口 x 接收到源 MAC 地址为 MAC S、目的 MAC 地址为 MAC D、VLAN ID 为 VLAN Y 的 MAC 帧,且 MAC D 是用于表示路由模块中 VLAN Y 对应的 IP 接口的特殊 MAC 地址时,从中分离出 IP 分组,如果 IP 分组的源 IP 地址为 IP S,路由模块可以确定所有目的 IP 地址为 IP S 的 IP 分组需要重新封装成以 MAC D 为源 MAC 地址、以 MAC S 为目的 MAC 地址、以 VLAN Y 为 VLAN ID 的 MAC 帧,并将该 MAC 帧通过端口 x 输出。

2) 正常路由过程

当路由模块接收到目的 MAC 地址是用于表明接收端是某个 VLAN 对应的 IP 接口的特殊 MAC 地址的 MAC 帧时,从中分离出 IP 分组,用该 IP 分组的目的 IP 地址检索路由表,找到匹配的路由项,根据路由项中下一跳 IP 地址解析出下一跳的 MAC 地址,根据路由项中输出接口指定的 VLAN 确定输出端口所属的 VLAN,将该 IP 分组重新封装成源 MAC 地址是用于表示发送端是路由模块某个 VLAN 对应的 IP 接口的特殊 MAC 地址,目的 MAC 地址是下一跳的 MAC 地址,VLAN ID 是路由项中输出接口指定的 VLAN 的 MAC 帧。将该 MAC 帧发送给交换结构。交换结构根据该 MAC 帧的目的 MAC 地址和 VLAN ID,在二层转发表中检索匹配的转发项,将该 MAC 帧从转发项指定的端口输出。路由模块确定该 MAC 帧的输出端口后,构建一项三层转发项,三层转发项的目的 IP 地址为该 IP 分组的目的 IP 地址,源 MAC 地址为该 MAC 帧的源 MAC 地址,目的 MAC 地址为该 MAC 帧的目的 MAC 地址,VLAN ID 为该 MAC 帧的 VLAN ID,输出端口为三层交换机输出该 MAC 帧的端口。

3) 构建三层转发项实例

下面以终端 A 向终端 C 传输 IP 分组为例,讨论三层转发项建立过程。终端 A 发送给终端 C 的 IP 分组的源 IP 地址是 IP A,目的 IP 地址是 IP C,该 IP 分组封装成源 MAC 地址为 MAC A、目的 MAC 地址为 MAC R12、VLAN ID 为 VLAN 2 的 MAC 帧,三层交换机通过端口 1 接收到该 MAC 帧,由于该 MAC 帧的目的 MAC 地址是用于表明接收端是路由模块中 VLAN 2 对应的 IP 接口的特殊 MAC 地址 MAC R12,交换结构构建一项三层转发项,该三层转发项的目的 IP 地址为该 IP 分组的源 IP 地址(IP A),源 MAC 地址为该 MAC 帧的目的 MAC 地址(MAC R12),目的 MAC 地址为该 MAC 帧的源 MAC 地址(MAC A),VLAN ID 为该 MAC 帧的 VLAN ID(VLAN 2),输出端口为接收该 MAC 帧的端口(端口 1)。该三层转发项完全等同于表 9.13 中目的 IP 地址为 IP A 的三层转发项。

三层交换机 S1 的路由模块接收到终端 A 发送的 MAC 帧后,从中分离出 IP 分组,根据 IP 分组的目的 IP 地址检索如表 9.14 所示的路由表,由于 IP C∈NET5(用 NET5 表示分配给 VLAN 5 的网络地址),确定输出端口属于 VLAN 4,下一跳结点的 IP 地址为 IP 42。通过地址解析过程获取 IP 42 对应的 MAC 地址 MAC R24,重新将该 IP 分组封装成 MAC 帧,源 MAC 地址为用于表示发送端是路由模块 VLAN 4 对应的 IP 接口的特殊 MAC 地址 MAC R14,目的 MAC 地址为下一跳 MAC 地址 MAC R24,VLAN ID 为 VLAN 4,将该 MAC 帧发送给交换结构。交换结构根据该 MAC 帧的目的 MAC 地址和 VLAN ID 找到转发项,从转发项指定的输出端口(端口 3)输出该 MAC 帧。路由模块确定该 MAC 帧的输出端口后,构建一项三层转发项,三层转发项的目的 IP 地址为该 IP 分组的目的 IP 地址(IP C),源 MAC 地址为该 MAC 帧的源 MAC 地址(MAC R14),目的 MAC 地址为该 MAC 帧的目的 MAC 地址(MAC R24),VLAN ID 为该 MAC 帧的 VLAN ID(VLAN 4),输出端口为三层交换机输出该 MAC 帧的端口(端口 3)。该三层转发项完全等同于表 9.13 中目的 IP 地址为 IP C 的三层转发项。

表 9.14 三层交换机 S1 的路由表

目 的 网 络	输 出 接 口	下 一 跳
NET2	VLAN 2	直接
NET3	VLAN 3	直接
NET5	VLAN 4	IP 42

需要指出的是,当交换结构接收到目的 MAC 地址是用于表明接收端是某个 VLAN 对应的 IP 接口的特殊 MAC 地址的 MAC 帧时,从中分离出 IP 分组,只有在三层转发表中找不到与该 IP 分组的源 IP 地址匹配的三层转发项时,才构建与该 IP 分组的源 IP 地址匹配的三层转发项。

当三层交换机交换结构接收到目的 MAC 地址是用于表明接收端是某个 VLAN 对应的 IP 接口的特殊 MAC 地址的 MAC 帧时,从中分离出 IP 分组,只有在三层转发表中找不到与该 IP 分组的目的 IP 地址匹配的三层转发项时,将该 MAC 帧发送给路由模块。路由模块在完成该 IP 分组转发过程的同时,构建与该 IP 分组的目的 IP 地址匹配的三层转发项。

9.2.3 二层交换和三层路由交换过程

1. 二层交换过程

图 9.14(a)给出终端与三层交换机之间的连接过程,三层交换机 4 个端口分别连接 4 个终端,其中端口 1 和端口 3 分配给 VLAN 2,端口 2 和端口 4 分配给 VLAN 3,VLAN 与端

口之间的映射如表9.15所示,图9.14(b)是图9.14(a)对应的逻辑结构。连接在属于不同VLAN的交换机端口的终端必须分配网络地址不同的IP地址。例如为连接在交换机端口1的终端A分配IP地址和子网掩码192.1.1.1/24,并因此计算出终端A所在网络的网络地址是192.1.1.0/24；为连接在交换机端口2的终端B分配IP地址和子网掩码192.1.2.1/24,并因此计算出终端B所在网络的网络地址是192.1.2.0/24。连接在属于相同VLAN的交换机端口的终端,必须分配网络地址相同的IP地址。例如分别为终端A和终端C分配IP地址和子网掩码192.1.1.1/24和192.1.1.2/24,因此计算出它们的网络地址都是192.1.1.0/24。

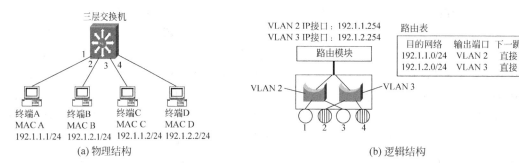

图 9.14　网络结构

表 9.15　三层交换机 VLAN 与端口映射表

VLAN	端　　口
VLAN 2	1,3
VLAN 3	2,4

　　二层交换只能实现两个连接在属于相同 VLAN 的交换机端口的终端之间的 MAC 帧传输过程。终端 A 向终端 C 发送 MAC 帧前,必须获取终端 C 的 MAC 地址,然后构建以终端 A 的 MAC 地址 MAC A 为源 MAC 地址、以终端 C 的 MAC 地址 MAC C 为目的 MAC 地址的 MAC 帧,并向三层交换机发送该 MAC 帧。

　　三层交换机通过端口 1 接收到该 MAC 帧后,确定该 MAC 帧的目的 MAC 地址不是表示接收端是该三层交换机路由模块的特殊 MAC 地址,完成该 MAC 帧的地址学习过程,在二层转发表中创建 VLAN 为 VLAN 2,MAC 地址为 MAC A,端口为端口 1 的转发项。然后在二层转发表中检索 MAC 地址与 MAC C 匹配的转发项,在没有找到与 MAC C 匹配的转发项的情况下,通过其他所有属于 VLAN 2 的交换机端口输出该 MAC 帧。这里由于属于 VLAN 2 的端口只有端口 1 和端口 3,除了输入端口——端口 1 外,属于 VLAN 2 的其他端口只有端口 3,因此,交换结构通过端口 3 输出该 MAC 帧。

　　当终端 C 向终端 A 回送 MAC 帧时,终端 C 构建以终端 C 的 MAC 地址 MAC C 为源 MAC 地址、以终端 A 的 MAC 地址 MAC A 为目的 MAC 地址的 MAC 帧,并向三层交换机发送该 MAC 帧。三层交换机通过端口 3 接收到该 MAC 帧后,确定该 MAC 帧的目的 MAC 地址不是表示接收端是该三层交换机路由模块的特殊 MAC 地址,完成该 MAC 帧的地址学习过程,在二层转发表中创建 VLAN 为 VLAN 2,MAC 地址为 MAC C,端口为端口 3 的转发项。完成上述转发项创建后的二层转发表如表 9.16 所示。然后在二层转发表中检索 MAC 地址等于 MAC A 的转发项,找到 MAC 地址与 MAC A 相同的转发项,通过该转发项指定的输出端口——端口 1 输出该 MAC 帧。

表 9.16　二层转发表

VLAN	MAC　地　址	端　　口
2	MAC A	1
2	MAC C	3

2. 三层路由交换过程

1) 三层交换机初始配置

三层交换机进行三层路由操作前,必须定义 IP 接口,为 IP 接口分配 IP 地址和子网掩码,这里需要分别为三层交换机定义对应 VLAN 2 和 VLAN 3 的两个 IP 接口,分别为这两个 IP 接口分配 IP 地址和子网掩码 192.1.1.254/24 和 192.1.2.254/24。根据分配给这两个 IP 接口的 IP 地址和子网掩码计算出的网络地址必须与该 IP 接口对应的 VLAN 的网络地址一致。这两个 IP 接口的 IP 地址也成为分别连接在属于 VLAN 2 和 VLAN 3 的交换机端口上的终端的默认网关地址。使得终端 A 和终端 C 的默认网关地址为 192.1.1.254,终端 B 和终端 D 的默认网关地址为 192.1.2.254。完成 IP 接口定义和 IP 地址分配后,三层交换机创建如表 9.17 所示的路由表。

表 9.17　三层交换机路由表

目 的 网 络	输 出 端 口	下　一　跳	距　　离
192.1.1.0/24	VLAN 2	直接	0
192.1.2.0/24	VLAN 3	直接	0

三层交换机需要指定用于表明接收端是该三层交换机的路由模块的特殊 MAC 地址,不同厂家用不同的方式指定该特殊 MAC 地址,这里假定每一个三层交换机端口有着唯一的 MAC 地址,所有以某个三层交换机端口的 MAC 地址为目的 MAC 地址的 MAC 帧都是需要转发给路由模块的 MAC 帧。图 9.14 中 4 个三层交换机端口(端口 1～端口 4)对应的 MAC 地址分别是 MAC R1～MAC R4。

2) 三层地址学习过程和 IP 分组路由过程

当终端 A 向终端 B 发送 IP 分组时,必须先获取终端 B 的 IP 地址 192.1.2.1,根据终端 A 配置的子网掩码 255.255.255.0,求出终端 A 和终端 B 所在网络的网络地址分别是 192.1.1.0/24 和 192.1.2.0/24。由于终端 A 和终端 B 连接在不同的网络,终端 A 需要先将 IP 分组发送给默认网关。为了获取默认网关的 MAC 地址,终端 A 广播 ARP 请求报文,请求解析 IP 地址 192.1.1.254 对应的 MAC 地址。该 ARP 请求报文在 VLAN 2 中广播,到达所有连接在属于 VLAN 2 的交换机端口的终端和路由模块。路由模块将接收该 ARP 请求报文的端口的 MAC 地址 MAC R1 作为 VLAN 2 对应的 IP 接口的 MAC 地址,将包含 IP 地址 192.1.1.254 和 MAC 地址 MAC R1 的 ARP 响应报文发送给终端 A。终端 A 构建源 IP 地址为 192.1.1.1、目的 IP 地址为 192.1.2.1 的 IP 分组,将该 IP 分组封装成以 MAC A 为源 MAC 地址、以 MAC R1 为目的 MAC 地址的 MAC 帧,并将该 MAC 帧发送给三层交

换机。三层交换机交换结构通过端口 1 接收到该 MAC 帧，根据目的 MAC 地址 MAC R1
确定该 MAC 帧的接收端是路由模块，从该 MAC 帧中分离出 IP 分组。交换结构首先通过
三层地址学习过程创建一项三层转发项，三层转发项中的目的 IP 地址为 IP 分组的源 IP
地址 192.1.1.1，源 MAC 地址为 MAC 帧的目的 MAC 地址 MAC R1，目的 MAC 地址为
MAC 帧的源 MAC 地址 MAC A，输出端口为接收该 MAC 帧端口——端口 1。由于端口
1 是接入端口，从该端口输出的 MAC 帧无须携带 VLAN ID，因此，三层转发项中的
VLAN ID 为空白。根据三层地址学习过程创建的三层转发项的各个字段值如表 9.18
所示。

表 9.18　三层转发表

目的 IP 地址	源 MAC 地址	目的 MAC 地址	输 出 端 口	VLAN ID
192.1.1.1	MAC R1	MAC A	1	—
192.1.2.1	MAC R2	MAC B	2	—

　　交换结构随后用 IP 分组的目的地址 192.1.2.1 检索三层转发表，由于没有找到与 IP
地址 192.1.2.1 匹配的三层转发项，交换结构将该 MAC 帧转发给路由模块。路由模块用
该 IP 分组的目的 IP 地址 192.1.2.1 检索路由表，找到匹配的路由项，确定输出端口所属的
VLAN 是 VALN 3，下一跳结点是目的终端自身。通过在 VLAN 3 广播 ARP 请求报文，获
取终端 B 的 MAC 地址 MAC B，用 MAC B 检索二层转发表，确定输出端口是端口 2 且端口
2 是接入端口。路由模块一方面将 IP 分组封装成以交换机端口 2 的 MAC 地址 MAC R2
为源 MAC 地址、以终端 B 的 MAC 地址为目的 MAC 地址的 MAC 帧，并将 MAC 帧通过端
口 2 输出；另一方面创建一项三层转发项，三层转发项中的目的 IP 地址为 IP 分组目的 IP
地址 192.1.2.1，源 MAC 地址为交换机端口 2 的 MAC 地址 MAC R2，目的 MAC 地址为终
端 B 的 MAC 地址 MAC B，输出端口为端口 2。由于端口 2 是接入端口，从该端口输出的
MAC 帧无须携带 VLAN ID，因此，三层转发项中的 VLAN ID 为空白，该三层转发项的各
个字段值如表 9.18 所示。从端口 2 输出的 MAC 帧到达终端 B。

　　3）交换 IP 分组过程

　　如果终端 B 向终端 A 发送 IP 分组，终端 B 构建源 IP 地址为 192.1.2.1、目的 IP 地址
为 192.1.1.1 的 IP 分组，将该 IP 分组封装成以终端 B 的 MAC 地址为源 MAC 地址、以交
换机端口 2 的 MAC 地址 MAC R2 为目的 MAC 地址的 MAC 帧，将该 MAC 帧发送给三层
交换机。三层交换机交换结构接收到该 MAC 帧后，根据目的 MAC 地址 MAC R2 确定该
MAC 帧的接收端是路由模块，从该 MAC 帧中分离出 IP 分组，用 IP 分组的目的 IP 地址
192.1.1.1 检索三层转发表，找到匹配的三层转发项，直接根据该三层转发项的各个字段值
重新将该 IP 分组封装成 MAC 帧，重新封装的 MAC 帧的源 MAC 地址是三层转发项中的
源 MAC 地址 MAC R1，目的 MAC 地址是三层转发项中的目的 MAC 地址 MAC A。将重
新封装的 MAC 帧通过三层转发项指定的输出端口——端口 1 输出。从端口 1 输出的
MAC 帧到达终端 A。

　　后续终端 A 向终端 B 发送 IP 分组时，由于可以在三层转发表中检索到与目的 IP 地址
192.1.2.1 匹配的三层转发项，直接根据该三层转发项中的各个字段值重新封装该 IP 分
组，并将重新封装的 MAC 帧通过三层转发项指定的输出端口输出，无须经过路由模块的路

由操作。这种实现两个连接在不同 VLAN 上的终端之间通信过程的方式称为"一次路由、随后交换"。

和二层转发项一样,每一个三层转发项关联一个定时器,每当经过该三层转发项完成 IP 分组转发操作时就刷新该定时器。一旦定时器溢出,就从三层转发表中删除该三层转发项。

9.3 三层交换机应用方式

由于三层交换机既可实现连接在同一 VLAN 上的两个终端之间的通信过程,又可实现连接在不同 VLAN 上的两个终端之间的通信过程,且属于同一 VLAN 的多个终端可以分布在多个不同的三层交换机上。这一特性使得三层交换机可以用多种方式实现校园网或企业网属于同一 VLAN 的终端之间的通信过程和属于不同 VLAN 的终端之间的通信过程。

9.3.1 IP 接口集中到单个三层交换机

1. IP 接口配置和网络逻辑结构

互连网络结构如图 9.15 所示,S1 和 S2 是三层交换机,要求终端 A 和终端 C 属于 VLAN 2,终端 B 和终端 D 属于 VLAN 3,可以通过在单个三层交换机上定义 VLAN 2 和 VLAN 3 对应的 IP 接口,实现属于同一 VLAN 的终端之间通信和属于不同 VLAN 的终端之间通信的功能。

将 IP 接口集中到单个三层交换机的逻辑结构如图 9.16 所示,由于 VLAN 2 和 VLAN 3 对应的 IP 接口定义在三层交换机 S1 中,因此,属于同一 VLAN 的终端之间必须建立交换路径,属于 VLAN 2 和 VLAN 3 的终端必须建立与三层交换机 S1 之间的交换路径。图 9.17 给出了交换机 S1 和 S2 的 VLAN 配置,三层交换机 S1 作为三层交换机使用,定义分别对应 VLAN 2 和 VLAN 3 的 IP 接口,并为这两个 IP 接口分配 IP 地址和子网掩码,然后建立如图 9.17 所示的路由表。三层交换机 S2 作为普通二层交换机使用,用于建立属于同一 VLAN 的终端之间的交换路径和连接在三层交换机 S2 上的终端与三层交换机 S1 之间的交换路径。交换机 S1 和 S2 的 VLAN 与端口之间的映射如表 9.19 所示。

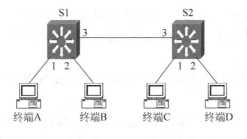

图 9.15 互连网络结构

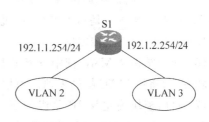

图 9.16 对应的逻辑结构

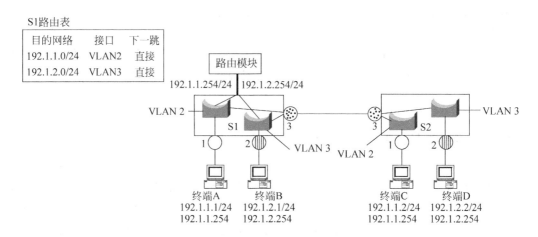

图 9.17　配置图

表 9.19　VLAN 与端口映射表

交　换　机	VLAN 2		VLAN 3	
	非标记端口	标记端口	非标记端口	标记端口
S1	S1.1	S1.3	S1.2	S1.3
S2	S2.1	S2.3	S2.2	S2.3

2. VLAN 之间 IP 分组传输过程

假定三层交换机 S1 的 3 个端口(端口 1～端口 3)的 MAC 地址分别是 MAC R1～MAC R3,终端 C 和终端 D 的 MAC 地址分别是 MAC C 和 MAC D。终端 C 至终端 D 的 IP 分组传输过程如下:

(1) 终端 C 通过地址解析过程获取路由模块的 MAC 地址 MAC R3。

(2) 终端 C 构建以 IP 地址 192.1.1.2 为源 IP 地址,以 IP 地址 192.1.2.2 为目的 IP 地址的 IP 分组。

(3) 终端 C 将 IP 分组封装成以 MAC C 为源 MAC 地址,以 MAC R3 为目的 MAC 地址的 MAC 帧。

(4) 交换机 S2 通过二层交换过程从端口 3 输出该 MAC 帧,由于端口 3 是 IEEE 802.1q 标记端口,从端口 3 输出的 MAC 帧携带 VLAN ID——VLAN 2。

(5) 三层交换机 S1 通过端口 3 接收该 MAC 帧,根据该 MAC 帧的目的 MAC 地址确定该 MAC 帧的接收端是路由模块,通过三层地址学习过程创建如表 9.20 所示的 IP 地址 192.1.1.2 对应的三层转发项。

(6) 交换结构从 MAC 帧中分离出 IP 分组,由于没有找到 IP 分组目的 IP 地址匹配的三层转发项,将该 MAC 帧转发给路由模块。

(7) 路由模块确定该 IP 分组的下一跳是目的终端自身,输出端口所属的 VLAN 是 VLAN 3,通过地址解析过程获取终端 D 的 MAC 地址 MAC D,通过检索二层转发表确定输出端口——端口 3,将 IP 分组封装成以 MAC R3 为源 MAC 地址,以 MAC D 为目的

MAC 地址,VLAN ID 为 VLAN 3 的 MAC 帧,通过三层交换机 S1 端口 3 输出该 MAC 帧,同时在三层转发表中创建表 9.20 所示的 IP 地址 192.1.2.2 对应的三层转发项。

(8) 交换机 S2 通过端口 3 接收到该 MAC 帧,根据该 MAC 帧携带的 VLAN ID 确定转发该 MAC 帧的网桥,由 VLAN 3 对应的网桥通过二层交换过程将该 MAC 帧从端口 2 转发出去,完成 IP 分组终端 C 至终端 D 的传输过程。

表 9.20　三层交换机 S1 的三层转发表

目的 IP 地址	源 MAC 地址	目的 MAC 地址	输 出 端 口	VLAN ID
192.1.1.2	MAC R3	MAC C	3	VLAN 2
192.1.2.2	MAC R3	MAC D	3	VLAN 3

9.3.2　两个三层交换机同时定义所有 VLAN 对应的 IP 接口

1. IP 接口配置和网络逻辑结构

网络结构和终端与 VLAN 之间的关系与 9.3.1 节所述的相同,可以通过在三层交换机 S1 和 S2 上同时定义 VLAN 2 和 VLAN 3 对应的 IP 接口,实现属于同一 VLAN 的终端之间通信和属于不同 VLAN 的终端之间通信的功能。

在两个三层交换机上同时定义 VLAN 2 和 VLAN 3 对应的 IP 接口的逻辑结构如图 9.18 所示,由于三层交换机 S1 和 S2 中同时定义 VLAN 2 和 VLAN 3 对应的 IP 接口,因此,属于同一 VLAN 的终端之间必须建立交换路径,属于 VLAN 2 和 VLAN 3 的终端必须建立与三层交换机 S1 和 S2 之间的交换路径。

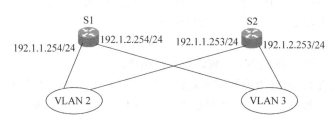

图 9.18　逻辑结构

图 9.19 给出了交换机 S1 和 S2 的 VLAN 配置,三层交换机 S1 和 S2 均作为三层交换机使用,分别定义对应 VLAN 2 和 VLAN 3 的 IP 接口,并为 IP 接口分配 IP 地址和子网掩码。完成 IP 接口定义与 IP 地址和子网掩码分配后,建立如图 9.19 所示的路由表。三层交换机 S1 和 S2 同时具有普通二层交换机功能,用于建立属于同一 VLAN 的终端之间的交换路径和连接在一个三层交换机上的终端与另一个三层交换机之间的交换路径。交换机 S1 和 S2 的 VLAN 与端口之间的映射如表 9.19 所示。对于如图 9.19 所示的 IP 接口配置,属于 VLAN 2 的终端可以任意选择 192.1.1.254 或 192.1.1.253 作为默认网关地址,同样,属于 VLAN 3 的终端可以任意选择 192.1.2.254 或 192.1.2.253 作为默认网关地址。

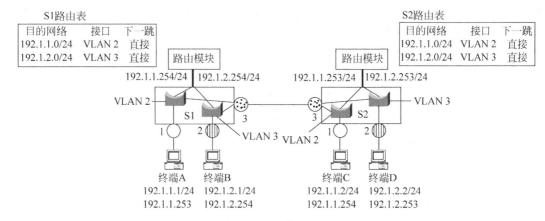

图 9.19　IP 接口配置

2. VLAN 之间 IP 分组传输过程

假定三层交换机 S1 的 3 个端口的 MAC 地址分别为 MAC R11～MAC R13,三层交换机 S2 的 3 个端口的 MAC 地址分别为 MAC R21～MAC R23,终端 C 的 MAC 地址为 MAC C,终端 D 的 MAC 地址为 MAC D。根据如图 9.19 所示的 IP 接口配置和终端 C 与终端 D 选择的默认网关地址,终端 C 至终端 D 的 IP 分组传输过程如下:

(1) 由于终端 C 选择的默认网关地址是三层交换机 S1 中对应 VLAN 2 的 IP 接口的 IP 地址,因此,终端 C 通过对默认网关地址 192.1.1.254 进行地址解析,得到对应的 MAC 地址 MAC R13。

(2) 终端 C 发送给默认网关的 MAC 帧沿着三层交换机 S2 连接终端 C 的端口至三层交换机 S1 端口 3 的交换路径进入三层交换机 S1。

(3) 三层交换机 S1 通过三层地址学习过程创建如表 9.21 所示的 IP 地址 192.1.1.2 对应的三层转发项,同时,将该 MAC 帧转发给路由模块。

(4) 三层交换机 S1 的路由模块完成路由表检索、下一跳结点 IP 地址解析等过程,创建如表 9.21 所示的 IP 地址 192.1.2.2 对应的三层转发项,将重新封装后的 MAC 帧通过端口 3 输出。

(5) 重新封装后的 MAC 帧沿着三层交换机 S1 端口 3 至三层交换机 S2 连接终端 D 的端口的交换路径到达终端 D,完成 IP 分组终端 C 至终端 D 传输过程。

表 9.21　三层交换机 S1 三层转发表

目的 IP 地址	源 MAC 地 址	目的 MAC 地址	输 出 端 口	VLAN ID
192.1.1.2	MAC R13	MAC C	3	VLAN 2
192.1.2.2	MAC R13	MAC D	3	VLAN 3

终端 D 至终端 C 的 IP 分组传输过程如下:

(1) 由于终端 D 选择的默认网关地址是三层交换机 S2 中对应 VLAN 3 的 IP 接口的 IP 地址,因此,终端 D 通过对默认网关地址 192.1.2.253 进行地址解析,得到对应的 MAC 地址 MAC R22。

（2）三层交换机 S2 的交换结构通过端口 2 接收到终端 D 发送给默认网关的 MAC 帧，确定该 MAC 帧的接收端是三层交换机 S2 的路由模块，通过三层地址学习过程创建如表 9.22 所示的 IP 地址 192.1.2.2 对应的三层转发项，同时，将该 MAC 帧转发给路由模块。

（3）三层交换机 S2 的路由模块完成路由表检索、下一跳结点 IP 地址解析等过程，创建如表 9.22 所示的 IP 地址 192.1.1.2 对应的三层转发项，将重新封装后的 MAC 帧直接通过端口 1 传输给终端 C，完成 IP 地址终端 D 至终端 C 的传输过程。

表 9.22　三层交换机 S2 三层转发表

目的 IP 地址	源 MAC 地址	目的 MAC 地址	输 出 端 口	VLAN ID
192.1.2.2	MAC R22	MAC D	2	—
192.1.1.2	MAC R21	MAC C	1	—

9.3.3　两个三层交换机分别定义两个 VLAN 对应的 IP 接口

1. IP 接口配置和网络逻辑结构

网络结构和终端与 VLAN 之间的关系与 9.3.1 节所述的相同，通过分别在三层交换机 S1 上定义 VLAN 2 对应的 IP 接口，在三层交换机 S2 上定义 VLAN 3 对应的 IP 接口，实现属于同一 VLAN 的终端之间通信，属于不同 VLAN 的终端之间通信的功能。

两个三层交换机分别定义两个 VLAN 对应的 IP 接口的逻辑结构如图 9.20 所示，其中 VLAN 2 直接和 S1 相连，VLAN 3 直接和 S2 相连，为了实现 VLAN 2 和 VLAN 3 之间的通信，需要用 VLAN 4 互连 S1 和 S2。和两个路由器互连 3 个 VLAN 不同，由于 VLAN 2 包含物理上连接在 S2 上的终端 C，因此对于 VLAN 2 和终端 C，S2 是一个二层交换机，用于创建终端 C 至 S1 中 VLAN 2 对应的 IP 接口和终端 A 之间的交换路径。同理，对于 VLAN 3 和终端 B，S1 是一个二层交换机，用于创建终端 B 至 S2 中 VLAN 3 对应的 IP 接口和终端 D 之间的交换路径。这是三层交换机和路由器的本质区别，三层交换机既可建立属于同一 VLAN 的终端之间的交换路径，又可建立不同 VLAN 之间的 IP 传输路径。

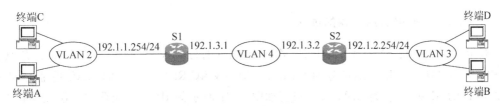

图 9.20　逻辑结构

交换机 S1 和 S2 的 VLAN 与端口之间的映射如表 9.23 所示，这样配置的目的是为了保证以下 3 点：①建立属于同一 VLAN 的终端之间的交换路径；②建立所有属于 VLAN 2 的终端至 S1 的交换路径；③建立所有属于 VLAN 3 的终端至 S2 的交换路径。同时，通过 VLAN 4 建立 S1 中 VLAN 2 对应的 IP 接口至 S2 中 VLAN 3 对应的 IP 接口之间的 IP 传输路径。为此，S1 需配置两个分别对应 VLAN 2 和 VLAN 4 的 IP 接口，为这两个 IP 接口分配 IP 地址和子网掩码，为 VLAN 2 对应的 IP 接口分配的 IP 地址和子网掩码既确定了

VLAN 2 的网络地址,同时又确定了连接在 VLAN 2 中的终端的默认网关地址。同样,S2 需配置两个分别对应 VLAN 3 和 VLAN 4 的 IP 接口,为这两个 IP 接口分配 IP 地址和子网掩码,为 VLAN 3 对应的 IP 接口分配的 IP 地址和子网掩码既确定了 VLAN 3 的网络地址,同时又确定了连接在 VLAN 3 中的终端的默认网关地址。S1 和 S2 中为 VLAN 4 对应的 IP 接口分配的 IP 地址应属于同一网络地址,对于 S1,S2 中 VLAN 4 对应的 IP 接口的 IP 地址就是 S1 通往 VLAN 3 的传输路径上的下一跳地址。同样,对于 S2,S1 中 VLAN 4 对应的 IP 接口的 IP 地址就是 S2 通往 VLAN 2 的传输路径上的下一跳地址。图 9.21 给出了 IP 接口配置及对应的 S1 和 S2 的路由表。

表 9.23　VLAN 与端口映射表

交 换 机	VLAN 2		VLAN 3		VLAN 4	
	非标记端口	标记端口	非标记端口	标记端口	非标记端口	标记端口
S1	S1.1	S1.3	S1.2	S1.3		S1.3
S2	S2.1	S2.3	S2.2	S2.3		S2.3

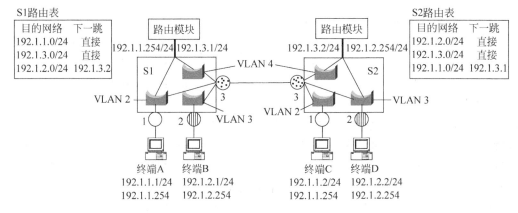

图 9.21　IP 接口配置

2. VLAN 之间 IP 分组传输的过程

假定三层交换机 S1 的 3 个端口的 MAC 地址分别为 MAC R11～MAC R13,三层交换机 S2 的 3 个端口的 MAC 地址分别为 MAC R21～MAC R23,终端 C 的 MAC 地址为 MAC C,终端 D 的 MAC 地址为 MAC D。根据如图 9.21 所示的 IP 接口配置和三层交换机 S1、S2 中的路由表内容,终端 C 至终端 D 的 IP 分组传输过程如下:

(1) 由于终端 C 选择的默认网关地址是三层交换机 S1 中对应 VLAN 2 的 IP 接口的 IP 地址,因此,终端 C 通过对默认网关地址 192.1.1.254 进行地址解析,得到对应的 MAC 地址 MAC R13。

(2) 终端 C 发送给默认网关的 MAC 帧沿着三层交换机 S2 连接终端 C 的端口至三层交换机 S1 端口 3 的交换路径进入三层交换机 S1。

(3) 三层交换机 S1 的交换结构根据目的 MAC 地址 MAC R13 确定该 MAC 帧的接收端是路由模块,通过三层地址学习过程创建如表 9.24 所示的 IP 地址 192.1.1.2 对应的三层转发项,同时,将该 MAC 帧转发给路由模块。

（4）三层交换机 S1 的路由模块从该 MAC 帧中分离出 IP 分组,用该 IP 分组的目的 IP 地址 192.1.2.2 检索路由表,找到匹配的路由项,确定输出端口所属的 VLAN 是 VLAN 4,下一跳结点地址是 192.1.3.2。对 IP 地址 192.1.3.2 进行地址解析,获得对应的 MAC 地址 MAC R23,用 MAC 地址 MAC R23 检索二层转发表,确定输出端口是端口 3,路由模块根据以上信息创建如表 9.24 所示的 IP 地址 192.1.2.2 对应的三层转发项。重新将 IP 分组封装成以 MAC 地址 MAC R13 为源 MAC 地址、MAC 地址 MAC R23 为目的 MAC 地址、VLAN ID 为 VLAN 4 的 MAC 帧,通过端口 3 输出该 MAC 帧。

（5）该 MAC 帧沿着三层交换机 S1 端口 3 至三层交换机 S2 端口 3 的交换路径到达三层交换机 S2,三层交换机 S2 的交换结构根据目的 MAC 地址 MAC R23 确定该 MAC 帧的接收端是路由模块,通过三层地址学习过程创建如表 9.25 所示的 IP 地址 192.1.1.2 对应的三层转发项,同时,将该 MAC 帧转发给路由模块。

（6）三层交换机 S2 的路由模块从该 MAC 帧中分离出 IP 分组,用该 IP 分组的目的 IP 地址 192.1.2.2 检索路由表,找到匹配的路由项,确定输出端口所属的 VLAN 是 VLAN 3,下一跳结点是目的终端自身,对 IP 地址 192.1.2.2 进行地址解析,获得对应的 MAC 地址 MAC D,用 MAC 地址 MAC D 检索二层转发表,确定输出端口是端口 2。路由模块根据以上信息创建如表 9.25 所示的 IP 地址 192.1.2.2 对应的三层转发项。重新将 IP 分组封装成以 MAC 地址 MAC R22 为源 MAC 地址、以 MAC 地址 MAC D 为目的 MAC 地址的 MAC 帧,通过端口 2 输出该 MAC 帧。该 MAC 帧到达终端 D,完成 IP 分组终端 C 至终端 D 的传输过程。

表 9.24　三层交换机 S1 三层转发表

目的 IP 地址	源 MAC 地址	目的 MAC 地址	输出端口	VLAN ID
192.1.1.2	MAC R13	MAC C	3	VLAN 2
192.1.2.2	MAC R13	MAC 23	3	VLAN 4

表 9.25　三层交换机 S2 三层转发表

目的 IP 地址	源 MAC 地址	目的 MAC 地址	输出端口	VLAN ID
192.1.1.2	MAC R23	MAC 13	3	VLAN 4
192.1.2.2	MAC R22	MAC D	2	—

终端 D 至终端 C 的 IP 分组传输过程如下：

（1）终端 D 将 IP 分组封装成以 MAC 地址 MAC D 为源 MAC 地址,以 MAC 地址 MAC R22 为目的 MAC 地址的 MAC 帧,将该 MAC 帧通过端口 2 传输给三层交换机 S2。

（2）三层交换机 S2 的交换结构根据目的 MAC 地址 MAC R22 确定该 MAC 帧的接收端是路由模块,从该 MAC 帧中分离出 IP 分组,用 IP 分组的目的 IP 地址 192.1.1.2 检索三层转发表,找到匹配的三层转发项,根据表 9.25 中目的 IP 地址为 192.1.1.2 的三层转发项的各个字段值,直接将 IP 分组封装成以 MAC 地址 MAC R23 为源 MAC 地址、以 MAC 地址 MAC R13 为目的 MAC 地址、VLAN ID 为 VLAN 4 的 MAC 帧,将该 MAC 帧通过端口 3 输出。

（3）三层交换机 S1 通过端口 3 接收到该 MAC 帧，三层交换机 S1 的交换结构根据目的 MAC 地址 MAC R13 确定该 MAC 帧的接收端是路由模块，从该 MAC 帧中分离出 IP 分组，用 IP 分组的目的 IP 地址 192.1.1.2 检索三层转发表，找到匹配的三层转发项，根据表 9.24 中目的 IP 地址为 192.1.1.2 的三层转发项的各个字段值，直接将 IP 分组封装成以 MAC 地址 MAC R13 为源 MAC 地址、MAC 地址 MAC C 为目的 MAC 地址、VLAN ID 为 VLAN 2 的 MAC 帧，将该 MAC 帧通过端口 3 输出。

（4）三层交换机 S2 通过端口 3 接收到该 MAC 帧，根据该 MAC 帧携带的 VLAN ID 将该 MAC 帧提交给 VLAN 2 对应的网桥转发，VLAN 2 对应的网桥通过用 MAC 地址 MAC C 检索二层转发表，确定该 MAC 帧的输出端口是端口 1，由于端口 1 是接入端口，删除该 MAC 帧的 VLAN ID，将该 MAC 帧通过端口 1 传输给终端 C，完成 IP 分组终端 D 至终端 C 的传输过程。

值得强调的是，不同厂家有不同的三层转发项格式和三层转发项的创建方式，但基于三层交换机实现 VLAN 间 IP 分组转发这一特殊性，三层交换机一般都会通过创建三层转发项的方式，以交换手段实现 IP 分组在不同 VLAN 间的转发过程，以此提高三层交换机的 IP 分组转发性能。

本章小结

- 三层交换机既可实现连接在同一 VLAN 上的两个终端之间的通信过程，又可实现连接在不同 VLAN 上的两个终端之间的通信过程。
- 三层交换机存在路由模块，路由模块中可以为每一个 VLAN 定义对应的 IP 接口，VLAN 对应的 IP 接口等同于路由器连接该 VLAN 的物理接口。
- 由于 IP 接口对应某个 VLAN，MAC 帧可以通过任何属于该 VLAN 的三层交换机端口到达该 VLAN 对应的 IP 接口。
- 三层交换机可以实现 IP 分组不同 IP 接口之间的转发过程。
- 由于校园网或企业网的终端总数是可以控制的，因此，可以通过构建三层转发项以交换方式实现 IP 分组在 VLAN 间的通信过程。
- 三层转发项使得可以用"一次路由、随后交换"的方式实现连接在不同 VLAN 上的两个终端之间的通信过程。
- 三层交换机可以通过多种方式实现校园网或企业网连接在同一 VLAN 上的两个终端之间的通信过程和连接在不同 VLAN 上的两个终端之间的通信过程。

习题

9.1　VLAN 之间通信需要通过路由器或三层交换机是物理限制还是逻辑限制？它和分别连接在以太网和 ATM 网络上的两个终端之间通信必须经过路由器的原因有何异同？

9.2　简述路由器和三层交换机的区别。

9.3　简述三层交换机集二层交换和三层路由于一体的原因。

9.4 三层交换机对某个 MAC 帧进行二层交换操作或三层路由操作的依据是什么?

9.5 三层交换机的 IP 接口和路由器的逻辑接口有何异同?

9.6 简述通过三层地址学习过程创建三层转发项的过程。

9.7 三层转发表与路由表有何区别和关联?

9.8 给出图 9.22 中的 VLAN 划分和 IP 接口配置,并给出终端 A 和终端 E 及终端 A 和终端 D 之间的通信过程。要求两个三层交换机都必须作为三层交换机使用。

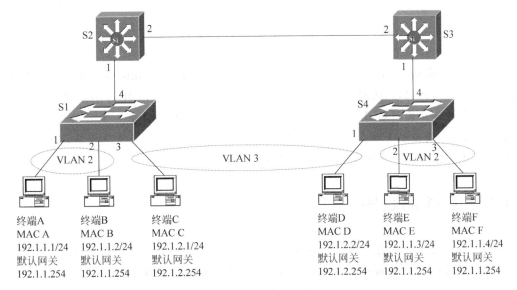

图 9.22 题 9.8 图

9.9 网络结构如图 9.23 所示,要求 3 个三层交换机(S1、S2 和 S3)都作为三层交换机使用,给出三层交换机的配置,包括 VLAN 划分、IP 接口定义、IP 接口 IP 地址和子网掩码分配、三层交换机路由表等。简述同一 VLAN 内终端之间和属于不同 VLAN 的终端之间的通信过程。

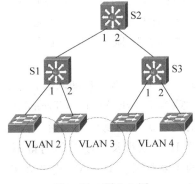

图 9.23 题 9.9 图

第10章

IPv6

以 IPv4 为基础的 Internet 在过去十多年间得到了飞速发展，Internet 的规模和应用方式发生了巨大的变化，面对庞大的规模和多种多样的应用方式，以 IPv4 为基础的 Internet 开始面临各种各样的问题，IPv4 的局限性开始显现。虽然人们提出了多种用于弥补 IPv4 缺陷的方法，但这些方法只能治标，不能治本。为了适应 Internet 的飞速发展，必须提出一种新的用于实现网络互连的协议，它就是 IPv6。

10.1 IPv4 的缺陷

IPv4 的设计者无法想象到以它为基础的 Internet 能够支持目前的规模和应用方式，因此，针对目前的 Internet 规模和应用方式，IPv4 开始显现出多种固有缺陷。

10.1.1 地址短缺问题

IPv4 用 32 位二进制数表示 IP 地址，虽说 32 位二进制数能够提供四十多亿个 IP 地址，可满足全世界 2/3 人口的上网需求，但由于以下原因，实际能够使用的地址空间远没有那么多。

- IPv4 地址的分层结构导致大量地址空间被浪费，虽然无分类域间路由（CIDR）极大地缓解了这一问题，但浪费地址空间的现象依然存在。
- 保留的 E 类地址和用作多播的 D 类地址占用了近 12% 的地址空间。
- 一些无法分配给网络终端的特殊地址，如主机号全 0 或全 1 的 IP 地址，占用了近 2% 的地址空间。

因此，随着 Internet 规模的不断扩大，地址短缺问题日益突出。目前普遍用于解决地址短缺问题的方法是网络地址转换（Network Address Translation，NAT）技术，正是 CIDR 和 NAT 技术的出现，使得 IPv4 的地址短缺问题得到缓解，有一部分人甚至认为 IPv4 的地址短缺问题已经得到解决，这也是 IPv6 在很长一段时间内得不到重视，在未来很长一段时间内 Internet 仍然以 IPv4 为主的主要原因。但 NAT 也带来了一些问题：一是破坏了 IP 的端到端通信模型，使得对等通信的双向会话变得困难；同时由于隐藏了源终端地址，使得一些需要在应用层协议数据单元（Protocol Data Unit，PDU）中给出源终端地址的应用难以实现。二是边界路由器需要记录大量的地址转换信息，这不仅对边界路由器的性能提出了更高要求，而且还影响网络性能。三是由于类似 IPSec 这样的端到端安全功能不容许在传输过程中改变 IP 首部内容，因此，NAT 使类似 IPSec 这样的端到端安全功能变得难以实现。

四是 NAT 都是针对会话绑定地址映射,因此,一旦采用 NAT,必须先创建会话,这就将无连接的 IP 分组传输过程转变成了面向连接的传输过程。因此,虽然 CIDR 和 NAT 技术极大地缓解了 IPv4 的地址短缺问题,使人们有更充分的时间来部署 IPv6,但 NAT 只是权宜之计,不是解决 IPv4 地址短缺问题的根本方法。

随着无线局域网和个人数字助理(Personal Digital Assistant,PDA)的兴起,集移动通信和访问 Internet 资源的功能于一身的 PDA 将成为人们的首选,大量移动用户一旦成为 Internet 用户,地址短缺问题将立即成为亟待解决的紧迫问题。随着计算机和通信技术的发展,人们通过网络监测和控制家电已不是梦想,但这一切都是以家电成为网络终端设备为前提的,一旦大量家电需要接入 Internet,地址短缺问题更是迫在眉睫。

10.1.2 复杂的分组首部

分组首部结构影响路由器转发分组的速率,目前通信链路的传输速率越来越高,10Gb/s 的同步数字体系(Synchronous Digital Hierarchy,SDH)和以太网正成为主流广域网和局域网技术,这种情况下,路由器实现线速转发越来越困难,路由器正日益成为网络性能的瓶颈。为了提高路由器转发速率,要求减少路由器转发分组所必须进行的操作,如差错检验等。传统 IPv4 首部中有首部检验和字段,路由器通过该字段检验 IPv4 分组首部在传输过程中是否发生错误,由于 IPv4 分组每经过一跳路由器都会改变首部中 TTL 字段值,导致每一跳路由器都需要重新计算 IPv4 首部检验和字段值,增加了路由器转发 IPv4 分组所进行的操作。另一方面,随着通信技术的发展,通信链路的传输可靠性越来越高,传输出错的概率越来越小,而且链路层和传输层的差错控制机制足以检验出传输出错的分组,在网际层进行差错检验的必要性越来越小。在前面也讲过,由于网络终端的处理能力越来越强,目前的趋势是尽量将处理功能转移到网络终端,以此简化路由器的转发处理,提高路由器转发分组的速率。因此,IPv4 复杂的首部结构及与此对应的转发处理要求极大地限制了路由器转发 IPv4 分组的速率,也与目前尽量将处理功能转移到网络终端的趋势相悖。

10.1.3 QoS 实现困难

可以说 IPv4 的成功已经远远超出了设计者的预期。但随着统一网络的设想逐步得到实现,IPv4 尽力而为服务的缺陷也日益显现。虽然人们尽了很大的努力来弥补这一缺陷,但 IPv4 对分类服务的先天不足仍然严重制约了类似 VoIP、IPTV 等实时应用的开展。由于 IPv4 首部中没有用于标识流的流标签字段,路由器需要更多的处理能力对流进行分类,并在流分类的基础上提供分类服务。这一方面加重了路由器的处理负担,影响路由器转发速率,另一方面也同样与目前尽量将处理功能转移到网络终端的趋势相悖。

10.1.4 安全机制先天不足

IPv4 的设计目的是尽量方便进程间的通信过程,因此并没有较多地考虑安全问题,但随着电子商务活动的日益频繁,信息资源的安全性越来越重要,需要总体上对网络安全进行设计,而不是软件补丁似的"头痛医头、脚痛医脚"。

IPv4 的以上种种不足表明,确实需要根据目前 Internet 的规模和应用方式提出一种新的网际协议,既能体现 IPv4 分组交换的灵活性,又能有效解决 IPv4 地址短缺、路由器转发处理复杂、路由器分类流困难、信息资源安全机制先天不足等问题,它就是 IPv6,也称下一代 IP。

10.2 IPv6 首部结构

设计 IPv6 首部结构时需要尽量避免 IPv4 存在的缺陷,因此,IPv6 首部中通过扩展地址字段位数解决地址短缺问题,通过设置流标签字段简化 QoS 实施过程,通过删除增加路由器转发 IP 分组操作步骤的字段提高路由器转发 IP 分组的速率。

10.2.1 IPv6 基本首部

IPv6 基本首部如图 10.1(a)所示,和图 10.1(b)的 IPv4 基本首部相比,去掉了和分片有关的字段及首部检验和字段,增加了流标签字段。

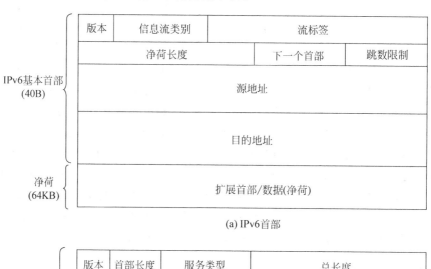

(a) IPv6首部

(b) IPv4首部

图 10.1 IPv6 和 IPv4 首部

1. 基本首部格式

IPv6 基本首部各字段的含义如下。

(1) 版本：4b,给出 IP 的版本号,IPv6 的版本号为 6,由于 IPv6 和 IPv4 的版本字段位于 IP 分组的同一位置,可用该字段值区分 IP 分组所属的 IP 版本。

(2) 信息流类别:8b,该字段给出 IP 分组对应的服务类别,其作用和 IPv4 的服务类型字段相同,在采用区分服务(Differentiated Services,DS)时,IPv6 的信息流类别字段和 IPv4 的服务类型字段值都是区分服务码点(Differentiated Services Code Point,DSCP),用 DSCP 标识该 IP 分组的服务类别。

(3) 流标签:20b,流是指一组具有相同的发送和接收进程的 IP 分组。分类服务有两大类,一类是区分服务(Differentiated Services,DiffServ),另一类是综合服务(Integrated Services,IntServ)。区分服务定义若干服务类别,路由器为不同的服务类别设置不同的服务质量,当转发某个 IP 分组时,根据 IP 分组的服务类别字段值确定该 IP 分组所属的类别,并提供对应服务质量。这种分类服务只能提供有限的服务类别,相同服务类别的 IP 分组具有相同的服务质量,当多个有着相同服务类别的 IP 分组在路由器中等待转发时,路由器按照先进先出的原则进行处理。综合服务是将属于特定会话的一组 IP 分组作为流,并为每一种流设置对应的服务质量。例如两个 IP 电话之间的一次通话过程所涉及的 IP 分组就是一种流,路由器需要为该流预留带宽,以此保证两个 IP 电话之间的通话质量。区分服务是将信息流划分成有限的若干类,并为不同类别的信息流分配不同的服务质量,是宏观控制。综合服务是将信息流细分成流,并为每一种流设置相应的服务质量,是微观控制。路由器实施区分服务比较容易,但实施综合服务比较困难。实施综合服务首先需要确定 IP 分组所属的流,由于流是属于特定会话的一组 IP 分组,需要根据 IP 分组的源和目的 IP 地址、源和目的端口号,甚至应用层 PDU 中特定位置的值来确定 IP 分组所属的流,这个过程比较复杂,会对路由器转发 IP 分组的速率产生严重影响。因此,一旦要求路由器实施综合服务,就需要牺牲转发速率。实际上,源终端在创建会话后,能够确定属于该会话的 IP 分组,因此,可以由源终端完成 IP 分组的流分类工作,并对属于特定流的 IP 分组分配唯一的流标签,路由器只需根据 IP 分组的源 IP 地址和流标签就可确定 IP 分组所属的流,并提供该流对应的服务质量,这样就减少了路由器分类 IP 分组的处理负担,也符合目前尽量将处理功能转移到网络终端的趋势。因此,IPv6 首部中增加的流标签字段对路由器实施综合服务有莫大的帮助。

(4) 净荷长度:16b,给出 IPv6 分组净荷的字节数。

(5) 下一个首部:8b,IPv6 取消了可选项,增加了扩展首部,但扩展首部作为净荷的一部分出现在净荷字段中,这样,扩展首部的长度只受净荷字段长度的限制,而不像 IPv4,将可选项的总长度限制在 40B。当存在扩展首部时,用下一个首部给出扩展首部类型;当没有扩展首部时,该字段等同于 IPv4 的协议字段,用于指明净荷所属的协议。

(6) 跳数限制:8b,给出 IP 分组允许经过的路由器数。IP 分组每经过一跳路由器,该字段值减 1,当该字段值减为 0 时,如果 IP 分组仍未到达目的终端,路由器将丢弃该 IP 分组,以此避免 IP 分组在网络中无休止地漂荡。IPv4 对应的是生存字段,它可以给出 IP 分组允许在网络中生存的时间,但实际上,路由器都将该字段作为跳数限制字段使用,因此,IPv6 只是使该字段名副其实。

(7) 源地址和目的地址:128b,源地址和目的地址字段的含义和 IPv4 相同,但 IPv6 的地址字段的长度是 128b,是 IPv4 的 4 倍,IPv6 彻底解决了 IPv4 面临的地址短缺问题。

2. IPv6 基本首部没有但 IPv4 基本首部包含的字段

IPv6 的首部长度是固定的，就是基本首部的长度，扩展首部属于净荷的一部分，因此，IPv6 不需要首部长度字段。

对于 IPv4 分组，由于每经过一跳路由器都会改变 TTL 字段值，需要重新计算首部检验和字段值，这将严重影响路由器的转发速率，而且，无论链路层，还是传输层都有差错控制功能，在目前通信链路的可靠性有所保证的前提下，在网际层重复差错控制功能的必要性不高，因此，IPv6 去掉了首部检验和字段。

在 IPv4 中，当 IP 分组的长度超过输出链路的最大传输单元（Maximum Transmission Unit，MTU）时，由路由器负责将 IP 分组分片，因此，在 IP 基本首部中给出了和分片有关的字段。在 IPv6 中，源终端可以通过协议获得源终端至目的终端传输路径所经过链路的最小 MTU，并以此确定是否需要将 IP 分组分片，在需要分片的情况下，由源终端完成分片功能，中间路由器是不涉及和分片有关的操作的，因此，将和分片有关的字段放在分片扩展首部中。

10.2.2　IPv6 扩展首部

1. 扩展首部组织方式

IPv4 首部如果包含了可选项，中间经过的每一跳路由器都需要对可选项进行处理，增加了路由器的处理负担，降低了路由器转发 IPv4 分组的速率。IPv6 除了逐跳选项扩展首部外，中间路由器将扩展首部作为分组净荷对待，不对其作任何处理，以此简化路由器转发 IP 分组所进行的操作，提高路由器的转发速率。IPv6 目前定义的扩展首部有逐跳选项、路由、分片、鉴别、封装安全净荷、目的端选项这 6 种，当 IP 分组包含多个扩展首部时，扩展首部按照以上顺序出现，上层协议数据单元（PDU）总是放在最后面。图 10.2 是上层协议数据单元（PDU）为 TCP 报文时 IPv6 分组的格式。

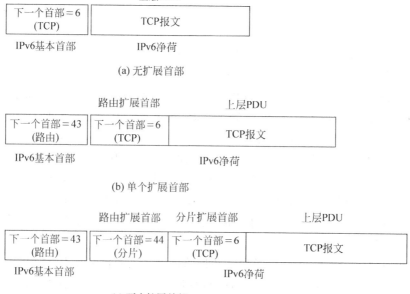

图 10.2　IPv6 基本首部、扩展首部和上层协议数据单元之间的关系

图 10.2(a)所示的 IPv6 分组没有扩展首部,净荷字段中只包含上层协议数据单元(TCP 报文),因此,基本首部中的下一个首部字段值给出上层协议类型 6,指明上层协议为 TCP。图 10.2(b)所示的 IPv6 分组中包含单个扩展首部,净荷字段中首先出现的是路由扩展首部,而基本首部中的下一个首部字段值给出扩展首部的类型,扩展首部中的下一个首部字段值给出上层协议类型。图 10.2(c)所示的 IPv6 分组中包含两个扩展首部,依次在净荷字段中出现的是路由和分片扩展首部,基本首部中的下一个首部字段值给出第一个扩展首部的类型(路由),路由扩展首部中的下一个首部字段值给出第二个扩展首部的类型(分片),分片扩展首部中的下一个首部字段值给出上层协议类型(TCP)。当净荷字段中包含两个以上的扩展首部时,由前一个扩展首部中的下一个首部字段值给出下一个扩展首部的类型,最后一个扩展首部的下一个首部字段值给出上层协议类型。

2. 扩展首部应用实例

下面通过分片扩展首部的应用,说明 IPv6 简化路由器转发操作的过程。分片扩展首部格式如图 10.3 所示。它的各个字段的含义和 IPv4 首部中与分片有关的字段的含义相同。片偏移给出当前数据片在原始数据中的位置。标识符用来唯一标识分片数据后产生的数据片序列,接收端通过标识符鉴别出因为分片数据后产生的一组数据片。M 标志位用来标识最后一个数据片(M=0)。在图 10.4 所示的互连网络中,链路上标出的数字是链路 MTU。对于 IPv4 分组,由路由器根据输出链路 MTU 和 IPv4 分组的总长确定是否对 IP 分组分片,并在需要分片的情况下完成分片操作。对于 IPv6 分组,由源终端通过路径 MTU 发现协议找出源终端至目的终端传输路径所经过链路的最小 MTU,该 MTU 称为路径 MTU,并由源终端完成分片操作,通过分片扩展首部给出各个数据片的片偏移及标识符。目的终端通过分片扩展首部中给出的信息,重新将各个数据片拼接成原始 IPv6 分组。整个操作过程如图 10.4 所示。

下一个首部	保留	片偏移	保留	M
标识符				

图 10.3 分片扩展首部

IPv4 的分片操作过程已经在 5.2.5 节的例 5.4 中作了详细介绍,值得强调的是:IPv4 由路由器负责分片操作,而且可能由多个路由器对同一 IP 分组反复进行分片操作,如图 10.4(a)所示,这将严重影响路由器的转发速率。在 IPv6 中,改由源终端完成分片操作。源终端首先通过路径 MTU 发现协议获取源终端至目的终端传输路径所经过链路的最小 MTU(即路径 MTU),然后对净荷进行分片。通常情况下,除最后一个数据片,其他数据片长度的分配原则是:须是 8 的倍数,且加上 IPv6 首部和分片扩展首部后尽量接近路径 MTU。假定路径 MTU 为 M,净荷长度为 L,将净荷分成 N 个数据片,则 $L+N\times48\leqslant M\times N$。48B 包括 40B IPv6 首部和 8B 分片扩展首部。在本例中,$M=420\text{B}$,$L=1440\text{B}$,根据 $1440+N\times48\leqslant420\times N$,得出 $N\geqslant1440/(420-48)=3.87$,$N$ 取满足上述等式的最小整数 4。前 3 个数据片长度应该是满足小于或等于 $420-48$ 且是 8 的倍数的最大值,这里是

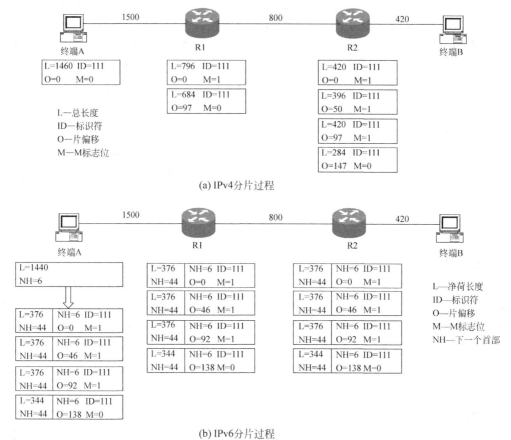

(a) IPv4分片过程

(b) IPv6分片过程

图 10.4　IPv4 和 IPv6 分片过程

368B,加上 8B 的分片扩展首部后,得出净荷长度为 376B,最后一个数据片的长度是 1440－3×368＝336B,得出净荷长度为 344B。4 个数据片的片偏移分别是 0、368/8＝46、736/8＝92 和 1104/8＝138。值得说明的是,在每个会话存在期间,源终端和目的终端之间都有大量 IP 分组传输,因此,源终端先通过路径 MTU 发现协议获取源终端至目的终端传输路径所经过链路的最小 MTU(即路径 MTU)是值得的,否则,对每一个 IP 分组都进行如图 10.4 (a)所示的分片操作会对路由器的转发速率造成巨大影响。

10.3　IPv6 地址结构

开发 IPv6 的主要原因是为了解决 IPv4 的地址短缺问题,因此,IPv6 的地址字段长度是 IPv4 的 4 倍,即 128b。有人计算过,2^{128} 的 IPv6 地址空间可以为地球表面每平方米的面积提供 $10.65×10^{23}$ 个不同的 IPv6 地址,这么多的 IPv6 地址可以为地球上的每一粒沙子分配唯一的 IPv6 地址。如此巨大的地址空间为使用 IPv6 地址提供了非常大的灵活性。

10.3.1 IPv6 地址表示方式

1. 基本表示方式

基本表示方式是将 128b 以 16 位为单位分段,每一段用 4 位十六进制数表示,各段用冒号分隔,下面是几个用基本表示方式表示的 IPv6 地址:

2001:0000:0000:0410:0000:0000:0001:45FF

0000:0000:0000:0000:0001:0765:0000:7627

2. 压缩表示方式

基本表示方式中可能出现很多 0,甚至可能整段都是 0,为了简化地址表示,可以将不必要的 0 去掉。不必要的 0 是指去掉后不会错误理解段中 16 位二进制数的那些 0。如 0410 可以压缩成 410,但不能压缩成 41 或 041。上述用基本表示方式表示的 IPv6 地址可以压缩成如下表示方式:

2001:0:0:410:0:0:1:45FF

0:0:0:0:1:765:0:7627

用压缩表示方式表示的 IPv6 地址仍然可能出现相邻若干段都是 0 的情况,为了进一步缩短地址表示方式表示的 IPv6 地址,可用两个冒号::表示连续的一串 0,当然,一个 IPv6 地址只能出现一个::。这种用::表示连续的一串 0 的压缩表示方式就是 0 压缩表示方式,以下是用 0 压缩表示方式表示上述地址的结果:

2001::410:0:0:1:45FF

::1:765:0:7627

2001:0:0:410:0:0:1:45FF 也可以表示成 2001:0:0:410::1:45FF,但不能表示成 2001::410::1:45FF,因为后一种表示无法确定每一个::表示几个相邻的 0。

【例 10.1】 将下列用基本表示方式表示的 IPv6 地址用 0 压缩表示方式表示。

0000:0000:0000:0000:FE80:0000:0000:0000

0000:0001:1000:0000:0000:0000:0000:0000

0100:0000:0001:1000:0000:0000:0001:1000

【解析】 以下是用 0 压缩表示方式表示上述用基本表示方式表示的 IPv6 地址的结果:

::FE80:0:0:0

0:1:1000::

100:0:1:1000::1:1000

【例 10.2】 将下述用 0 压缩表示方式表示的 IPv6 地址还原成基本表示方式。

::1:10:0:0

FE00:1000::

0:0:1::FE00

【解析】 上述用 0 压缩表示方式表示的 IPv6 地址还原成如下基本表示方式:

0000:0000:0000:0000:0001:0010:0000:0000

FE00:1000:0000:0000:0000:0000:0000:0000

0000:0000:0001:0000:0000:0000:0000:FE00

3．特殊地址

1）内嵌 IPv4 地址的 IPv6 地址

这种地址是为了解决 IPv4 和 IPv6 共存时期配置不同版本的 IP 地址的终端之间通信问题而设置的，128b 的地址中包含 32b 的 IPv4 地址，32b 的 IPv4 地址仍然采用 IPv4 的地址表示方式，以 8 位为单位分段，每一段用对应的十进制值表示，段之间用点分隔。地址的其他部分采用 IPv6 的地址表示方式。以下是常用的两种内嵌 IPv4 地址的 IPv6 地址的表示方式：

0000:0000:0000:0000:0000:FFFF:192.167.12.16 或::FFFF:192.167.12.16
0000:0000:0000:0000:FFFF:0000:192.167.12.16 或::FFFF:0:192.167.12.16
这两种地址的使用方式将在后面章节中讨论。

2）环回地址

::1 是 IPv6 的环回地址，等同于 IPv4 的 127.×.×.×。

3）未确定地址

全 0 地址（表示成::）作为未确定地址，当某个没有分配有效 IPv6 地址的终端需要发送 IPv6 分组时，可用该地址作为 IPv6 分组的源地址。该地址不能作为 IPv6 分组的目的地址。

4．地址前缀

IPv6 采用 CIDR 方式，将地址分成前缀部分和主机号部分，用前缀长度给出地址中表示前缀的二进制数位数，用下述表示方式表示地址前缀：

IPv6 地址/前缀长度

IPv6 地址必须是用基本表示方式或 0 压缩表示方式表示的完整地址；前缀长度是一个 0～128 的整数，给出 IPv6 地址的高位中作为前缀的位数。下面是正确的前缀表示方式：

::FE80:0:0:0/68
::1:765:0:7627/60
2001:0000:0000:0410:0000:0000:0001:45FF/64

10.3.2　IPv6 地址分类

IPv6 地址分为单播、多播和任播 3 种类型。

单播地址：唯一标识某个接口，以该种类型地址为目的地址的 IP 分组到达目的地址标识的唯一的接口。

多播地址：标识一组接口，而且，大部分情况下，这组接口分属于不同的结点（终端或路由器），以该种类型地址为目的地址的 IP 分组到达所有由目的地址标识的接口。

任播地址：标识一组接口，而且，大部分情况下，这组接口分属于不同的结点（终端或路由器），以该种类型地址为目的地址的 IP 分组到达由目的地址标识的一组接口中的一个接口，该接口往往是这一组接口中和源终端距离最近的那个接口。

1．单播地址

1）链路本地地址

这里的链路不是指物理线路，它指的是实现连接在同一网络的两个结点之间通信过程的传输网络,如以太网。链路本地地址是在同一传输网络内作用的 IP 地址。它的作用有两个:一是用于实现同一传输网络内两个结点之间的网际层通信;二是用于标识连接在同一传输网络上的接口,并用该 IP 地址解析接口的链路层地址。一旦某个接口被定义为 IPv6 接口,该接口自动生成链路本地地址。链路本地地址格式如图 10.5 所示。

10b	54b	64b
1111111010	0	接口标识符

图 10.5 链路本地地址结构

链路本地地址的高 64b 是固定不变的,低 64b 是接口标识符。接口标识符用于在传输网络内唯一标识某个连接在该传输网络上的接口。存在两种常用的导出接口标识符的方法,一种由接口的链路层地址导出,另一种是随机生成的 64 位随机数。

(1) MAC 地址导出接口标识符的过程。

不同类型的传输网络导出接口标识符的过程不同,下面是通过以太网的 MAC 地址导出接口标识符的过程。

48 位 MAC 地址由 24 位的公司标识符和 24 位的扩展标识符组成,公司标识符由 IEEE 负责分配。公司标识符最高字节的第 0 位是 I/G(单播地址/组地址)位,该位为 0 表明是单播地址,该位为 1 表明是组地址。第 1 位是 G/L(全局地址/本地地址)位,该位为 0 表明是全局地址,该位为 1 表明是本地地址。一般情况下,MAC 地址都是全局地址,G/L 位为 0。MAC 地址导出接口标识符的过程如图 10.6 所示,首先将 MAC 地址的 G/L 位置 1,然后在公司标识符和扩展标识符之间插入十六进制值为 FFFE 的 16 位二进制数。

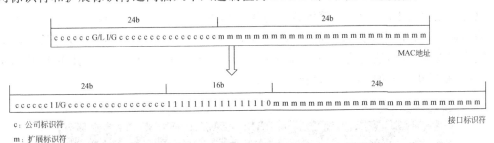

c:公司标识符
m:扩展标识符

图 10.6 MAC 地址导出接口标识符的过程

【例 10.3】 假定 MAC 地址为 0012:3400:ABCD,求接口标识符。

【解析】

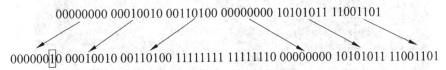

接口标识符为 0212:34FF:FE00:ABCD。

【例 10.4】 假定 MAC 地址为 0012:3400:ABCD,求接口的链路本地地址。

【解析】 链路本地地址为 FE80:0000:0000:0000:0212:34FF:FE00:ABCD 或为 FE80::212:34FF:FE00:ABCD。

图 10.7 是终端自动根据 MAC 地址生成链路本地地址的过程，图中快速以太网接口的 MAC 地址（MAC Address）是 0006.2A8E.13DA，根据该 MAC 地址自动导出的链路本地地址（Link Local Address）是 FE80:206:2AFF:FE8E:13DA。

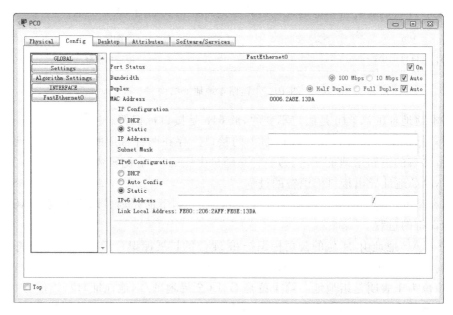

图 10.7　终端自动根据 MAC 地址生成链路本地地址的过程

（2）随机生成 64 位随机数。

也可以用随机生成的 64 位随机数作为接口标识符。图 10.8 是 Windows 7 自动生成的链路本地地址。以太网适配器的 MAC 地址（物理地址）是 6C-62-6D-A1-BA-C4。自动生成的链路本地地址（本地链接 IPv6 地址）是 fe80::153b:4ac6:84ea:fb36，其中 153b:4ac6:84ea:fb36 是随机生成的 64 位随机数。

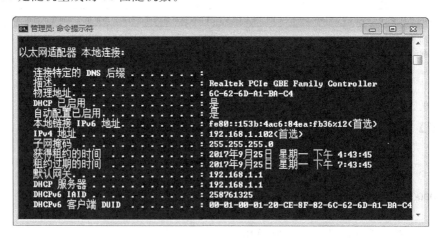

图 10.8　Windows 7 自动生成的链路本地地址

2）站点本地地址

站点本地地址类似于 IPv4 的本地地址（或称私有地址），它不是全球地址，只能在内部网络内使用。和链路本地地址不同,站点本地地址可以用于标识内部网络内连接在不同子网上的接口,因此,除了接口标识符字段外,还有子网标识符字段,用子网标识符字段标识接口所连接的子网。站点本地地址不能自动生成,需要配置。在手工配置站点本地地址时,接口标识符和链路本地地址的接口标识符一样,既可通过接口的链路层地址导出,也可手工配置一个子网内唯一的标识符作为接口标识符。站点本地地址格式如图 10.9 所示。

10b	38b	16b	64b
1111111011	0	子网标识符	接口标识符

图 10.9　站点本地地址结构

3) 可聚合全球单播地址

可聚合全球单播地址格式如图 10.10 所示,它将地址分成 3 级,分别是全球路由前缀、子网标识符和接口标识符。全球路由前缀用于 Internet 主干网中的路由器为 IPv6 分组选择传输路径,因此,分配全球路由前缀时,要求尽可能将高 N 位相同的全球路由前缀分配给同一物理区域。例如将高 5 位相同的全球路由前缀分配给亚洲,而将高 8 位相同的全球路由前缀分配给中国,当然,高 8 位中的最高 5 位和分配给亚洲的全球路由前缀的高 5 位相同,以此最大可能地聚合路由项。原则上,除了已经分配的 IPv6 地址空间外,其余的地址空间都可分配作为可聚合全球单播地址,但目前已经指定作为可聚合全球单播地址的是最高 3 位为 001 的 IPv6 地址空间。子网标识符用于标识划分某个公司或组织的内部网络所产生的子网。接口标识符用来确定连接在某个子网上的接口。需要说明的是,上述地址结构只是在全球范围内分配 IPv6 地址时有用,在转发 IPv6 分组时,路由项中的地址只有两部分:网络前缀和主机号,并没有如图 10.10 所示的地址结构。在全球范围内分配 IPv6 地址时采用如图 10.10 所示的地址结构和尽可能将高 N 位相同的全球路由前缀分配给同一物理区域的目的是,尽可能地聚合路由项,减少路由表中路由项的数目,提高转发速率。图 10.11 给出了尽可能聚合路由项的全球路由前缀分配过程。

48b	16b	64b
全球路由前缀	子网标识符	接口标识符

图 10.10　可聚合全球单播地址结构

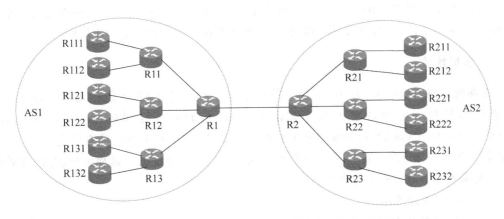

图 10.11　尽可能聚合路由项的全球路由前缀分配过程

对于如图 10.11 所示的网络结构，为 AS1 和 AS2 分别分配高 5 位相同的全球路由前缀，如 00100 和 00101。为 AS1 中 R11、R12 和 R13 连接的 3 个分枝分别分配高 8 位相同的全球路由前缀，如 00100000、00100001 和 00100010。为 R111 等路由器连接的分枝分别分配高 12 位相同的全球路由前缀，如 001000000000。其他路由器连接的分枝依此分配，可以得出如表 10.1 所示的地址分配结构。

表 10.1 地址分配结构

路 由 器	全球路由前缀			子网标识符	接口标识符
R111	00100	000	0000	X	X:X:X:X
R112	00100	000	0001	X	X:X:X:X
R121	00100	001	0000	X	X:X:X:X
R122	00100	001	0001	X	X:X:X:X
R131	00100	010	0000	X	X:X:X:X
R132	00100	010	0001	X	X:X:X:X
R211	00101	000	0000	X	X:X:X:X
R212	00101	000	0001	X	X:X:X:X
R221	00101	001	0000	X	X:X:X:X
R222	00101	001	0001	X	X:X:X:X
R231	00101	010	0000	X	X:X:X:X
R232	00101	010	0001	X	X:X:X:X

根据表 10.1 给出的地址结构，可以得出如表 10.2 所示的路由器 R1 的路由表中用于指明通往图 10.11 中所有网络的传输路径的路由项。

表 10.2 路由器 R1 的路由表

目 的 网 络	下 一 跳	备 注
2800::/5	R2	指向 AS2 的路由项
2000::/8	R11	指向 R11 连接的分枝的路由项
2100::/8	R12	指向 R12 连接的分枝的路由项
2200::/8	R13	指向 R13 连接的分枝的路由项

从表 10.2 中可以看出，由于为每一个分枝所连接的网络分配了高 N 位相同的全球路由前缀，只需一个路由项就可以指出通往某个分枝所连接的所有网络的传输路径。

2. 多播地址

多播地址格式如图 10.12 所示，高 8 位固定为十六进制值 FF，4 位标志位中的前 3 位固定为 0，最后一位如果为 0，表示是由 Internet 号码指派管理局（Internet Assigned Numbers Authority，IANA）分配的永久分配的多播地址，这些多播地址有特定用途，因而也被称为著名多播地址。最后一位如果为 1，表示是非永久分配的多播地址（临时的多播地址）。范围字段中正常使用的值如下：

2——链路本地范围。

5——站点本地范围。

8——组织本地范围。

E——全球范围。

链路本地范围是指多播只能在单个传输网络范围内进行。站点本地范围是指多播在由多个传输网络组成的站点网络内进行。组织本地范围是指多播在由多个站点网络组成但由同一组织管辖的网络内进行。全球范围是指在 Internet 中多播。

8b	4b	4b	80b	32b
11111111	标志	范围	0	组标识符

图 10.12　多播地址结构

以下是 IANA 分配的常用著名多播地址:

FF02::1——链路本地范围内所有结点。

FF02::2——链路本地范围内所有路由器。

FF05::2——站点本地范围内所有路由器。

FF02::9——链路本地范围内所有运行 RIP 的路由器。

3. 任播地址

IPv6 没有为任播地址规定单独的地址格式,在单播地址空间中分配任播地址。如果为某个接口分配了任播地址,必须在分配地址时说明。目前只有路由器接口允许分配任播地址,本教材不对任播地址的应用方式进行讨论。

10.4　IPv6 网络实现通信的过程

连接在不同网络上的两个终端之间传输 IPv6 分组前,必须完成以下操作,一是这两个终端必须完成网络信息配置过程,二是必须建立这两个终端之间的 IPv6 传输路径。

10.4.1　网络结构和基本配置

实现图 10.13 中的终端 A 至终端 B 的数据传输,必须完成两方面的操作。一方面是网际层必须完成如下操作:

- 终端配置全球 IPv6 地址。
- 终端配置默认路由器地址。
- 路由器建立路由表。

另一方面是连接终端和路由器及互连路由器的传输网络必须完成 IPv6 over X(X 指不同类型的传输网络)操作,本节讨论 IPv6 的网际层操作过程,10.5 节讨论 IPv6 over 以太网操作过程。

在 IPv4 网络中,手工配置路由器接口地址,终端接口的 IPv4 地址和默认路由器地址可以手工配置,也可通过动态主机配置协议(Dynamic Host Configuration Protocol,DHCP)自动获取。路由器中的路由表通过路由协议动态建立。

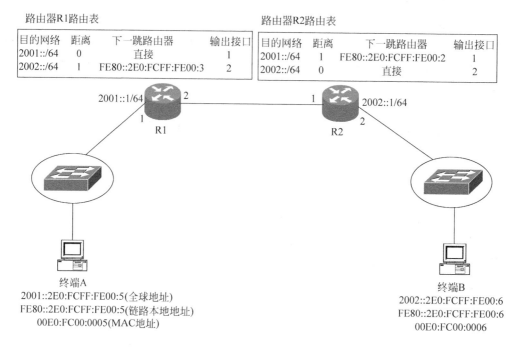

路由器R1路由表

目的网络	距离	下一跳路由器	输出接口
2001::/64	0	直接	1
2002::/64	1	FE80::2E0:FCFF:FE00:3	2

路由器R2路由表

目的网络	距离	下一跳路由器	输出接口
2001::/64	1	FE80::2E0:FCFF:FE00:2	1
2002::/64	0	直接	2

2001::1/64　　　　　　　　　　　　　　　　　2002::1/64

R1　　　　　　　　　　　　　　R2

终端A
2001::2E0:FCFF:FE00:5(全球地址)
FE80::2E0:FCFF:FE00:5(链路本地地址)
00E0:FC00:0005(MAC地址)

终端B
2002::2E0:FCFF:FE00:6
FE80::2E0:FCFF:FE00:6
00E0:FC00:0006

图 10.13　IPv6 网络结构

在 IPv6 网络中，可以为路由器接口配置多种类型的地址，其中有一种是全球地址，需要手工配置；还有一种是链路本地地址，在指定某个接口为 IPv6 接口后，由路由器自动生成。终端接口也有多种类型的接口地址，其中有一种是全球地址，用于向其他网络中的终端传输数据；还有一种是只在终端接口所连接的传输网络内作用的链路本地地址，在指定终端接口为 IPv6 接口后，由终端自动生成。终端接口的全球地址和默认路由器地址与 IPv4 网络一样，可以手工配置，也可以通过 DHCP 自动获取。如果手工配置，配置人员必须了解终端所连接子网的拓扑结构和路由器配置信息。如果通过 DHCP 自动获取，必须管理、同步 DHCP 服务器内容。由于 IPv6 可能被未来家电用于数据传输，而人们对家电总是希望即插即用，不愿意在对家电进行配置或向某个管理人员注册后才能启用家电，为此，IPv6 提供了邻站发现（Neighbor Discovery，ND）协议，以此来解决 IPv6 终端的即插即用问题。

10.4.2　邻站发现协议

1. 终端获取全球地址和默认路由器地址的过程

终端将接口定义为 IPv6 接口后，自动为接口生成链路本地地址，在图 10.13 中，假定终端 A 和终端 B 的 MAC 地址分别为 00E0:FC00:0005 和 00E0:FC00:0006，终端 A 和终端 B 分别生成链路本地地址 FE80:2E0:FCFF:FE00:5 和 FE80::2E0:FCFF:FE00:6。同样，根据路由器 R1、R2 的接口 1 和接口 2 的 MAC 地址分别求出如表 10.3 所示的链路本地地址。

表 10.3 路由器各个接口的链路本地地址

路由器接口	MAC 地 址	链路本地地址
路由器 R1 接口 1	00E0:FC00:0001	FE80::2E0:FCFF:FE00:1
路由器 R1 接口 2	00E0:FC00:0002	FE80::2E0:FCFF:FE00:2
路由器 R2 接口 1	00E0:FC00:0003	FE80::2E0:FCFF:FE00:3
路由器 R2 接口 2	00E0:FC00:0004	FE80::2E0:FCFF:FE00:4

　　终端 A 和终端 B 分别求出链路本地地址后,需要求出接口的全球地址和默认路由器地址。由于终端和默认路由器连接在同一个传输网络,具有相同的网络前缀,因此,终端只要得到默认路由器的网络前缀,和通过接口的链路层地址导出的接口标识符(也可以是随机生成的64 位随机数)就得出全球地址。由于接口标识符为 64 位,因此,网络前缀也必须是 64 位,这样才能组合出 128 位的全球地址。现在的问题是终端如何获取默认路由器地址和网络前缀。

　　IPv6 路由器定期通过各个接口多播路由器通告,该通告的源地址是发送接口的链路本地地址,目的地址是表明接收方是链路中所有结点的著名多播地址 FF02::1,通告中给出为接口配置的全球地址的网络前缀、前缀长度及路由器生存时间等参数。当终端接收到某个路由器通告时,该通告的源地址就是路由器连接终端所在网络的接口的地址,即终端的默认路由器地址,通告中给出的网络前缀和前缀长度即是终端所在网络的网络前缀,当该网络前缀的长度为 64 位时,终端将其和通过终端接口的链路层地址导出的接口标识符(也可以是随机生成的 64 位随机数)组合在一起,构成 128 位的终端全球地址。为了将这种全球地址获取方式和通过 DHCP 服务器自动获取地址的方式相区别,称这种地址获取方式为无状态地址自动配置,而称通过 DHCP 服务器获取地址的方式为有状态地址自动配置。

　　由于路由器定期发送路由器通告,因此,当某个终端启动后,可能需要等待一段时间才能接收到路由器通告。如果终端希望立即接收到路由器通告,可以向路由器发送路由器请求,该路由器请求的源地址是终端接口的链路本地地址,目的地址是表明接收方是链路中所有路由器的著名多播地址 FF02::2。当路由器接收到路由器请求时,立即多播一个路由器通告。图 10.14 给出了终端获取全球地址及默认路由器地址的过程。

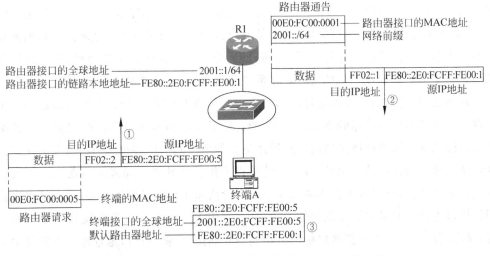

图 10.14 终端获取网络前缀和默认路由器地址的过程

从图 10.14 中可以看出,无论是终端发送的路由器请求还是路由器发送的路由器通告,都给出了发送接口的链路层地址(这里是以太网的 MAC 地址),这主要因为 IPv6 分组必须封装在 MAC 帧的数据字段中,才能通过传输网络传输给下一跳结点。因此,在通过传输网络传输 IPv6 分组前,必须先获取下一跳结点的 MAC 地址,在路由器请求和通告中给出发送接口的链路层地址就是为了这一目的。IPv4 over 以太网通过 ARP 实现地址解析过程,即根据下一跳结点的 IPv4 地址获取下一跳结点的 MAC 地址的过程,IPv6 通过邻站发现协议解决这一问题,10.5 节将详细讨论 IPv6 的地址解析过程。

2. 重复地址检测

无论是链路本地地址还是通过无状态地址自动配置方式得出的全球地址,其唯一性都依赖于接口标识符的唯一性。由于不同网络的网络前缀是不同的,因此,只要保证同一网络内不存在相同的接口标识符,就可保证地址的唯一性。重复地址检测(Duplicate Address Detection,DAD)就是一种确定网络中是否存在和某个接口有着相同的接口标识符的另一个接口的机制。

当结点的某个接口自动生成了 IPv6 地址(链路本地地址或全球地址),结点通过该接口发送邻站请求来确定该地址的唯一性,该邻站请求的接收方应该是可能具有相同接口标识符的所有接口,为此,对任何进行重复检测的单播地址都定义了用于指定可能具有相同接口标识符的接口集合的多播地址,该多播地址的网络前缀为 FF02::1:FF00:0/104,低 24 位为单播地址的低 24 位,实际上就是接口标识符的低 24 位。这就意味着链路中所有接口标识符低 24 位相同的接口组成一个多播组,以该多播地址为目的地址的 IP 分组被该多播组中的所有接口接收。某个接口的地址在通过重复地址检测前属于试验地址,不能正常使用,因此,某个源结点为确定接口地址唯一性而发送的邻站请求时,其源地址为未确定地址::(全 0),目的地址是根据需要进行重复检测的接口地址的低 24 位导出的多播地址。邻站请求中的目标地址字段给出需要重复检测的单播地址,即试验地址。当属于由目的地址指定的多播组的接口(接口标识符低 24 位和需要重复地址检测的单播地址的低 24 位相同的接口)接收到邻站请求时,接收到邻站请求的结点(目的结点)用接收邻站请求的接口的地址和邻站请求中包含的试验地址比较,如果相同,且该接口的地址也是试验地址,该接口将放弃使用该试验地址。如果该接口的地址是正常使用的地址(非试验地址),目的结点向源结点发送邻站通告,该通告的源地址是接收邻站请求的接口正常使用的接口地址,目的地址是表明接收方是链路中所有结点的多播地址 FF02::1,通告中目标地址字段给出对应的邻站请求中的目标地址字段值和该接口的链路层地址。如果目的结点接收到邻站请求的接口的地址和邻站请求中包含的试验地址不同,目的结点不作任何处理。如果源结点发送邻站请求后接收到邻站通告,且通告中包含的目标地址字段值和接口的试验地址相同,源结点将放弃使用该接口地址。如果源结点发送邻站请求后,在规定时间内一直没有接收到对应的邻站通告,确定链路中不存在和其接口标识符相同的其他接口,将该接口地址作为正常使用的地址。整个过程如图 10.15 所示。

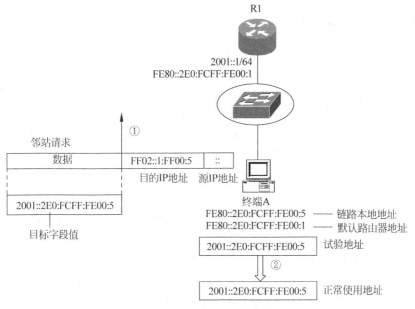

图 10.15　重复地址检测过程

10.4.3　路由器建立路由表的过程

1. 路由项格式

IPv6 路由项格式如表 10.4 所示。目的网络由两部分组成,一是主机号清零的 IPv6 地址,二是网络前缀长度。例如表 10.4 中的目的网络 2002::/64,2002:: 是主机号清零的 IPv6 地址,其中 2002:0:0:0 是 64 位网络前缀,0:0:0:0 是清零后的主机号,64 是网络前缀长度。距离给出当前路由器至目的网络的传输路径的距离。不同类型的路由项,其距离的含义不同,例如下一代 RIP(RIP Next Generation,RIPng)生成的动态路由项的距离是指当前路由器至目的网络的传输路径所经过的路由器的跳数。下一跳是当前路由器至目的网络的传输路径中下一跳结点的 IPv6 地址,通常是下一跳结点连接在输出接口所连接的传输网络上的接口的链路本地地址。输出接口是当前路由器输出以属于目的网络的 IPv6 地址为目的地址的 IPv6 分组的接口。该接口与下一跳地址标识的下一跳结点的接口连接在同一个传输网络上。

表 10.4　IPv6 路由表

目 的 网 络	距 离	下 一 跳	输 出 接 口
2002::/64	0	FE80::2E0:FCFF:FE00:2	1

2. 路由项类型

IPv6 路由项同样分为直连路由项、静态路由项和动态路由项。完成路由器接口全球地址和网络前缀配置过程后,路由器自动生成直连路由项,直连路由项的距离为 0。可以为路由器人工配置静态路由项。由路由协议生成的路由项称为动态路由项。支持 IPv4 的路由协议 RIP、OSPF 和 BGP 分别有支持 IPv6 的下一代 RIP(RIPng)、OSPFv3 和 BGP4＋,其中 RIPng 和 OSPFv3 是内部网关协议,BGP4＋是外部网关协议。

3. RIPng 建立路由表的过程

IPv6 中路由器通过路由协议 RIPng 建立路由表的过程和 IPv4 中路由器通过路由协议 RIP 建立路由表的过程基本相同，只是路由项中的目的网络用 IPv6 地址的网络前缀表示方式表示。封装路由消息的 IP 分组的源地址是发送该路由消息的接口的链路本地地址，目的地址是表示链路本地范围内所有运行 RIPng 的路由器的著名多播地址 FF02::9。因此，路由表中下一跳路由器地址也是下一跳路由器对应接口的链路本地地址。下面通过用 RIPng 建立图 10.13 所示的 IPv6 网络结构中路由器 R1 和 R2 的路由表为例，讨论 IPv6 网络中路由器建立路由表的过程。

当路由器 R1 的接口 1 和路由器 R2 的接口 2 配置了全球地址和网络前缀后，路由器 R1、R2 自动生成图 10.16 所示的原始路由表。然后路由器 R1 和 R2 周期性地向对方发送包含路由表中的路由项的路由消息。图 10.16(a) 是路由器 R1 向路由器 R2 发送路由消息的过程，当路由器 R2 接收到路由器 R1 发送的路由消息时，进行 6.4.2 节中讨论的 RIP 路由消息处理流程，在路由表中增添用于指明通往网络 2001::/64 的传输路径的路由项。同样，路由器 R2 也向路由器 R1 发送路由消息，使得路由器 R1 也得出用于指明通往网络 2002::/64 的传输路径的路由项。

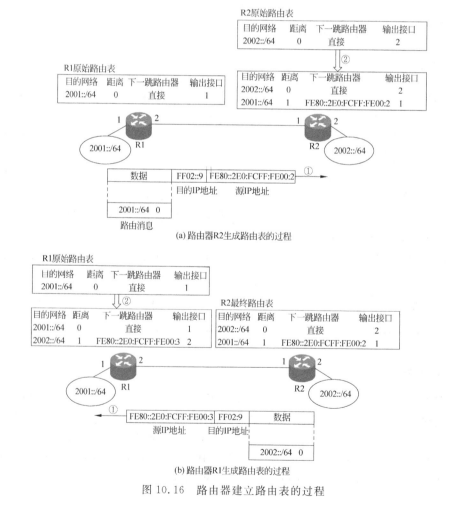

图 10.16　路由器建立路由表的过程

10.5　IPv6 over 以太网

IPv6 over 以太网涉及 3 方面内容，一是地址解析过程，二是将 IPv6 分组封装成 MAC 帧的过程，三是 MAC 帧逐段传输的过程。除了地址解析过程，其他两方面内容与 IPv4 over 以太网基本相同。

10.5.1　IPv6 地址解析过程

1．终端邻站缓存

当图 10.13 中的终端 A 想给终端 B 发送数据时，终端 A 构建一个以终端 A 的 IPv6 地址 2001::2E0:FCFF:FE00:5 为源地址，以终端 B 的 IPv6 地址 2002::2E0:FCFF:FE00:6 为目的地址的 IPv6 分组。终端 A 在开始发送该 IPv6 分组前，先检索路由表。根据图 10.13 所示的配置，终端 A 的路由表中存在如表 10.5 所示的两个路由项。和 IPv4 相同，IPv6 终端的路由表内容通过手工配置和邻站发现协议获得，而不是通过路由协议获得。

表 10.5　终端 A 建立的路由表

目 的 网 络	下一跳路由器
2001::/64	本地连接
::/0	FE80::2E0:FCFF:FE00:1

第一个路由项指明终端 A 所连接的网络的网络前缀，第二个路由项指明默认路由。和 IPv4 一样，终端 A 首先确定 IPv6 分组的目的终端是否和源终端连接在同一个网络（在 IPv6 网络中，连接在同一个网络称为 on-link），这个过程需要比较目的地址的网络前缀和终端 A 所连接的网络的网络前缀。由于目的地址的网络前缀 2002::/64 和终端 A 所连接的网络的网络前缀 2001::/64 不同，确定源终端和目的终端不在同一个网络（在 IPv6 网络中，连接在不同网络称为 off-link），终端 A 选择将该 IPv6 分组发送给默认路由器。获取默认路由器的 IPv6 地址后，在将 IPv6 分组封装成经过以太网传输的 MAC 帧前，需要根据默认路由器的 IPv6 地址解析出默认路由器的 MAC 地址。这一过程称为地址解析过程，对应的 IPv6 地址称为解析地址。在 10.4.2 节讨论终端获取网络前缀和默认路由器地址的过程（无状态地址自动配置过程）中已经讲到，路由器在链路本地范围内多播的路由器通告不仅包含网络前缀，而且包含路由器连接该链路的接口的链路层地址，如果链路是以太网，接口的链路层地址就是 MAC 地址。因此，终端在完成获取网络前缀和默认路由器地址的过程后，不仅建立如表 10.5 所示的两个路由项，而且建立如表 10.6 所示的邻站缓存，邻站缓存中的每一项给出邻站的 IPv6 地址和对应的链路层地址。如果在邻站缓存中找到默认路由器的 IPv6 地址对应的项，终端 A 可以立即通过该项给出的 MAC 地址封装 MAC 帧；否则，需要通过地址解析过程来获取默认路由器的 MAC 地址。和 IPv4 的 ARP 缓存相同，邻站缓存中的每一项都有生存期，如果在生存期内没有接收到用于确认 IPv6 地址和对应的链路层地址之间关联的信息，该项将因为过时而不再有效。这种情况下，终端也将通过地址解析过程获取和某个 IPv6 地址关联的链路层地址。

表 10.6　终端 A 邻站缓存

邻站 IPv6 地址	邻站链路层地址
FE80::2E0:FCFF:FE00:1	00E0:FC00:0001

2．地址解析过程

在地址解析过程中，首先由需要解析地址的终端发送邻站请求。邻站请求的源地址是发送该邻站请求的接口的 IPv6 地址，由于每一个接口有多个 IPv6 地址，如终端 A 连接链路的接口有链路本地地址和全球地址等，选择作为邻站请求的源地址的原则是，选择最有可能被邻站用来解析接口的链路层地址的 IPv6 地址。由于终端 A 用全球地址作为发送给终端 B 的 IPv6 分组的源地址，那么，终端 B 回送给终端 A 的 IPv6 分组必定以终端 A 的全球地址作为目的地址。当路由器 R1 通过以太网传输终端 B 回送给终端 A 的 IPv6 分组时，需要通过该 IPv6 分组的目的地址解析终端 A 的链路层地址。因此，在这次数据传输过程中，路由器 R1 最有可能用来解析终端 A 的链路层地址的接口地址是全球地址。因此，终端 A 用接口的全球地址作为邻站请求的源地址。邻站请求的目的地址是多播地址，多播组标识符是解析地址的低 24 位，表示接收方是接口地址低 24 位等于多播组标识符的接口。邻站请求包含解析地址和发送邻站请求的接口的链路层地址。所有接口地址的低 24 位和解析地址的低 24 位相同的接口都接收该邻站请求，目的结点首先在邻站缓存中检索邻站请求源地址对应的项，如果找到对应项且对应项给出的链路层地址和邻站请求中给出的链路层地址相同，则更新生存期定时器。否则，在邻站缓存中记录源地址和链路层地址之间的关联。如果发现接收邻站请求的接口具有和解析地址相同的接口地址，目的结点回送邻站通告，邻站通告中给出解析地址和解析出的链路层地址。终端 A 解析出默认路由器的链路层地址的过程如图 10.17 所示。

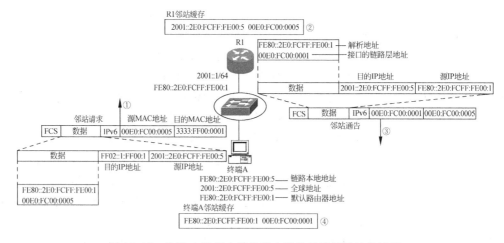

图 10.17　终端 A 解析出默认路由器的链路层地址的过程

10.4.2 节讨论重复地址检测时用到的也是邻站请求和邻站通告，本节同样用邻站请求和邻站通告完成地址解析过程，目的结点必须区分出接收到的邻站请求是用于完成重复地址检测还是用于完成地址解析。目的结点通过接收到的邻站请求的源地址区分出两种不同用途的邻站请求。由于通过重复地址检测前分配给接口的地址是试验地址，不能正常使用，因此,邻站请求的源地址是未确定地址::。而进行地址解析时,邻站请求的源地址是发送接口的正常使用地址。不同用途下邻站请求包含的目标地址字段值也不同,重复地址检测时发送的邻站请求中的目标地址字段给出用于进行重复检测的试验地址,而地址解析时发送的邻站请求中的目标地址字段给出用于解析出邻站链路层地址的邻站 IPv6 地址。

10.5.2 IPv6 多播地址和 MAC 组地址之间的关系

终端 A 多播的邻站请求封装成 MAC 帧后,才能通过以太网进行传输。IPv6 分组封装成 MAC 帧的过程和 IPv4 相同,只是类型字段给出的十六进制值是 86DD,表明数据字段中数据的类型是 IPv6 分组。由于邻站请求是多播分组,目的 MAC 地址是根据 IPv6 多播地址转换成的 MAC 组地址。IPv6 多播地址转换成 MAC 组地址的过程如图 10.18 所示,MAC 组地址的高 16 位固定为 3333,低 32 位是 IPv6 多播地址的低 32 位。

图 10.18 IPv6 多播地址转换成 MAC 组地址的过程

10.5.3 IPv6 分组传输过程

终端 A 解析出默认路由器 R1 的 MAC 地址后,将传输给终端 B 的 IPv6 分组封装成 MAC 帧,并通过以太网将该 MAC 帧传输给路由器 R1。路由器 R1 从接收到的 MAC 帧中分离出 IPv6 分组,用 IPv6 分组的目的地址检索路由表,找到下一跳路由器。R1 同样用下一跳路由器的 IPv6 地址解析出下一跳路由器的 MAC 地址,再将 IPv6 分组封装成 MAC 帧,经过以太网将该 MAC 帧传输给路由器 R2,经过逐跳转发,最终到达终端 B。整个传输过程如图 10.19 所示。

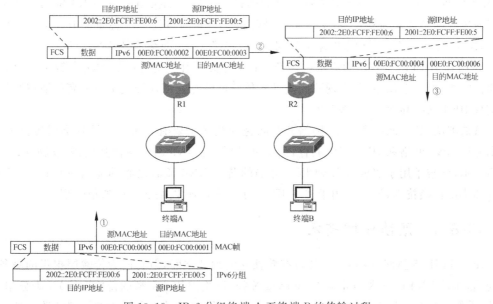

图 10.19 IPv6 分组终端 A 至终端 B 的传输过程

前面讲过，IPv4 over 以太网涉及 3 方面内容：地址解析、IPv4 分组封装和 MAC 帧传输。IPv6 over 以太网同样涉及这 3 方面内容，除了地址解析过程，其余两方面内容和 IPv4 基本相同。

IPv4 的地址解析过程通过 ARP 实现，ARP 报文被直接封装成 MAC 帧，因此，ARP 只能实现类似以太网的广播型网络的地址解析过程，这就意味着 IPv4 需要对不同的传输网络采用不同的地址解析协议。而邻站发现协议以 IPv6 分组格式传输协议报文，和传输网络无关，因此，IPv6 地址解析协议独立于传输网络，不同传输网络均可用邻站发现协议实现地址解析过程。更重要的是，由于通过 IPv6 的鉴别和封装安全净荷扩展首部可以对源终端进行鉴别，避免了其他终端冒用源终端的情况发生，因此，也不会出现类似 ARP 欺骗攻击这样的问题。ARP 欺骗攻击是指某个终端通过发送 ARP 请求报文把别的终端的 IPv4 地址和自己的 MAC 地址绑定在一起，以此实现窃取发送给别的终端的 IPv4 分组的目的。

10.6　IPv6 网络和 IPv4 网络互连

在 5.1 节中讨论网络互连时已经讲到，必须通过一种高于传输网络且独立于传输网络的协议来解决互连问题。因此，如果真正要求实现 IPv4 网络和 IPv6 网络互连，仿照通过 IP 实现不同类型的传输网络互连的方式，必须设计出一种高于 IPv4 和 IPv6 且独立于 IPv4 和 IPv6 的协议，这种协议能够对 IPv4 网络和 IPv6 网络中的终端分配统一的、独立于 IPv4 和 IPv6 的协议地址，因而可以在这一层的协议数据单元（PDU）中对位于 IPv6 或 IPv4 网络的源和目的终端给出统一的协议地址。而实现这一层协议的设备应该是某种网关设备，源终端至目的终端的传输路径由一系列这样的网关组成，而互联网关的网络是 IPv6 或 IPv4 网络，该协议数据单元通过 X over IPv4 或 X over IPv6（X 指独立于 IPv6 和 IPv4 的上一层协议）技术实现 X 协议数据单元相邻网关之间的传输过程。如果 IPv6 和 IPv4 网络也像不同类型的传输网络那样独立发展，实现 IPv4 网络和 IPv6 网络的互连必须走上述道路。但事实是，IPv6 网络和 IPv4 网络共存是暂时的，最终是 IPv6 网络取代 IPv4 网络，因此，实现 IPv4 网络和 IPv6 网络互连的需求也是暂时的，只能采用一些简单的方法来解决共存时期的通信问题，而不会像用 IP 实现不同类型的传输网络互连那样开发出一整套的协议和设备来实现 IPv4 网络和 IPv6 网络互连。

目前解决 IPv4 网络和 IPv6 网络共存问题的技术主要有 3 种：一是双协议栈技术，该技术允许 IPv4 网络和 IPv6 网络共存，但 IPv4 网络与 IPv6 网络各行其是、相互独立；二是隧道技术，该技术用于实现被 IPv4 网络分隔的若干 IPv6 孤岛之间的通信过程；三是网络地址和协议转换技术，该技术用于实现 IPv4 网络与 IPv6 网络之间的通信过程。

10.6.1　双协议栈技术

IPv4 和 IPv6 虽然互不兼容，各自有着独立的编址空间，但它们为传输层提供的服务是相同的，而且 IPv4 over X 技术和 IPv6 over X 技术（X 指各种类型的传输网络）又十分相似，因此，人们开始生产同时支持 IPv4 和 IPv6 的路由器，这种路由器称为双协议栈路由器。由

这种路由器构成的网络中允许同时存在 IPv4 和 IPv6 终端,当然,IPv4 终端只能和另一个
IPv4 终端通信,IPv6 也同样。如果某个终端希望既能和 IPv4 终端又能
和 IPv6 终端通信,这个终端也必须支持双协议栈。双协议栈体系结构
如图 10.20 所示。

图 10.21 是采用双协议栈路由器的网络结构,路由器一旦采用双协
议栈,同时运行 IPv4 协议系列和 IPv6 协议系列,必须将所有接口定义为
IPv4 和 IPv6 接口,为接口分配 IP 地址,启动路由协议,如 IPv4 的 RIP
和 IPv6 的 RIPng,并通过各自的路由协议建立如图 10.21 所示的 IPv4
和 IPv6 路由表。对于 IPv6 终端,配置相对简单,在采用无状态地址自动
配置方式时,自动获取图 10.21 中所示的配置信息。对于 IPv4 终端,或者手工配置,或者通
过 DHCP 获取图 10.21 中所示的配置信息。

| 应用层 |
| 传输层 |
| IPv4 | IPv6 |
| 网络接口层 |

图 10.20 双协议栈结构

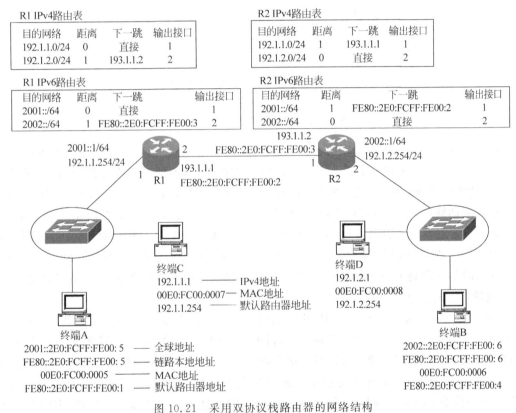

图 10.21 采用双协议栈路由器的网络结构

无论是终端 A 向终端 B 发送数据还是终端 C 向终端 D 发送数据,都必须先获取目的
终端的 IP 地址,通过目的终端的 IP 地址确定下一跳路由器的 IP 地址,通过 IPv4 over 以太
网或 IPv6 over 以太网技术与以太网的 MAC 层和物理层实现下一跳路由器(或目的终端)
的地址解析、IP 分组封装及 MAC 帧传输过程。当路由器接口接收到 MAC 帧,通过 MAC
帧的类型字段确定数据字段包含的 IP 分组类型,将分离出的 IP 分组提交给对应的网际层
进程,对应的网际层进程在对应的路由表中完成检索,获取下一跳路由器地址,再次通过
IPv4 over X 或 IPv6 over X(X 指传输网络类型)技术与 X 传输网络将 IP 分组传输给下一
跳路由器,最终将 IP 分组传输给目的终端。需要说明的是,图 10.21 所示的网络结构是无

法实现 IPv4 终端和 IPv6 终端之间通信的,除非终端支持双协议栈,否则只能和采用同一网际层协议的终端通信。

10.6.2　隧道技术

双协议栈当然是解决 IPv4 和 IPv6 共存问题的一种有效方法,但当前的 Internet 是 IPv4 网络,路由器只支持 IPv4,而且在短时间内很难使 Internet 中的路由器支持 IPv6,因此,IPv6 网络在未来一段时间内只能是孤岛,无法融入 Internet,图 10.22 给出了 IPv6 网络的发展路线图。那么,在当前 IPv6 网络为孤岛的情况下,如何实现这些 IPv6 孤岛的互连呢？隧道技术就是一种用于实现 IPv6 孤岛互连的机制。

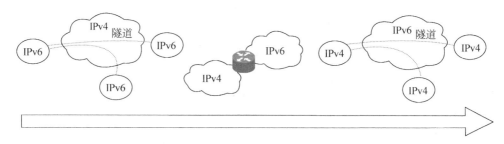

图 10.22　IPv6 网络的发展路线图

图 10.23 所示是用隧道实现两个 IPv6 孤岛互连的互连网络结构,图中路由器 R1 的接口 2 和路由器 R2 的接口 1 配置为 IPv4 接口,并配置 IPv4 地址。分别在路由器 R1 和 R2 中定义 IPv4 隧道,隧道两个端点的 IPv4 地址分别为 192.1.1.1 和 192.1.2.2。同时在路由器中设置到达隧道另一端的 IPv4 路由项,路由器配置的信息如图 10.23 所示。对于 IPv6 网络,IPv4 隧道等同于点对点链路。因此,对于路由器 R1,通往目的网络 2002::/64 传输路径上的下一跳是 IPv4 隧道的另一端;同样,对于路由器 R2,通往目的网络 2001::/64 传输路径上的下一跳是 IPv4 隧道的另一端。因此,IPv4 隧道两端还需分配网络前缀相同的 IPv6 地址,例如图 10.23 中的 3001::1/64 和 3001::2/64。

当终端 A 需要给终端 B 发送 IPv6 分组时,终端 A 构建以 2001::2E0:FCFF:FE00:5 为源地址、以 2002::2E0:FCFF:FE00:6 为目的地址的 IPv6 分组,并根据配置的默认网关地址将该 IPv6 分组传输给路由器 R1。路由器 R1 用 IPv6 分组的目的地址检索 IPv6 路由表,找到下一跳路由器,但发现连接下一跳路由器的是隧道 1。根据路由器 R1 配置隧道 1 时给出的信息：隧道 1 源地址为 192.1.1.1,目的地址为 192.1.2.2,路由器 R1 将 IPv6 分组封装成隧道格式。由于隧道 1 是 IPv4 隧道,隧道格式外层首部为 IPv4 首部,封装后的隧道格式如图 10.24 所示。隧道格式被提交给路由器 R1 的 IPv4 进程,IPv4 进程用隧道格式的目的地址检索 IPv4 路由表,找到下一跳路由器,通过对应的 IPv4 over X 技术和 X 传输网络将隧道格式转发给路由器 R3。经过 IPv4 网络的逐跳转发,隧道格式到达路由器 R2。由于路由器 R2 的接口 1 被定义成隧道 1 的另一个端点,当路由器 R2 从接口 1 接收到隧道格式,从中分离出 IPv6 分组,并用 IPv6 分组的目的地址检索 IPv6 路由表,找到下一跳结点(目的终端),通过 IPv6 over 以太网技术和以太网将 IPv6 分组传输给目的终端。

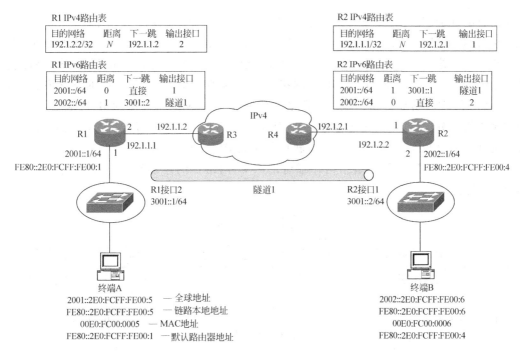

图 10.23 隧道实现两个 IPv6 孤岛互连

图 10.24 IPv6 分组封装成 IPv4 隧道格式

10.6.3 网络地址和协议转换技术

隧道技术只能解决两个 IPv6 孤岛通过 IPv4 网络进行通信的问题,当 IPv4 网络和 IPv6 网络共存时,更需要一种用于解决两个分别属于这两种不同网络的终端之间的通信问题的方法,无状态 IP/ICMP 转换(Stateless IP/ICMP Translation,SIIT)与网络地址和协议转换(Network Address Translation-Protocol Translation,NAT-PT)就是解决两个分别属于这两种不同网络的终端之间通信问题的协议。

1. SSIT

当 IPv4 网络中的终端和 IPv6 网络中的终端相互通信时,必须在网络边界实现 IPv4 分组格式和 IPv6 分组格式之间的转换,无状态 IP/ICMP 转换就是一种用于完成 IPv4 分组格式和 IPv6 分组格式之间转换的协议。它需要在 IPv6 网络中为那些需要和 IPv4 网络通信的终端分配 IPv4 地址,但这些 IPv4 地址在 IPv6 网络中被转换成::FFFF:0:a.b.c.d 格式的 IPv6 地址。当 IPv6 网络中的终端希望发送数据给 IPv4 网络中的终端时,它直接在 IPv6

分组的目的地址字段给出 IPv4 网络中的终端的 IPv4 地址，但以::FFFF:a.b.c.d 的 IPv6 地址格式给出。IPv6 网络必须将以::FFFF:a.b.c.d 格式的 IPv6 地址为目的地址的 IPv6 分组路由到网络边界的地址和协议转换器，由地址和协议转换器完成 IPv6 分组格式至 IPv4 分组格式的转换。同样，当 IPv4 网络中的终端希望向 IPv6 网络中的终端发送数据时，它直接在 IPv4 分组的目的地址字段给出分配给 IPv6 网络中终端的 IPv4 地址，IPv4 网络也必须将以分配给 IPv6 网络中终端的 IPv4 地址为目的地址的 IPv4 分组路由到网络边界的地址和协议转换器，由地址和协议转换器完成 IPv4 分组格式至 IPv6 分组格式的转换。下面结合图 10.25 所示的网络结构详细讨论 IPv4 网络中的终端和 IPv6 网络中的终端用 SIIT 实现相互通信的过程。

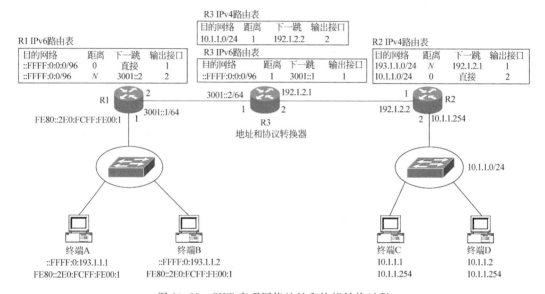

图 10.25　SIIT 实现网络地址和协议转换过程

在图 10.25 所示的网络结构中，分配给 IPv6 网络中终端的 IPv4 网络地址是 193.1.1.0/24，这些地址必须是 IPv4 网络没有使用的地址，IPv4 网络必须保证将目的地址属于 193.1.1.0/24 的 IPv4 分组路由到 IPv4 网络边界的地址和协议转换器（路由器 R3），图 10.25 中路由器 R2 路由表中的路由项<193.1.1.0/24,N,192.1.2.1,1>就反映了这一点。同样，IPv6 网络也必须保证将以::FFFF:a.b.c.d 格式的 IPv6 地址为目的地址的 IPv6 分组路由到 IPv6 网络边界的地址和协议转换器，图 10.25 中路由器 R1 路由表中的路由项<::FFFF:0:0/96,N,3001::2,2>也反映了这一点。作为地址和协议转换器的路由器 R3 支持双协议栈，接口 1 为 IPv6 接口，分配 IPv6 地址。接口 2 为 IPv4 接口，分配 IPv4 地址。通过 IPv6 接口接收到的 IPv6 分组转换成 IPv4 分组后，通过 IPv4 接口转发出去，反之亦然。当图 10.25 中的终端 A 发送数据给终端 C 时，终端 A 构建以::FFFF:0:193.1.1.1 为源地址、以::FFFF:10.1.1.1 为目的地址的 IPv6 分组，该 IPv6 分组经过路由器 R1 转发后到达路由器 R3。路由器 R3 完成表 10.7 所示的 IPv6 首部字段至 IPv4 首部字段的转换，用转换后的 IPv4 分组的目的地址（10.1.1.1）检索 IPv4 路由表，找到下一跳路由器，将 IPv4 分组转发给路由器 R2。IPv4 分组经过路由器 R2 转发后，到达终端 C，完成了终端 A 至终端 C 的数据传输过程。

表 10.7　IPv6 首部至 IPv4 首部转换

IPv6 首部字段	IPv4 首部字段
版本：6	版本：4
	首部长度：5
信息流类别：X	服务类型：X
净荷长度：Y	总长度：Y＋20(20 是 IPv4 首部长度)
	标识：0
	MF＝0,DF＝1
	片偏移：0
跳数限制：Z	生存时间：Z
下一个首部：A	协议：A
	首部检验和：重新计算
源地址：::FFFF:0:193.1.1.1	源地址：193.1.1.1
目的地址：::FFFF:10.1.1.1	目的地址：10.1.1.1

　　当终端 C 向终端 A 发送数据时,终端 C 构建以 10.1.1.1 为源地址、以 193.1.1.1 为目的地址的 IPv4 分组,该 IPv4 分组经过路由器 R2 转发后到达路由器 R3,路由器 R3 完成表 10.8 所示的 IPv4 首部字段至 IPv6 首部字段的转换,用转换后的 IPv6 分组的目的地址检索 IPv6 路由表,找到下一跳路由器,将 IPv6 分组转发给路由器 R1。IPv6 分组经过路由器 R1 转发后,到达终端 A,完成了终端 C 至终端 A 的数据传输过程。为简单起见,假定 IPv4 分组和 IPv6 分组都没有任何可选项或扩展首部,其格式如图 10.26 所示。

图 10.26　IPv4 和 IPv6 分组格式

表 10.8　IPv4 首部至 IPv6 首部转换

IPv4 首部字段	IPv6 首部字段
版本：4	版本：6
服务类型：X	信息流类别：X
	流标签：0
总长度：Y	净荷长度：Y－20(20 是 IPv4 首部长度)
协议：A	下一个首部：A
生存时间：Z	跳数限制：Z
源地址：10.1.1.1	源地址：::FFFF:10.1.1.1
目的地址：193.1.1.1	目的地址：::FFFF:0:193.1.1.1

　　IPv6 分组转换成 IPv4 分组时,一些 IPv4 首部字段值可以直接从对应的 IPv6 首部字段中复制过来,如服务类型、生存时间、协议等。一些 IPv4 首部字段值可以通过对应的 IPv6 首部字段值导出,如总长度、源地址、目的地址等。一些 IPv4 首部字段值只能设置成约定值,如标识、片偏移、MF 和 DF 标志位等。

　　同样,IPv4 分组转换成 IPv6 分组时,一些 IPv6 首部字段值可以直接从对应的 IPv4 首部字段中复制过来,如信息流类别、下一个首部、跳数限制等。一些 IPv6 首部字段值可以通过对应的 IPv4 首部字段值导出，如净荷长度、源地址、目的地址等。一些 IPv6 首部字段值只能设置成约定值，如流标签。

SIIT 能够比较简单地解决属于两种不同网络（IPv4 和 IPv6 网络）的终端之间通信问题，但需要为 IPv6 网络中的终端分配 IPv4 地址，而且这种地址分配是静态的，IPv6 网络中只有分配了 IPv4 地址的终端才能和 IPv4 网络中的终端通信。这就可能需要为 IPv6 网络分配大量的 IPv4 地址，而引发 IPv6 最主要的原因就是 IPv4 地址短缺问题，因此，这种通过对 IPv6 网络中的终端静态分配 IPv4 地址来解决 IPv4 终端和 IPv6 终端之间通信问题的方式存在很大的局限性。

多数情况下，虽然 IPv6 网络中有多个终端需要和 IPv4 网络中的终端通信，但需要同时通信的终端并不多，因此，可以只对 IPv6 网络分配少许 IPv4 地址，以此构成 IPv4 地址池，IPv6 网络中需要和 IPv4 网络通信的终端临时从地址池中分配一个空闲的 IPv4 地址，在通信结束后自动释放该 IPv4 地址。由于每一个 IPv4 地址都不固定分配给 IPv6 网络中的终端，将这种地址分配方式称为动态地址分配方式，第 8 章讨论的动态 NAT 就是这样一种分配机制。

2. NAT-PT

1) 单向会话通信过程

网络地址和协议转换（NAT-PT）是一种将 SIIT 和动态 NAT 有机结合的地址和协议转换技术，它对 IPv6 网络中终端的地址配置没有限制，也不需要对 IPv6 网络中需要和 IPv4 网络通信的终端分配 IPv4 地址。它和 IPv4 网络所采用的动态 NAT 一样，在网络边界的地址和协议转换器设置一组 IPv4 地址，并以此构成 IPv4 地址池，当 IPv6 网络中的某个终端发起和 IPv4 网络中的终端之间的会话时，由地址和协议转换器为发起会话的终端分配一个 IPv4 地址，并将该 IPv4 地址和该终端发起的会话绑定在一起。如果会话是 TCP 连接，则可用会话两端的源和目的地址、源和目的端口号来标识该会话。在会话存在期间，该 IPv4 地址一直分配给发起会话的终端，当属于该会话的 IPv6 分组经过地址和协议转换器进入 IPv4 网络时，用该 IPv4 地址取代 IPv6 分组的源地址，并完成 IPv6 分组至 IPv4 分组的转换。IPv4 网络中的终端用该 IPv4 地址和发起会话的终端通信，当属于该会话的 IPv4 分组进入地址和协议转换器时，用该 IPv4 分组的目的地址检索会话表，用会话表中给出的发起会话终端的 IPv6 地址取代 IPv4 分组的目的地址，并完成 IPv4 分组至 IPv6 分组的转换。在 SIIT 中，IPv6 网络用::FFFF:a.b.c.d 格式表示 IPv4 地址 a.b.c.d，在 NAT-PT 中，96 位网络前缀可以是其他的值，但必须保证 IPv6 网络将目的地址和该 96 位网络前缀匹配的 IPv6 分组路由到网络边界的地址和协议转换器。地址和协议转换器将和 96 位网络前缀匹配的目的地址的低 32 位作为 IPv4 地址。反之，地址和协议转换器在 IPv4 分组的源地址前加上 96 位网络前缀后作为 IPv6 分组的源地址。下面结合图 10.27 所示的网络结构详细讨论 NAT-PT 的工作机制。

在图 10.27 中，当终端 A 需要向终端 C 传输数据时，终端 A 发送一个以 2001::2E0:FCFF:FE00:7 为源地址、以 2::10.1.1.1 为目的地址的 IPv6 分组，该 IPv6 分组被 IPv6 网络路由到路由器 R3。路由器 R3 用该 IPv6 分组的源地址检索地址转换表，由于这是终端 A 发送给 IPv4 网络的第一个 IPv6 分组，地址转换表不存在匹配的地址转换项，路由器 R3 为

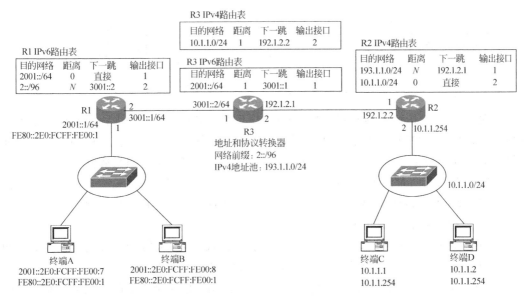

图 10.27　NAT-PT 实现网络地址和协议转换过程

终端 A 分配一个 IPv4 地址,这里假定是 193.1.1.1,同时,在地址转换表中创建一个用于建立 IPv6 地址 2001::2E0:FCFF:FE00:7 与 IPv4 地址 193.1.1.1 之间映射的地址转换项,如表 10.9 所示。路由器 R3 将该 IPv6 分组转换成 IPv4 分组,通过 IPv4 路由表确定的传输路径将该 IPv4 分组转发给下一跳路由器 R2。该 IPv4 分组经过路由器 R2 转发后到达终端 C,完成终端 A 至终端 C 的传输过程。IPv6 分组转换成 IPv4 分组时,除源和目的地址字段以外各个字段的转换过程和 SIIT 相同,如表 10.7 所示,源和目的地址的转换过程如图 10.28 所示。

表 10.9　地址转换表

IPv6　地　址	IPv4　地　址
2001::2E0:FCFF:FE00:7	193.1.1.1

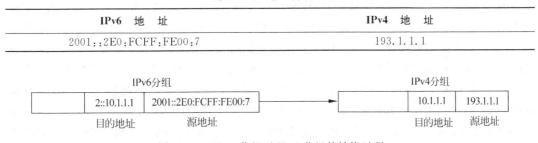

图 10.28　IPv6 分组至 IPv4 分组的转换过程

当终端 C 需要向终端 A 发送数据时,终端 C 构建一个以 10.1.1.1 为源地址、以 193.1.1.1 为目的地址的 IPv4 分组,该 IPv4 分组被 IPv4 网络路由到路由器 R3。路由器 R3 用该 IPv4 分组的目的地址检索地址转换表,找到匹配的地址转换项,用该地址转换项中的 IPv6 地址 2001::2E0:FCFF:FE00:7 作为转换后的 IPv6 分组的目的地址。由于为路由器 R3 配置的网络前缀为 2::/96,转换后的 IPv6 分组的源地址为 2::10.1.1.1。路由器 R3 用转换后的 IPv6 分组的目的地址 2001::2E0:FCFF:FE00:7 检索 IPv6 路由表,找到匹配的路由项 <2001::/64,1,3001::1,1>,根据该路由项,将 IPv6 分组转发给路由器 R1。IPv4 分组转换成 IPv6 分组时,除源和目的地址字段以外各个字段的转换过程和 SIIT 相同,如表 10.8 所示,源和目的地址的转换过程如图 10.29 所示。

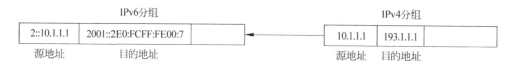

图 10.29 IPv4 分组至 IPv6 分组转换过程

终端 A 后续发送给终端 C 的 IPv6 分组，由于能够在地址转换表中找到匹配的地址转换项，可以根据该地址转换项中的 IPv4 地址进行源地址转换。地址转换表中的每一个地址转换项都关联一个定时器，每当通过路由器 R3 连接 IPv6 网络的接口接收到源地址为该地址转换项中 IPv6 地址的 IP 分组时，刷新与该地址转换项关联的定时器，一旦关联的定时器溢出，将删除该地址转换项，路由器可以重新分配该地址转换项中的 IPv4 地址。

2）双向会话通信过程

和 IPv4 动态 NAT 一样，NAT-PT 只能用于由 IPv6 网络中的终端发起会话的应用，如果某个应用需要由 IPv4 网络中的终端发起会话，NAT-PT 是无法实现的，这是因为 IPv4 网络中的终端是无法用某个 IPv4 地址来绑定 IPv6 网络中的某个终端的。如果非要实现由 IPv4 网络中的终端发起会话的访问过程，需要采用静态 NAT，即在路由器 R3 配置静态的 IPv4 地址和 IPv6 地址之间的映射。例如在图 10.30 中，如果终端 C 希望访问 IPv6 网络中的域名系统（Domain Name System, DNS）服务器（IPv6 DNS），就构建以 10.1.1.1 为源地址、以 193.1.1.5 为目的地址的 IPv4 分组，该 IPv4 分组到达路由器 R3 后，路由器 R3 通过手工配置的静态地址映射，将目的地址转换成 2001::2E0:FCFF:FE00:9。但如果对 IPv6 中的其他终端也采用静态地址映射，NAT-PT 将重新变为 SIIT，需要为所有可能和 IPv4 网络通信的 IPv6 网络中的终端静态分配 IPv4 地址，这显然是不可能的。对于图 10.30 所示的网络结构，路由器 R3 不仅是地址和协议转换器，还是 DNS 应用层网关，DNS 用于将完全合格的域名解析成 IP 地址，如果是 IPv6 网络，则解析成 IPv6 地址，如果是 IPv4 网络，则解析成 IPv4 地址。DNS 服务器给出完全合格的域名和对应的 IP 地址之间的映射，如<终端 A：2001::2E0:FCFF:FE00:7>。DNS 应用层网关完成 IPv4 DNS 协议和 IPv6 DNS 协议之间的转换，这种转换除了消息格式转换外，还包括命令和响应的转换。当终端 C 要发起和终端 A 之间的会话时，首先通过 DNS 解析出终端 A 的完全合格的域名——终端 A 所对应的 IPv4 地址。由于在路由器 R3 中已经静态配置了 IPv6 网络中 DNS 服务器的 IPv6 地址 2001::2E0:FCFF:FE00:9 和 IPv4 地址 193.1.1.5 之间的映射，终端 C 配置的 DNS 服务器地址为 193.1.1.5，因此，当需要 DNS 解析出完全合格的域名——终端 A 所对应的 IPv4 地址时，向 IPv4 地址为 193.1.1.5 的 DNS 服务器发送请求报文，请求报文被封装成 IPv4 分组后进入 IPv4 网络，被 IPv4 网络路由到路由器 R3。由路由器 R3 完成 IPv4 DNS 请求报文至 IPv6 DNS 请求报文的转换，并将该 DNS 请求报文封装成以 2::10.1.1.1 为源地址、以 2001::2E0:FCFF:FE00:9 为目的地址的 IPv6 分组，通过 IPv6 网络将该 IPv6 分组传输到 IPv6 网络的 DNS 服务器。IPv6 网络的 DNS 服务器根据完全合格的域名——终端 A 解析出 IPv6 地址 2001::2E0:FCFF:FE00:7，并将该地址通过 DNS 响应报文回送给地址为 2::10.1.1.1 的终端（终端 C）。该 DNS 响应报文被 IPv6 网络路由到路由器 R3，由路由器 R3 在 IPv4 地址池中选择一个未分配的 IPv4 地址，这里假定是 193.1.1.1，将其分配给终端 A，同时在地址转换表创建用于建立 2001::2E0:FCFF:FE00:7 和 193.1.1.1 之间映射的地址转换项。路由器 R3 将 IPv6 DNS 响应报文转换为 IPv4 DNS 响应报文,并将该 IPv4 DNS 响应报文封装成以 10.1.1.1 为目的地址的 IPv4 分组,通过 IPv4 网络将该 IPv4 分组传输到终端 C,终端 C 随后用 IPv4 地址 193.1.1.1 和终端 A 进行通信。需要指出的是,在上述通信过程中,IPv4 网络中的终端通过 DNS 的地址解析过程创建用于建立 2001::2E0:FCFF:FE00:7 和 193.1.1.1 之间映射的地址转换项,路由器 R3 将所有通过连接 IPv6 网络接口接收到的源地址为 2001::2E0:FCFF:FE00:7 的 IPv6 分组转换成源 IP 地址为 193.1.1.1 的 IPv4 分组,将所有通过连接 IPv4 网络接收到的目的地址为 193.1.1.1 的 IPv4 分组转换成目的地址为 2001::2E0:FCFF:FE00:7 的 IPv6 分组。通过 DNS 的地址解析过程创建的地址转换项等同于动态 NAT 创建的地址转换项。

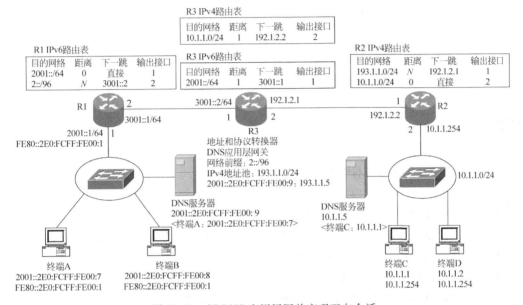

图 10.30　用 DNS 应用层网关实现双向会话

　　IPv4 网络中所有终端和服务器对应的 IPv6 地址是固定的,IPv6 网络中的终端可以获取 IPv4 网络中所有终端和服务器对应的 IPv6 地址,因此,IPv6 网络中的终端可以通过直接给出 IPv6 地址的方式和 IPv4 网络中的终端通信。当然,记住完全合格的域名总比记住 128 位的 IPv6 地址容易,因此,IPv6 网络中的终端可能通过完全合格的域名(如终端 C)发起和 IPv4 网络中的终端之间的会话。这种情况下,由 IPv6 终端向 IPv4 网络的 DNS 服务器发送 DNS 请求报文,由路由器 R3 完成 IPv6 DNS 请求报文至 IPv4 DNS 请求报文的转换。当路由器 R3 接收到 IPv4 网络中的 DNS 服务器回送的 DNS 响应报文时,一方面通过加上网络前缀 2::将解析出的 IPv4 地址转换成 IPv6 地址,另一方面完成 IPv4 DNS 响应报文至 IPv6 DNS 响应报文的转换。

　　隧道技术和 NAT-PT 都是解决 IPv6 网络和 IPv4 网络互连的权宜之计,存在很多问题,也有很大的局限性,它们只能解决 IPv4 或 IPv6 网络中一方占据主导地位时和作为孤岛的另一方中的终端通信的问题。因此,如果 IPv6 网络和 IPv4 网络长时间平分秋色,必须用更合适的技术来解决它们的互连问题。目前情况下,IPv4 占据绝对的主导地位,但网络发展的趋势是用 IPv6 代替 IPv4,只是不知道这个过程何时开始,需要多长时间。

本章小结

- 随着互联网应用的普及和深入，IPv4 缺陷开始显现。
- IPv6 是基于互联网发展需要重新设计的网际层协议。
- CIDR 和 NAT 极大地缓解了 IPv4 的地址短缺问题，但不是消除 IPv4 缺陷的根本办法。
- IPv6 对传输层提供的服务与 IPv4 相同。
- IPv6 实现网络互连的思路和方法与 IPv4 相似。
- 大量基于 IPv4 的路由协议（如 RIP、OSPF、BGP 等）和应用层协议（如 DHCP、DNS 等）均可升级到 IPv6。
- 双协议栈技术、隧道技术与网络地址和协议转换技术是目前常用的用于解决 IPv4 网络与 IPv6 网络共存的 3 种技术。

习题

10.1　IPv4 的主要缺陷有哪些？

10.2　IPv4 短时间内是否会被 IPv6 取代？解释为什么。

10.3　IPv6 和 IPv4 相比有什么优势？

10.4　像目前这样设计 IPv6 首部的理由是什么？增加的字段有什么作用？

10.5　IPv6 取消首部检验和字段的理由是什么？

10.6　IPv6 的扩展首部是否只是取代 IPv4 的可选项？它有什么作用？

10.7　IPv6 分片过程和 IPv4 分片过程相比有什么优势？

10.8　IPv6 地址结构的设计依据是什么？

10.9　将以下用基本表示方式表示的 IPv6 地址用零压缩表示方式表示。

（1）0000:0000:0F53:6382:AB00:67DB:BB27:7332

（2）0000:0000:0000:0000:0000:0000:004D:ABCD

（3）0000:0000:0000:AF36:7328:0000:87AA:0398

（4）2819:00AF:0000:0000:0000:0035:0CB2:B271

10.10　将以下用零压缩表示方式表示的 IPv6 地址用基本表示方式表示。

（1）::

（2）0:AA::0

（3）0:1234::3

（4）123::1:2

10.11　给出以下每一个 IPv6 地址所属的类型。

（1）FE80::12

（2）FEC0::24A2

（3）FF02::0

(4) 0::01

10.12　下述地址表示方法是否正确?

(1) ::0F53:6382:AB00:67DB:BB27:7332

(2) 7803:42F2::88EC:D4BA:B75D:11CD

(3) ::4BA8:95CC::DB97:4EAB

(4) 74DC::02BA

(5) ::00FF:128.112.92.116

10.13　IPv6 为什么没有广播地址? 哪个多播地址等同于全 1 的广播地址?

10.14　IPv6 设置链路本地地址的目的是什么?

10.15　IPv6 为什么使用无状态地址自动配置方式? IPv4 为什么不使用这种地址分配方式?

10.16　IPv4 是否不需要重复地址检测? 如果需要,如何实现重复地址检测?

10.17　分别用 IPv6 和 IPv4 设计一个有 30 个终端的交换式以太网,并使各个以太网内的终端之间能够相互通信,给出设计步骤,并比较其过程。

10.18　IPv4 over 以太网用 ARP 实现目的终端地址解析,ARP 报文直接用 MAC 帧封装;而 IPv6 over 以太网用邻站发现协议实现目的终端地址解析,用 IPv6 分组封装邻站发现协议的协议报文。这两者有什么区别?

10.19　根据如图 10.31 所示的网络结构配置终端和三层交换机,并讨论终端 A 至终端 B 的 IPv6 分组传输过程。

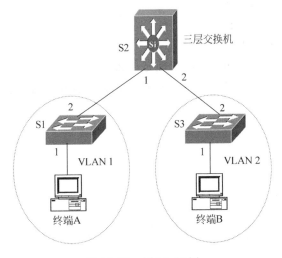

图 10.31　题 10.19 图

10.20　根据图 10.32 所示的网络结构,配置终端和三层交换机,讨论三层交换机之间用 RIPng 建立路由表的过程,并给出终端 A 至终端 D 的 IPv6 分组传输过程。

10.21　IPv4 和 IPv6 互连的技术有哪些? 各自在什么应用环境下使用?

10.22　假定图 10.32 中,VLAN 2 使用 IPv4,其他 VLAN 使用 IPv6,请给出用双协议栈解决 IPv4 和 IPv6 网络共存和同一网络内终端之间通信问题的配置,并讨论终端 B 至终端 C、终端 A 至终端 D 之间的通信过程。

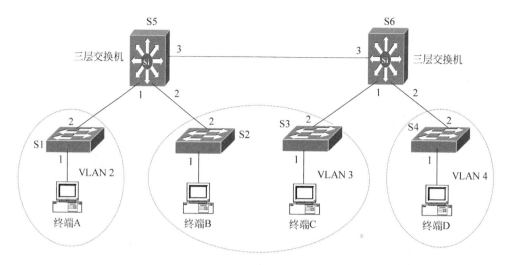

图 10.32　题 10.20 图

　10.23　假定图 10.32 中，VLAN 3 使用 IPv4，其他 VLAN 使用 IPv6，请给出用 SIIT 解决属于不同类型网络的终端之间通信问题的配置，并讨论终端 A 至终端 B、终端 C 至终端 D 之间的通信过程。

　10.24　假定图 10.32 中，VLAN 3 使用 IPv4，其他 VLAN 使用 IPv6，请给出用 NAT-PT 和 DNS 应用层网关解决属于不同网络的终端之间通信问题的配置，并讨论终端 A 至终端 B、终端 C 至终端 D 之间的通信过程。

　10.25　SIIT 的局限性是什么？

　10.26　NAT-PT 的局限性是什么？

　10.27　NAT-PT 实现双向会话的原理是什么？

　10.28　能否仿照 IP 互连不同类型传输网络的模式提出一种真正实现 IPv4 和 IPv6 网络互连的模式？

部分习题答案

第 1 章

1.9　传播时延 $t=(1/200000)\mathrm{s}=5\times10^{-6}\mathrm{s}$，最短帧长 $M=2t\times$ 传输速率 $=(2\times5\times10^{-6}\times10^{9})\mathrm{b}=10000\mathrm{b}$。

1.10　基本时间是冲突域中距离最远的两个终端的往返时延，10Mb/s 时是 $51.2\mu s$，100Mb/s 时是 $5.12\mu s$，因此，当选择随机数 100 时，10Mb/s 时的等待时间为 $100\times51.2\mu s$，100Mb/s 时的等待时间为 $100\times5.12\mu s$。

1.11　传输过程及相应的时间如图 A.1 所示。

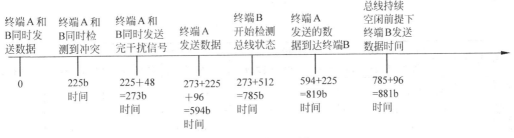

图 A.1　题 1.11 图

（1）终端 A 在 594b 时间，终端 B 在 881b 时间重传数据帧。

（2）终端 A 重传的数据在 819b 时间到达终端 B。

（3）不会，因为，终端 B 只有在 785b 时间～881b 时间段内一直检测到总线空闲才发送数据，但从 819b 时间起，总线处于忙状态。

（4）不是，要求持续 96b 时间检测到总线空闲。

1.12　（1）1Mb/s。（2）10Mb/s。（3）10Mb/s。

1.13　思路：当终端 D 传输完成后，由于终端 A、B 和 C 同时检测到总线空闲，第一次传输肯定发生冲突。随机产生后退时间后，如果有两个终端选择随机数 0，又立即发生冲突；如果两个终端选择随机数 1，在选择 0 的终端传输完成后，这两个终端又将再次发生冲突，重新选择后退时间。

1.14　第 i 次重传失败的概率为 2^{-i}，因此，重传 i 次才成功的概率为 $(1-2^{-i})\displaystyle\prod_{K=1}^{i-1}2^{-K}$

平均重传次数为 $\sum i\times$ 重传 i 次才成功的概率。

1.16   10Mb/s 时 MAC 帧的发送时间 $=(512/(10\times10^6))\mu s=51.2\mu s$

100Mb/s 时 MAC 帧的发送时间 $=(512/(100\times10^6))\mu s=5.12\mu s$

1000Mb/s 时 MAC 帧的发送时间 $=(512/(1000\times10^6))\mu s=0.512\mu s$

端到端传播时间 $=$ MAC 帧发送时间$/2$

电缆两端最长距离 $=$ 端到端传播时间 $\times(2/3)c$

10Mb/s 电缆两端最长距离 $=(51.2/2)\times(2/3)c=5120m$

100Mb/s 电缆两端最长距离 $=(5.12/2)\times(2/3)c=512m$

1000Mb/s 电缆两端最长距离 $=(0.512/2)\times(2/3)c=51.2m$

1.21   如表 A.1 所示。

表 A.1   题 1.21 表

传输操作	网桥 1 转发表		网桥 2 转发表		网桥 1 的处理（转发、丢弃、登记）	网桥 2 的处理（转发、丢弃、登记）
	MAC 地址	转发端口	MAC 地址	转发端口		
H1→H5	MAC 1	1	MAC 1	1	转发、登记	转发、登记
H3→H2	MAC 3	2	MAC 3	1	转发、登记	转发、登记
H4→H3	MAC 4	2	MAC 4	2	丢弃、登记	转发、登记
H2→H1	MAC 2	1			丢弃、登记	接收不到该帧

1.22   有 3 个冲突域，有 2 个广播域。

1.23   各个交换机转发表如表 A.2 所示。

表 A.2   题 1.23 表

传输操作	S1 转发表		S2 转发表		S3 转发表		S4 转发表	
	MAC 地址	转发端口	MAC 地址	转发端口	MAC 地址	转发端口	MAC 地址	转发端口
终端 A→终端 B	MAC A	1	MAC A	1	MAC A	1	MAC A	1
终端 E→终端 F	MAC E	3	MAC E	3	MAC E	3	MAC E	2
终端 C→终端 A	MAC C	3	MAC C	2				

1.24   当传输媒体为双绞线时，每一段双绞线的最大距离是 100m，4 段双绞线的最大距离为 400m。当传输媒体为光纤时，最大距离主要受冲突域直径限制，由于集线器的信号处理时延为 $0.56\mu s$，每一个冲突域直径为 $((2.56-0.56)\times10^{-6}\times2\times10^8)m=400m$，因此，最大距离为 $400m\times2$。

1.25   (1)～(5)如表 A.3 所示。

表 A.3   题 1.25 表

传输操作	交换机 1 转发表		交换机 2 转发表		交换机 1 的处理（广播、转发、丢弃）	交换机 2 的处理（广播、转发、丢弃）
	MAC 地址	转发端口	MAC 地址	转发端口		
终端 A→终端 B	MAC A	1	MAC A	4	广播	广播

续表

传输操作	交换机 1 转发表		交换机 2 转发表		交换机 1 的处理（广播、转发、丢弃）	交换机 2 的处理（广播、转发、丢弃）
	MAC 地址	转发端口	MAC 地址	转发端口		
终端 G → 终端 H	MAC G	4	MAC G	4	广播	广播
终端 B→终端 A	MAC B	2			转发	接收不到该帧
终端 H → 终端 G	MAC H	4	MAC H	4	丢弃	丢弃
终端 E→终端 H	MAC E	4	MAC E	2	丢弃	转发

（6）在终端 A 发送 MAC 帧前，交换机 1 转发表中与 MAC 地址 MAC A 匹配的转发项中的转发端口是端口 1，因此，终端 E 发送给终端 A 的 MAC 帧被错误地从端口 1 发送出去。解决办法有以下两种：一是一旦删除连接终端与交换机端口之间的双绞线缆，交换机自动删除转发端口为该端口的转发项；二是终端 A 广播一个 MAC 帧。

1.26 当设备的端口速率是 10Mb/s 时，由于允许 4 级集线器级联，因此楼层中的设备和互连楼层中设备的设备都可以是集线器。当设备的端口速率是 100Mb/s 时，由于只允许 2 级集线器级联，且冲突域直径为 216m，因此楼层中的设备可以是集线器，互连楼层中设备的设备应该是交换机。

1.27 设备配置如图 A.2 所示，两台楼交换机，每一台楼交换机 1 个 1000BASE-LX 端口，用于连接两楼之间的光缆；5 个 100BASE-TX 端口，分别连接同一楼内的 5 台楼层交换机。两楼共 10 台楼层交换机，每一台楼层交换机 1 个 100BASE-TX 端口，用于连接楼交换机，20 个 10BASE-T 端口，用于连接 20 个房间中的终端。这种设计基于跨楼、跨层通信比较频繁的情况，保证有足够的带宽实现楼层间和楼间的通信。

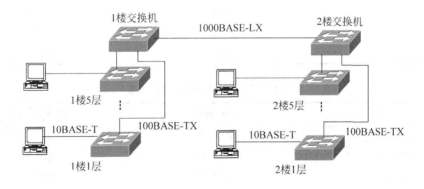

图 A.2 题 1.27 图

1.28 共享总线交换结构串行传输 4 组 MAC 帧和控制信息，所需时间为 $(4\times(1000+32)\times8/10^9)\text{s}=3.3024\times10^{-5}\text{s}$。

交叉矩阵交换结构由于只需串行传输控制信息，4 对终端之间可以并行传输 MAC 帧，因此,所需时间为$((4\times32+1000)\times8/10^9)s=9.024\times10^{-6}$s。

第 2 章

2.3 如表 A.4 至表 A.9 所示。

表 A.4 题 2.3 交换机 S1 的 VLAN 与交换机端口映射表

VLAN	接 入 端 口	共 享 端 口
VLAN 2	端口 1、端口 2	端口 4
VLAN 3	端口 3	端口 4

表 A.5 题 2.3 交换机 S2 的 VLAN 与交换机端口映射表

VLAN	接 入 端 口	共 享 端 口
VLAN 2		端口 1、端口 4
VLAN 3	端口 3	端口 1
VLAN 4	端口 2	端口 4

表 A.6 题 2.3 交换机 S3 的 VLAN 与交换机端口映射表

VLAN	接 入 端 口	共 享 端 口
VLAN 2	端口 1	端口 4
VLAN 4	端口 2、端口 3	端口 4

表 A.7 题 2.3 交换机 S1 的转发表

VLAN	MAC 地址	转 发 端 口
VLAN 2	MAC A	端口 1
VLAN 2	MAC B	端口 2
VLAN 2	MAC F	端口 4
VLAN 3	MAC C	端口 3
VLAN 3	MAC E	端口 4

表 A.8 题 2.3 交换机 S2 的转发表

VLAN	MAC 地址	转 发 端 口
VLAN 2	MAC A	端口 1
VLAN 2	MAC B	端口 1
VLAN 2	MAC F	端口 4
VLAN 3	MAC C	端口 1
VLAN 3	MAC E	端口 3
VLAN 4	MAC D	端口 2
VLAN 4	MAC G	端口 4
VLAN 4	MAC H	端口 4

表 A.9 题 2.3 交换机 S3 的转发表

VLAN	MAC 地址	转 发 端 口
VLAN 2	MAC A	端口 4
VLAN 2	MAC B	端口 4
VLAN 2	MAC F	端口 1
VLAN 4	MAC D	端口 4
VLAN 4	MAC G	端口 2
VLAN 4	MAC H	端口 3

终端 A→终端 F 的 MAC 帧传输过程。交换机 S1 通过端口 1 接收到 MAC 帧,确定该 MAC 帧属于 VLAN 2,在转发表中检索 VLAN 为 VLAN 2 且 MAC 地址为 MAC F 的转发项,找到匹配的转发项,从转发项指定端口(端口 4)输出该 MAC 帧,该 MAC 帧携带 VLAN 2 对应的 VLAN ID。交换机 S2 通过端口 1 接收到 MAC 帧,在转发表中检索 VLAN 为 VLAN 2 且 MAC 地址为 MAC F 的转发项,找到匹配的转发项,从转发项指定端口(端口 4)输出该 MAC 帧,该 MAC 帧携带 VLAN 2 对应的 VLAN ID。交换机 S3 通过端口 4 接收到 MAC 帧,在转发表中检索 VLAN 为 VLAN 2 且 MAC 地址为 MAC F 的转发项,找到匹配的转发项,删除该 MAC 帧携带的 VLAN ID,从转发项指定端口(端口 1)输出该 MAC 帧。

终端 A→终端 D 的 MAC 帧传输过程。交换机 S1 通过端口 1 接收到 MAC 帧,确定该 MAC 帧属于 VLAN 2,在转发表中检索 VLAN 为 VLAN 2 且 MAC 地址为 MAC D 的转发项,找不到匹配的转发项,从除端口 1 以外所有属于 VLAN 2 的端口(端口 2 和端口 4)输出该 MAC 帧,从端口 4 输出的 MAC 帧携带 VLAN 2 对应的 VLAN ID。交换机 S2 通过端口 1 接收到 MAC 帧,在转发表中检索 VLAN 为 VLAN 2 且 MAC 地址为 MAC D 的转发项,找不到匹配的转发项,从除端口 1 以外所有属于 VLAN 2 的端口(端口 4)输出该 MAC 帧,由于交换机 S2 没有从端口 2 输出该 MAC 帧,该 MAC 帧无法到达终端 D。

2.4 假定终端 A、B 和 G 属于 VLAN 2,终端 E、F 和 H 属于 VLAN 3,终端 C 和 D 属于 VLAN 4。交换机 S1、S2、S3 的 VLAN 与交换机端口映射表如表 A.10 至表 A.12 所示。

表 A.10 题 2.4 交换机 S1 的 VLAN 与交换机端口映射表

VLAN	接 入 端 口	共 享 端 口
VLAN 2	端口 1、端口 2	端口 4
VLAN 4	端口 3	端口 4

表 A.11 题 2.4 交换机 S2 的 VLAN 与交换机端口映射表

VLAN	接 入 端 口	共 享 端 口
VLAN 2	端口 4	端口 1
VLAN 3	端口 3	端口 2
VLAN 4		端口 1、端口 2

表 A. 12   题 2.4 交换机 S3 的 VLAN 与交换机端口映射表

VLAN	接 入 端 口	共 享 端 口
VLAN 3	端口 2、端口 3	端口 4
VLAN 4	端口 1	端口 4

属于同一 VLAN 的端口之间存在交换路径,属于单个 VLAN 的交换路径经过的端口是属于该 VLAN 的接入端口,属于多个 VLAN 的交换路径经过的端口是被这些 VLAN 共享的共享端口。

2.7   如表 A.13 所示。

表 A. 13   3 个交换机的 VLAN 配置情况

交 换 机	VLAN	类 型
S1	VLAN 1	静态
	VLAN 2	静态
S2	VLAN 1	静态
	VLAN 3	动态
S3	VLAN 1	静态
	VLAN 3	静态

2.9   终端 A 和终端 F,只有终端 A 发送的 MAC 帧才能从交换机 1 连接交换机 2 的端口发送出去。交换机 2 连接交换机 1 的端口接收的 MAC 帧只能发送给终端 F。反之亦然。

2.10   终端 A 和终端 D、终端 A 和终端 E、终端 B 和终端 F、终端 C 和终端 F,属于相同 VLAN 的两个终端之间可以相互通信。

2.11   (1)终端 C 和终端 D。(2)终端 E 和终端 F。(3)终端 B 和终端 F。(4)终端 E 和终端 F。(5)终端 E 和终端 F。(6)终端 E。

第 3 章

3.8   如图 A.3 所示。

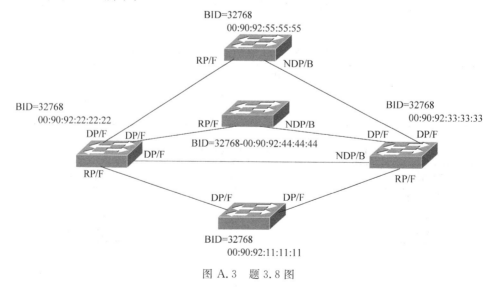

图 A. 3   题 3.8 图

3.9 如图 A.4 所示。

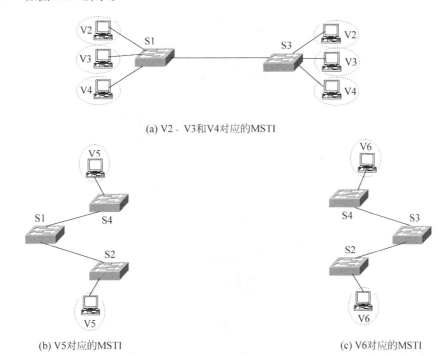

(a) V2、V3和V4对应的MSTI

(b) V5对应的MSTI   (c) V6对应的MSTI

图 A.4 题 3.9 图

3.10 如图 A.5 所示。

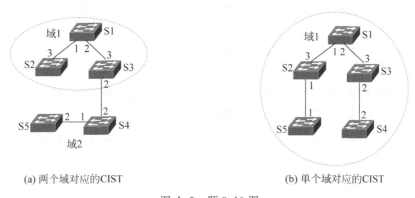

(a) 两个域对应的CIST   (b) 单个域对应的CIST

图 A.5 题 3.10 图

在多个域的情况下,每一个域在建立 CIST 时相当于一个结点,域与域之间计算的是域间开销。在单个域内,每一个交换机计算的是根路径开销。

3.11 如图 A.6 所示。

第 4 章

4.1 ①同一链路聚合组中的所有链路的两端端口分别属于一个聚合组;②属于同一链路聚合组的所有链路的两端端口有着相同的端口属性,如通信方式、传输速率、所属 VLAN 等;③属于同一链路聚合组的所有链路的两端端口都是选中端口。

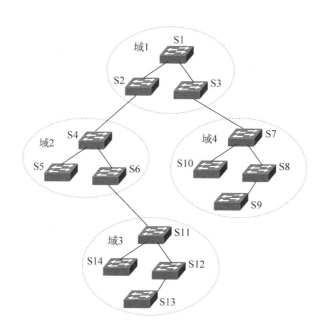

图 A.6　题 3.11 图

4.2　包括 3 个阶段：①创建聚合组；②分配端口；③激活端口。

4.5　区别：聚合组是一组可以作为单个逻辑端口使用的端口集合。链路聚合组是一组链路集合，这一组链路用于实现两个系统互连，且使得两个系统之间的带宽是链路聚合组中所有链路带宽之和，两个系统之间的流量可以均衡分布到链路聚合组中的每一条链路。

联系：属于同一链路聚合组的所有链路的两端端口属于同一个聚合组，且是聚合组中的激活端口。

4.6　创建两个聚合组。由于经过交换机 S2 转发的数据帧的源和目的 MAC 地址相同，因此，为了将两个路由器之间的流量均衡地分布到链路聚合组中的每一条链路，采用的端口分配机制只能是以下几种之一：基于源 IP 地址、基于目的 IP 地址、基于源和目的 IP 地址。

第 5 章

5.1　IP 用于解决的是连接在两个不同网络上的终端之间的通信问题。技术基础体现在以下几个方面：独立于传输网络的分组形式和地址格式，构建由源和目的终端及路由器组成的传输路径，通过 IP over X 技术和 X 传输网络实现连接在 X 传输网络上的当前跳至下一跳的 IP 分组传输过程。

5.2　接口是终端或路由器连接网络的地方，是实现和网络通信的门户，经过网络传输的链路层帧都是以接口作为网络的始端和终端。而 IP 层传输路径通过下一跳 IP 地址确定下一跳连接网络的接口，因此，除了连接点对点链路的路由器接口，其他接口需要配置 IP 地址。

5.3　主要是处理的对象不同，集线器处理的对象是物理层定义的电信号或光信号，用于再生这些信号,因此是物理层设备。网桥处理的对象是 MAC 层定义的 MAC 帧,用于实现 MAC 帧同一个以太网内的端到端传输过程,因此是 MAC 层设备。路由器处理的对象是网际层的 IP 分组,用于实现 IP 分组连接在不同网络的终端之间的端到端传输过程,因此是网际层设备。

5.4　网桥实现互连的两个网段或是共享型网段,或是全双工通信方式的网段,连接在网段上的终端分配 MAC 地址。虽然目前把实现以太网和无线局域网互连的 AP 作为网桥设备,但连接在无线局域网和以太网上的终端均分配 MAC 地址。由于连接在 ATM 网上的终端无法分配 MAC 地址,因此,无法通过网桥实现以太网和 ATM 网络互连。一般原则是:对应两个不同类型的网络,通常由网际层的路由器实现互连,而不是由 MAC 层的网桥实现互连。

5.6　IP 层传输路径由源终端、中间经过的路由器和目的终端组成,源终端根据配置的默认网关地址确定源终端至目的终端传输路径上的第一个路由器,路由器根据路由协议建立的路由表确定源终端至目的终端传输路径上的下一跳。

5.10　IP 地址是独立于传输网络的逻辑地址,连接在不同网络上的终端都需分配唯一的 IP 地址,每一个终端的 IP 地址必须和终端连接的网络的网络地址一致,端到端传输的 IP 分组用 IP 地址标识源和目的终端,路由器根据 IP 分组的目的 IP 地址确定 IP 层传输路径。MAC 地址是局域网地址,用于标识连接在局域网上的每一个终端,同一局域网内两个终端之间传输的 MAC 帧用 MAC 地址标识源和目的终端,网桥根据 MAC 地址确定交换路径。

5.13　子网掩码 255.255.255.0 代表该网络的网络号为 24 位。子网掩码 255.255.255.248 代表该网络的网络号为 29 位,主机号位数 $32-29=3$,实际可用的 IP 地址数 $=2^3-2=6$。

5.14　答案 A,IP 地址的最高 12 位必须是 01010101 0010,符合此要求的 IP 地址只有 A。

5.15　答案 A,IP 地址的最高 8 位是 00000010,网络前缀 0/4 表示最高 4 位为 0,和 IP 地址匹配。

5.16　(1) B。(2) A。(3) B。(4) C。(5) A。(6) C。

5.17　取符合不等式 $1200×n≥3200+n×160$ 的最小整数 n,求出 $n=4$,得出第 2 个局域网实际需要为上层传输的二进制数为 $(3200+160×4)b=3840b$。

5.18　根据 $1024×n≥2068+n×20$,求出 $n=3$。将 2068 分成 3 段,前两段长度必须是 8 的倍数,且加上 IP 首部后尽量接近 MTU,因此,3 段长度分别是 1000、1000 和 68,得出 IP 分组的总长分别是 1020、1020 和 88。每一段数据在原始数据中的偏移分别是 0、1000/8 $=$ 125、$2×1000/8=250$。在第二个局域网中,前两个 IP 分组包含的数据需分成 3 段,长度分别为 488、488 和 24,得出的片偏移如图 A.7 所示。

5.19　根据 $512×n≥2068+n×20$,求出 $n=5$,将 2068 分成 5 段,前 4 段长度必须是 8 的倍数,且加上 IP 首部后尽量接近 MTU,取值 488,最后一段长度是 116。因此,前 4 个 IP 分组的总长为 508,最后一个 IP 分组的总长是 136,片偏移分别是 0、61、$2×61$、$3×61$、$4×61$。和上一题相比,最终到达的 IP 分组少了 2 个。

5.20　ARP 为网际层实现 IP 地址至物理地址的解析功能,但必须调用 MAC 层提供

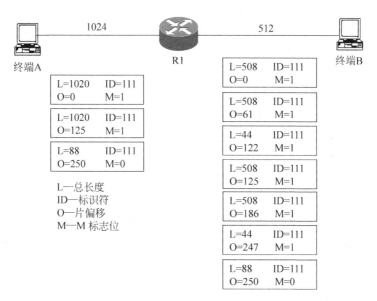

図 A.7　題 5.18 图

的广播传输服务，MAC 层为 ARP 报文提供广播传输服务的过程和为 IP 分组提供单播传输服务过程是一样的，因此 ARP 不是链路层功能。

5.21　IP 地址和 MAC 地址的映射是动态的，如果太长，可能因为 IP 地址和 MAC 地址的映射已经改变，而无法正确传输数据，太短导致频繁地进行地址解析过程。

5.22　不能，IP 地址是两层地址结构，终端 IP 地址必须和所连接的网络的网络地址一致，但同一个网络的终端的 MAC 地址并没有这样的特性，因此，IP 地址和 MAC 地址之间的映射只能是动态的。

5.23　(1) 接口 0。(2) R2。(3) R4。(4) R3。(5) R4。

5.24　其中一种地址分配方案如表 A.14 所示。

表 A.14　题 5.24 表

网　络　号	IP 地址范围
124.250.0.0/24	124.250.0.1～124.250.0.254
124.250.1.0/24	124.250.1.1～124.250.1.254
⋮	⋮
124.250.15.0/24	124.250.15.1～124.250.15.254

5.25　$1500 \times n \geqslant 4000 + n \times 20$，求出 $n=3$，3 个数据片的长度分别是 1480、1480 和 1040，片偏移分别是 0、185 和 370。MF 标志位分别是 1、1 和 0。

5.26　这样做是为了减少路由器的转发处理步骤，好处是提高了路由器转发 IP 分组的速率，坏处是路由器继续转发净荷已经发生错误的 IP 分组。检验和兼顾了 IP 首部检错能力和检错操作的计算量。

5.27　LAN 2 需要 7 位主机号，LAN 3 需要 8 位主机号，LAN 4 需要 3 位主机号。LAN 5 需要 5 位主机号，LAN 1 至少需要 3 位主机号。符合要求的地址分配方案很多，以下是其中一种：

LAN 2：30.138.119.0/25

LAN 3：30.138.118.0/24

LAN 4：30.138.119.128/29

LAN 5：30.138.119.160/27

LAN 1：30.138.119.144/29

5.28　212.55.132.0/22。

5.29　如表 A.15 至表 A.17 所示。

表 A.15　R1 的路由表

目 的 网 络	距 离	下 一 跳
192.1.0.0/24	0	直接
192.1.2.0/24	0	直接
192.1.4.0/24	0	直接
192.1.5.0/24	0	直接
192.1.1.0/24	2	R2
192.1.3.0/24	2	R2
192.1.6.0/23	2	R2

表 A.16　R2 的路由表

目 的 网 络	距 离	下 一 跳
192.1.0.0/24	1	R1
192.1.2.0/24	1	R1
192.1.4.0/23	1	R1
192.1.1.0/24	1	R3
192.1.3.0/24	1	R3
192.1.6.0/23	1	R3

表 A.17　R3 的路由表

目 的 网 络	距 离	下 一 跳
192.1.1.0/24	0	直接
192.1.3.0/24	0	直接
192.1.6.0/24	0	直接
192.1.7.0/24	0	直接
192.1.0.0/24	2	R2
192.1.2.0/24	2	R2
192.1.4.0/23	2	R2

将 R1 连接的 4 个网络的网络地址改为 192.1.0.0/24、192.1.1.0/24、192.1.2.0/24 和 192.1.3.0/24,将 R3 连接的 4 个网络的网络地址改为 192.1.4.0/24、192.1.5.0/24、192.1.6.0/24 和 192.1.7.0/24,路由表如表 A.18 至表 A.20 所示。

表 A.18　网络地址配置调整后 R1 路由表

目 地 网 络	距　离	下　一　跳
192.1.0.0/24	0	直接
192.1.1.0/24	0	直接
192.1.2.0/24	0	直接
192.1.3.0/24	0	直接
192.1.4.0/22	2	R2

表 A.19　网络地址配置调整后 R2 路由表

目 的 网 络	距　离	下　一　跳
192.1.0.0/22	1	R1
192.1.4.0/22	1	R3

表 A.20　网络地址配置调整后 R3 路由表

目 的 网 络	距　离	下　一　跳
192.1.4.0/24	0	直接
192.1.5.0/24	0	直接
192.1.6.0/24	0	直接
192.1.7.0/24	0	直接
192.1.0.0/22	2	R2

5.30　以下是其中一种地址分配方案：

LAN 1：192.77.33.0/26

LAN 2：192.77.33.192/28

LAN 3：192.77.33.64/27

LAN 4：192.77.33.208/28

LAN 5：192.77.33.224/29

LAN 6：192.77.33.96/27

LAN 7：192.77.33.128/27

LAN 8：192.77.33.160/27

5.31　4 个子网地址的相关信息如表 A.21 所示。

表 A.21　题 5.31 表

前 缀 长 度	IP 地 址 数	CIDR 地 址 块	最 小 地 址	最 大 地 址
28	16	136.23.12.64/28	136.23.12.65	136.23.12.78
28	16	136.23.12.80/28	136.23.12.81	136.23.12.94
28	16	136.23.12.96/28	136.23.12.97	136.23.12.110
28	16	136.23.12.112/28	136.23.12.113	136.23.12.126

5.32　3 个子网的相关信息如表 A.22 所示，路由器 R1 和 R2 的路由表如表 A.23 和表 A.24 所示。

表 A.22　题 5.32 表 1

子　网	CIDR 地址块	最 大 地 址
子网 1	192.1.1.64/27	192.1.1.94
子网 2	192.1.1.96/28	192.1.1.110
子网 3	192.1.1.112/28	192.1.1.126

表 A.23　R1 路由表

目 的 网 络	距　离	下 一 跳
192.1.1.64/26	1	R1

表 A.24　R2 路由表

目 的 网 络	距　离	下 一 跳
192.1.1.64/27	0	直接
192.1.1.96/28	0	直接
192.1.1.112/28	0	直接

5.33　（1）终端和路由器的配置信息如图 A.8 所示。

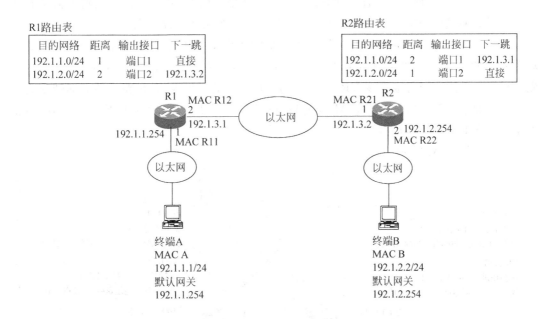

图 A.8　题 5.33 图 1

（2）MAC 帧如图 A.9 所示。

5.34　使得可以在只为终端配置单个默认网关地址的前提下,为终端配置多个默认网关,且其中一个默认网关失效不会影响该终端与连接在其他网络上的终端之间的通信过程。

5.35　如果主路由器接收到 VRRP 报文,而且 VRRP 报文中的优先级大于主路由器为接收该 VRRP 报文的接口配置的优先级,或者虽然 VRRP 报文中的优先级等于主路由器为

目的地址	源地址		
ff:ff:ff:ff:ff:ff	MAC A	ARP请求	终端A→R1
MAC A	MAC R11	ARP响应	R1→终端A
MAC R11	MAC A	IP分组	终端A→R1
ff:ff:ff:ff:ff:ff	MAC R12	ARP请求	R1→R2
MAC R12	MAC R21	ARP响应	R2→R1
MAC R21	MAC R12	IP分组	R1→R2
ff:ff:ff:ff:ff:ff	MAC R22	ARP请求	R2→终端B
MAC R22	MAC B	ARP响应	终端B→R2
MAC B	MAC R22	IP分组	R2→终端B

图 A.9 题 5.33 图 2

接收该 VRRP 报文的接口配置的优先级，但 VRRP 报文的源 IP 地址大于主路由器接收该 VRRP 报文的接口的基本 IP 地址，该主路由器立即转换为备份路由器。

5.36 备份路由器接收到主路由器发送的 VRRP 报文后，根据备份路由器的工作方式对 VRRP 报文进行处理，如果备份路由器配置为允许抢占方式，且发现 VRRP 报文中的优先级小于备份路由器为接收该 VRRP 报文的接口配置的优先级，备份路由器立即转换为主路由器。如果某个备份路由器的 Master_Down_Timer 溢出，表示主路由器已经失效，该备份路由器立即转换为主路由器。

5.37 如图 A.10 所示。

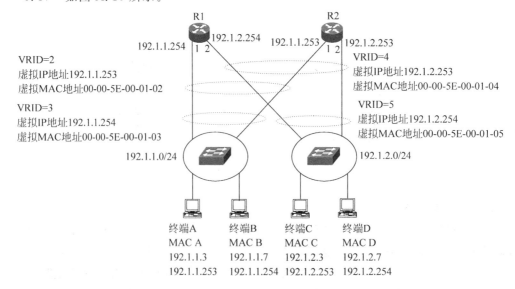

图 A.10 题 5.37 图

第6章

6.1 IP网络是一个由路由器互连多个传输网络构成的互连网络,可以将互连路由器的传输网络虚化为链路,这样,互连网络成为由终端、链路和用多个端口连接多条链路的路由器组成的数据报分组交换网络,这样的IP网络中,端到端传输路径由链路和连接链路的路由器组成,路由器通过下一跳指定输出链路和端到端传输路径上的下一跳路由器。路由器和下一跳路由器必须存在连接在同一个网络上的接口。一般情况下,同一个网络由单种类型的传输网络组成,有时,同一网络可以由网桥互连的多种类型的传输网络组成。

6.2 当某条传输路径的下一跳路由器不能正常转发IP分组时,可能直到和该路由项关联的定时器溢出才能删除该路由项。另外,因为链路失效导致的计数器计数到无穷大问题也影响了收敛速度。但当某个路由器发现更短路径时,根据及时发送更新路由消息机制可以快速扩散该好消息。

6.4 R1向R3发送路由消息<192.1.1.0/24,0,193.1.1.1>,其中192.1.1.0/24是目的网络,0是距离,193.1.1.1是封装路由消息的IP分组的源IP地址。R7向R6发送路由消息<192.1.4.0/24,0,193.1.10.2>,使得R6向R3发送路由消息<192.1.4.0/24,1,193.1.6.2>;R5向R4发送路由消息<192.1.3.0/24,0,193.1.7.2>,使得R4向R3发送路由消息<192.1.3.0/24,1,193.1.5.1>。R3综合这些路由消息得出如表A.25所示的路由表。

表 A.25 题 6.4 表

目 的 网 络	距 离	下 一 跳
193.1.1.0/24	1	193.1.1.1
193.1.2.0/24	0	直接
193.1.3.0/24	2	193.1.5.1
193.1.4.0/24	2	193.1.6.2

6.7 N1 7 A(无新消息,不改变)

N2 5 C(相同下一跳,新距离取代旧距离)

N3 9 C(新添路由项)

N6 5 C(发现更短路径)

N8 4 E(不同的下一跳,距离相同,维持源路由项不变)

N9 4 F(不同的下一跳,距离更大,维持源路由项不变)

6.8 如图 A.11 所示。

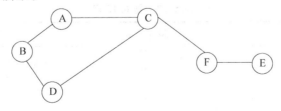

图 A.11 题 6.8 图

6.9　OSPF 优于 RIP 之处有以下 6 点：一是收敛速度快；二是避免路由环路；三是不存在计数到无穷大的问题；四是可以自行定义代价的度量标准；五是可以生成多条传输路径；六是适用于大规模互连网络。

6.10　确定最短路径的步骤如表 A.26 所示。最短路径如图 A.12 所示。

表 A.26　题 6.10 表

步　骤	确 认 列 表	临 时 列 表	说　明
1	＜B,0,－＞		初始化时,确认列表中只有根结点对应的路由项
2	＜B,0,－＞	＜E,2,E＞	计算和 B 直接连接的结点
3	＜B,0,－＞ ＜E,2,E＞	＜D,4,E＞ ＜C,3,E＞	将临时列表中距离最小的路由项＜E,2,E＞移到确认列表,重新计算和 E 相邻的结点
4	＜B,0,－＞ ＜E,2,E＞ ＜C,3,E＞	＜D,4,E＞ ＜A,6,E＞ ＜F,9,E＞	将临时列表中距离最小的路由项＜C,3,E＞移到确认列表,重新计算和 C 相邻的结点相关的路由项,得到路由项＜A,6,E＞和＜F,9,E＞
5	＜B,0,－＞ ＜E,2,E＞ ＜C,3,E＞ ＜D,4,E＞	＜A,6,E＞ ＜F,9,E＞	将临时列表中距离最小的路由项＜D,4,E＞移到确认列表,重新计算和 D 相邻的结点相关的路由项,没有距离更小的路由项
6	＜B,0,－＞ ＜E,2,E＞ ＜C,3,E＞ ＜D,4,E＞ ＜A,6,E＞ ＜F,9,E＞		根据距离,依次将临时列表中的路由项移到确认列表

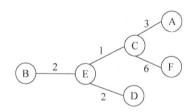

图 A.12　题 6.10 图

6.13　如表 A.27 所示。

表 A.27　题 6.13 表

目 的 网 络	距　离	下一跳路由器
NET1	5	R06
NET2	5	R06
NET3	5	R06
NET4	6	R06
NET5	1	直接
NET6	3	R32

6.18 如表 A.28 所示。

表 A.28 题 6.18 表

目 的 网 络	距 离	下一跳路由器	路 由 类 型	经历的自治系统
NET1	2	R11	I	
NET2	1	直接	I	
NET3	3	R14	E	AS2
NET4	3	R14	E	AS2
NET5	2	R14	E	AS3
NET6	2	R14	E	AS3
NET7	3	R14	I	
NET8	2	R14	I	
NET9	2	R14	E	AS3

第 7 章

7.2 广播树是源终端至所有网络的最短路径,广播树中源终端至每一个网络的最短路径只有一条。每一个路由器只接收一次源终端发送的多播 IP 分组。泛洪情况下,任何源终端发送的多播 IP 分组可能重复多次到达同一路由器。

7.4 如图 A.13 所示。

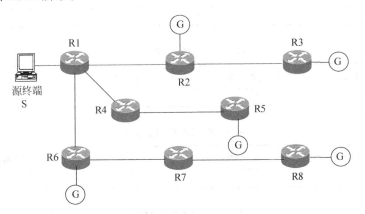

图 A.13 题 7.4 广播树

7.5 假定路由器 R4 连接路由器 R2、R5、R6 和 R3 的接口分别是接口 1、2、3 和 4。R4 的路由表和多播路由表如表 A.29 和表 A.30 所示。

表 A.29 R4 的路由表

目 的 网 络	距 离	下 一 跳	输 出 接 口
192.1.1.0/24	3	193.1.3.1	1
192.1.2.0/24	2	193.1.5.2	4
192.1.3.0/24	2	193.1.7.2	2
192.1.4.0/24	3	193.1.8.2	3

表 A. 30　R4 的多播路由表

源　网　络	距　离	前　一　跳	上游接口	下游接口列表
192.1.1.0/24	3	193.1.3.1	1	
192.1.2.0/24	2	193.1.5.2	4	2
192.1.3.0/24	2	193.1.7.2	2	4
192.1.4.0/24	3	193.1.8.2	3	

7.9　如表 A.31 至表 A.36 所示。

表 A.31　RP 多播路由表

源终端(或源网络)	多　播　组	上　游　接　口	下游接口列表
*	G	—	1,2,3

表 A.32　R2 多播路由表

源终端(或源网络)	多　播　组	上　游　接　口	下游接口列表
*	G	2	5,4

表 A.33　R3 多播路由表

源终端(或源网络)	多　播　组	上　游　接　口	下游接口列表
*	G	1	3

表 A.34　R5 多播路由表

源终端(或源网络)	多　播　组	上　游　接　口	下游接口列表
*	G	1	3,4

表 A.35　R6 多播路由表

源终端(或源网络)	多　播　组	上　游　接　口	下游接口列表
*	G	1	3

表 A.36　R8 多播路由表

源终端(或源网络)	多　播　组	上　游　接　口	下游接口列表
*	G	1	3

7.11　如表 A.37 所示。

表 A.37　R5 多播路由表

源　网　络	多　播　组	前一跳路由器	距　离	上　游　接　口	下游接口列表
192.1.2.1/32	G1	R4	3	4p	2p
192.1.2.1/32	G2	R4	3	4	2
192.1.2.1/32	G3	R4	3	4	2

7.12 如表 A.38 至表 A.43 所示。

表 A.38 路由器 R1 多播路由表

源终端(或源网络)	多 播 组	上 游 接 口	下游接口列表
S1	G2	2	1,3

表 A.39 路由器 R2 多播路由表

源终端(或源网络)	多 播 组	上 游 接 口	下游接口列表
S1	G2	3	4,2,1
S2	G2	1	2,4
*	G2	4	2

表 A.40 路由器 R3 多播路由表

源终端(或源网络)	多 播 组	上 游 接 口	下游接口列表
S1	G2	1	2
S2	G2	4	2
*	G2	4	2

表 A.41 路由器 R5 多播路由表

源终端(或源网络)	多 播 组	上 游 接 口	下游接口列表
S1	G2	3	1
S2	G2	4	1,2,3
*	G2	2	1

表 A.42 路由器 R7 多播路由表

源终端(或源网络)	多 播 组	上 游 接 口	下游接口列表
S1	G2	2	1
S2	G2	2	1
*	G2	2	1

表 A.43 RP 多播路由表

源终端(或源网络)	多 播 组	上 游 接 口	下游接口列表
*	G2	—	1,2,3
*	G1	—	4
S1	G2	2	1p,3p
S2	G2	3	1,2p

第 8 章

8.1 原因有以下两个:一是不同内部网络可以分配相同的私有 IP 地址空间,因此,私有 IP 地址空间是可以重复使用的;二是通过动态 PAT 可以用一个全球 IP 地址实现内部网络终端访问 Internet 的过程,或通过动态 NAT 可以用一组全球 IP 地址实现内部网络终端访问 Internet 的过程。

8.2 由于分配私有 IP 地址的内部网络对 Internet 是透明的,因此,Internet 中的终端不能直接访问内部网络终端,使得内部网络终端可以避免被连接在 Internet 上的黑客终端扫描到。

8.7   由于路由器 R1 和 R2 连接 Internet 的接口只分配一个全球 IP 地址,需要用全局端口号唯一标识内部网络终端。因此,终端 A 和终端 C 之间只能交换 TCP 和 UDP报文。

路由器 R1 用全局唯一的端口号 8000 标识终端 A。因此,终端 C 发送的目的 IP 地址为 192.1.1.1,协议类型为 TCP 或 UDP,净荷是目的端口号为 8000 的 TCP 或 UDP 报文的IP 分组能够到达终端 A。

路由器 R2 用全局唯一的端口号 8000 标识终端 C。因此,终端 A 发送的目的 IP 地址为 192.1.2.5,协议类型为 TCP 或 UDP,净荷是目的端口号为 8000 的 TCP 或 UDP 报文的IP 分组能够到达终端 C。

R1 和 R2 的地址转换表如表 A.44 和表 A.45 所示。

表 A.44   R1 地址转换表

协　　议	内部本地地址	内部全球地址
TCP	192.168.1.1:8000	192.1.1.1:8000
UDP	192.168.1.1:8000	192.1.1.1:8000

表 A.45   R2 地址转换表

协　　议	内部本地地址	内部全球地址
TCP	192.168.1.1:8000	192.1.2.5:8000
UDP	192.168.1.1:8000	192.1.2.5:8000

8.8   路由器 R1 路由表中需要给出用于指明通往内部网络各个子网和路由器 R2 连接公共网络的接口的传输路径的路由项。路由器 R2 路由表中需要给出用于指明通往内部网络和路由器 R1 连接公共网络的接口的传输路径的路由项。R1 和 R2 的路由表如表 A.46和表 A.47 所示。

表 A.46   R1 的路由表

目 的 网 络	子 网 掩 码	下 一 跳	输 出 接 口
192.168.1.0	255.255.255.0	直接	1
192.168.2.0	255.255.255.0	直接	2
193.1.2.0	255.255.255.0	直接	3

表 A.47   R2 的路由表

目 的 网 络	子 网 掩 码	下 一 跳	输 出 接 口
192.168.2.0	255.255.255.0	直接	2
193.1.2.0	255.255.255.0	直接	1

路由器 R1 用全局唯一的端口号 80 标识 Web 服务器 1,因此,终端 B 可以通过 URL＝

193.1.2.1 访问 Web 服务器 1。同样,路由器 R2 用全局唯一的端口号 80 标识 Web 服务器 2,因此,终端 A 可以通过 URL=193.1.2.2 访问 Web 服务器 2。R1 和 R2 的地址转换表如表 A.48 和表 A.49 所示。

表 A.48   R1 的地址转换表

协 议	内部本地地址	内部全球地址
TCP	192.168.2.1:80	193.1.2.1:80

表 A.49   R2 的地址转换表

协 议	内部本地地址	内部全球地址
TCP	192.168.2.1:80	193.1.2.2:80

8.9   路由器 R1 路由表中需要给出用于指明通往内部网络和外部网络各个子网的传输路径的路由项。路由器 R2 路由表中只给出用于指明通往外部网络各个子网的传输路径的路由项。R1 和 R2 的路由表如表 A.50 和表 A.51 所示。

表 A.50   R1 的路由表

目 的 网 络	子 网 掩 码	下 一 跳	输 出 接 口
192.168.1.0	255.255.255.0	直接	1
193.1.2.0	255.255.255.0	直接	2
193.1.3.0	255.255.255.0	193.1.2.2	2

表 A.51   R2 的路由表

目 的 网 络	子 网 掩 码	下 一 跳	输 出 接 口
193.1.2.0	255.255.255.0	直接	1
193.1.3.0	255.255.255.0	直接	2

对于 NAT,为了允许外部网络终端访问内部网络的 Web 服务器 1,需要事先建立 Web 服务器 1 的私有 IP 地址 192.168.1.3 与全球 IP 地址 193.1.1.30 之间的映射。建立映射后,外部网络终端可以用全球 IP 地址 193.1.1.30 访问 Web 服务器 1。

内部网络终端为了能够访问 Web 服务器 2,需要动态建立私有 IP 地址与全球 IP 地址之间的映射。

值得强调的是,建立私有 IP 地址与全球 IP 地址之间映射后,外边网络终端可以通过该全球 IP 地址向该全球 IP 地址对应的内部网络终端发送任何净荷类型的 IP 分组。

R1 的地址转换表如表 A.52 所示。

表 A.52   R1 的地址转换表

协 议	内部本地地址	内部全球地址
IP	192.168.1.3	193.1.1.30
IP	192.168.1.1	193.1.1.17

第9章

9.1　VLAN 之间通信需要经过路由器是逻辑限制。连接在属于不同 VLAN 的端口上的两个终端只要完成以下调整过程，一是将这两个端口配置成属于相同 VLAN 的端口，二是为两个终端分配网络号相同、主机号不同的 IP 地址，这两个终端即可直接相互通信，无须经过路由设备。只有具有连接 ATM 网络接口和连接以太网接口的路由器才能实现 ATM 网络和以太网互连。

9.5　相同点是都需要绑定某个 VLAN，不同点是多个逻辑接口共享路由器单个物理接口，因此，从多个逻辑接口输入输出的流量共享物理接口连接的物理链路的流量。IP 接口对应某个 VLAN，IP 接口输入输出的流量可以分布到属于该 VLAN 的所有端口中。

9.7　它们之间的区别有以下 3 点。一是信息不同。路由表中给出的信息是通往目的终端传输路径上下一跳的 IP 地址，仅仅是 IP 层传输路径的信息；三层转发表中给出完成当前跳至下一跳传输过程所需的全部信息，包括封装 MAC 帧所需的源和目的 MAC 地址、VLAN ID 以及转发 MAC 帧所需的信息，如输出端口。二是创建过程不同。路由表通过路由协议创建，三层转发项通过三层地址学习过程创建。三是匹配方式不同，三层转发项需要精确匹配 IP 分组的目的 IP 地址，路由表采用最长前缀匹配。它们之间的关联是可以根据下一跳 IP 地址和 ARP 过程获得封装 MAC 帧所需的源和目的 MAC 地址。

9.8　通信过程如图 A.14 所示。VLAN 与端口映射表如表 A.53 所示。交换机 S1 和 S2 的 IP 接口配置如表 A.54 和表 A.55 所示。S1 和 S2 的路由表如表 A.56 和表 A.57 所示。

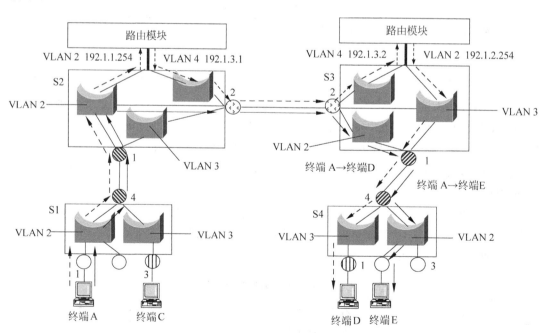

图 A.14　题 9.8 图

表 A.53 VLAN 与端口映射表

交 换 机	VLAN 2		VLAN 3		VLAN 4	
	接入端口	共享端口	接入端口	共享端口	接入端口	共享端口
S1	S1.1、S1.2	S1.4	S1.3	S1.4		
S2		S2.1、S2.2		S2.1、S2.2		S2.2
S3		S3.1、S3.2		S3.1、S3.2		S3.2
S4	S4.2、S4.3	S4.4	S4.1	S4.4		

表 A.54 交换机 S2 的 IP 接口配置

IP 接 口	IP 地址/子网掩码	网络地址
VLAN 2 对应的 IP 接口	192.1.1.254/24	192.1.1.0/24
VLAN 4 对应的 IP 接口	192.1.3.1/24	192.1.3.0/24

表 A.55 交换机 S3 的 IP 接口配置

IP 接口	IP 地址/子网掩码	网 络 地 址
VLAN 3 对应的 IP 接口	192.1.2.254/24	192.1.3.0/24
VLAN 4 对应的 IP 接口	192.1.3.2/24	192.1.3.0/24

表 A.56 交换机 S2 的路由表

目 的 网 络	下 一 跳	输 出 接 口
192.1.1.0/24	直接	VLAN 2
192.1.2.0/24	192.1.3.2	VLAN 4
192.1.3.0/24	直接	VLAN 4

表 A.57 交换机 S3 的路由表

目 的 网 络	下 一 跳	输 出 接 口
192.1.2.0/24	直接	VLAN 3
192.1.1.0/24	192.1.3.1	VLAN 4
192.1.3.0/24	直接	VLAN 4

9.9 假定 S1 中定义 VLAN 2 对应的 IP 接口,S2 中定义 VLAN 3 对应的 IP 接口,S3 中定义 VLAN 4 对应的 IP 接口,VLAN 5 互连 S1 和 S2,VLAN 6 互连 S2 和 S3。

VLAN 2~VLAN 6 与端口映射表如表 A.58 和表 A.59 所示。

表 A.58 VLAN 2/3/4 与端口映射表

交 换 机	VLAN 2		VLAN 3		VLAN 4	
	接入端口	共享端口	接入端口	共享端口	接入端口	共享端口
S1	S1.1	S1.2		S1.2、S1.3		
S2				S2.1、S2.2		
S3				S3.1、S3.3	S3.2	S3.1

表 A.59　VLAN 5/6 与端口映射表

交　换　机	VLAN 5		VLAN 6	
	接入端口	共享端口	接入端口	共享端口
S1		S1.3		
S2		S2.1		S2.2
S3				S3.3

　　交换机 S1~S3 的 IP 接口配置如表 A.60 至表 A.62 所示。S1~S3 的路由表如表 A.63 至表 A.65 所示。

表 A.60　交换机 S1 IP 接口配置

IP 接口	IP 地址/子网掩码	网络地址
VLAN 2 对应的 IP 接口	192.1.2.254/24	192.1.2.0/24
VLAN 5 对应的 IP 接口	192.1.5.1/24	192.1.5.0/24

表 A.61　交换机 S2 IP 接口配置

IP 接口	IP 地址/子网掩码	网　络　地　址
VLAN 3 对应的 IP 接口	192.1.3.254/24	192.1.3.0/24
VLAN 5 对应的 IP 接口	192.1.5.2/24	192.1.5.0/24
VLAN 6 对应的 IP 接口	192.1.6.1/24	192.1.6.0/24

表 A.62　交换机 S3 IP 接口配置

IP 接口	IP 地址/子网掩码	网　络　地　址
VLAN 4 对应的 IP 接口	192.1.4.254/24	192.1.4.0/24
VLAN 6 对应的 IP 接口	192.1.6.2/24	192.1.6.0/24

表 A.63　交换机 S1 路由表

目　的　网　络	下　一　跳	输出接口
192.1.2.0/24	直接	VLAN 2
192.1.3.0/24	192.1.5.2	VLAN 5
192.1.4.0/24	192.1.5.2	VLAN 5
192.1.5.0/24	直接	VLAN 5
192.1.6.0/24	192.1.5.2	VLAN 5

表 A.64　交换机 S2 路由表

目　的　网　络	下　一　跳	输出接口
192.1.2.0/24	192.1.5.1	VLAN 5
192.1.3.0/24	直接	VLAN 3
192.1.4.0/24	192.1.6.2	VLAN 6
192.1.5.0/24	直接	VLAN 5
192.1.6.0/24	直接	VLAN 6

表 A.65　交换机 S3 路由表

目 的 网 络	下 一 跳	输 出 接 口
192.1.2.0/24	192.1.6.1	VLAN 6
192.1.3.0/24	192.1.6.1	VLAN 6
192.1.4.0/24	直接	VLAN 4
192.1.5.0/24	192.1.6.1	VLAN 6
192.1.6.0/24	直接	VLAN 6

第 10 章

10.4　固定基本首部长度和取消首部检验和字段使得路由器转发 IPv6 分组的操作过程变得简单，大大提高了转发速率。扩展首部作为净荷的一部分消除了对扩展首部长度的限制。流标签字段使得路由器对 IPv6 分组实施分类服务变得简单。128 位地址长度彻底消除了地址短缺问题，也使得 IPv6 地址分配更加灵活，路由器实施路由项聚合更加容易、有效。

10.6　不是。IPv6 扩展首部作为净荷的一部分，这样做的好处有两个：一是长度不受限制；二是除了逐跳选项，中间路由器不对扩展首部进行处理。由于扩展首部只对源和目的终端有意义，因此，可以加入鉴别、封装安全净荷这样用于鉴别源终端身份和实现端到端保密传输的扩展首部。

10.7　IPv6 通过路径 MTU 发现协议确定端到端传输路径所经过链路的最小 MTU，以此为依据进行分片，因此，只要端到端传输路径不改变，分片产生的 IPv6 分组序列不会发生输出链路 MTU 和 IPv6 分组长度不匹配的问题，而且中间经过的所有路由器都不需要进行分片操作，大大简化了路由器转发 IPv6 分组的操作过程。

10.8　设计依据主要有 3 点：一是大容量地址空间；二是支持即插即用；三是路由器更加容易、有效地实现路由项聚合。

10.9　(1)::F53:6382:AB00:67DB:BB27:7332

(2)::4D:ABCD

(3)::AF36:7328:0:87AA:398

(4)2819:AF::35:CB2:B271

10.10　(1)0000:0000:0000:0000:0000:0000:0000:0000

(2)0000:00AA:0000:0000:0000:0000:0000:0000

(3)0000:1234:0000:0000:0000:0000:0000:0003

(4)0123:0000:0000:0000:0000:0000:0001:0002

10.11　(1)链路本地地址；(2)站点本地地址；(3)多播地址；(4)环回地址。

10.12　(1)0F53 改为 F53。

(2):::改为::。

(3)不允许出现两个::。

(4)02BA 改为 2BA。

(5)00FF 改为 FF。

10.13　FF02::1

10.16　需要。通过发送解析自身 IP 地址的 ARP 请求报文实现。

10.17　差别主要在于终端 IP 地址的配置过程。IPv4 需要选择网络地址，根据选定的网络地址手工配置每一个终端的 IP 地址或是根据选定的网络地址配置 DHCP 服务器中的 IP 地址范围。IPv6 一旦将终端以太网接口设置为 IPv6 接口，自动生成链路本地地址，可以用链路本地地址实现同一以太网内终端之间的通信过程。

10.18　IPv6 分组可以通过鉴别和封装安全净荷扩展首部实现源终端身份鉴别和数据保密传输，避免了类似 ARP 欺骗攻击这样的问题。

10.19　如表 A.66 至表 A.69 所示。

表 A.66　VLAN 与端口映射表

交　换　机	VLAN 2		VLAN 3	
	接入端口	共享端口	接入端口	共享端口
S1	S1.1、S1.2			
S2	S2.1		S2.2	
S3			S3.1、S3.2	

表 A.67　交换机 S2 IP 接口配置

IP 接口	全球 IPv6 地址	网络前缀
VLAN 2 对应的 IP 接口	2001::1/64	2001::/64
VLAN 3 对应的 IP 接口	2002::1/64	2002::/64

表 A.68　终端网络信息

终　端	MAC 地址	全球 IPv6 地址	链路本地地址
A	00-E0-FC-00-03	2001::2E0:FCFF:FE00:3	FE80::2E0:FCFF:FE00:3
B	00-E0-FC-00-07	2002::2E0:FCFF:FE00:7	FE80::2E0:FCFF:FE00:7

表 A.69　交换机 S2 IPv6 路由表

目的网络	距　离	下一跳	输出接口
2001::/64	0	直接	VLAN 2
2002::/64	0	直接	VLAN 3

10.23　假定在三层交换机 S5 中定义 VLAN 3 对应的 IPv4 接口和 VLAN 2 对应的 IPv6 接口。在三层交换机 S6 中定义 VLAN 4 对应的 IPv6 接口。为实现 VLAN 2 和 VLAN 4 之间的通信，用 VLAN 5 互连 S5 和 S6。并在 S5 和 S6 中定义 VLAN 5 对应的 IPv6 接口。三层交换机 S5 作为地址和协议转换器。结果如图 A.15 和表 A.70 至表 A.73 所示。

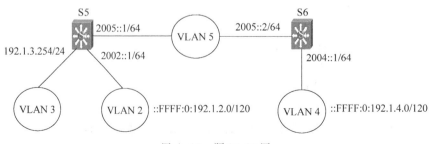

图 A.15　题 10.23 图

表 A.70　VLAN 与端口映射表

交　换　机	VLAN 2		VLAN 3		VLAN 4		VLAN 5	
	接入端口	共享端口	接入端口	共享端口	接入端口	共享端口	接入端口	共享端口
S1	S1.1、S1.2							
S2			S2.1、S2.2					
S3			S3.1、S3.2					
S4					S4.1、S4.2			
S5	S5.1		S5.2	S5.3				S5.3
S6			S6.1	S6.3	S6.2			S6.3

表 A.71　交换机 S5 IPv4 路由表

目 的 网 络	距　离	下 一 跳	输 出 接 口
192.1.3.0/24	0	直接	VLAN 3

表 A.72　交换机 S5 IPv6 路由表

目 的 网 络	距　离	下 一 跳	输 出 接 口
::FFFF:0:192.1.2.0/120	0	直接	VLAN 2
::FFFF:0:192.1.4.0/120	1	2005::2	VLAN 5
2002::/64	0	直接	VLAN 2
2005::/64	0	直接	VLAN 5
2004::/64	1	2005::2	VLAN 5

表 A.73　交换机 S6 IPv6 路由表

目 的 网 络	距　离	下 一 跳	输 出 接 口
::FFFF:0:192.1.4.0/120	0	直接	VLAN 4
::FFFF:0:0/96	1	2005::1	VLAN 5
2002::/64	1	2005::1	VLAN 5
2005::/64	0	直接	VLAN 5
2004::/64	0	直接	VLAN 4

附 录 B

英文缩写词

说明：中文释义后的括号中给出本词首次出现的节号。

ALG(Application Level Gateway) 应用层网关(8.2)

ARP(Address Resolution Protocol) 地址解析协议(5.4)

AS(Autonomous System) 自治系统(6.3)

ASBR(Autonomous System Boundary Router) 自治系统边界路由器(6.3)

ATM(Asynchronous Transfer Mode) 异步传输模式(1.2)

BDR(Backup Designated Router) 备份指定路由器(6.5)

BGP(Border Gateway Protocol) 边界网关协议(6.3)

BIOS(Basic Input Output System) 基本输入输出系统(1.1)

BPDU(Bridge Protocol Data Unit) 网桥协议数据单元(3.2)

BR(Bootstrap Router) 引导路由器(7.3)

CAM(Content Addressable Memory) 内容寻址存储器(1.3)

CIDR(Classless InterDomain Routing) 无分类编址(5.2)

CIST(Common and Internal Spanning Tree) 公共内部生成树(3.4)

CRC(Cyclic Redundancy Check) 循环冗余检验(1.2)

CSMA/CD(Carrier Sense Multiple Access/Collision Detection) 载波侦听多点接入/冲突检测(1.2)

CST(Common Spanning Tree) 公共生成树(3.4)

DAD(Duplicate Address Detection) 重复地址检测(10.4)

DD(Database Description) 数据库描述(6.5)

DHCP(Dynamic Host Configuration Protocol) 动态主机配置协议(2.1)

DiffServ(Differentiated Service) 区分服务(10.2)

DNS(Domain Name System) 域名系统(8.1)

DR(Designated Router) 指定路由器(6.5)

DS(Differentiated Service) 区分服务(10.2)

DSCP(Differentiated Service Code Point) 区分服务码点(10.2)

DVMRP(Distance Vector Multicast Routing Protocol) 距离向量多播路由协议(7.3)

EBGP(External Border Gateway Protocol) 外部边界网关协议(6.6)

EGP(External Gateway Protocol) 外部网关协议(6.6)

FCS(Frame Check Sequence) 帧检验序列(1.2)

FDDI(Fiber Distributed Data Interface) 光纤分布式数据接口(1.1)

FTP(File Transfer Protocol) 文件传输协议(8.1)

GARP(Generic Attribute Registration Protocol) 通用属性注册协议(2.6)

GVRP(GARP VLAN Registration Protocol) VLAN 属性注册协议(2.6)

IBGP(Internal Border Gateway Protocol) 内部边界网关协议(6.6)

IFG(Inter Frame Gap) 最小帧间间隔(1.2)

IGMP(Internet Group Management Protocol) 互联网组管理协议(7.2)

IGP(Interior Gateway Protocol) 内部网关协议(6.3)

IntServ(Integrated Services) 综合服务(10.2)

IP(Internet Protocol) 网际协议(5.2)

ISP(Internet Service Provider) Internet 服务提供者(8.1)

IST(Internal Spanning Tree) 内部生成树(3.4)

LACP(Link Aggregation Control Protocol) 链路聚合控制协议(4.3)

LAN(Local Area Network) 局域网(1.1)

LLC(Logical Link Control) 逻辑链路控制(1.1)

LSA(Link state advertisement) 链路状态通告(6.5)

LSR(Link State Request) 链路状态请求(6.5)

LSU(Link State Update) 链路状态更新(6.5)

MAC(Medium Access Control) 媒体接入控制(1.1)

MADCAP(Multicast Address Dynamic Client Allocation Protocol) 多播地址动态客户端分配协议(7.1)

MAN(Metropolitan Area Network) 城域网(1.4)

MAU(Medium Attachment Unit) 介质连接单元(1.1)

MSTI(Multiple Spanning Tree Instance) 多生成树实例(3.4)

MSTP(Multiple Spanning Tree Protocol) 多生成树协议(3.4)

MTU(Maximum Transfer Unit) 最大传输单元(5.2)

NAT(Network address translation) 网络地址转换(8.1)

NAT-PT(Network Address Translation-Protocol Translation) 网络地址和协议转换(10.6)

ND(Neighbor Discovery) 邻站发现(10.4)

NIC(Network Interface Card) 网络接口卡(1.1)

OSI/RM(Open Systems Interconnection/Reference Model) 开放系统互连/参考模型(1.2)

OSPF(Open Shortest Path First) 开放最短路径优先(6.5)

PAT(Port Address Translation) 端口地址转换(8.2)

PDA(Personal Digital Assistant) 个人数字助理(10.1)

PDU(Protocol Data Unit) 协议数据单元(8.1)

PIM-DM(Protocol Independent Multicast-Dense Mode) 协议无关多播-密集方式(7.1)

PIM-SM(Protocol Independent Multicast-Sparse Mode) 协议无关多播-稀疏方式(7.3)

PPP(Point-to-Point Protocol)　点对点协议(5.1)

PSTN(Public Switched Telephone Network)　公共交换电话网(5.1)

RIP(Routing Information Protocol)　路由信息协议(6.4)

RIPng(RIP Next Generation)　下一代 RIP(10.4)

RP(Rendezvous Point)　汇聚点(7.3)

RSTP(Rapid Spanning Tree Protocol)　快速生成树协议(3.3)

SDH(Synchronous Digital Hierarchy)　同步数字体系(1.4)

SDT(Session Directory Tool)　会话目录工具(7.1)

SIIT(Stateless IP/ICMP Translation)　无状态 IP/ICMP 转换(10.6)

STP(Spanning Tree Protocol)　生成树协议(3.2)

TC(Topology Change)　拓扑改变(3.2)

TCA(Topology Change Acknowledgment)　拓扑改变应答(3.2)

TCN(Topology Change Notification)　拓扑改变通知(3.2)

UTP(Unshielded Twisted Pair)　非屏蔽双绞线(1.1)

VLAN(Virtual LAN)　虚拟局域网(2.2)

VMPS(VLAN Membership Policy Server)　VLAN 成员策略服务器(2.4)

VPN(Virtual Private Network)　虚拟专用网络(8.1)

VRID(Virtual Router IDentifier)　虚拟路由器标识符(5.5)

VRRP(Virtual Router Redundancy Protocol)　虚拟路由器冗余协议(5.5)

VTP(VLAN Trunking Protocol)　VLAN 主干协议(2.6)

参 考 文 献

[1]　Peterson L L，Davie B S. 计算机网络：系统方法(英文版). 5 版. 北京：机械工业出版社，2012.
[2]　Tanenbaum A S. 计算机网络(英文版). 5 版. 北京：机械工业出版社，2011.
[3]　Clark K，Hamilton K. Cisco LAN Switching. 北京：人民邮电出版社，2003.
[4]　Doyle J. TCP/IP 路由技术：第一卷. 葛建立，吴剑章，译. 北京：人民邮电出版社，2003.
[5]　Doyle J，Carroll J D. TCP/IP 路由技术：第二卷(英文版). 北京：人民邮电出版社，2003.
[6]　沈鑫剡. 计算机网络技术及应用. 2 版. 北京：清华大学出版社，2010.
[7]　沈鑫剡. 计算机网络. 2 版. 北京：清华大学出版社，2010.
[8]　沈鑫剡. 计算机网络技术及应用学习辅导和实验指南. 北京：清华大学出版社，2011.
[9]　沈鑫剡. 计算机网络学习辅导与实验指南. 北京：清华大学出版社，2011.
[10]　沈鑫剡. 路由和交换技术. 北京：清华大学出版社，2013.
[11]　沈鑫剡. 路由和交换技术实验及实训. 北京：清华大学出版社，2013.
[12]　沈鑫剡. 计算机网络工程. 北京：清华大学出版社，2013.
[13]　沈鑫剡. 计算机网络工程实验教程. 北京：清华大学出版社，2013.
[14]　沈鑫剡. 网络技术基础与计算思维. 北京：清华大学出版社，2016.
[15]　沈鑫剡. 网络技术基础与计算思维实验教程. 北京：清华大学出版社，2016.
[16]　沈鑫剡. 网络技术基础与计算思维习题详解. 北京：清华大学出版社，2016.

图书资源支持

感谢您一直以来对清华版图书的支持和爱护。为了配合本书的使用，本书提供配套的资源，有需求的读者请扫描下方的"书圈"微信公众号二维码，在图书专区下载，也可以拨打电话或发送电子邮件咨询。

如果您在使用本书的过程中遇到了什么问题，或者有相关图书出版计划，也请您发邮件告诉我们，以便我们更好地为您服务。

我们的联系方式：

地　　址：北京海淀区双清路学研大厦 A 座 707

邮　　编：100084

电　　话：010－62770175－4604

资源下载：http://www.tup.com.cn

电子邮件：weijj@tup.tsinghua.edu.cn

QQ：883604(请写明您的单位和姓名)

用微信扫一扫右边的二维码，即可关注清华大学出版社公众号"书圈"。

资源下载、样书申请

书圈